Christian Asche

Chemie, Biologie und Toxikologie des Glyphosats

AF717498

Für Johannes und Felix

CHRISTIAN ASCHE

CHEMIE, BIOLOGIE UND TOXIKOLOGIE DES GLYPHOSATS

Rediroma-Verlag

Bibliografische Information der Deutschen Nationalbibliothek:
Die Deutsche Nationalbibliothek verzeichnet diese Publikation in der Deutschen Nationalbibliografie; detaillierte bibliografische Daten sind im Internet über http://portal.dnb.de abrufbar.

ISBN 978-3-96103-693-6

Copyright (2019) Rediroma-Verlag

Lektorat: Sylvana Kovacs-Pfefferkorn

Alle Rechte beim Autor

www.rediroma-verlag.de
39,95 Euro (D)

INHALTSVERZEICHNIS

ABBILDUNGSVERZEICHNIS

KAPITEL 3

KAPITEL 4

KAPITEL 5

KAPITEL 6

KAPITEL 7

KAPITEL 8

KAPITEL 9

TABELLENVERZEICHNIS

KAPITEL 2

KAPITEL 3

Kapitel 5

KAPITEL 6

KAPITEL 7

KAPITEL 8

KAPITEL 9

1. EINFÜHRUNG

Entdeckt wurde Glyphosat bereits im Jahr 1950 in der Schweiz von Henri Martin. Allerdings erfolge erst 1970 von einer Arbeitsgruppe bei Monsanto unter der Leitung von John Franz die Entwicklung als Herbazid (Baired et al. 1971, Alibhai und Stallings 2001). 1974 wurde die Substanz erstmals unter dem Handelsnamen Roundup® kommerziell vertrieben. Der Entdeckung seiner herbiziden Aktivität im Gewächshaus folgten zahlreiche biochemische Studien, sodass man heute in der Lage ist, den exakten Wirkmechanismus des Glyphosats bis auf molekularer Ebene darzustellen. 1972 erkannte man bei Monsanto, dass Glyphosat die Biosynthese aromatischer Aminosäuren hemmt (Jaworski 1972). In 1980 konnte mit der 5-Enolpyruvylshikimat-3-phosphat-Synthase (EPSPS), einem Enzym des Shikimisäure-Weges, erstmals das Glyphosat-Target identifiziert werden (Amrhein et al. 1980). Die Hemmung dieses Schlüsselenzyms des Shikimisäure-Weges und damit der Biosynthese essenzieller Primärstoffe wie den aromatischen Aminosäuren Phenylalanin, Tyrosin und Tryptophan, aber auch anderer Sekundärstoffe wie Ubichinon oder Tetrahydrofolat ist der einzige Wirkmechanismus, auf den die herbizide Wirkung des Glyphosats zurückzuführen ist (Sammons et al. 1995, Duke und Powles 2008). Die Kristallstruktur eines ternären Komplexes, bestehend aus dem Enzym EPSPS, seinem Produkt Shikimat-3-phosphat (S3P) und Glyphosat, erlaubt eine detaillierte Visualisierung der inhibitrischen Aktivität des Glyphosats auf dieses Enzym (Alibhai und Stallings 2001, Schönbrunn et al. 2001).

Glyphosat-basierte Herbizide (GBHs) sind die global am häufigsten verwendeten Herbizide. Sicherlich ist dies zu einem großen Teil auf die Kultivierung genetisch modifizierter Glyphosat-resistenter Pflanzen, wie z. B. Sojabohnen, Mais, Baumwolle, Raps, zurückzuführen, die weltweit mit einigen Ausnahmen – darunter Europa - seit 1996 auf Millionen Hektar Land angebaut werden (Mertens et al. 2017). Im Jahr 2000 endete das Patent für Glyphosat. Monsanto konnte sich bis dahin einen riesigen Marktvorsprung erarbeiten. Glyphosat wurde in Deutschland 1974 und in der EU 2002 zugelassen. In Deutschland wird es vorwiegend dazu benutzt, Unkräuter vor oder nach dem Anbau von Feldfrüchten zu bekämpfen. Glyphosat ist auch für den privaten Gebrauch in Hobby- und Hausgärten zugelassen, und darf wie alle Herbizide nicht auf befestigten Wegen und Plätzen angewendet werden. Als Alternativen des Glyphosats bieten sich andere Herbizide an, die aber oftmals in Kombination eingesetzt werden müssen. Soll auf Herbizide verzichtet werden, bleiben nur mechanische Maßnahmen (z. B. Mulchen, Pflügen, Eggen) oder die thermische Unkrautbekämpfung durch Abflammen.

Die Zulassung war befristet bis Ende 2015. Für eine weitere Zulassung muss eine Neubewertung des Herbizids stattfinden. In 2012 wurde Deutschland die Rolle des berichterstattenden Mitgliedsstaats für die Reevaluierung des Glyphosats zugewiesen. Die in Deutschland verantwortliche Behörde, das Bundesinstitut für Risikoforschung (BfR), sendete hierauf in 2013 einen Renewal Assessment Report (RAR) an die Europäische Lebensmittelsicherheitsbehörde (EFSA). Im Jahr 2015 erschien ein zusätzlicher Bericht der Internationalen Agentur für Krebsforschung (IARC) – untersteht der World Health Organization (WHO) - an die Öffentlichkeit. In diesem Bericht wird Glyphosat als "wahrscheinlich krebserregend" eingestuft (IARC 2016, Haimerl 2017), woraufhin die von der EFSA einberufene Expertenrunde ausschließlich zum Thema Kanzerogenität tagte. Im Oktober 2015 wurde die Zulassung des Glyphosats bis Mitte 2016 verlängert, um das Peer Review abschließen zu können. Eine im Anschluss folgte Veröffentlichung der EFSA kam zu dem Ergebnis, dass keine krebserregende Aktivität von Glyphosat zu erwarten sei (Haimerl 2017). Das EU-Parlament forderte im Frühjahr 2016 jedoch wegen erheblicher Bedenken zur Kanzerogenität und den hormonellen Auswirkungen von Glyphosat Regulierungen von der Kommission und verlangte insbesondere, die Zulassung statt wie üblich um 15 Jahre nur um 7 Jahre zu verlängern. Bei der Zulassungsabstimmung im Juni 2016 konnte wegen zahlreicher Enthaltungen, darunter Deutschland, keine qualifizierte Mehrheit erreicht werden (Haimerl 2017). Diese Umstände erforderten eine weitere limitierte Zulassung des Glyphosats und eine weitere Bewertung der Europäischen Chemikalienagentur (ECHA). Die ECHA kommt in ihrer Bewertung zu dem Schluss, dass Glyphosat als nicht krebserregend einzustufen sei ([1]ECHA 2017, Haimerl 2017). Die Reevaluierung und zeitliche Ausweitung seiner Anwendung endete am 27. November 2017 mit der Zulassung für fünf weitere Jahre. Eine mit 18 Stimmen ausreichende Mehrheit der EU-Staaten, darunter Deutschland, setzte sich gegen 9 dagegen stimmende Länder und ein sich enthaltendes Land durch und stimmte dem Vorschlag der EU-Kommission zur Verlängerung zu ([2]ECHA 2017).

Die Verwendung von Glyphosat hat innerhalb der letzten Jahre stark zugenommen. Besonders deutlich ist der Anstieg in Ländern, in denen transgene Glyphosat-resistente Pflanzen kultiviert werden. In den USA steigerte sich die Menge von landwirtschaftlich genutztem Glyphosat von 1995, ein Jahr vor der Einführung der ersten Glyphosat-resistenten Pflanze, bis 2014 um das 9-fache auf 113,4 Millionen kg. Der globale Verbrauch an Glyphosat stieg sogar um das 15-fache auf 747 Millionen kg, wovon mehr als 50 % für Glyphosat-resistente Pflanzen verwendet wurden (Mertens et al. 2018). Bedenkt man die zahlreichen Länder, in denen Glyphosat-resistente Pflanzen angebaut werden dürfen und die Glyphosat-resistenten Pflanzen, die sich noch in der Pipeline befinden, wird ein weiterer deutlicher Anstieg des weltweiten Glyphosat-Verbrauchs erwartet – wahrscheinlich mit 1000 Millionen kg in 2023 (Mertens et al. 2018).

Für Deutschland spielt die Anwendung bei Glyphosat-resistenten Anbaupflanzen während des Wachstums keine Rolle, da hier die Rechtslage anders z. B. als in den USA einen solchen Eingriff in das Erbgut nicht zulässt. In Deutschland werden über 5.000 Tonnen pro Jahr eingesetzt. Damit besitzt Glyphosat einen Anteil von 30 – 40 % an allen verkauften Herbiziden (Julius-Kühn-Archiv 2012). Glyphosat kann zur gezielten Bekämpfung von Problemunkräutern eingesetzt werden, aber auch die angebaute Kultur mit einer Sikkationsanwendung auf die anstehende Ernte vorbereiten. Zusätzlich wird

Glyphosat in der Praxis im Vorlauf bzw. vor der Saat und auch nach der Ernte auf der Stoppel eingesetzt. Auf 27,5 % der landwirtschaftlich genutzten Fläche finden Glyphosatanwendungen statt. Rechnet man das Grünland heraus, so sind es 39 % der Ackerfläche. Winterraps, Körnerleguminosen und Wintergerste sind die Fruchtarten mit der höchsten anteiligen Anbaufläche. Glyphosat wird hier auf ungefähr 65 – 87 % der Anbaufläche eingesetzt. Das Grünland erhält nur zu einem sehr geringen Anteil Glyphosat (Julius-Kühn-Archiv 2012). Betrachtet man die Gewichtung der Anwendungsgebiete, so liegt die Hauptanwendung in der Stoppelbehandlung mit 23 % der Ackerfläche (vorwiegend bei Winterraps und Körnerleguminosen), gefolgt von etwa 7 % Vorsaatbehandlung (vorwiegend in Zuckerrüben, Silo-/Körnermais). Die Sikkation macht etwa einen Anteil von 3,8 % vorwiegend in Wintergerste, Körnerleguminosen) aus (Julius-Kühn-Archiv 2012) und ist damit in Deutschland als Glyphosat-Anwendungsgebiet nicht so weit verbreitet wie z. B. in Großbritannien. Dort werden etwa 40 – 80 % der Flächen bei Weizen und Raps als Sikkationsflächen genannt (Cook et al. 2010). In Deutschland entfallen nur etwa 12 % der aufgebrachten Glyphosat-Mengen auf die Sikkationsbehandlung. Die hohe Bedeutung der Stoppelbehandlung sowie der Vorsaatbehandlung ist sicherlich dem reduzierten Maschineneinsatz zuzurechnen, womit Grubber- und Pflugarbeitsgänge eingespart werden sollen. Insgesamt wird der Nutzen des Glyphosats von der deutschen Landwirtschaft als sehr hoch angesehen. Dazu kommen dann noch kleinere Anwendungsgebiete, wie Einzelpflanzen-, Teilflächen – und Rand-/Schienenbehandlungen (Julius-Kühne-Archiv 2012).

Insgesamt ist die Studienlage zu Glyphosat und Glyphosat-basierten-Formulierungen mehr als verwirrend und unübersichtlich. Die meisten Studien genügen nicht den Qualitätsanforderungen der klinischen Prüfungen für Arzneimittel. Viele Studien sind nicht reproduzierbar, Wirkungen von Glyphosat wurden mit denen Glyphosat-basierter Formulierungen verglichen und gleichgesetzt oder aber sie unterliegen einem Geschäftsgeheimnis (Confidential business information, CBI) und sind daher nur den regulatorischen Behörden zugänglich.

Es ist nicht erkennbar, warum eine Glyphosat-basierte Formulierung wie ein Phytopharmakon nicht bewertet wird, bei dem der gesamte Extrakt als Wirkstoff angesehen wird. Hier gibt es natürlich eine analytische Leitsubstanz, auf die der Extrakt eingestellt wird, als Wirkstoff hingegen zählt der gesamte Extrakt. Das bedeutet im Ergebnis einen erheblichen Arbeitsaufwand, denn jedes Handelspräparat müsste regulatorisch wie ein phytopharmazeutisches Arzneimittel aufgefasst werden. Glyphosat, die Surfactants und sonstige Beimischungen ergäben insgesamt "einen Wirkstoff", der zu untersuchen wäre. Oder man „wurschtelt" weiter.

Ein weiteres Beispiel ist die Beigabe des HIV-Protease-Hemmers Ritonavir (Norvir®), der nicht mehr in seiner eigenen Indikation als antiviral wirkendes Mittel, sondern in niedrigerer, nicht mehr antiviral wirksamer Dosierung als "pharmakokinetischer Booster" eingesetzt wird, indem er die abbauenden CYP3A4-Isoenzyme in der Leber anderer Protease-Hemmer inhibiert. Dadurch führt Ritonavir zu höheren Plasmakonzentrationen der eigentlichen Wirksubstanzen. Keine andere Wirkung zeigen die als "inerts" auf den

Packungen der Glyphosat-basierten Formulierungen angegebenen Surfactants, Tenside, die die Oberflächenspannung der Formulierung herabsetzen und eine größere Glyphosat-Aufnahme ins Blattinnere ermöglichen. Wie kann es somit sein, dass bei einer Zulassung eines Herbizids nur Studien mit dem Herbizid allein als wichtig angenommen werden, nicht aber Formulierungen, die eine höhere Toxizität aufweisen?

Zumindest sollte in naher Zukunft ein Konsens möglich sein, nachdem alle Inhaltsstoffe einer Formulierung auf der Packung mit exakter reproduzierbarer Bezeichnung und enthaltener Konzentration aufgeführt werden. Irreführende Begriffe wie "inerts" bzw. "Inertsubstanzen" sollten dabei unterbleiben.

Eine Liste von Handelspräparaten, die Glyphosat enthalten, findet sich auf der folgenden Webseite unter dem Stichwort "active ingredient": npic.orst.edu/reg/state-agencies.html (Henderson et al. 2010).

2. HERBIZIDE

Herbizide (von lat. herba – Kraut) werden als Mittel zur Abtötung störender unerwünschter Pflanzen, z. B. Beikraut bzw. Wildkraut (umgangssprachlich Unkraut), definiert. Diese unerwünschten Pflanzen konkurrieren mit den gezielt angebauten Nutzpflanzen. Das übermäßige Auftreten störender Pflanzen führt einerseits zur Verunreinigung der angebauten Nutzpflanzen bzw. in Gartenanlagen zur Verminderung der Ästhetik der Zierpflanzen. Herbizid-Targets für störende Pflanzen sind zudem Flächen, die vor Unkrautbewuchs verschont werden müssen. Als Beispiel sei hier das Schotter-Gleisbett der Deutschen Bahn genannt.

Herbizide kann man nach verschiedenen Charakteristika einteilen. Generell lässt sich zwischen selektiven Herbiziden, wirksam nur gegen eine kleine Selektion von Beikräutern, und nichtselektiven, d. h. gegen jeglichen Pflanzen - sei es Nutzpflanze oder Wildkraut – schädigenden Totalherbiziden bzw. Breitspektrumherbiziden unterscheiden. Einen Überblick weiterer Unterscheidungskriterien zeigt Tabelle 2.1 (Eschbaum 2008).

Tabelle 2.1: Charakteristika zur Unterscheidung und Einteilung der Herbizide (nach Eschbaum 2008).

Charakteristikum	**Herbizid-Unterklasse**	**Erläuterung**
Wirkbreite	selektives Herbizid	vernichtet nur ganz bestimmte Pflanzen
	Totalherbizid, Breitspektrumherbizid	vernichtet (fast) alle Pflanzen
Aufnahmeorgan der Pflanze	Blattherbizid	Wirkstoffaufnahme über grüne Pflanzenteile
	Bodenherbizid	Wirkstoffaufnahme über Wurzel
Wirkmodus auf/in der Pflanze	Kontaktherbizid	Wirkung durch Kontakt mit grünen Pflanzenteilen
	Systemisches Mittel	Wirkung durch Resorption in den Pflanzensaft
Wirkintritt/-dauer	Sofortwirkung	Kontaktherbizide wirken sofort, jedoch ohne Langzeitwirkung

	Dauerwirkung	Bodenherbizide wirken durch systemische Aufnahme über das Wurzelsystem länger
Keimblattanzahl	Einkeimblättrige	z. B. Gräser, Getreide, Rasen
	Zweikeimblättrige	z. B. Löwenzahn, Spitzwege-rich, Ampfer
Zyklus	einjährige Pflanzen	Blützezeit ein Sommer, Absterben nach Samenbildung
	mehrjährige Pflanzen	Unkräuter mit meist tiefen Wurzeln

Für das Glyphosat ergeben sich anhand von Tabelle 2.1 folgende Charakteristika (Tabelle 2.2): ein Totalherbizid, das nahezu alle Pflanzen vernichtet, sofern keine durch eine genetische Manipulation hervorgerufene oder natürlich erworbene Resistenz gegen Glyphosat vorliegt. Glyphosat greift in den zentralen Mechanismus ein, den alle höheren Pflanzen besitzen und der für sie essentiell ist. Dieser zentrale Mechanismus ist ein weit verzweigter Biosynthese-Weg, der nach einem charakteristischen Zwischenprodukt als Shikimat-Weg bezeichnet wird (Rimpler 1990).

Im Roundup® ist Glyphosat je nach Anwendungsgebiet mit einem Anteil von 14,5 – 75 % vertreten. Es ist wie jedes Herbizid kombiniert mit mehreren Zusatzstoffen, sogenannten Inertsubstanzen, die selber keine herbizide Wirkung aufweisen, allerdings auf den eigentlichen Wirkstoff zugeschnitten sind und die physikalisch-chemischen Eigenschaften des Glyphosats verbessern (Robin 2009, Sodoge 2018). Inerte Substanzen können beispielsweise Lösungsmittel, Emulgatoren und Detergentien, sogenannte Surfactants, sein. Beim Roundup® ist es vielfach das in der EU mittlerweile verbotene Polyoxyethylenamin (POEA), dass die Oberflächenspannung senkt und dafür sorgt, dass sich die Tröpfchen besser auf den Blättern verteilen (Sodoge 2018). Die durch das Surfactant verringerte Oberflächenspannung führt zu einer erleichterten Aufnahme des Glyphosats über die Blätter der Pflanze. Glyphosat ist demnach ein Blattherbizid. Es erfolgt keine Aufnahme über das Wurzelsystem. Glyphosat ist kein Bodenherbizid.

Tabelle 2.2 Charakteristika des Herbizids Glyphosat. Anhand der Herbizid-Einteilung nach Eschbaum 2008.

Charakteristikum	Glyphosat
Wirkbreite	Totalherbizid, das (fast) alle Pflanzen vernichtet.
Aufnahmeorgan der Pflanze	Blattherbizid, d. h. der Wirkstoff wird ausschließlich über grüne Pflanzenteile, Blätter aufgenommen. Kein Bodenherbi-

	zid.
Wirkmodus auf/in der Pflanze	Glyphosat wirkt anders als sonstige Kontaktherbizide nicht durch den Kontakt mit den Blättern, sondern durch Penetration der Blätter und systemische Ausbreitung in der Pflanze. Dementsprechend ist Glyphosat ein systemisches Mittel.
Wirkeintritt/-dauer	keine Sofortwirkung, sondern durch systemische Aufnahme verzögerter Wirkungseintritt mit Langzeiteffekt: die Pflanze stirbt ab.
Keimblattanzahl	sowohl Monokotyledonen (einkeimblättrige Pflanzen) als auch Dikotyledonen (zweikeimblättrige Pflanzen) werden durch Glyphosat abgetötet.
Zyklus	sowohl einjährige als auch mehrjährige Pflanzen werden durch Glyphosat abgetötet.

Obwohl ein Kontaktherbizid, wirkt Glyphosat nicht im ursprünglichen Sinn, wonach durch lokale Wirkung das Absterben der Pflanze erfolgt. Glyphosat ist ein Kontaktherbizid, das nach Kontakt über die Blätter in die Pflanze eindringt, über das Phloem, dem Siebteil des Leitgewebes, zu Wurzeln und Rhizomen transportiert wird und sich in der gesamten Pflanze ausbreitet. Es wirkt somit systemisch. Eine Sofortwirkung, wie es beispielsweise bei einem typischen Kontaktherbizid der Fall ist, lässt sich nicht erkennen. Um seine Wirkung zu entfalten, muss beim Glyphosat nach dem Kontakt mit den Blättern ein Eintritt in die Pflanze erfolgen, ähnlich wie es bei einem Bodenherbizid der Fall ist. Dementsprechend ist der Wirkungseintritt deutlich verzögert, es entsteht jedoch eine Langzeitwirkung. Glyphosat-Präparate enthalten daher Beimischungen inerter, nichtherbizid wirkender Substanzen, die als grenzflächenaktive Substanzen (Surfactants), den Eintritt über die Blätter erleichtern. Wie schon angesprochen ist Glyphosat kein Bodenherbizid, seine Wirkung vom Boden aus ist durch schnelle und langanhaltende Sorption der Substanz an Bodenbestandteile – insbesondere Metall-Kationen - kaum verhanden. Ein Eindringen über das Wurzelsystem findet so gut wie nicht statt. Dafür erfolgt eine Exsudation über das Wurzelsystem.

Im Gegensatz zu anderen Kontaktherbiziden lässt sich die Glyphosat-Wirkung erst nach einigen Tagen erkennen. Die meisten einjährigen Pflanzen zeigen nach etwa zwei bis vier Tagen sichtbare Schäden, mehrjährige Pflanzen dagegen erst nach sieben oder mehr Tagen. Zunächst kann ein Welken der Blätter beobachtet werden, bevor die Wurzeln geschädigt werden (Jahnke 2017).

Glyphosat ist ein Totalherbizid, das sowohl einkeimblättrige als zweikeimblättrige Pflanzen abtötet. Lediglich Pflanzen, die eine Glyphosat-Resistenz aufgrund einer genetischen Manipulation aufweisen oder Pflanzen, die durch natürliche Selektion eine Resistenz gegenüber Glyphosat entwickeln, werden durch Glyphosat nicht beeinträchtigt (Jahnke 2017).

Auch die grobe chemische Charakterisierung lässt eine Einteilung in anorganische und organische Herbizide zu. Waren es früher zumeist anorganische Salze, wie z. B. Kupfer(II)-sulfat-Pentahydrat ($CuSO_4$ x 5 H_2O), Natrium- und Calciumperchlorat ($NaClO_3$, $CaClO_3$), Borax (Dinatriumtetraborat-Decahydrat, $N_2B_4O_7$ x 10 H_2O), die Kalium- und Natrium Salze des Azid-Anions (Kaliumazid (KN_3), Natriumazid (NaN_3)) oder auch Kaliumcyanat (KOCN), die verwendet wurden, so werden sie heutzutage durch kleine organische Moleküle immer mehr verdrängt. Das anorganische Unkrautvernichtungsmittel Natriumperchlorat $NaClO_3$ ist mittlerweile in der Landwirtschaft und im privaten Gartenanbau verboten. Der Grund hierfür liegt allerdings außerhalb des Pflanzenschutzes. Perchlorate können als Ausgangstoffe zur Herstellung von Explosivgemischen genutzt werden (Chaudhuri et al. 2002, Emsbach 2008). Ebenso ist die Arsen-Verbindung Natriumarsenit ($NaAsO_2$) in Deutschland als Herbizid verboten. Es dient in anderen Ländern speziell als Baumwollentblätterungsmittel und teilweise als Unkrautvernichter für den Kartoffelanbau (Reichard und Puga 2010, Dringen et al. 2016).

Eisen(II)-sulfat ($FeSO_4$) findet nach wie vor Anwendung auf Zier-/Nutz-/Sportrasen zur Verätzung des Mooses. Die Gräser sind durch eine wachsartige Cuticula vor der $FeSO_4$-Ätzwirkung besser geschützt. Allerdings schädigt es Regenwürmer und darf aus diesem Grund nur alle zwei Jahre angewendet werden. Eisen(II)-sulfat ist auch für den Kleingartenbereich zugelassen. Ein Produktbeispiel ist Cuteryl® D Moosvernichter, das als wasserlösliches Konzentrat erhältlich ist (Emsbach 2008).

Die meisten Herbizide sind kleine organische Moleküle, die nach ihrer chemischen Struktur weiter unterteilt werden können. Glyphosat wird aufgrund seiner Phosphonsäureester-Partialstruktur in der Regel zu den Organophosphor-Herbiziden gezählt. Hierzu gehören auch Amiprophos, Bilanafos, Fosamin oder Piperophos.

3. GLYPHOSAT

3.1 CHEMISCH-PHYSIKALISCHE EIGENSCHAFTEN

Glyphosat ist ein einfaches organisches achirales Molekül, das als N-Methylphosphonsäure-Derivat der Aminosäure Glycin aufgefasst werden kann (Abbildung 1). Sofern es nicht als Salz vorliegt, wird Glyphosat häufig als Glyphosatsäure bezeichnet.

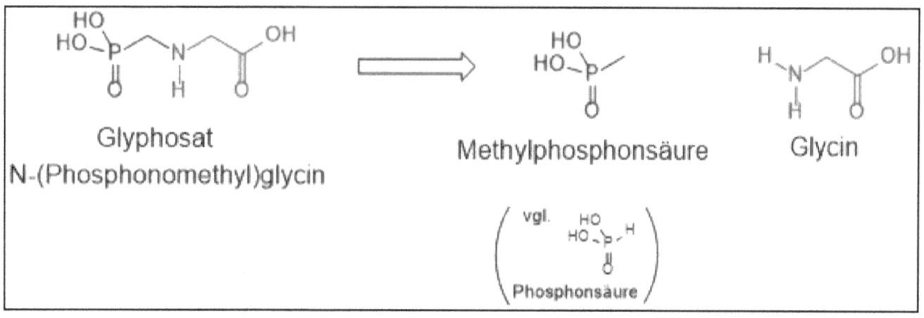

Abbildung 3.1 Struktureller Aufbau des Glyphosats.

Die molare Masse der Glyphosatsäure beträgt 169,07 g/mol. Als Salz ist es geruchlos, nicht explosibel, nicht entflammbar und stabil bei Raumtemperatur. Der Schmelzpunkt beträgt ca. 230 °C unter Zersetzung und Bildung toxischen Rauchs, der u. a. Stickoxide und Phosphoroxide enthält. Durch die vielen polaren funktionellen Gruppen (die jeweils terminalen Carbonsäurel- und Phosphonsäureester-Gruppen und die im Zentrum des Moleküls gelegene, die terminalen aziden Gruppen verbindende, basische, sekundäre Amino-Gruppe) besitzt Glyphosat eine gute, aber pH-abhängige Wasserlöslichkeit. Bei pH = 7,0 (25 °C) beträgt die Löslichkeit in Wasser 157.000 mg/l. Bei einem stark sauren pH-Wert der Lösung, z. B. pH = 1,9 (25 °C), wenn lediglich eine positive Ladung im Molekül vorliegt (Abbildung 3.2), ist die Löslichkeit mit 10.500 mg/l deutlich geringer (Henderson et al. 2010). Der n-Octanol-Wasser-Verteilungskoeffizient, der in Form des dekadischen Logarithmus angegeben wird, liegt deutlich im negativen Bereich (log P = -081330), was für eine sehr hydrophile Substanz spricht. Positive log-P-Werte würden hierbei für eher lipophile Verbindungen sprechen (www.molbase.com/en/properties).

Glyphosat ist in organischen Lösungsmitteln, wie z. B. Aceton oder Ethanol, praktisch unlöslich. Als Phosphonat, d. h. als Ester der Phosphonsäure (Phosphorige Säure), besitzt der Phosphor im Glyphosat die Oxidationsstufe +3. In einem pH-Wert-Bereich von 3 – 9 ist Glyphosat sehr stabil gegenüber einem hydrolytischen Abbau (Tomlin 2006) und relativ stabil gegenüber lichtinduzierten Reaktionen (Rueppel et al. 1977). Auch nach Ausbringung auf den Acker wird Glyphosat nur sehr langsam durch hydrolytische oder oxidative Reaktionen abgebaut (Rueppel et al. 1977).

3.2 Säure-Base-Eigenschaften

Die terminale Phosphonsäure-Ester-Struktur ist eine zweiprotonige Säure. Zusätzlich kommt noch die Carboxyl-Gruppe der Glycin-Partialstruktur hinzu, sodass Glyphosat insgesamt eine dreiprotonige Säure ist. Durch die basische Amino-Gruppe besitzt Glyphosat amphoteren Charakter. In Abbildung 2 sind die verschiedenen pk_s-Werte und die je nach pH-Wert vorliegenden Glyphosat-Ionen dargestellt (Sprankle et al. 1975, Jahnke 2017).

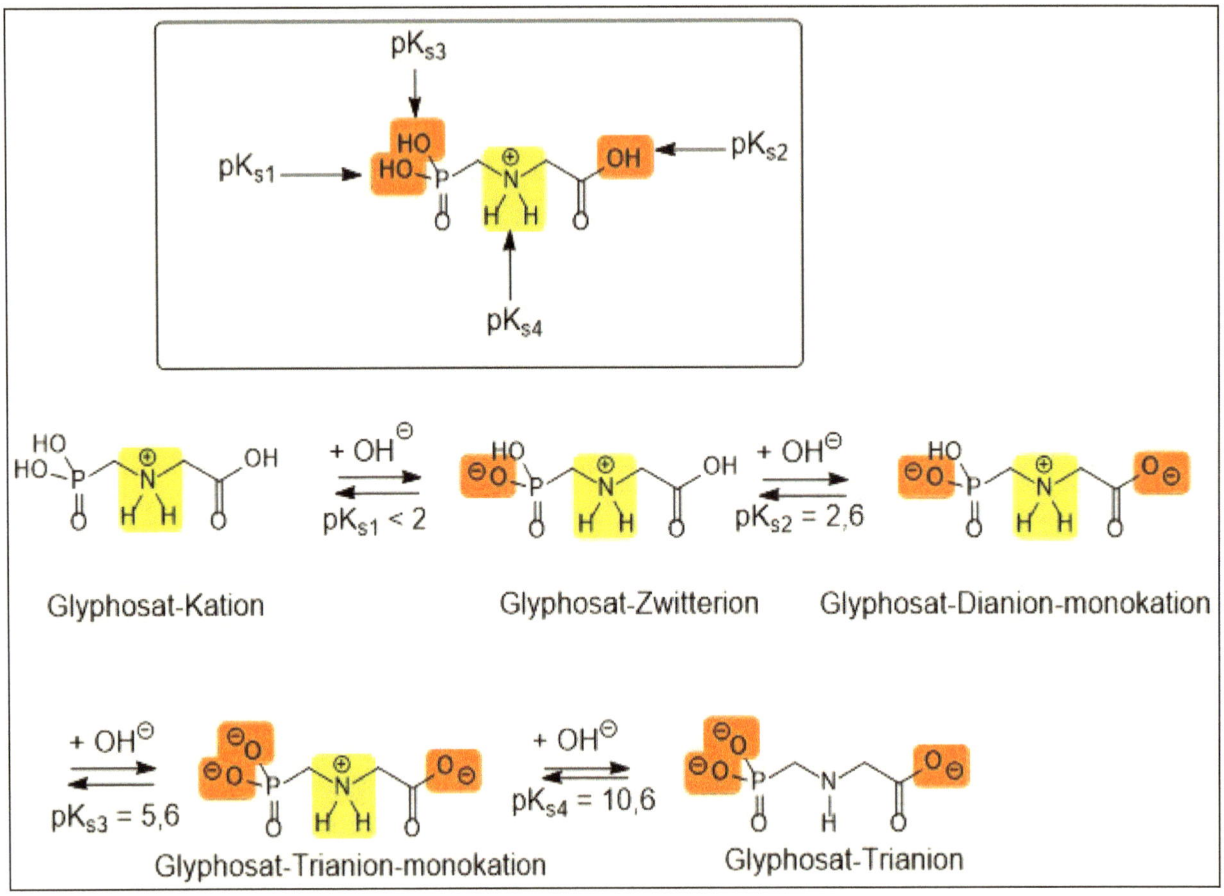

Abbildung 3.2 Die vier pk_s-Werte des Glyphosats und die Ladungen am Molekül in Abhängigkeit vom pH-Wert (nach Sprankle et al. 1975, Jahnke 2017)

Die sekundäre Amino-Gruppe ist die basische Gruppe und mit einem pks_4 der korrespondierenden Säure von 10,6 bis weit in den alkalischen pH-Bereich protoniert. Zumindest teilweise durch den +I-Effekt des zusätzlichen zweiten Alkyl-Substituenten ist das Glyphosat-Amin starker basisch als das primäre Amin des Glycins (pks_4 (Glyphosat) = 10,6 vs. pks_{NH2} (Glycin) = 9,8). Die zwei Hydroxyl-Gruppen des Phosphonats liegen mit ihren OH-Aziditäten im Erwartungsbereich der unsubstituierten Phosphonsäure. Die erste Deprotonierung ist zu 50 % bei einem pH-Wert < 2 vollzogen (pks_1 < 2, Abbildung 3.2). Phosphonsäure besitzt einen vergleichbaren pks-Wert für die Deprotonierung der ersten der beiden Hydroxyl-Gruppen von 1,8.

Die zweite Hydroxyl-Gruppe sowohl des Glyphosats als auch der Phosphonsäure werden wegen der bereits vorhandenen negativen Ladungen deutlich schwächer deprotoniert. Die zweite Phosphosäureester-OH-Gruppe des Glyphosats besitzt einen pks_3 von 5,6 (Abbildung 3.2). Bei der Phosphonsäure besitzt diese OH-Gruppe einen pks-Wert von ca. 6,2. Die Carboxyl-Gruppe der Glycin-Partialstruktur des Glyphosats hat einen pks_2-Wert von 2,6, was in etwa dem pks der Carboxyl-Gruppe des Glycins entspricht (pKs_{COOH} (Glycin) = 2,4). Damit liegen die Säure-Base-Eigenschaften des Glyphosats im Erwartungsbereich. Für den Menschen bedeutet das, dass nach der Aufnahme von Glyphosat bei einem physiologischen pH-Wert von 7,4 der größte Teil der Glyphosat-Moleküle vollständig deprotoniert als Trianionen vorliegen und auch die Amin-Partialstrukturen vollständig zu den Monokationen protoniert ist. Die vorherrschende Form bei pH = 7,4 wird das Glyphosat-Trianion-monokation sein mit einer Nettoladung von -2.

3.3 Glyphosat-Salze und Zusätze in Glyphosat-basierten Herbiziden

Handelsnamen von Glyphosat-haltigen Herbiziden sind u. a. Abundit® Extra, Credit®, Glifonox®, Glyphogan®, Ground-up®, Rodeo®, Roundup®, Tragli®, Wipe Out®, Yerbimat® (npic.orst.edu/reg/state-agencies.html, Farm Chemicals International 2019). Zusätzlich zur Wirksubstanz Glyphosat enthalten die Formulierungen Inertsubstanzen, d. h. meist nichtionische tensinogene Surfactants, eventuell einen Schwefel- und/oder Phosphorsäure-Anteil zur Einstellung des pH-Wertes und Wasser. Typ und Anteil der Zusätze können von Handelsprodukt zu Handelsprodukt schwanken. Die Produkte werden entweder als wasserlösliche Konzentrate zum Verdünnen oder aber als wasserlösliche Granulate zum Auflösen angeboten. Allein in den USA sind über 750 verschiedene Produkte mit dem aktiven Inhaltsstoff Glyphosat enthalten. Manchmal sind auch andere aktive Wirksubstanzen enthalten: Simazin, ein selektiv u. a. gegen Gräser wirkendes Herbizid aus der Klasse der Chlortriazine oder 2,4-Dichlorphenoxyessigsäure (2,4-D) und 4-Chlor-2-methyl-phenoxyessigsäure (MCPA), von Phenoxyessigsäure abgeleitete selektiv gegen Dikotyle im Getreide wirksame Auxin-Herbizide (Abbildung 3.3) (Hock et al. 1995, IARC 2016).

Problematisch ist des Öfteren, dass die Zusammensetzung dieser Herbizid-Formulierungen nur den regulatorischen Behörden zugänglich ist (Confidential Buisness Information), nicht aber den Wissenschaftlern, um eventuelle Toxizitätsprobleme zu erforschen, und auch nicht der breiten Öffentlichkeit und daher nicht auf dem Behältnis deklariert werden muss. Selbst die Referenz-Nummer, z. B. MON 2139, wenn es sich um ein Monsanto-Podukt handelt, ist oftmals nicht bekannt. Kennt man diesen Code, weiß man aber immer noch nicht, um welche Substanz es sich handelt. So ist es tatsächlich durchaus möglich, dass eine Formulierung mit demselben Handelsnamen in zwei Ländern eine unterschiedliche Komposition und eine unterschiedliche Zusammensetzung aufweist, da die Handelsnamen länderspezifisch sind. Unabhängige Toxizitätsstudien sind auf diese Weise, wenn überhaupt, nur unter drastisch erschwerten Bedingungen möglich. Die Reproduzierbarkeit von veröffentlichten Studien ist kaum möglich. Deshalb ist hier auch keine vollständige Auflistung aller zusätzlichen Substanzen, die in Glyphosat-basierten Formulierungen enthalten sind, zu erwarten, sondern lediglich ein kleiner Ausschnitt dessen, was auf dem Markt erhältlich ist.

Die Europäische Kommission hat im Zuge der neuerlichen Zulassung des Glyphosats in 2017 beschlossen, dass Surfactants, die ethoxylierte Talgalkylamine, die POEAs, enthalten, in Europa nicht mehr vertrieben werden dürfen. Die USA sind dagegen noch weit entfernt davon, POEAs zu verbieten, obwohl diese speziell für Fische und sonstige im Wasser beheimatete Organismen mit LD_{50}-Werten nicht selten kleiner als 10 mg/l eine extrem hohe Akuttoxizität aufweisen. Zusätzlich scheinen POEAs wie POEA-15 zur Genotoxizität von Glyphosat-basierten Formulierungen beizutragen (Guilherme et al. 2012, Moore et al. 2012, Mesnage et al. 2019). Damit wird auch der irreführende Begriff der "Inertsubstanzen" ad absurdum geführt. Die POEAs sind in der EU größtenteils durch ethoxylierte Etheramine ersetzt, die eine verbesserte Wirksamkeit in der Formulierung aufweisen und eine hohe Stabilität bei der Lagerung besitzen, gfleichzeitg aber wie auch die Surfactants der ersten Generation, die POEAs, über eine große Akuttoxizität verfügen. Bessere Alternativen sind hier sicherlich die im letzten Jahrzehnt in der EU eingeführten und bereits etablierten propoxylierten quartären Ammonium-Verbindungen als Surfactants, da diese gegenüber humanen Zellen *in vitro* und gegenüber Wasserlebewesen ungefähr 100-mal weniger toxisch wirken (Mesnage et al. 2019).

Glyphosat wird niemals allein, sondern immer als Teil einer Glyphosat-basierten Formulierung verspritzt. Daher wird man auch die Toxizität eines Produkts nicht durch Toxizitätsstudien eruieren können, die nur mit Glyphosat allein durchgeführt worden sind. Zusätzlich erschwerend sind die Verunreinigungen, die in den Formulierungen enthalten sind. Viele Mixturen, die POEA-Surfactants enthalten, sind durch karzinogene Verunreinigungen aus der Herstellung, wie z. B. 1,4-Dioxan oder Ethylenoxid, kontaminiert. In einer Studie von 1993 wurde Ethylenoxid in 5 von 18 Glyphosat-basierten Formulierungen mit POEA-Surfactant in Konzentrationen von 30 bis zu 394 ppm gefunden (Sasaki et al. 1993). Spielt das bei der möglicherweise vorhandenen Kanzerogenität der Glyphosat-basierten Formulierungen eine Rolle? Wenn man bedenkt, dass Ehylenoxid in kosmetischen Produkten bis zu 1 ppm enthalten sein darf, wohl eher nicht (Kreuzer 1992, Mesnage et al. 2019).

In 2016 wurde eine der interessantesten Studie der letzten Jahre veröffentlicht, die die

Wirkung der zusätzlichen Inertsubstanzen in Glyphosat-basierten Herbiziden auf das endokrine System untersucht (Defarge et al. 2016). Schon vor dieser Studie war eine endokrine Wirkung bei Formulierungen mit Glyphosat lokalisiert worden. Auch war erkannt worden, dass Glyphosat allein betrachtet andere endokrine Effekte hervorbringt, als seine Roundup®-Formulierungen (Richard et al. 2005, Pandey und Rudraiah 2015). Defarge et al. konnten in 2016 zeigen, dass es nicht etwa das als "active ingredient" deklarierte Glyphosat, sondern dass es die sogenannten Inertsubstanzen, die Surfactants, sind, die deutlich unterhalb der landwirtschaftlichen Verdünngskonzentration von 1 % zytotoxisch auf humane Zellen wirken. Die Wirkung als endokrine bzw. estrogene Disruptoren wurde mittels der Aromatase, dem Schlüsselenzym bei der Biosynthese der Estrogene, gemessen. Untersuchte Substanzen waren ethoxylierte Tallowalkylamine (POEAs) sowie ethoxylierte Etheramin-Derivate, eine quartäre, d. h. permanent positive geladene, Ammonium-Verbindung, POE-Alkylphoshatester (POE-APE) und Alkylpolyglycoside (Defarge et al. 2016).

Mesnage et al. publizierten 2015 einen Review, in dem sie toxische Wirkungen von Glyphosat und seinen Formulierungen untersuchten. Ausgewertet wurden sowohl wissenschaftlich veröffentlichte Literatur als auch regulatorische Berichte. Sie postulierten in diesem Review, dass eine ausreichende Evidenz bestünde, wonach Glyphosat-basierte Herbizide in niedrigsten Konzentrationen chronisch toxische Wirkungen hervorrufen, wie z. B. Entwicklungsstörungen, chronisch-toxische Effekte auf Leber und Niere und tumorigene Effekte. Diese könnten durchaus auch das Ergebnis der Wirkungen der Surfactants und erklärbar durch endokrine Disruption und Auslösung massiven oxidativen Stresses sein (Mesnage et al. 2016).

Für die Zukunft kann es daher nur darum gehen, wie bereits in der Einleitung ausgeführt, neue Vorschriften für die Kennzeichnung von Pestiziden zu erlassen, die eine vollständige, akkurate Auflistung und Beschreibung aller Inhaltsstoffe beinhalten. Irreführende Begriffe wie "inerts" sollten vermieden werden. Nur so kann eine fundierte wissenschaftliche Analyse der Toxizität dieser Formulierungen gelingen und zu unserer Sicherheit beitragen.

Glyphosat wird laut IARC-Monographie 2016 von mindestens 91 chemischen Produktionsbetrieben weltweit in 20 Ländern hergestellt (IARC 2016). Von den 91 Betrieben kommen allein 53 aus China, 9 aus Indien, 5 aus den USA (Farm Chemical International 2019). Als Herbizid ist Glyphosat in 2010 in über 130 Ländern zugelassen gewesen. Es stellt das meistverwendete Herbizid weltweit mit einem jährlichen Produktionsvolumen dar, das in 2008 auf etwa 600.000 Tonnen, in 2010 auf etwa 650.000 Tonnen und in 2012 auf bereits 720.000 Tonnen geschätzt wurde (IARC 2016). Produktion und Verbrauch von Glyphosat haben u. a. auch durch den Auslauf des Patentschutzes, außerhalb der USA in 1991 und innerhalb der USA in 2000, am meisten aber durch den Einsatz genetisch modifizierter Glyphosat-resistenter Pflanzen ab 1996 zugenommen. Wurden in den USA 1987 noch weniger als 4.000 Tonnen Glyphosat in den USA versprüht, waren es in 2007 bereits 80.000 Tonnen, Tendenz steigend. Der wachsende Glyphosat-Markt ging auch an Asien nicht spurlos vorbei. In 2012 wurden in Asien bereits ca. 30 % des Glyphosats produziert (IARC 2016). China produziert derzeit mehr als 40 % des global benötigten Glyphosats, wovon 35 % exportiert werden. Tatsächlich soll China über ausreichend Produktionskapazitäten verfügen, um die gesamte globale Glyphosat-Nachfrage abdecken zu können (Yin 2011).

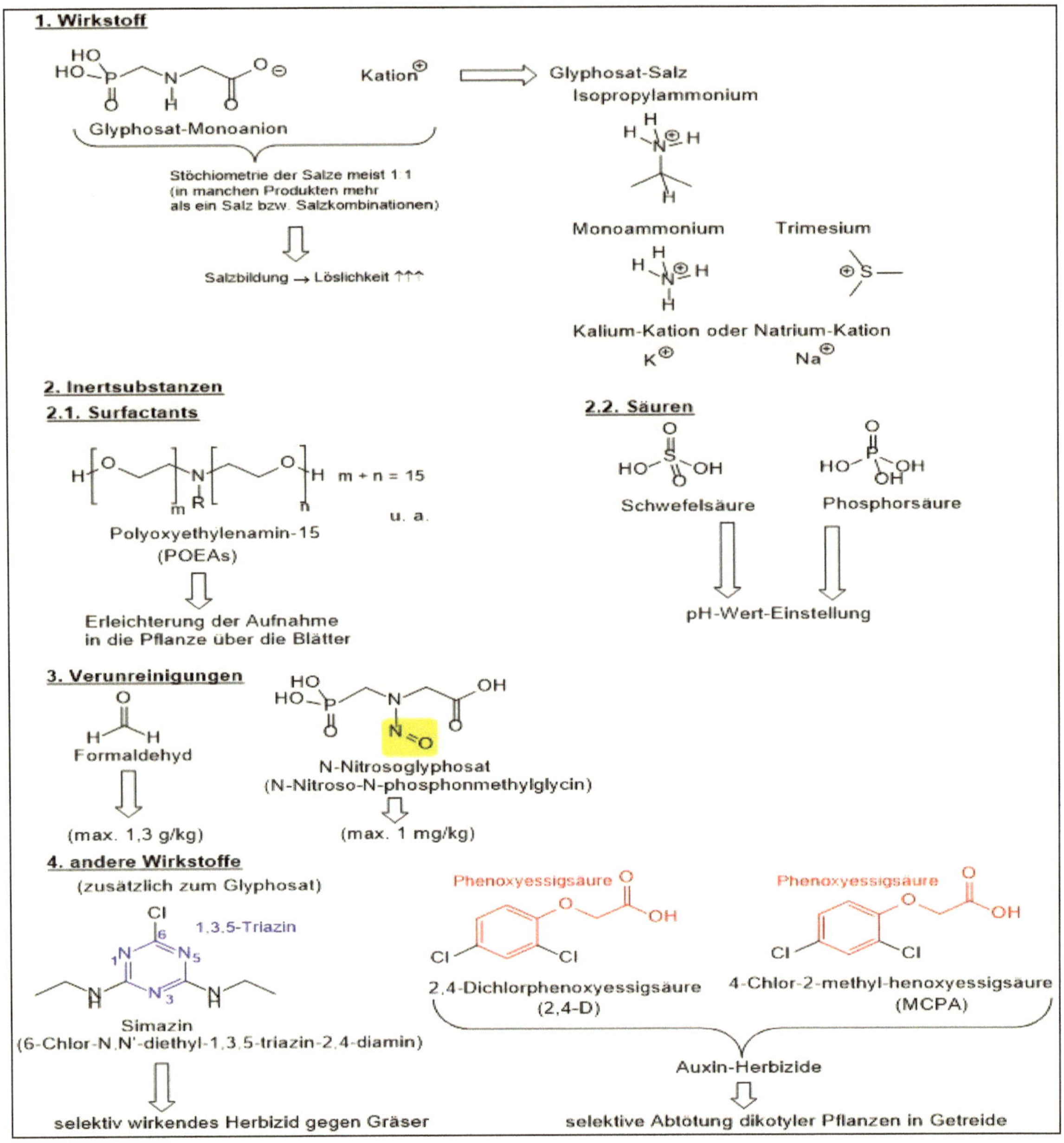

Abbildung 3.3. Bestandteile, die zusätzlich zur Wirksubstanz Glyphosat in einer Glyphosat-basierten Formulierung enthalten sein können.

1. Glyphosat liegt in der Regel als Salz, bevorzugt als Isopropyl-ammonium-Salz vor. Es existieren aber auch Glyphosat-Salz-Kombinationen zweier verschiedener Salze. Die Salze haben meist die Stöchiometrie 1:1. Lediglich das Diammoniumglyphosat enthält 2 Ammoniumionen auf ein doppelt negativ geladenes

Glyphosat-Dianion. Glyphosatsäure wird wegen der geringeren Löslichkeit nur selten eingesetzt.

2. Inertsubstanzen sind häufig das gut gehütete Geheimnis einer Firma. Es handelt sich um nichtionische Tenside, die auch als Surfactants bezeichnet werden und dem Glyphosat die Aufnahme in das Pflanzeninnere erleichtern. Surfactants wie die POE-As sind akut wesentlich toxischer als das Glyphosat. Zur Einstellung des pH-Wertes werden manchmal Säuren, wie z. B. Schwefel- oder Phosphorsäure, zugesetzt.
3. In der EU muss Glyphosat eine Reinheit von 96 % oder mehr haben. Verunreinigungen wie Formaldehyd, das selber genotoxisch ist, oder N-Nitrosoglyphosat stammen meist noch von der Synthese des Glyphosats.
4. Manchmal wird dem Wirkstoff Glyphosat ein zweiter Wirkstoff zugesetzt, wie z. B. Simazin aus der Gruppe der Chlotriazine oder eines der Auxin-Herbizide 2,4-D bzw. MCPA.

Roundup® a.e. (acid equivalent) 360 g/l (Code MON 2139) ist das erste und bekannteste Glyphosat-basierte kommerzielle Produkt (Divisekara et al. 2018). Enthalten ist als Wirksubstanz - wie bei den meisten Glyphosat-basierten Formulierungen - das Monoisopropylammoniumsalz mit einem Anteil von 41,5 % (Abbildung 3.4). Durchschnittlich macht Glyphosat ca. 40 – 60 % einer konzentrierten Formulierung aus. Zusätzlich ist die Inertsubstanz Polyoxyethylenamin-15 bzw. ethoxyliertes Talgalkylamin-15 (POEA-15, Polyethoxylated tallow amine-15, Talgfettaminoxethylat-15) zu 15,5 %, d. h. 155 g/l, enthalten (Abbildung 3.4). Polyoxyethylenamin-15 wirkt als nichtionisches Tensid, als grenzflächenaktive Substanz, die die Oberflächenspannung herabsetzt und somit die Aufnahme über die oftmals von einer Cutikula überzogenen Blätter und durch die Zellwand erleichtert. Dem wasserlöslichen Glyphosat wird es durch das Surfactant ermöglicht, lipophile pflanzliche Zellwände und Membranen zu durchqueren und ins Blattinnere zu gelangen. Die restlichen 43 % im Roundup® a.e. 360 g/l sind Wasser und Verunreinigungen in den Glyphosat-haltigen Herbiziden, wie z. B. Formaldehyd in den Konzentraten mit bis zu 1,3 g/kg und N-Nitrosoglyphosate mit bis zu 1 g/kg, enthalten (FAO 2000, Divisekara et al. 2018, Sodoge 2018).

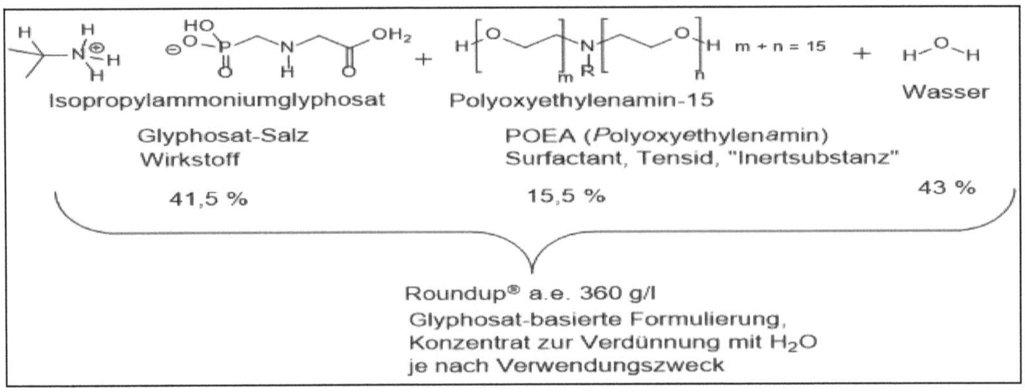

Abbildung 3.4 Bestandteile des Roundup® a.e. 360 g/l Code MON 2139).

Die Wirksubstanz Glyphosat liegt in Form des Monoisopropylammoniumsalzes vor. Das Salz besitzt eine 1:1-Stöchiometrie. Das Isopropylammonium-Ion ist das häufigste Gegenion zum Glyphosat-Monoanion in den Formulierungen. Als "Talgamin"-Rest R des Polyoxyethylenamins werden Fettsäuren, wie Myristinsäure (3 – 6 %), Palmitinsäure (24 -32 %), Stearinsäure (20 – 25 %), (Linolsäure 2 – 3 %) oder Ölsäure (37 – 43 %), verwendet. Das grenzflächenaktive Polyoxyethylenamin-15 (POEA-15, Polyethoxylated tallow amine, Talgfettaminoxethylat) senkt die Oberflächenspannung der wässrigen Lösung und erleichtert dadurch die Aufnahme des Glyphosats über die Blätter (nach Divisekara et al. 2018). Das Surfactant, das in Roundup® a.e. 360 g/l verwendet wird, enthält1,4-Dioxan als Verunreinigung, was toxikologisch, aber nicht signifikant sein soll (Borrecco und Neisess 1991).

Neben dem am häufigsten in den Formulierungen zu findenden Isopropylammoniumsalz (Abbildung 3.4) werden auch andere Salze, v. a. Ammoniumsalze wie z. B. das Dimethylammoniumsalz, verwendet. Interessant ist auch das Trimethylsulfoniumsalz des Glyphosats, das Glyphosat-trimesium, das vom Monsanto-Konkurrenten ICI eingeführt wurde (Abbildung 3.5) (Troev 2006).

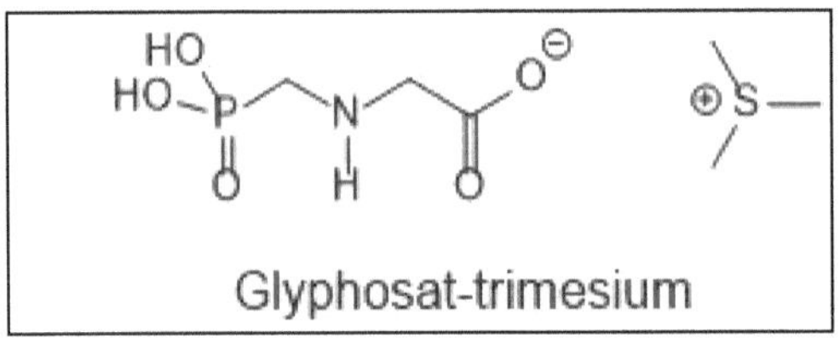

Abbildung 3.5 Strukturformel des Glyphosat-trimesiums, das das Trimethylsulfoniumsalz des Glyphosats ist.

Es liegt eine 1:1-Stöchiometrie vor. Das Glyphosat-Anion wird im Gegensatz zum Isopropylammoniumglyphosat durch Deprotonierung der Carboxyl-Gruppe gebildet.

Industriell hergestelltes Glyphosat besitzt eine Reinheit von mehr als 90 % (Mertens et al. 2018). In der EU wird eine Reinheit von mindestens 95 % verlangt. Nebenprodukte, die u. a. bei der Synthese anfallen, wie Formaldehyd oder N-Nitrosoglyphosat, dürfen pro Substanz nicht mehr als 1 oder 1,3 % ausmachen. Der Anteil jedes einzelnen Nebenproduktes beträgt nicht mehr als 1 %. Durch das Vermischen verschiedener Salze mit verschiedenen inerten Substanzen und Adjuvanzien existieren zahlreiche Mixturen auf dem Markt mit dem Ziel, die herbizide Wirkung ein kleines bisschen zu steigern (Travlos et al. 2017). Abhängig vom Anwendungsbereich wird empfohlen, Glyphosat in einem Konzentrationsbereich von 0,21 – 4,2 kg/ha einzusetzen. Eine Maximalkonzentration von 5,8 kg/ha sollte laut WHO nicht überschritten werden (WHO 1994). In der EU ist die maximal kumulative Glyphosat-Konzentration pro 12-Wochen-Periode auf 4,32 kg/ha begrenzt (EFSA 2015).

Die Klassifikation zwischen "active ingredient" und "inert ingredient" hat Konsequenzen sowohl für den Hersteller als auch für den Endverbraucher. Die Inertsubstanzen, die gar nicht so inert sind und besser als Tenside oder Surfactants bezeichnet werden, müssen genauso wie ihre Konzentration nicht auf dem Produktlabel angegeben, sondern können durch die Firma geheimgehalten werden. Es ist eine vertrauliche Business-Information zwischen Hersteller und Zulassungsbehörde (Mesnage et al. 2019). Die Bezeichnung, ob "active" oder "inert", legt aber zusätzlich auch fest, in welchem Umfang die entsprechenden Substanzen vor der Zulassung hinsichtlich Toxizität getestet werden müssen.

In den meisten Ländern folgen die Pestizid-Toxizitätsstudien für die Zulassung gemeinsamen Leitlinien und Standards, die von der OECD (Organization for Economic and Cooperation and Development) in der Hoffnung ausgearbeitet wurden, eine kosteneffektive Zulassung (Minimierung der Versuchstiere) und nach der Zulassung einen internationalen Handel zu ermöglichen (Mesnage et al. 2019). Die Inertsubstanzen müssen bei weitem nicht in dem Ausmaß getestet werden wie die eigentlichen Wirkstoffe. Die Intensität der Geheimhaltung einer Inertsubstanz in einem Glyphosat-basierten Herbizid hat über die Jahre dazu geführt, dass auch unter Experten immer wieder Fehler auftreten, welche Inertsubstanz in dem Produkt X in welcher Konzentration enthalten ist und dass Endverbraucher ohne Weiteres zwei völlig verschiedene Glyphosat-haltige Herbizide als gleich empfinden, obwohl sie für einen unterschiedlichen Einsatz gedacht sind und unterschiedliche Zusammensetzungen enthalten (Mesnage et al. 2015). Bis auf die Konzentration haben Wissenschaftler kaum Zugang zur genauen Zusammensetzung einer Formulierung, noch zu Beschreibungen zu den strukturellen Charakteristika beispielsweise zweier POEA-Surfactants und wie sich ihre strukturellen Unterschiede auf die Toxizität auswirken (Mesnage et al. 2019).

Die verschiedenen Firmen nutzen eine doppelte Nomenklatur für ihre Glyphosat-basierten Formulierungen, die in der Konsequenz nicht auf die konkrete Zusammensetzung schließen lässt. Beispielsweise wird zum Handelsnamen Roundup® Ultra eine interne Klassifikationsnummer verwendet, die exklusiv für nur eine Formulierung codiert ist. Dieser duale Ansatz bietet den Firmen die Möglichkeit, Veränderungen in der Zusammensetzung vorzunehmen, ohne dabei den Handelsnamen der Formulierung verändern zu müssen, was insbesondere deutliches Einsparpotenzial bei den Marketing-Aufwendungen bedeutet. Lediglich die regulatorischen Behörden, die für die Zulassung zuständig sind, sind von einer Änderung der Formulierung eines Produktes zu informieren (Mesnage et al. 2019).

3.3.1 POEAs (ethoxylierte Talgalkylamine)

Die am häufigsten während der letzten 40 Jahre bis in die heutige Zeit hinein verwendeten Surfactants sind die POEAs. Das Akronym "POEA" ist weltweit für eine große Surfactant-Klasse gebräuchlich, die in sehr vielen formulierten Pestiziden, Arzneimitteln und anderen Kompositionen Verwendung findet. POEA steht für Polyoxyethylenamin, wobei POEA nicht für eine einzelne chemische Substanz, sondern für eine ganze Klasse von Surfactants mit gemeinsamen strukturellen Charakteristika steht (van Os 1997). Anstelle des Kürzels POEA werden diese Moleküle häufiger auch als Ethylenoxidamin-Surfactants bzw. Ethylenoxid-Talgamine bezeichnet. POEAs stellen eine komplexe Mischung von Diethoxylaten von gesättigten und ungesättigten "Talgaminen" dar, die durch ihr Oxid/Talgamin-Verhältnis charakterisiert werden. Ihre Konzentration in der finalen Formulierung liegt typischerweise bei 15 % oder weniger (Tush und Meyer 2016).

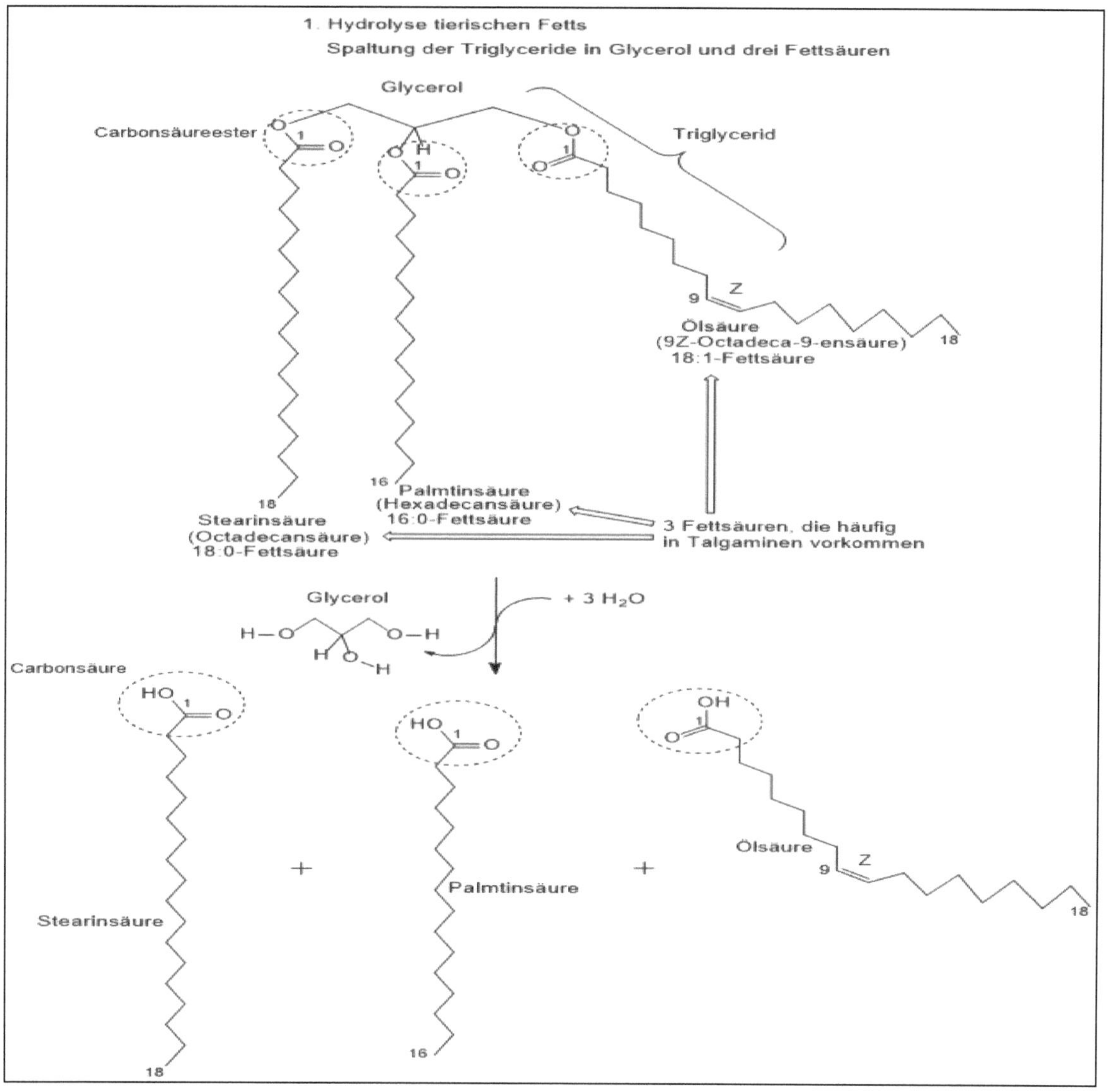

Abbildung 3.6 Synthese der Talgamine (1)

der erste Reaktionsschritt ist die hydrolytische Spaltung tierischen Fetts. Alternatlv können die Fettsäuren auch aus Pflanzenölen (Kokosöl) gewonnen werden.

Die Amin-Komponente innerhalb des Polyoxyethylenamins ist im Allgemeinen ein Amin, das mit einem lipophilen Alkyl-Rest substituiert ist ("fatty amine"). Die Synthese startet mit der Hydrolyse des Fetts. Die Carbonsäureester-Strukturen der Triglyceride werden hydrolytisch aufgespalten zu einem Molekül Glycerol (Alkohol-Komponente) und drei freien Fettsäuren (Carbonsäure-Komponente). In dem Beispiel in Abbildung 3.6 sind es die Fettsäuren Palmitinsäure, eine gesättigte C16-Fettsäure (16:0), Stearinsäure, eine gesättigte C18-Fettsäure (18:0) und Ölsäure, eine einfach ungesättigte C18-Fettsäure, bei der die Doppelbindung cis- bzw. Z-konfiguriert ist und an Position 9 sitzt ($\Delta 9$) (Abbildung 3.6).

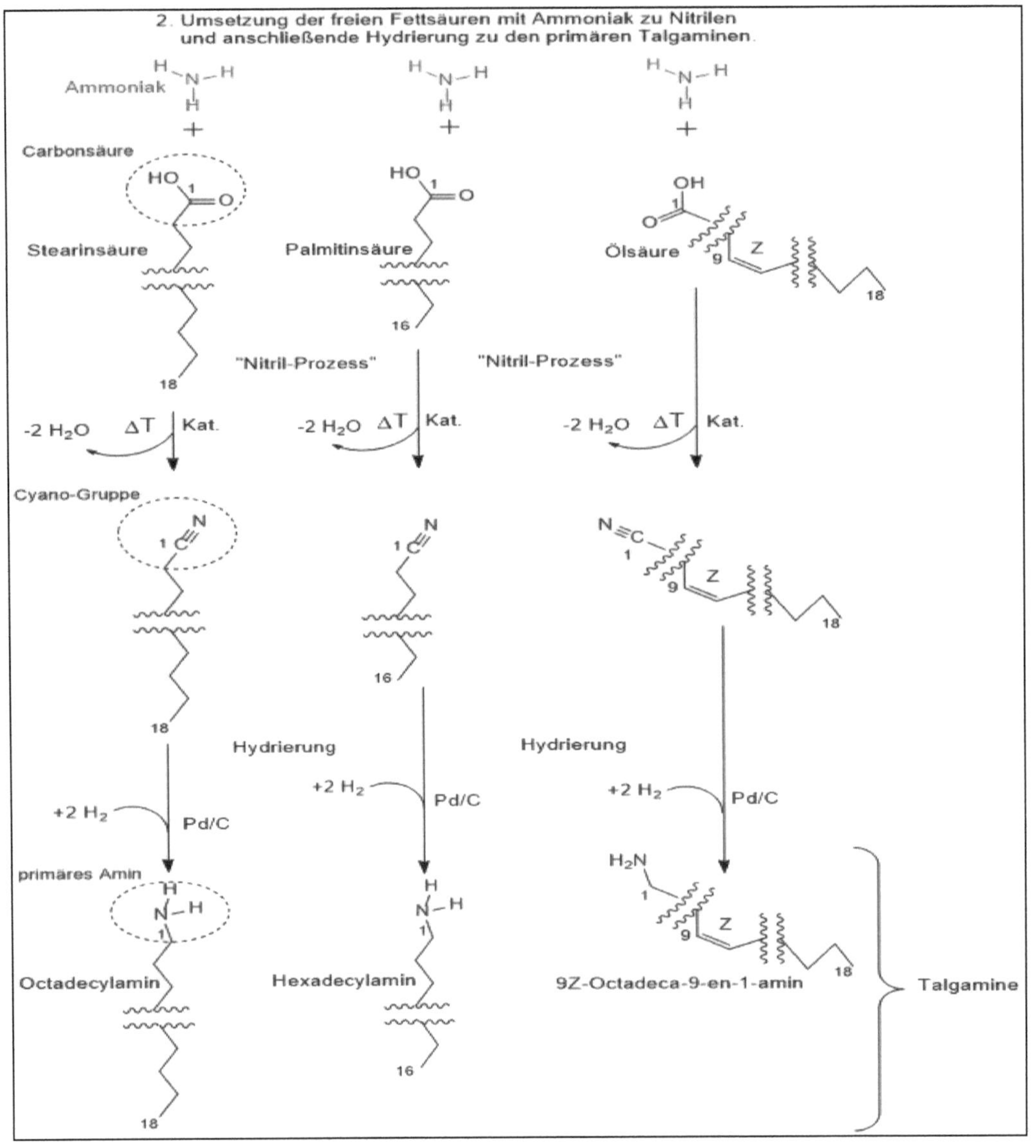

Abbildung 3.7 Synthese der Talgamine (2)

Herstellung von Nitrilen als Zwischenstufe unter basischer oder saurer Katalyse aus Ammoniak und einer gesättigten oder ungesättigten C12-C18-Fettsäure tierischen Ursprungs. Anschließende Hydrierung mit molekularem Wasserstoff und einem Katalysator zu den primären Talgaminen.

Nachdem die Fettsäuren aus der Carbonsäureester-Bindung hydrolytisch freigesetzt worden sind, beginnt die eigentliche Synthese, bei der aus Carbonsäuren primäre Amine, die primären Talgamine, entstehen.

Diese Synthese wird wegen der als Zwischenstufe auftretenden Nitrile auch als "Nitril-Prozess" bezeichnet (Foley et al. 2012). Bei den POEAs erfolgt dieser Prozess durch die Reaktion von gesättigten und ungesättigten C12-C18-Fettsäuren (u. a. Myristinsäure, Palmitinsäure, Stearinsäure, Ölsäure, Linolsäure) mit Ammoniak bei sehr hohen

Temperaturen (> 250 °C) und unter Zugabe katalytischer Mengen eines Metalloxids wie Zinkoxid (ZnO) (Abbildung 3.7). Unter diesen Bedingungen kommt es ausgehend von den Carbonsäuren der entsprechenden Fettsäuren zur Bildung der "fatty nitrils", der entsprechenden Nitrile, unter Abspaltung von zwei Molekülen Wasser je gebildeter Cyano-Gruppe. Die Reaktion ist praktisch die Umkehrung der Nitril-Hydrolyse zu den entsprechenden Carbonsäuren. Aus dem "fatty nitril" erhält man das "fatty amine", das primäre Talgamin, durch Hydrierung mit molekularem Wasserstoff unter Katalyse von Palladium/Kohle oder Nickel (Barrault und Pouilloux 1997, Foley et al. 2012, Mesnage et al. 2012) (Abbildung 3.7).

Sofern die Fettsäuren tierischen Ursprungs sind, wird das "lipophile Amin" als "tallow amine", deutsch Talgamin, bezeichnet (EPSA 2005). Stammen die Fettsäuren aus Kokosöl, wird das daraus resultierende Amin als "coco amine", Kokos-Amin, bezeichnet (Mesnage et al. 2019). Für die Betrachtung der physikalisch-chemischen Eigenschaften ist die Herkunft – ob vegetarisch oder tierisch - unerheblich. Das Polyoxyethylen in der allgemeinen Formel für ein POEA-Derivat ist ein Oligomer des Ethylenoxids. Das Ethylenoxid wird sukzessiv an das Stickstoff-Atom des Talgamins addiert, wobei die Amin-Komponente letztlich eine Fettsäurekette und zwei Ethylenoxid-Oligomer-Ketten trägt (Abbildung 3.8) (Mesnage et al. 2019).

Das resultierende POEA ist kein einheitliches Molekül, sondern ein Gemisch aus verschiedenen Talgaminen, an die jeweils zwei Poly(ethylenoxid)-Ketten mit einer unterschiedlichen Anzahl von Ethylenoxid-Einheiten addiert worden sind (Abbildungen 3.8 und 3.9) (van Os 1997). Poly(ethylenoxid)-Ketten gehören wie die Poly(propylenoxid)-Ketten zu den Polyethern. Die Addition einer neuen Ethylenoxid-Einheit an das Kettenende verläuft für jedes Monomer mit einer anderen Geschwindigkeit, was die unterschiedlichen Kettenlängen erklärt (van Os 1997). Kürzerkettige POEAs sind farb- und geruchlose, viskose oder wachsartige Flüssigkeiten. Nimmt die durchschnittliche Kettenlänge zu, wird das Gemisch immer viskoser. Sehr langkettige POEAs sind fest. Manchmal sind es keine Ehthylenoxid-Einheiten, sondern Propylenoxid-Einheiten, die an die Talgamine addiert werden. Man spricht dann statt von Ethoxylierung von einer Propoxylierung. Nicht selten findet sich auch die übergreifende Beschreibung Alkoxylierung, die sowohl eine Ethoxylierung als auch eine Propoxylierung beschreibt.

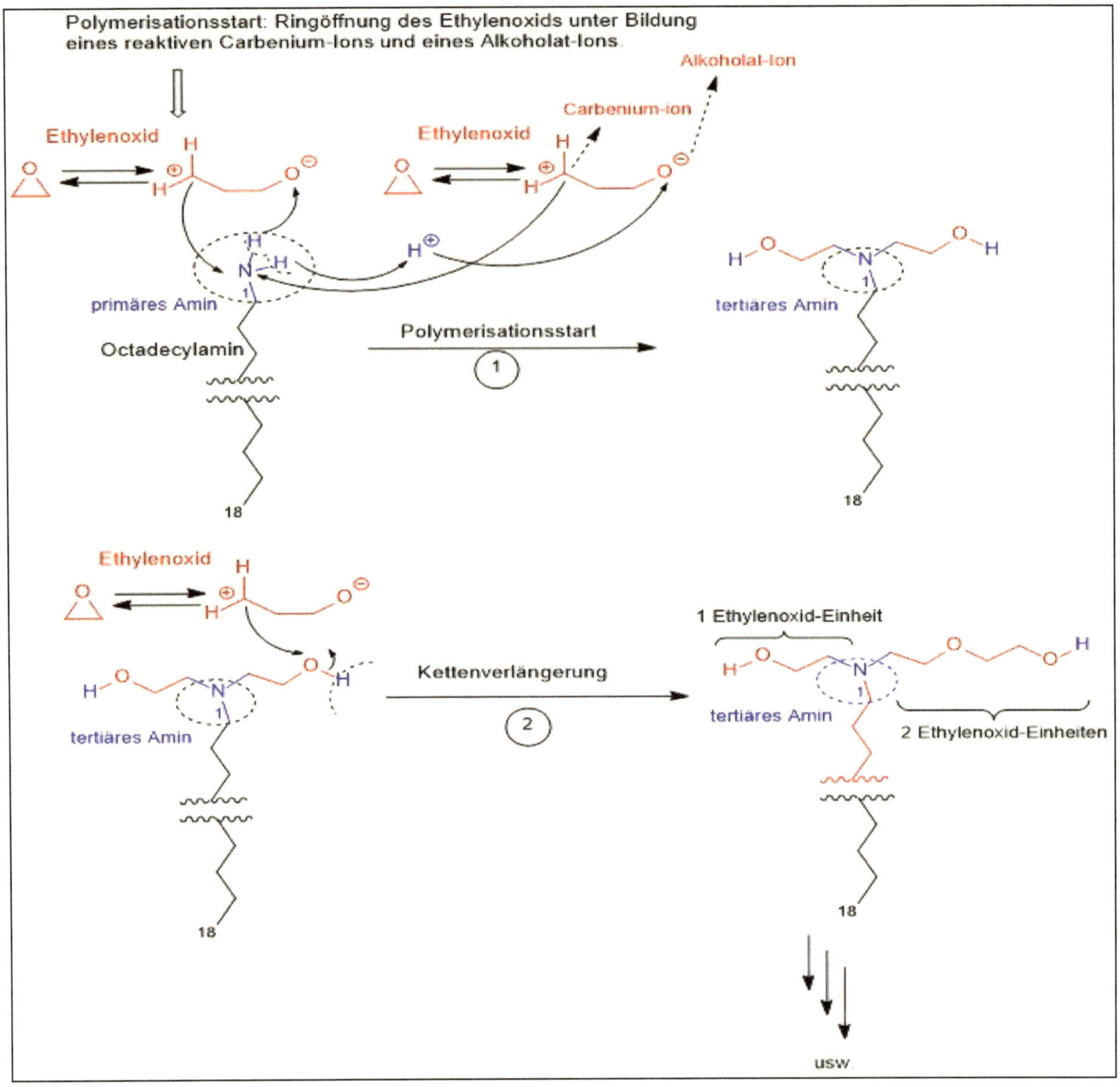

Abbildung 3.8 Synthese der POEAs aus den Talgaminen, an denen jeweils zwei Ethylenoxid-Ketten zu Oligomeren wachsen.

Hier am Beispiel des primären Talgamins Octadeclyamin und Ethylenoxid dargestellt. Die Talgamine stellen ebenso ein Gemisch verschiedener Talgamine dar mit unterschiedlichen Fettsäuren.

Unter basischer oder saurer Katalyse erfolgt eine Ringöffnung des Epoxids Ethylenoxid zum hochreaktiven Carbenium-Ion, das sich an den nukleophilen Stickstoff des Talgamins anlagert (1.). Insgesamt lagern sich an das Talgamin zwei Ethylenoxid-Moleküle an, sodass zwei Ethylenoxid-Ketten wachsen können und aus dem primären Talgamin ein tertiäres Poly(ethoxyliertes) Talgamin wird.

Auch die zwei Oligomer-Ketten sind unterschiedlicher Länge, wobei die durchschnittliche Anzahl an Ethylenoxid-Monomeren 15 bei POEA-15 ist.

Ethylenoxid, nach IUPAC 1,2-Epoxyethan, ist ein weltweit zur Sterilisation und Desinfektion von hitzempfindlichen Substanzen genutztes Gas. Die globale Produktion von Ethylenoxid betrug in 2000 etwa 15 Millionen Tonnen, wobei Ethylenoxid in der Regel als Zwischenprodukt zur Weiterverarbeitung von Frostschutzmitteln, Polyestern und Surfactants dient (Mesnage et al. 2019). Etwa 13 % dieser Jahresproduktion wird weiterverarbeitet zu Surfactants.

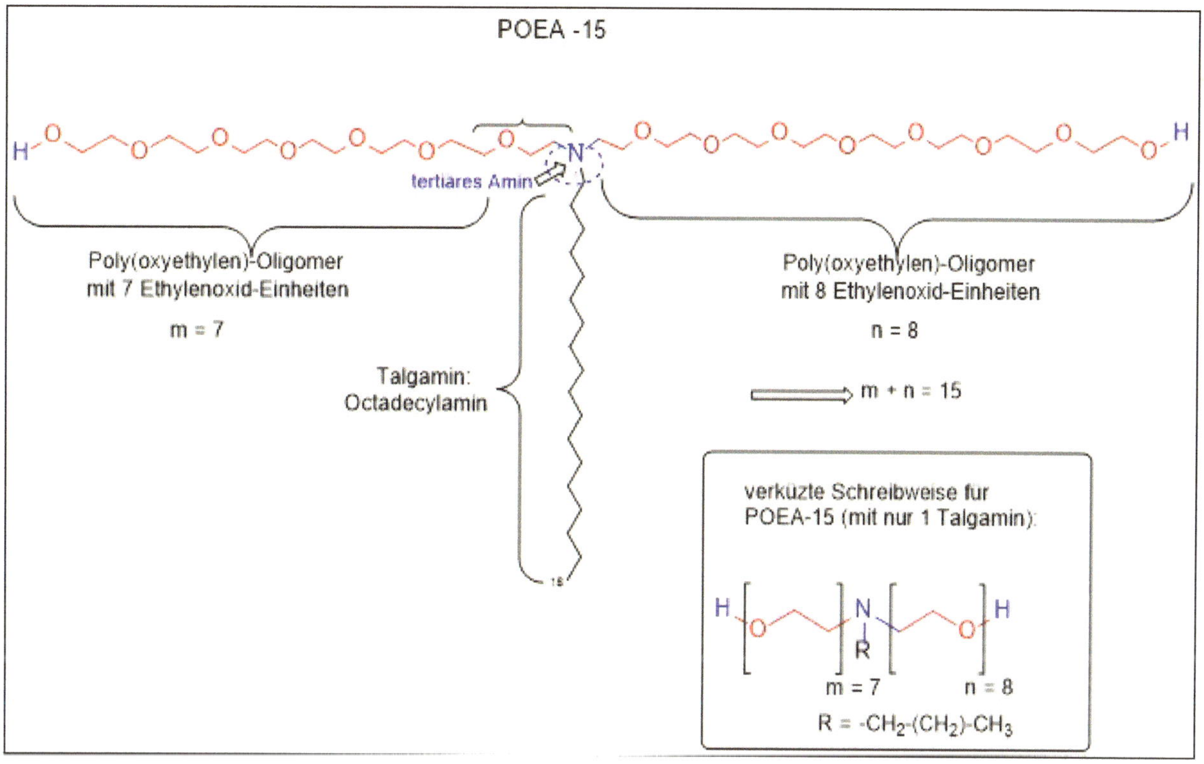

Abbildung 3.9 Strukturformel eines "dem Durchschnitt" entsprechenden POEA-15-Moleküls mit exakt 15 Ethylenoxid-Einheiten, aufgeteilt zu 7 und 8 Einheiten auf zwei Oligomerketten.

POEA-15 ist kein einheitliches Molekül, sondern ein Gemisch vieler einzelner ähnlicher Moleküle. 15 Ethylenoxid-Einheiten ist der Mittelwert, der sich für alle Moleküle mit ihrer unterschiedlichen Anzahl an Ethylenoxid-Einheiten ergibt.

Auch das Talgamin ist nicht nur wie hier eine C18-Alkylkette, sondern ebenso wie bei den Ethylenoxid-Oligomeren liegen meistens Gemische verschiedener Talgamine vor.

Ethylenoxid ist sehr beliebt, da die Kettenlänge des Ethylenoxid-Oligomers leicht gesteuert und verändert werden kann, um die chemisch-physikalischen Eigenschaften des Detergens zu variieren (van Os 1997). Saure oder basische Katalysatoren werden zur Initiierung der Oligomerisation eingesetzt, um den Epoxid-Ring zu öffnen. Als Katalysatoren werden Natriumhydroxid, Benzoylchlorid, Toluolsulfonylchlorid, Triisopropylsilan, Dichlormethan oder Trifluoressigsäure verwendet (French et al. 2009). Zahlreiche weitere chemische Reaktionen können genutzt werden, um POEAs zu synthetisieren. Dadurch kommt es auch zu unterschiedlichen Qualitäten, denn die Verunreinigungen variieren stark je nach Herstellungstechnik (Mesnage et al. 2019).

Die erste Generation der POEAs, die in den 1970er und 1980er Jahren in den Glyphosat-Formulierungen enthalten war, enthielt typischerweise Polyoxyethylen-Talgamine, deren Fettsäureketten aus tierischen Fetten gewonnen wurden. Talgamine sind zu 99 % primäre, nichtverzweigte Alkylamine. Mehrheitlich waren C16- und C18-Fettsäuren (Palmitinsäure 16:0, Stearinsäure 18:0) enthalten. Zu 40 – 50 % waren die Fettsäuren ungesättigt (Ölsäure 18:1, Linolsäure 18:2) (Mesnage et al. 2019).

Die Verlängerung der Zulassung Glyphosat-haltiger Produkte in 2017 bis Ende 2022 ist erfolgt, die Mitgliedsstaaten sollen seither aber sicherstellen, dass entsprechende Glyphosat-Produkte keine POEAs mehr enthalten. POEA-15 (synonym POE-15) ist ein Polyoxyethylenamin mit einer durchschnittlichen Ethoxylierungs-Rate von 15 C2-Einheiten verteilt auf zwei Oligomer-Ketten (m+n =15 in Abbildung 4). Daneben gibt es auch POEA-Formulierungen, wie z. B. Genamin® T200, die 70 % POEA-15 in Lösung enthalten (Defarge et al. 2018). POEA-15, mit dem Code MON 0818, war auch in der ersten Roundup®-Formulierung MON 2139 von Monsanto enthalten (Mesnage et al. 2019). In den späten 1970er Jahren erkannte man bereits die Problematik, die der Zusatz von POEAs zu Glyphosat-Formulierungen mit sich bringt. POEAs wie das POEA-15 (POE 15-Talgamin) sind wesentlich toxischer für Tiere, z. B. Amphibien und Fische, als die Wirksubstanz Glyphosat (Tabelle 3) (Howe et al. 2004). POEA-15 ist 5- bis 50-mal toxischer als Glyphosat gegenüber Säugetieren und Fischen (Tabelle 3.1) (Mesnage et al. 2013).

Tabelle 3.1: Akute und subakute Toxizität des Surfactants POEA-15 im Vergleich zum Glyphosat bei verschiedenen Tieren und unterschiedlichen Testssystemen (nach Mesnage et al. 2019).

Daphnia magna: *Großer Wasserfloh*; *Lepomis macrochirus*: *Blauer Sonnenbarsch*.

Säugetier bzw. OECD-Leitlinie	Applikation, Zeitraum der Applikation	Toxizität Glyphosat	Toxizität POEA-15

Ratte	oral, 90 d	300 mg/kg KG/d	60 mg/kg KG/d
Hund	oral, 90 d	1000 mg/kg KG/d	42 mg/kg KG/d
parenterale Reproduktionstoxizität (OECD 416)	vgl. OECD 416	2000 mg/kg KG/d	74 mg/kg KG/d
Entwicklungstoxizität (Ratte)	---------------------	1000 mg/kg KG/d	215 mg/kg KG/d
Akute Toxizität: Humane Zell-Zytotoxizität	---------------------	> 10000 mg/l	2 mg/l
Akute Toxizität: Daphnia magna, Mortalität (EC_{50})	Daphnientest	40 mg/l	3,7 mg/l
Akute Toxizität: Lepomis macrochirus (Fisch), Mortalität, EC_{50}	---------------------	47 mg/l	1,1 mg/l
Akute Toxizität: Regenbogenforelle, Mortalität EC_{50}	---------------------	38 mg/l	0,65 mg/l

Studien, die die Toxizität des POEA-15 bewiesen, wurden bereits Ende der 1970er Jahre veröffentlicht (Folmar et al. 1979). Schon damals ließ sich aufzeigen, dass die Roundup®-Formulierung MON 2139 10- bis 40-mal toxischer gegenüber bestimmten Fischarten ist als Glyphosat allein (Folmar et al. 1979, Wan et al. 1989). Viele tierexperimentelle Studien wurden anschließend veröffentlicht. Für Frösche und Krebstiere ist die Formulierung 10- bis 50-mal toxischer als der reine Wirkstoff (Mann und Bidwell 1999, Tsui und Chu 2003, Howe et. al. 2004). Insbesondere Fische und im Wasser lebende Wirbellose sind anfällig gegenüber POEA-Surfactants, da das Surfactant die

Schleimschicht auf den Kiemenoberflächen emulgieren kann (Talmage 1994). Die Kiemenoberfläche kann zusätzlich durch das Surfactant mit seinem hydrophoben Molekülteil penetriert werden. Als Folge daraus ist die Respiration beeinträchtigt und der Fisch stirbt schließlich an Erstickung (Talmage 1994). Dass die POEA-Surfactants der originalen Roundup®-Formulierung mehr als das reine Glyphosat auch für die humantoxischen Effekte verantwortlich sind, ist erstmals 1988 beschrieben worden (Sawada et al. 1988, Mesnage et al. 2019). Auch die langfristigen Wirkungen der POEAs, z. B. die vermeintliche Genotoxizität, stellen ein großes Problem dar (Guilherme et al. 2012, Mesnage et al. 2019).

Die akute Toxizität der POEAs folgt einfachen Regeln (Talmage 1994, Mesnage et al. 2019). Die Hydrophobizität nimmt mit steigenden Kettenlängen zu. Langkettige Fettsäuren sind eher in der Lage in lipophile Membranen einzudringen als kurzkettige. Dadurch zerstören sie deren Struktur. Somit nimmt die akute Toxizität mit steigender Kettenlänge zu. Dagegen sinkt die Akuttoxizität ethoxylierter Surfactants, wenn chemische, funktionelle Gruppen (z. B. einfache Methyl-Gruppen) an die Alkylketten substituiert werden, da das Penetrationsvermögen durch die Zellmembranen deutlich nachlässt. Auch längere, dafür aber wasserlösliche Ketten mit hydrophilen Monomeren, z. B. die polyethoxylierten Surfactants, die nach jedem zweiten C-Atom ein hydrophiles O-Atom enthalten, sind weniger toxisch, da sie aufgrund der höheren Hydrophilie weniger stark mit Zellmembranen wechselwirken (Mesnage et al. 2013, Defarge et al. 2016, Mesnage et al. 2019).

Die akute okulare Toxizität am Menschen wurde erstmals bei Arbeitern, die beruflich mit Glyphosat-basierten Herbiziden zu tun hatten, registriert. Daten, die den Zeitraum von 1981 bis 1985 abdecken, zeigen, dass die zwei häufigsten Krankheitsgründe nach berufsbedingter Exposition Augenverletzungen (50 % der Fälle) und Hautverletzungen (35 % der Fälle) sind (Blondel 1986). Als Konsequenz dieser Augen- und Hautschäden brachte Monsanto damals Glyphosat-basierte Formúlierungen auf den Markt, die zwar die für die Krankheitsfälle verantwortlichen POEA-Surfactants immer noch enthielten, dafür aber verknüpft wurden mit Substanzen, die bekannt dafür waren, Augenirritationen abzumildern. Dies ist zum ersten Mal im Roundup® Pro (Code MON 77360) erfolgt, eine Formulierung, die einen "phosphate ester neutralized polyethoxylated tallow amine" mit 14,5 % bzw. 145 g/l in der Formulierung enthält. Allerdings sind keine weiteren Informationen bezüglich der chemischen Unterschiede zum Surfactant in Roundup® bis auf die, dass es sich um einen Phosphatester von POEA handelt, verfügbar (Diamond und Durkin 1997). Auf jeden Fall bewirkte dieser Wechsel der Surfactants, dass der Nachfolger Roundup® Pro (Code MON 77360) in die FIFRA-Kategorie III bei "augenreizenden Mitteln" (Federal Insecticide, Fungicide, and Rodenticide Act) eingeordnet wurde. Kategorie III bedeutet "slightly irritating", also nur leicht reizend. Das originale

Roundup® (Code MON 2139) wurde als “moderately irritating”, also als mäßig augenreizend zur FIFRA-Kategorie II zugeordnet.

Der Wechsel des Surfactants hat zwar das augenreizende Potenzial insbesondere für Bauern und Farmer gesenkt, konnte aber nicht die akuttoxischen Effekte der POEA-Surfactants auf Nicht-Target-Organismen reduzieren. Beispielsweise sind die LD_{50}-Werte für Roundup® (Code MON2139) und Roundup® Pro (Code MON 77360) für den *Blauen Sonnenbarsch* (LD_{50} (Roundup®) = 5,8 mg/l vs. LD_{50} (Roundup® Pro) = 7,3 mg/l), für die *Regenbogenforelle* ((LD_{50} (Roundup®) = 8,2 mg/l vs. LD_{50} (Roundup® Pro) = 5,4 mg/l und für den *Wasserfloh* (LD_{50} (Roundup®) = 11 mg/l vs. LD_{50} (Roundup® Pro) = 11 mg/l) vergleichbar (Mesnage et al. 2019).

3.3.2 Ethoxylierte und propxylierte Etheramine

Auch wenn das Akronym POEA oftmals als Bezeichnung für das POEA-15-Surfactant in der Roundup®-Formulierung verwendet wird, sind verschiedene Amine entwickelt worden, die nach Ethoxylierung in verschiedenen Roundup®-Formulierungen wiederzufinden sind. Etheramine sind anstelle der Alkylamine in verschiedenen Formulierungen enthalten. Die Etheramine sind strukturell so aufgebaut, dass 1 – 10 Sauerstoff-Atome, die Alkyl-Kette durch eine Etherbindung unterbrechen. Dies ist der einzige strukturelle Unterschied.

Abbildung 3.10 vergleicht die allgemeinen Strukturen eines ethoxylierten Talgalkylamins und eines ethoxylierten Etheramins. Durch die Ether-Stukturen besitzen die neuen Surfactants gegenüber den POEAs eine größere Performance, mit dem gleichen Volumen an Lösung reicht eine Formulierung für eine größere landwirtschaftliche Fläche als bei Verwendung eines POEA-Surfactants. Auch die langfristigen Wirkungen der POEAs, z. B. die vermeintliche Genotoxizität, stellen ein großes Problem dar (Guilherme et al 2012, Mesnage et al. 2019). Ein wahrscheinlich ethoxyliertes Etheramin als Surfactant, MON 59117, ist als Teil der kommerziellen Formulierung in Roundup® Energy (Code MON 79545) enthalten (Mesnage et al. 2019). Es ist zudem Bestandteil von Roundup® GT plus und Roundup® Flash, die in Frankreich vertrieben werden (Mesnage et al. 2019). Ein Amin mit Ether-Gruppen in der Alkylkette ist in dem interessanten Surfactant AGM550 eingebaut.

Es enthält zusätzlich zu den zwei ethoxylierten Oligomer-Ketten innerhalb der Amin-Komponente eine oligomere propxylierte Kette, die weiterhin noch an jedem Monomer alkyliert ist. Es wird als propxyliertes Alkylaminethoxylat bezeichnet. Dieses Surfactant mit dem Code MON 58121 ist Bestandteil der Formulierung Roundup® Full (MON 78128), die in Argentinien vertrieben wird (Mesnage et al. 2019). Insgesamt muss man festhalten, dass die toxikologischen Profile der ethoxylierten Etheramin-Surfactants vergleichbar zu denen der ethoxylierten Alkylamine sind. Die meisten Formulierungen, die ein solches ethoxyliertes Etheramin enthalten, sind für Fische und sonstige im Wasser lebenden Tiere hochtoxisch. Das gleiche gilt für humane Zellkulturen, die ebenso empfindlich auf diese Surfactants reagieren (Mesnage et al. 2013). Die akuten Toxizitäten gegenüber der *Regenbogenforelle* für das Etheramin-Surfactant MON 58121 und für das POEA-15 sind daher auch vergleichbar (LD_{50} (MON 58121) = 0,16 mg/l vs. LD_{50} (POEA-15) = 0,65 mg/l) (Mesnage et al. 2019). Phosphatierungen an den terminalen Hydroxyl-Gruppen der ethoxylierten POEAs führen anscheinend zu einer Verringerung der Toxizität (Defarge et al. 2016, Mesnage et al. 2019).

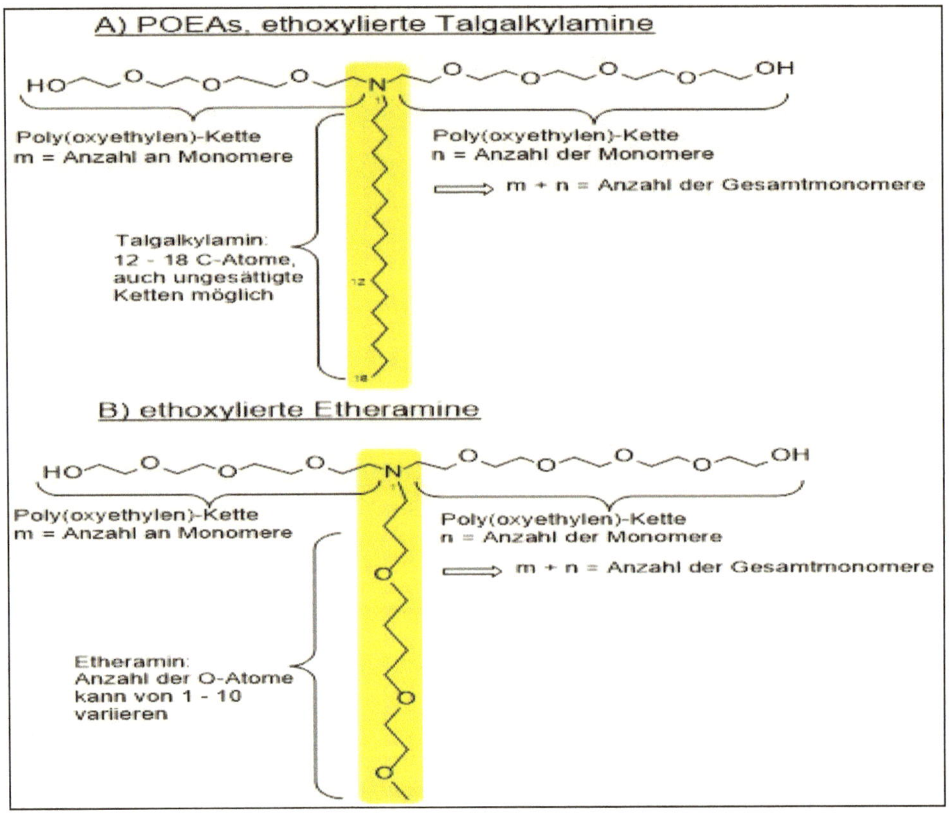

Abbildung 3.10: Vergleich der allgemeinen Strukturen eines ethoxylierten Talgalkylamins (POEA) (A) und der allgemeinen Struktur eines ebenso ethoxylierten Etheramins (B).

Die Etheramine sind in der EU Nachfolger der seit 2017 nicht mehr erlaubten POEAs. Vor allen Dingen die Inzidenz für Augenreizungen nach direktem Kontakt der Formulierung konnte durch den Austausch reduziert werden. Etheramine sind während der Lagerung extrem stabil und besitzen eine höhere Perfomace. Formulierungen mit ethoxylierten Etheraminen können höhere Konzentration Glyphosat-Säureäquivalente aufnehmen, d. h. das gleiche Volumen einer Lösung mit dem ethoxylierten Etheramin-Surfactant reicht für mehr landwirtschaftlich genutzte Fläche als ein entsprechendes Volumen mit einem ethoxylierten Talgalkylamin-Surfactant. Die Toxizität, insbesondere die Akuttoxizität, eines ethoxylierten Etheramins ist allerdings ungefähr vergleichbar mit der eines ethoxylierten Talgalkylamins (Mesnage et al. 2019).

Surfactants wie die POEAs, ethoxylierte Alkylamine, sind in Europa durch die Bedingungen, die an eine erneute Zulassung des Glyphosats geknüpft waren, vom Markt genommen und durch eine neue Generation von Surfactants ersetzt worden. In den USA dagegen bleiben die POEAs nach wie vor am Markt erhältlich und sind dort in fast allen Glyphosat-basierten Formulierungen enthalten.

Ein Etheramin wird im Huntsman AGM550-Surfactant (MON 58121) genutzt. Es ist ein propoxyliertes Alkylaminethoxylat (Abbildung 3.12) und wird unter dem Handelsnamen Roundup® Full in Argentinien vertrieben (Mesnage et al. 2019).

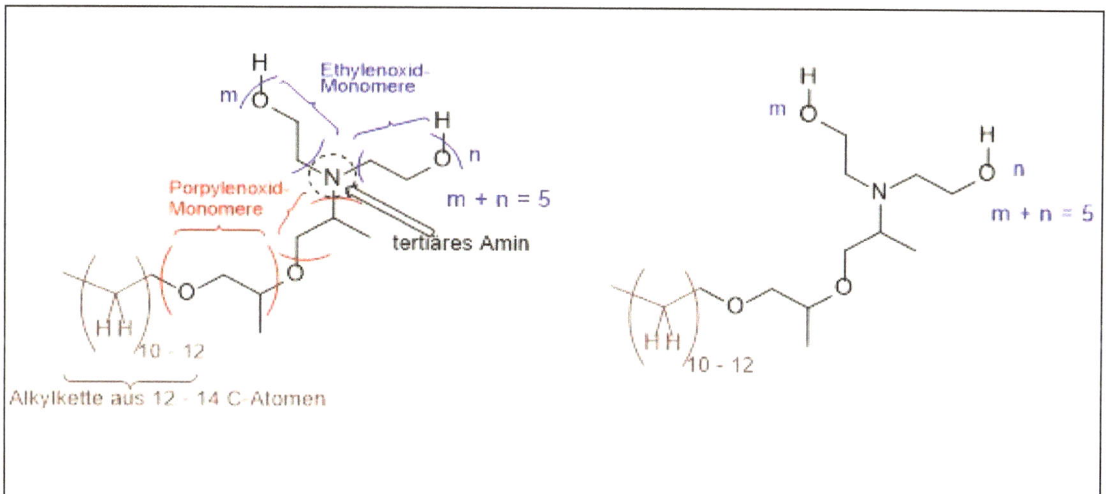

Propoxyliertes Alkylaminethoxylat (AGM-550, MON 58121)

Abbildung 3.11 Das propoxylierte Alkylaminethoxylat, das in Roundup®Full in Argentinien vertrieben wird.

Linkes Molekül mit Strukturerläuterung: Propylenoxid-Monomere in rot, Ethylenoxid-Monomere in blau, Alkylkette in dunkelrot, zentrales tertiäres Amin schwarz mit Pfeil eingekreist.

Zwei propoxylierte Molekül-Strukturen sind blau eingeklammert, ethoxylierte Molekülstrukturen sind rot eingeklammert, wovon es 5 im

Molekül gibt. Die Alkylkette besteht aus 12 -14 C-Atomen. Zentral liegt das tertiäre Amin (nach Mesnage et al. 2019)

Eines dieser neuen Surfactants, Dodigen 4022 bzw. in der Formulierung mit dem CodeMON 52276 gekennzeichnet, ist in vielen europäischen Roundup®-Formulierungen enthalten (Metruccio et al. 2017, Mesnage et al. 2019). Dodigen 4022 ist eine propoxylierte quartäre Ammonium-Verbindung mit permanenter positiver Ladung. In der EU wird es in verschiedenen Roundup®-Formulierungen u. a. in Roundup® Pro Biactive in Irland, in Roundup® Extra 360 in Frankreich, in Roundup® BioFlow in Italien, in Roundup® Bio in Finnland, in Roundup® Ultra in Belgien vertrieben. Die quartäre Ammonium-Verbindung ist ungefähr zehnmal weniger toxisch als die POEAs (Defarge et al. 2016).

3.3.3 Polyoxyethylenalkylether-phosphate

Bei ethoxylierten Talgalkylaminen und Etheraminen kann man die akute Toxizität wahrscheinlich deutlich absenken, indem man die terminalen Hydroxyl-Gruppen mit jeweils einer Phosphat-Gruppe verestert (Defarge et al. 2016, Mesnage et al. 2019). Phosphatester sind als Surfactants in Glyphosat-basierten Formulierungen enthalten, z. B. Polyoxyethylenalkylether-phosphate, die bekannter unter ihrem Kürzel POE-APE sind (Abbildung 3.13) (Defarge et al. 2016).

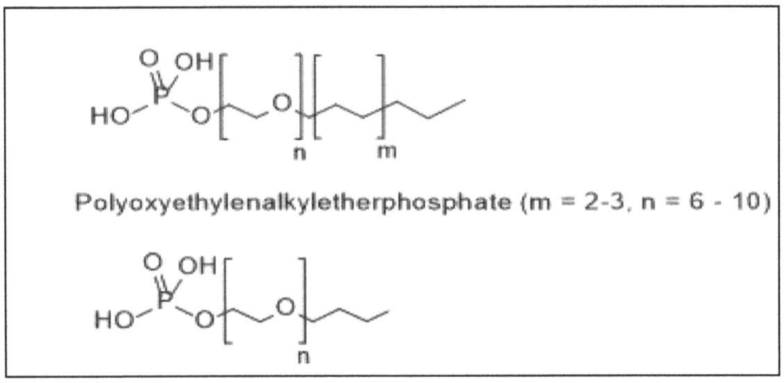

Abbildung 3.12
Strukturformeln der Polyoxyethylenalkylether-phosphate (POE-APE).

3.3.4 Alkylpolyglycoside

Relativ neu ist eine Kombination aus Alkylpolyglycosiden (APG) und Nitroryl, die als Surfactant-Kombination bereits in den Formulierungen Roundup® Prime und Roundup® PowerFlex Verwendung findet (Deutscher Bundestag 2016). Alkylpolyglycoside sind nichtionische Tenside wie beispielsweise die POEAs und im Gegensatz zu den ionischen quartären Ammoniumverbindungen und den Phosphatestern. Sie sind biologisch gut abbaubar, besitzen von den hier aufgeführten Surfactants wahrscheinlich die geringste Toxizität, obwohl in der Studie von Defarge aus 2015 für Alkylpolglycoside ein hohes toxisches Potenzial ermittelt wurde (Defarge et al. 2016). Alkypolylglycoside bestehen aus einem hydrophilen Zuckeranteil, vielfach D-Glucose, und einem hydrophoben Alkylalkohol. Alkylpolyglycoside mit einem anderen Zucker als Glucose werden als Alkylpolyglycoside, die APGs mit Glucose als Alkylpolyglucoside bezeichnet. Bei der Synthese wird der Alkylalkohol über eine vollacetalische Bindung an das anomere C-Atom des razemisch vorliegenden Zuckers gebunden. Trotz der glycosidischen Bindung sind Alkylpolyglycoside ausreichend hydrolysestabil. Im Gegensatz zu den ethoxylierten Talgalkyl- und Etheraminen wirken die Alkylpolyglycoside nicht haut- und schleimhautreizend, wohl aber augenreizend, bestehen ausschließlich aus nachwachsenden Rohstoffen und sind biologisch unter aereoben und anaeroben Rahmenbedingungen vollkommen abbaubar, sodass sie bereits heute Bestandteil zahlreicher Wasch-, Reinigungsmittel und Kosmetika sind (Eskuchen und Nitsche, Igor et al. 2010). In Abbildung 3.13 ist die Strukturformel eines Alkylglucosids mit nur einem Glucose-Monomer, so wie es vielleicht in den beiden Roundup®-Produkten Roundup® Prime und Roundup® PowerFlex eingesetzt wird, dargestellt (Mesnage et al. 2019)

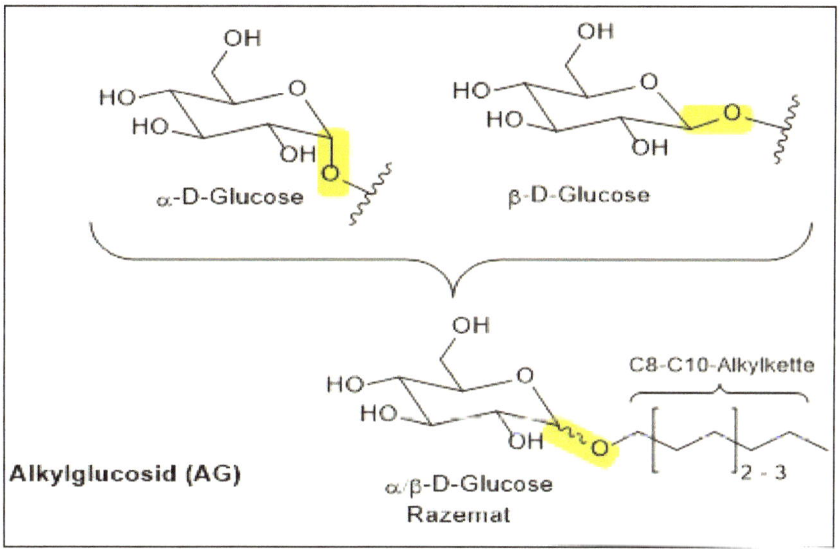

Abbildung 3.13
Strukturformel des Alkylglucosids Octyl-Decylglucosid (C_8-C_{10}.Glucosid).

Gelb unterlegt ist das anomere C1-Atom der Glucose. Je nach Konfiguration hat man es mit β- oder α-Glucose zu tun. Die Synthesen verlaufen nicht enantioselektiv, sondern führen zur Racemerisierung.

In Abbildung 3.15 ist sind dann zwei Strukturformeln für "richtige" Alkylpolyglucoside angegeben, die aus vielen Glucose-Monomeren bestehen, die über 1,4-glycosidische bzw. 1,6-glycosidische Bindungen miteinander verknüpft sind. Die terminalen Glucose-Einheiten sind glycosidisch mittels einer Vollacetal-Bindung über das anomere C1-Atom mit dem Fettalkohol verbunden, der in der Regel von 8 C-Atomen (n-Octanol) bis zu 18 C-Atomen (n-Octadecanol) lang sein kann.

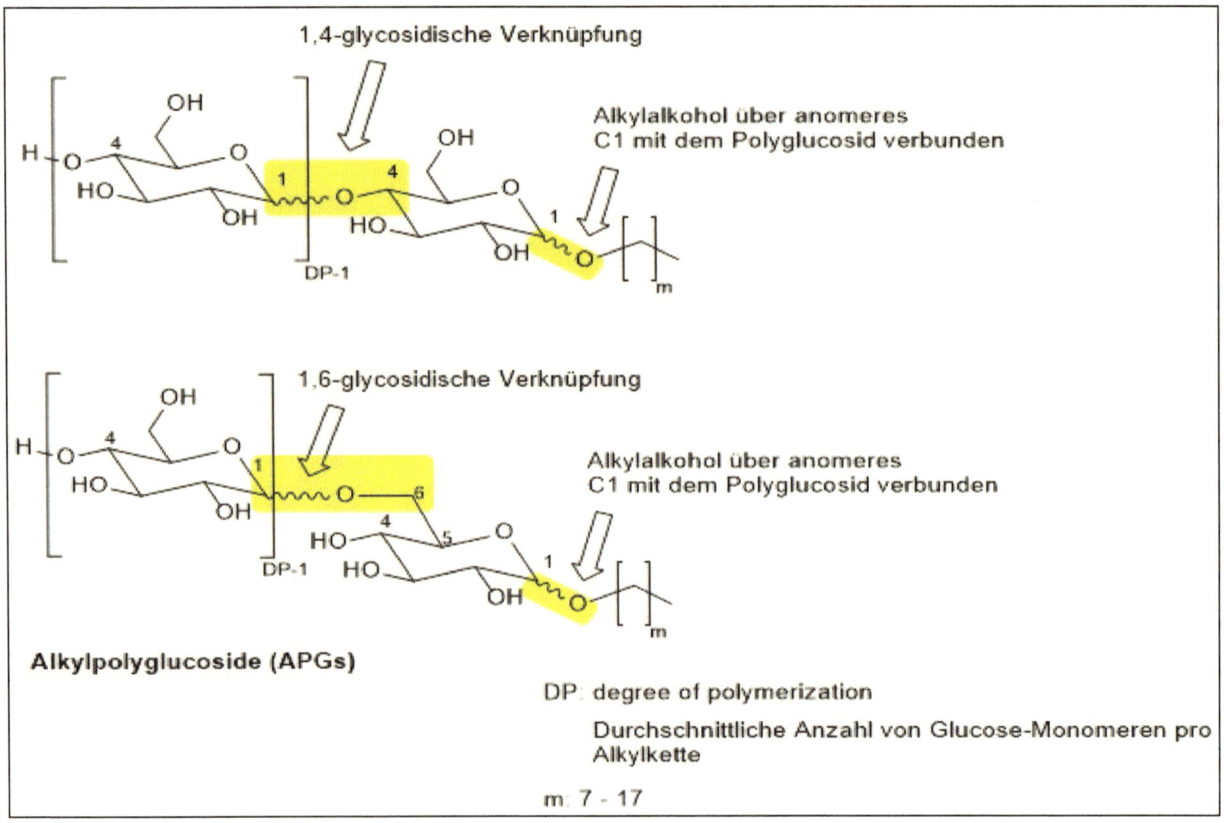

Abbildung 3.14

Strukturformeln zweier Alkylpolyglucoside, von denen eines eine 1,4-glykosidische Verknüpfung der Zucker-Monomere besitzt und das andere eine 1,6-glykosidische Verknüpfung (nach Ánh 2004).

Drei Isomeriearten bestimmen das komplexe Produktspektrum der APGs: 1. Stereoisomerie - die absolute Konfiguration am anomeren C-Atom, entweder liegt das α-Anomer oder das β-Anomer vor; 2. Positionsisomerie – grundsätzlich sind auch andere Positionsisomere möglich, präferiert werden aber 1,4- und 1,6-glycosidische Bindungen; 3. Ringisomerie – die Zucker-Monomere können entweder als Pyranoside (6-Ring-Zucker) oder als Furanoside (5-Ring-Zucker) vorliegen. Das bedeutet, dass selbst das monomere Alkylglucosid aus vier verschiedenen Isomeren besteht. Ein Alkyldiglucosid besteht bereits aus 64 Isomeren und ein Alkyltriglucosid aus 1024 Isomeren, etc. (Ánh 2004).

Die Entwicklung der Zuckertensidchemie und speziell die Herstellverfahren für Alkylpolyglucoside gehen zurück auf Emil Fischer, dem Anfang des 20. Jahrhunderts die Synthese von Alkylglucosiden in einem aufwändigen Prozess gelang. Aufgrund der geringen Ausbeute und des hohen Reinigungsaufwands war damals an eine großtechnische Herstellung nicht zu denken. Mittlerweile ist man in der Lage, Alkylpolglucoside auch in großen Mengen über zwei Varianten der säurekatalysierten Fischer-Synthese ohne Protektion der Hydroxyl-Gruppen herzustellen.

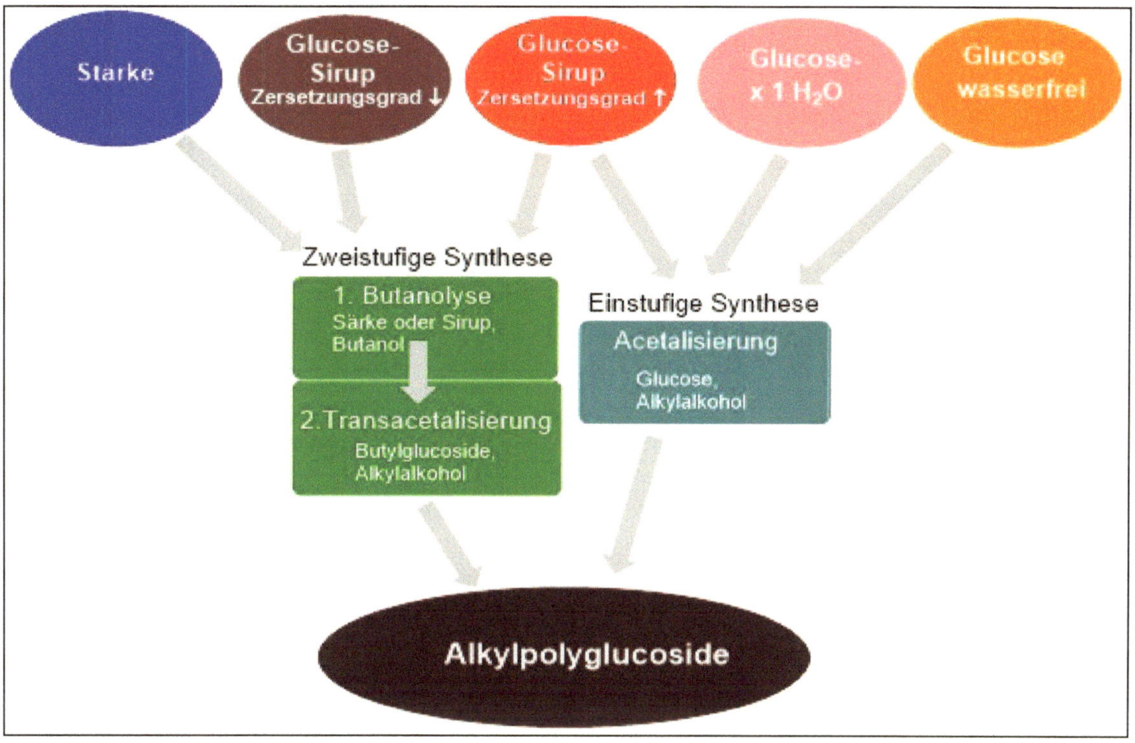

Abbildung 3.15

Ein- und zweistufige Varianten der modifizierten Fischer-Synthese zur industriellen Herstellung von Alkylpolyglucosiden (nach Ánh 2004).

Für den zweistufigen Prozess kann Stärke jedweder Herkunft oder Sirup eingesetzt werden. Zunächst kommt es durch die Zugabe des kurzkettigen Alkylalkohols Butanol zu einer Butanolyse der Stärke und zur Bildung von Butylglucosiden, die dann im zweiten Schritt mit einem längerkettigen Fettalkohol transacetalisiert werden zu den gewünschten Alkylpolyglucosiden. Im ersten Schritt findet demnach eine Depolymerisierung der Stärke statt, im zweiten Schritt kommt es zu einer erneuten Polymerisierung, wobei sich der Polymerisierungsgrad gut steuern lässt. Für die einstufige Fischer-Variante können alle monomeren Glucose-Formen eingesetzt werden (Dextrose (Glucose-Monohydrat) oder wasserfreie Glucose) oder Glucose-Sirup, der einen hohe Zersetzungsgrad aufweist.

Die erste Variante ist ein einstufiger Prozess, bei dem die Glucose bzw. Glucose-Monohydrat direkt mit dem gewünschten Fettalkohol umgesetzt werden (Abbildung 3.16). Der Nachteil dieser einstufigen Reaktion ist jedoch, dass das Polysaccharid in dem hydrophoben Alkylalkohol sehr schwer löslich ist. Sehr viele Nebenprodukte, die schwer abzutrennen sind, sind ein weiterer Nachteil. Dafür ist der apparative Aufbau relativ simpel (Straathof et al. 1988, Hill und Weuthen 1994, Tietze et al. 1994, Ánh 2004).

Die zweite Variante der Fischer-Reaktion ist ein zweistufiger Prozess (Abbildungen 3.15 und 3.16), der wesentlich einfacher durchzuführen, dafür aber vom apparativen Aufwand anspruchsvoller ist und mehr Arbeit erfordert. Bei der zweiten Fischer-Variante handelt es um eine Transacetalisierung, bei dem Stärke (Kartoffel-, Mais-, Reisstärke), bestehend aus Amylose mit ausschließlich α-1,4-glykosidisch verknüpften Glucose-Monomeren und verzeigtkettigem Amylopektin, das zusätzlich zur α-1,4-glykosidischen Verknüpfung auch α-1,6-glykosidisch verknüpft ist, umgesetzt wird: zunächst mit dem kurzkettigen, dafür aber wesentlich hydrophileren Butylalkohol zu Butylglucosid unter Depolymerisation der Stärke. Anschließend erfolgt im zweiten Schritt in einer Austauschreaktion mit einem längerkettigen Alkylalkohol die Darstellung des gewünschten Alkylpolyglucosids (Abbildung 3.16) (Hill und Weuthen 1994, Ánh 2004).

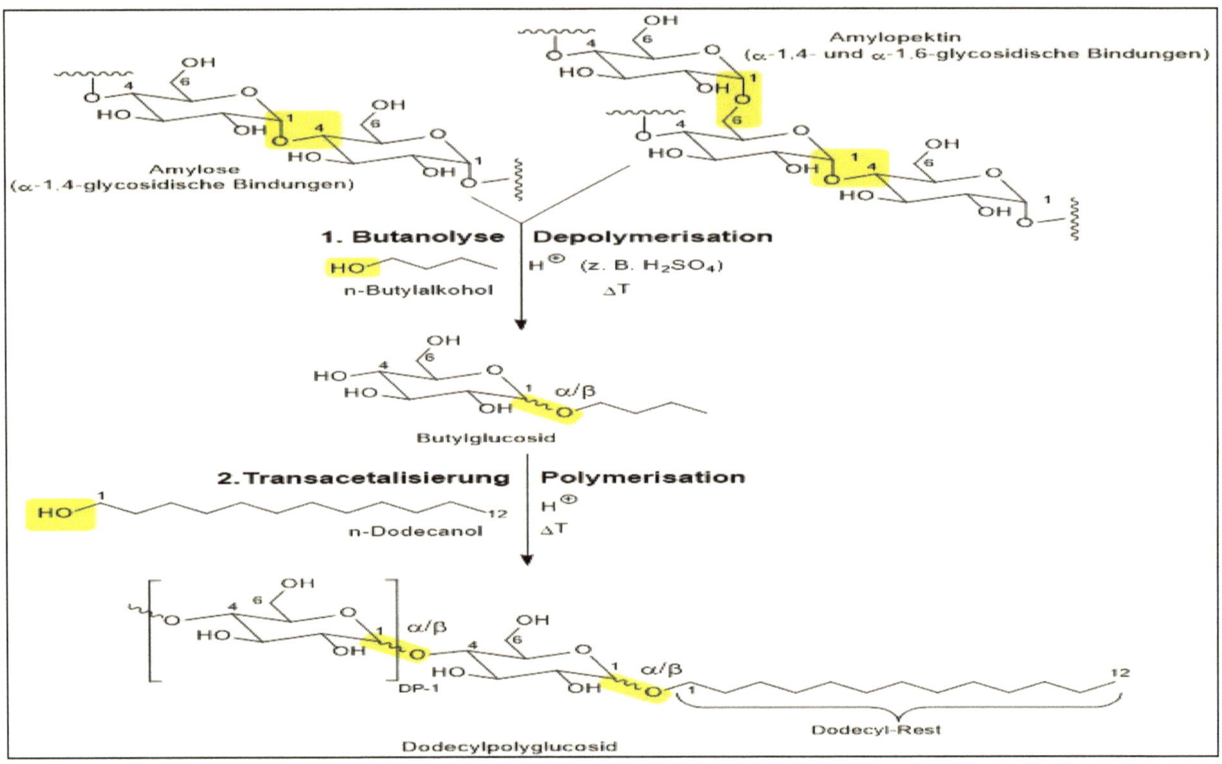

Abbildung 3.16

Ausführliche Darstellung des Reaktionsablaufs der zweistufigen Variante der Fischer-Synthese mit Strukturformeln.

Die zweistufige Fischer-Variante setzt polymere Glucose-Formen wie Stärke aus Mais, Reis und Kartoffel als Zucker-Komponenten ein. Alternativ ist auch ein Glucose-Sirup möglich. Unter saurer Katalyse und Erhitzen des Anstzes im kurzkettigen n-Butanol kommt es zur Butanolyse mit Depolymerisation der linearen, unverzweigtkettigen Amylose (nur α-1,4-glycosidische Bindungen zwischen den Glucose-Monomeren) und des verzweigtkettigen Amylopektins (zusätzlich zu den α-1,4-glycosidischen Verknüpfungen auch α-1,6-glycosidische Verknüpfungen zwischen den Zucker-Monomeren). Würde die Stärke vollständig aufgespalten, was nicht der Fall ist, entstünde n-Butylglucosid als einziges Zwischenprodukt. Im zweiten Schritt wird der längerkettige Fettalkohol, hier der 12-C-Atome umfasssende primäre Alkohol n-Dodecanol, zu den Butylglucosiden dazugegeben. Ebenfalls unter saurer Katalyse und Erhitzen des Ansatzes lauft eine Umacetalisierung (Transacetalisierung) ab. Dodecanol ersetzt Butanol am anomeren C1 der wachsenden Zuckerkette. Der Polymerisationsgrad ist gut steuerbar über die Reaktiondbedingungen, ebenso das Vorliegen entweder der furanoiden 5-Ring-Form oder pyranoiden 6-Ring-Form. Dies geschieht beispielsweise über die Menge an Katalysator (nach Ánh 2004).

3.3.5 Nitroryl

Als einziges Surfactant scheint das Alkylpolyglycosid in den Roundup®-Produkten allerdings nicht auszureichen, da in den beiden genannten Roundup®-Produkten zusätzlich noch eine Substanz mit dem Namen Nitroryl enthalten ist. Eine Formel ist nicht verfügbar. Vermutlich handelt es sich um ein Amin-N-oxid (Abbildung 3.18) (Mesnage et al. 2019).

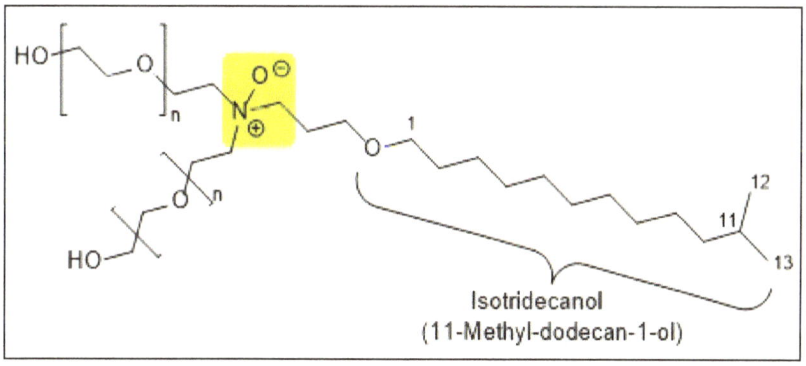

Abbildung 3.17 Mögliche Strukturformel des Nitroryls

Die polare, schwach basische Amin-N-Oxid-Struktur ist gelb unterlegt.

Nitroryl besitzt die CAS-Nr. 226563-63-9. Das Chemikalienblatt der Europäischen Chemikalienagentur (ECHA) ist im Internet abrufbar (http://echa.europa.eu/substance-information/-/substanceinfo/100.214.987) (Abbildung 3.19). Wenn man bedenkt, dass die POEAs u. a. aufgrund ihrer Aquatoxizität in Europa nicht mehr in Glyphosat-basierten Formulierungen enthalten sind, verwundert es doch ein wenig, wenn mit Nitroryl nun als "POEA-Ersatz" eine Substanz auftaucht, die ähnlich aquatoxisch, augen- und hautreizend zu sein scheint.

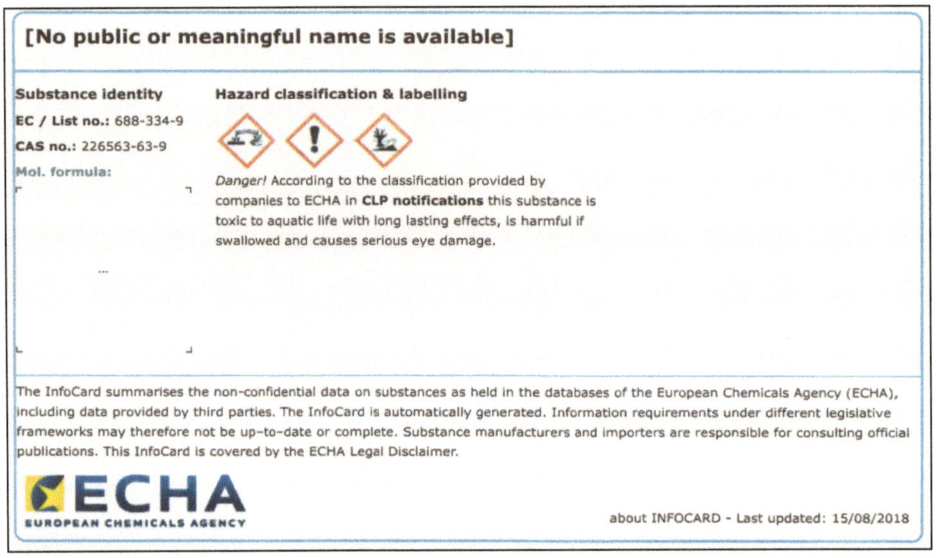

[No public or meaningful name is available]

Substance identity
EC / List no.: 688-334-9
CAS no.: 226563-63-9
Mol. formula:

Hazard classification & labelling

Danger! According to the classification provided by companies to ECHA in **CLP notifications** this substance is toxic to aquatic life with long lasting effects, is harmful if swallowed and causes serious eye damage.

The InfoCard summarises the non-confidential data on substances as held in the databases of the European Chemicals Agency (ECHA), including data provided by third parties. The InfoCard is automatically generated. Information requirements under different legislative frameworks may therefore not be up-to-date or complete. Substance manufacturers and importers are responsible for consulting official publications. This InfoCard is covered by the ECHA Legal Disclaimer.

ECHA
EUROPEAN CHEMICALS AGENCY

about INFOCARD - Last updated: 15/08/2018

Abbildung 3.18
Chemikalienblatt der Europäischen Chemikalienagentur des Nitroryls

http://echa.europa.eu/substance-information/-/substanceinfo/100.214.987).

Nitroryl wurde mit folgender Gefahreneinstufung bewertet: H302: gesundheitsschädlich beim Verschlucken (Akut toxisch 4); H315: verursacht Hautreizungen (Hautreizend 2); H318: verursacht schwere Augenschäden (Augenschädlich 1) und H332: gesundheitsschädlich beim Einatmen (Akut toxisch 4) (Deutscher Bundestag 2016).

Im Artikel von Mesnage et al. aus 2015 finden sich Übersichtstabellen von bereits untersuchten toxikologischen Eigenschaften der in Glyphosat-basierten Formuierungen eingesetzten Zusatzstoffe/Surfactants (Mesnage et al. 2015). Zusätzlich wurde in 2014 ein Buch veröffentlicht (Adjuvants - Oils, Surfactants, and other additives for farm chemicals, revised 2014 edition). Hier findet sich eine detaillierte Einführung in die Zusatzstoffe von Glyphosat-basierten Formulierungen und ihre Wirkweisen in einem eigenen Kapitel (Deutscher Bundestag 2016). Nitroryl ist nicht dabei. Laut Sicherheitsdatenblatt der Formulierung Roundup® Profi sind in der Formulierung folgende Inhaltsstoffe enthalten: a) Kalium-Salz des Glyphosats mit 44 %, Wasser und Formulierungshilfsstoffe mit mehr als 33 %, Alkylpolyglykoside mit weniger als 20 % und Nitroryl mit weniger als 3 %

(Sicherheitsdatenblatt Roundup® Profi 2017). Sofern die Konzentrationen in der Formulierung gewisse Grenzwerte wie hier beim Nitroryl unterschreiten, brauchen die Gefahrensymbole nicht mehr aufgeführt werden.

Nitroryl besitzt als vermeintliches N-Oxid eine interessante Partialstruktur. N-Oxide sind äußerst polare funktionelle Gruppen. Sie stellen quasi einen kleinen Dipol dar. Sie sind schwache Basen mit einem pk_S-Wert der korrespondierenden Säure (R-N$^+$-OH) – je nach Substituent R - von etwa 4,5. Weite Verbreitung haben sie bisher in der kosmetischen Industrie gefunden und werden als Tenside u. a. in Shampoos, Conditioner, Hautreinigungsmitteln eingesetzt. In der organischen Chemie finden N-Oxide als Oxidationsmittel Anwendung. Bei der Cope-Eliminierung wird das N-Oxid eines tertiären Amins cis-selektiv pyrolytisch beim Erhitzen eliminiert (Sykes 1988). Eine weitere bekannte Namensreaktion ist die Meisenheimer-Umlagerung von tertiären Amin-N-Oxiden zu den entsprechenden Alkoxyaminen (Sykes 1988).

Ein Amin-N-Oxid kann als Oxidationsprodukt eines tertiären Amins aufgefasst werden. Die Darstellung erfolgt durch Oxidation der entsprechenden tertiären Amine mit Wasserstoffperoxid oder Persäuren, wie z. B. Peressigsäure (Solomons und Fryhle 2008). Amin-N-Oxide finden sich in vielen verschiedenen pharmakologisch aktiven Verbindungen. Trimethylamin-N-oxid – Metabolit und Oxidationsprodukt des Trimethylamins – wird schon seit längerer Zeit mit der Bildung atherosklerotischer Plaques in Verbindung gebracht (Bennett et al. 2013). Trimethylamin stammt beim Menschen aus dem Cholin der Nahrung, wird im Darm durch Bakterien u. a. zum tertiären Amin Trimethylamin, des Gases mit dem intensiven fischartigen Geruch abgebaut, das anschließend resorbiert wird (Abbildung 19 A).Trimethylamin wird in der Leber in einer Flavin-Monooxygenase-abhängigen (hauptsächlich FMO3, weniger FMO1) Reaktion zum geruchlosen Trimethylamin-N-Oxid metabolisiert (Abbildung 3.20). Zudem wird im Gegensatz zur Plaque-Bildung ein antioxidativer Effekt von N-Oxiden tertiärer Amine diskutiert (Kleszczyńska et al. 2005).

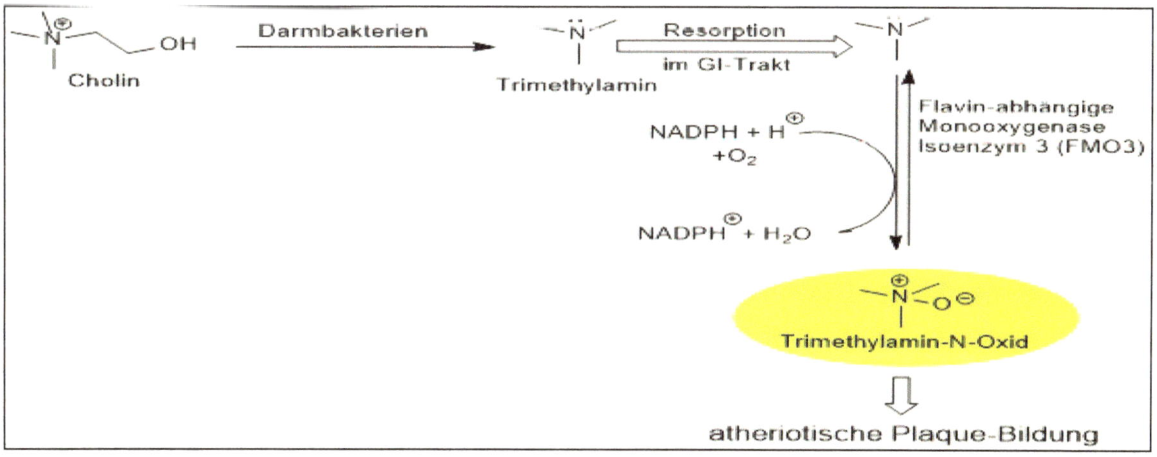

Abbildung 3.19 Trimethylamin-N-Oxid.

Amin-N-Oxiden werden viele Wirkungen zugesprochen. Das Trimethylamin-N-Oxid als Metabolit des tertiären Amins Trimethylamin wird u. a. mit der Bildung atheriotischer Plaques in Zusammenhang gebracht.

Viele gentoxische und karzinogene Substanzen wirken durch oxidativen Stress, dessen Mediatoren, die reaktiven Sauerstoffspezies (ROS), sich im hypoxischen Tumorgewebe leicht bilden und die DNS angreifen. Oder sie bilden selber reaktive elektrophile Partialstrukturen, die direkt nukleophile Bereiche der DNS angreifen, was zur Bildung von DNS-Addukten führt. Die Fähigkeit, hochselektiv unter hypoxischen Bedingungen reaktive Sauerstoffspezies und damit oxidativen Stress zu produzieren, macht insbesondere einige heterozyklische aromatische N-Oxide zu interessanten potenziellen Antitumor-Wirkstoffen (Mfuh und Larionov 2015). Oxidativer Stress wird auch als ein genotoxischer Mechanismus des Glyphosats diskutiert (IARC 2016).

3.4 Komplexbildung

Glyphosat ist ein starker Chelatbildner. Das Glyphosat-Molekül beinhaltet mit dem Phosphonsäure-Ester, der Carboxyl-Gruppe und der sekundären Amino-Gruppe drei funktionelle Gruppen, die in der Lage sind, insbesondere divalente Metall-Kationen zu koordinieren. Die Metall-Liganden können entweder nur durch eine funktionelle Gruppe allein oder aber in kombinierter Form gebunden werden, so dass zwei-, drei- oder sogar vierzähnige Komplexe gebildet werden (Glass 1985, Divisekara et al. 2018). 1985 konnte erstmals ein Cu^{2+}-glyphosat-Komplex mittels polarographischer und UV-spektroskopischer Messungen sichtbar gemacht werden. Die Komplexbildung erfolgt durch Zugabe von Kupfer(II)-oxid (CuO) zu einer wässrigen Glyphosat-Lösung. Die Stöchiometrie des Komplexes ist 1:1. Im UV-Spektrum zeigt sich eine starke Absorption bei λ = 226 nm, die als Ligand-Glyphosat-Charge-Transfer-Komplex gedeutet wird (Glass 1985).

Glyphosat kann im Überschuss octahedrale Komplexe mit Metall-Ionen eingehen, bei denen die Komplex-Stöchiometrie 2:1 beträgt, die Substanz kann aber genauso 1:1-Komplexe bilden mit tetrahedraler Geometrie und dabei pH-abhängig als bi-, tri- oder tetradentater Chelator fungieren (Undabeytia et al. 2002, Caetano et al. 2012) (Abbildung 3.20).

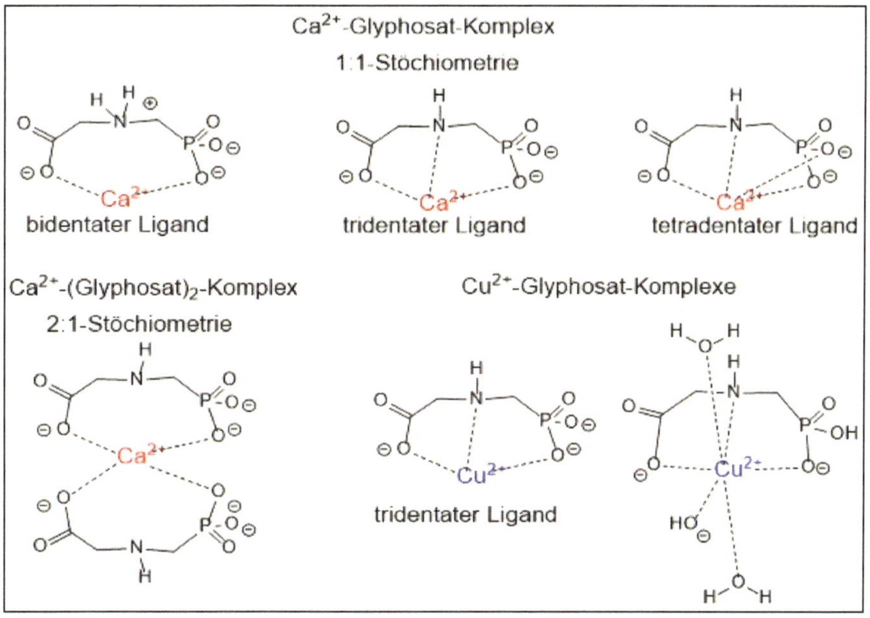

Abbildung 3.20
Glyphosat als Komplexbildner für mehrwertige Metall-Kationen am Beispiel verschiedener Ca^{2+}- und Cu^{2+}-Glyphosat-Komplexe.

Die herbizide Wirkung des Glyphosats ist mit dem Effekt verbunden, den Gehalt an freien di- und trivalenten Metall-Kationen im Boden (z. B. Ni^{2+}, Zn^{2+}) durch eine pH-abhängige Komplexierungsreaktion zu verringern. Insbesondere der Phosponsäure-Ester besitzt aufgrund seiner beiden OH-aziden Hydroxyl-Gruppen stark komplexierende Eigenschaften. Zudem ist das Phosphonat dafür verantwortlich, dass Glyphosat am Boden adsorbiert wird. Der Mechanismus ist ähnlich zu dem des anorganischen Phosphats. Böden, die reich an dreiwertigen Al^{3+} -und Fe^{3+}-Kationen sind, sollen eine höhere Fähigkeit besitzen, Glyphosat zu binden. Sie stehen hier in einem kompetitiven Wettstreit mit Phosphat-Ionen um die Koordination an die Me^{3+}-Kationen (Sprankle et al. 1975, Caetano et al. 2012, Divisekara et al. 2018).

Allerdings ist die Tendenz des Glyphosats, $Me^{2+/3+}$-Kationen zu chelatisieren, deutlich geringer ausgeprägt als etwa bei einem bekannten Chelator wie EDTA (Ethylendiaminotetraacetat) (Duke et al. 2012). Vergleicht man Stabilitätskonstanten von Metall-EDTA-Komplexen mit denen der entsprechenden Metall-Glyphosat-Komplexe, erkennt man sehr schnell, dass Glyphosat ein eher moderater Metall-Chelator ist, dessen Komplexstsbilitätskonstanten im Bereich der natürlich im Boden vorkommenden anionischen Komplexbildner, wie z. B. Citronensäure, Oxalsäure, Ameisensäure, liegen. Noch schwächer ist die chelatisierende Fähigkeit des Glyphosat-Abbauprodukts AMPA (Aminomethylphosphonsäure) (Duke et al. 2012) (Tabelle 3.2).

Tabelle 3.2: Logarithmus der $Me^{2+/3+}$-Chelatbildungungs-Konstante für ausgewählte chemische (EDTA), natürliche (Citronensäure, Glycin) Chelatoren sowie Glyphosat und AMPA (nach Duke et al. 2012).

Abkürzungen: n.b.: nicht bestimmt; EDTA: Ethylendiaminotetraacetat; AMPA: Aminomethylphosphonat.

Metall-Kation	Komplexbildner				
	EDTA	**Glyphosat**	**AMPA**	**Glycin**	**Citrat**
Ca^{2+}	12,4	3,25	1,62	1,4	4,9
Ni^{2+}	20,1	8,1	5,3	6,2	6,6
Cu^{2+}	20,5	11,93	8,09	8,6	10,9
Fe^{2+}	16,0	6,87	n.b.	4,3	6,1
Fe^{3+}	27,7	n.b.	n.b.	10,9	13,2
Mg^{2+}	10,6	3,31	1,94	2,1	4,9
Zn^{2+}	18,2	8,74	4,91	5,4	6,1
Mn^{2+}	15,6	5,47	3,62	3,7	5,0

Verglichen mit EDTA sind die natürlichen im Boden vorkommenden Chelatoren Glycin und Citronensäure schwächere Komplexbildner. Citronensäure liegt etwa auf dem Niveau des Glyphosats, was die Komplexstärke angeht, Glycin entspricht in den Komplexstärken für die verschiedenen Metall-Kation-Komplexe etwa dem gegenüber Glyphosat deutlich abfallenden AMPA.

Auf der anderen Seite enthalten viele Glyphosat-basierte Produkte das Isopropylammonium-Salz des Glyphosats. Isopropylamin selber ist auch ein Metall-Chelator, z. B. von Eisen-Kationen, was die Metall-komplexierende Aktivität des Glyphosats zusätzlich steigern kann (Sonier und Weger 2010). Die Komplexbildung beeinflusst nicht nur die Adsorption an der Bodenoberfläche, sondern auch den mikrobiellen Abbauprozess über AMPA zu den nicht-phytotoxischen Substanzen NH_3, CO_2 und PO_4^{3-} sowie die herbizide Aktivität. In Lösung auf den Boden gegossen oder als Festsubstanz gestreut, besitzt Glyphosat nur eine sehr geringe Phytotoxizität. Die mikrobielle Zersetzung verläuft langsam. Die Halbwertszeit $t_{1/2}$ der Hydrolyse zu AMPA beträgt etwa 35 Tage mit Schwankungen von wenigen Tagen bis zu mehrerem Monaten, da es sehr auf Bodenbeschaffenheit, pH-Wert des Bodens und Metall-Kationen-Anteil ankommt (Ramstedt et al. 2004). Der Abbauprozess wird gerade durch die Komplexbildungsreaktion mit zwei- und dreiwertigen Metall-Kationen überlagert. Die Bildung sowohl löslicher als auch unlöslicher $Me^{2+/3+}$-Komplexe ist für die geringe herbizide Aktivität verantwortlich, wenn Glyphosat über den Boden appliziert wird (Barja et al. 2001, Coutinho und Mazo 2005). Die herbizide Aktivität des Glyphosats bei Aufnahme über die Blätter ist wesentlich größer als bei Boden-Applikation. Aber auch die herbizide Aktivität des Glyphosats ist bei Applikation über die Blätter deutlich verringert, wenn das Herbizid in Ca^{2+}-, Fe^{2+}-, Mg^{2+}- oder Zn^{2+}-haltiger Lösung gegeben wird (Caetano et al. 2012).

Kurz nachdem Roundup® in den Handel kam, registrierten Bauern wie Wissenschaftler eine stark verringerte herbizide Aktivität, wenn es mit hartem Wasser – typisch für viele der Böden damals – vermischt wurde (Guide to weed management in Nebraska 2007). Eine Reihe von Parametern wurde verändert hinsichtlich der Roundup®-Komposition, z. B. das Sprayvolumen, Zusatz eines höheren Anteils an Tensiden, Zusatz eines noch stärkeren Chelators als Glyphosat wie EDTA, Ansäuerung der Spraylösung mit Schwefelsäure oder Zusatz eines Ammonium-basierten Düngers wie Ammoniumsulfat (AMS) bzw. Ammoniumnitrat. Nach jahrelanger extensiver Forschung waren die meisten Forscher der Meinung, man könne das Problem des Antagonismus durch hartes Wasser am effektivsten durch den Zusatz von Ammoniumsulfat beikommen.

Glyphosat bindet die in hartem Wasser zahlreich vorhandenen Ca^{2+}-/Fe^{3+}-Kationen durch Chelatisierung. Diese Chelatkomplexe verbleiben auf der Blattoberfläche der Pflanze. Das Eindringen über die Blätter ist für den Metall-Kation-Glyphosat-Komplex deutlich erschwert. Bei Zusatz von Ammoniumsulfat ($(NH_4)_2SO_4$) kommt es zur Solvatation der Ammonium-Ionen (NH_4^+) und der Sulfat-Ionen (SO_4^{2-}) und damit zu deren Trennung. Sowohl die Ammonium-Ionen als auch die Ca^{2+}- und Fe^{3+}-Kationen werden von den negativen Ladungen des Glyphosats elektrostatisch angezogen. Größer ist die Anziehung bei den mehrwertigen Metall-Kationen als beim NH_4^+ aufgrund der größeren positiven Ladung. Wenn allerdings Ammoniumsulfat im Überschuss zugesetzt wird, wird das Glyphosat-Anion (Nettoladung -2) von NH_4^+-Kationen einfach aufgrund der Vielzahl der Moleküle eingerahmt und versperrt den Zugang für Ca^{2+}- bzw. Fe^{3+}. Dabei kann Ammoniumsulfat Ca^{2+} sehr viel effizienter vom Glyphosat fernhalten als Fe^{3+}. Auch die SO_4^{2-}-Anionen können eine Rolle spielen. Ca^{2+}- Fe^{3+}-Kationen können bei einem Überschuss SO_4^{2-} als Sulfat-Salze ausfallen ($CaSO_4$ bzw. $Fe_2(SO_4)_3$), was die Anzahl der zur Komplexierung stehenden Metall-Kationen verringert. In einigen Fällen verbessert Ammoniumsulfat sogar die Aufnahme, wenn die Spraylösung mit destilliertem entionisiertem Wasser zubereitet wurde. Ammoniumsulfat verhindert hier offensichtlich die Bindung an Ca^{2+} oder Verunreinigungen auf der Blattoberfläche. Studien zeigen, dass der Zusatz des Ammoniumsulfats entweder einen positiven, d. h. steigernden Effekt auf die Glyphosat-Adsorption, auf seine Effizienz als Herbizid und auf seine Translokation innerhalb der Pflanze besitzt oder zumindest einen neutralen Effekt, d. h. ohne signifikante Beeinflussung von Adsorption, Effizienz und Translokation.

Bis vor Kurzem war Glyphosat in Sri Lanka das meistverwendete Herbizid. Allerdings wird vermutet, dass ein kausaler Zusammenhang zwischen dem Glyphosat-Einsatz bzw. seinen sich im Boden bildenden Metall-Komplexen und der CKDu (chronic kidney disease of unknown aetiology) besteht. Die chronische Nierenerkrankung ist besonders in der nord-zentralen Region Sri Lankas verbreitet (Jayasumana et al. 2014, Divisekara et al. 2018). Nach einer kontroversen Debatte wurden Glyphosat-basierte Herbizide in Sri Lanka verboten, ohne allerdings allzu große Anstrengungen zu unternehmen, einen wissenschaftlichen Beweis für das Verbot zu erbringen (Tivisekara et al. 2018). Allerdings erscheint der Zusammenang zumindest nicht abwegig.

Die meisten Schwermetalle erreichen landwirtschaftlichen Böden durch Agrochemikalien. Durch den Einsatz beispielsweise von Phosphat-Dünger gelangen sie in die Böden. Negativ geladene funktionelle Gruppen (z. B. phenolisches Hydroxylat, Carboxylat) an der Bodenoberfläche besitzen eine große Tendenz, Fremd-Kationen zu komplexieren. In diesen Komplexen können die Fremd-Kationen wiederum durch bodeneigene an der Oberfläche lokalisierte Kationen ausgetauscht werden (Bradl 2004). Cd^{2+}- und Pb^{2+}-Kationen gehören zu den hochtoxischen Schwermetall-Kationen, die in landwirtschaftlich genutzten Böden gefunden werden. Des Weiteren sind Pd^{2+}- und Cd^{2+}-Ionen hochgradig nephrotoxisch (Goyer 1989). In einer neueren Studie konnte gezeigt werden, dass die kommerzielle Roundup®-Formulierung die Cd^{2+}– und Pb^{2+}-Adsorption in landwirtschaftlich genutzten Böden verringert, was zu einer erhöhten Belastung des landwirtschaftlich genutzten Wasser, aber auch des Grundwassers (z. B. bei starkem Regen) führt (Jayasumana et al. 2014, Divisekara et al. 2018).

Glyphosat ist ein systemisch wirksames Herbizid. Wird Glyphosat als Lösung versprüht, gelangt es über die Blätter mit Hilfe inerter Substanzen wie dem Tensid POEA leicht ins Pflanzeninnere. Über das Phloem wird Glyphosat systemisch in der ganzen Pflanze bis in entlegenste Pflanzenorgane verteilt, insbesondere in meristematische Gewebe (Mertens et al. 2018). Pflanzenorgane mit hoher metabolischer Umsetzungsrate und dem größten Wachstum – die Triebe und Wurzelspitzen – sind die Pflanzenteile mit den höchsten Glyphosat-Konzentrationen. In den meisten Pflanzen ist die Glyphosat-Metabolisierung sehr eingeschränkt, obwohl in Glyphosat-resistenten Sojabohnen der Hauptmetabolit des Glyphosats AMPA (Aminomethylphosphonsäure) nachgewiesen werden kann (Arrgui et al. 2004, Duke 2011).

Glyphosat erreicht den Boden auf unterschiedlichste Art und Weise, entweder direkt, indem die versprühten Tropfen nicht auf den Blätter landen, sondern auf den Boden fallen, indem sie durch Regen von den Blättern abgewaschen oder durch Wind abgetragen oder indem sie durch Exsudation über die Wurzel an den Boden abgegeben werden (Davidson et al. 2001, Neumann et al. 2006, Battaglin et al. 2014). Eine weitere Möglichkeit ist die Zersetzung alten Pflanzenmaterials am Boden, das nach und nach Glyphosat freisetzt (Looke et al. 2008). Glyphosat und sein Abbauprodukt, das ebenfalls herbizid wirksame AMPA, erreichen Konzentrationen im Boden, die im Bereich von mg pro kg (ppm) liegen. Auch in der EU sind solche Werte gemessen worden (Silva et al. 2017).

Die dreiprotonige Säure Glyphosat wird aufgrund ihrer komplexierenden Eigenschaften stark an Bodenmineralien gebunden. Das Sorptionsvermögen hängt wesentlich vom Bodentyp ab, außerdem von der Menge an Mineralien, deren Kristallinitätsgrad, der Menge an Phosphat, der Menge an organischem Material und dem pH-Wert (Borggard und Gimsing 2008). Böden, die große Mengen an organischem Material, Ton, Eisen- und Aluminiumoxiden enthalten, können größere Mengen an Glyphosat aufnehmen und speichern. Dadurch kann möglicherweise die Toxizität des Herbizids auf intakte Wurzeln im Boden gemindert werden (Hensley et al. 1978, Laitinen et al. 2009, Mertens et al. 2018). Andererseits besteht die Möglichkeit, dass Phosphatdüngung in hohen Konzentrationen gebundenes Glyphosat mobilisiert, indem das Phosphat des Düngers Glyphosat aus seiner Bindung im Boden verdrängt. Dadurch steigt tendenziell das Risiko, dass freigesetztes Glyphosat durch benachbarte Wurzelsysteme intakter Pflanzen aufgenommen wird (Simonsen et al. 2008, Mertens et al. 2018). Das starke Chelatisierungsvermögen des Glyphosats kann andere im Boden gebundene Spurenelemente mobilisieren. Hohe Glyphosat-Konzentrationen im Boden können zu einer Auslaugung des Bodens an Kupfer-, Zink-, Aluminium-, Nickel-, Silicium-Kationen und Phosphat-Anionen führen (Mertens et al. 2018).

Glyphosat und AMPA wurden auch in Gewässern sowie im Grundwasser nachgewiesen. In der EU sind eine Glyphosat-Konzentrationen bis zu 370 µg/l und eine AMPA-Konzentration über 200 µg/l im Oberflächenwasser gemessen worden. Im Grundwasser betrugen die Konzentrationen beider Sunstanzen mehr als 0,1 µg/l (Sanchis et al. 2012, Battaglin et al. 2014, EFSA 2015).

Aufgrund seiner starken Komplex-bildenden Fähigkeiten hat Glyphosat mit hoher Wahrscheinlichkeit Auswirkungen auf die Kationen-Zusammensetzung des Bodens. Immer wieder wird berichtet, dass Glyphosat zu einer Verarmung des Bodens an Spurenelementen wie Zink, Kupfer oder Mangan führt. Tatsächlich bildet Glyphosat mit diesen Metall-Kationen wie oben beschrieben Metall-Chelatkomplexe. Kupfer- und Zink-Kationen werden in Lösung stark an Glyphosat gebunden, wohingegen Eisen-, Calcium-, Magnesium-, und Mangan-Kationen schwächere Komplexe ausbilden (Vereecken et al. 2005, Duke et al. 2012). Es gibt eine Reihe sich widersprechender Veröffentlichungen zu den Auswirkungen eines Glyphosat-Einsatzes auf die Konzentrationen an Spurenelementen im Boden. Die Komplexität dieses Themas mit sich teils widersprechenden Veröffentlichungen erlaubt es nicht, hier Stellung zu beziehen (Duke et al, 2012, Mertens et al. 2018).

3.5 Der Glyphosat-Abbau im Boden

Wie bereits erwähnt, ist Glyphosat innerhalb der Pflanze relativ stabil. Sein Abbau setzt in der Regel erst nach Ausscheidung über die Wurzeln im Boden ein. Die Persistenz des Glyphosats im Boden ist dabei sehr unterschiedlich. Glyphosat verfügt über eine schnelle Adsorption (Zhan et al. 2018). Nachdem es einmal im Boden gebunden ist, erfolgt die Desorption nur sehr langsam. Adsorption und Desorption verhalten sich zueinander invers. Durch die schnelle und hohe Adsorption des Glyphosats ist die Desorption langsam und unvollständig (Duke et al. 2012). Abhängig vom Bodentyp beträgt die Desorption nur 5- 24 % des ursprünglich adsorbierten Glyphosats (Al-Rajab et al. 2008). Die starke Adsorption des Glyphosats an die meisten Böden und seine schwache Desorption führen zu einem geringen Glyphosat-Anteil, der im Boden in Lösung einem mikrobiellen Abbau zugänglich ist. Eine Desorption kann wie oben beschrieben durch Zusatz von Phosphat erreicht werden, wobei die Phosphat-Moleküle kompetitiv das Glyphosat aus seiner Bindung verdrängen. Allerdings sind die benötigten Mengen an Phosphat hoch, da die chelatisierenden Eigenschaften deutlich schwächer als die des Glyphosats sind.

Verantwortlich für die Biodegradation sind Mikroorganismen. Phosphonatxenobiotika werden von Mikroorganismen meist unter Phosphatmangel-Bedingungen als einzige Phosphatquelle zum Wachstum genutzt. Deshalb ist es nicht verwunderlich, dass die Fähigkeit, C-P-Verbindungen wie Phosphonate zu spalten, ubiquitär im Boden vorhanden ist (Karl 2007). Und das obwohl die C-P-Bindung chemisch sehr stabil ist. Viele Mikroorganismen, sogar das im Darm des Menschen vorkommende Bakterium *Escherichia coli*, besitzen die Fähigkeit, enzymatisch die C-P-Bindung zu spalten und anorganisches Phosphat freizusetzen. Enzyme, die die Spaltung der C-P-Bindung katalysieren, sind sogenannte C-P-Lyasen.

Der Abbau findet sowohl unter aeroben als auch unter anaeroben Bedingungen statt und ist stark abhängig vom jeweiligen Bodentyp. Halbwertszeiten von einigen Tagen bis zu mehreren Monaten und Jahren sind gemessen worden (Torstensson et al. 1985, Karl 2007). Dabei führt der Hauptabbauweg durch eine Glyphosat-spezifische Spaltung der Bindung zwischen dem zentralen Stickstoff und der Methylen-Gruppe auf der Seite der Carboxyl-Gruppe zur Abspaltung von Glyoxalsäure (Abbildung 3.25). Diese oxidative Desaminierung wird katalysiert durch die Glyphosat-Oxidoreduktase bzw. Glyphosat-Dehydrogenase (Duke et al. 2012). Es verbleibt der Hauptmetabolit AMPA, ebenso wie Glyphosat ein herbizider Phosphonsäure-Ester mit chelatisierenden Eigenschaften (etwas schwächer als beim Glyphosat, da die Carboxyl-Gruppe nun fehlt, Tabelle 3.3) und einem primären Amin. Die abgespaltene und 2-C-Atome umfassende Glyoxalsäure besteht aus der endständigen Carboxyl-Gruppe sowie einer Aldehyd-Funktion. In der organischen Chemie stellt die Glyoxalsäure (auch Glyoxylsäure) ein Zwischenprodukt bei der Synthese der Dicarboxylsäure Oxalsäure dar (Abbildung 3.21) (Mertens et al. 2018). Sie ist die einfachste Aldehydcarbonsäure, die in der Natur weit verbreitet ist. Sie kommt besonders in unreifen Früchten, z. B. Stachel- und Johannisbeeren, vor, verschwindet jedoch beim Reifungsprozess wieder. Glyoxalsäure reagiert sowohl als Aldehyd als auch als Carbonsäure. Beim Erhitzen mit Alkalien erfolgt eine Cannizzaro-Reaktion zu Glykolsäure und Oxalsäure (Abbildung 3.21). Aus wässriger Lösung kristallisiert Glyoxalsäure als Hydrat aus (Abbildung 3.21).

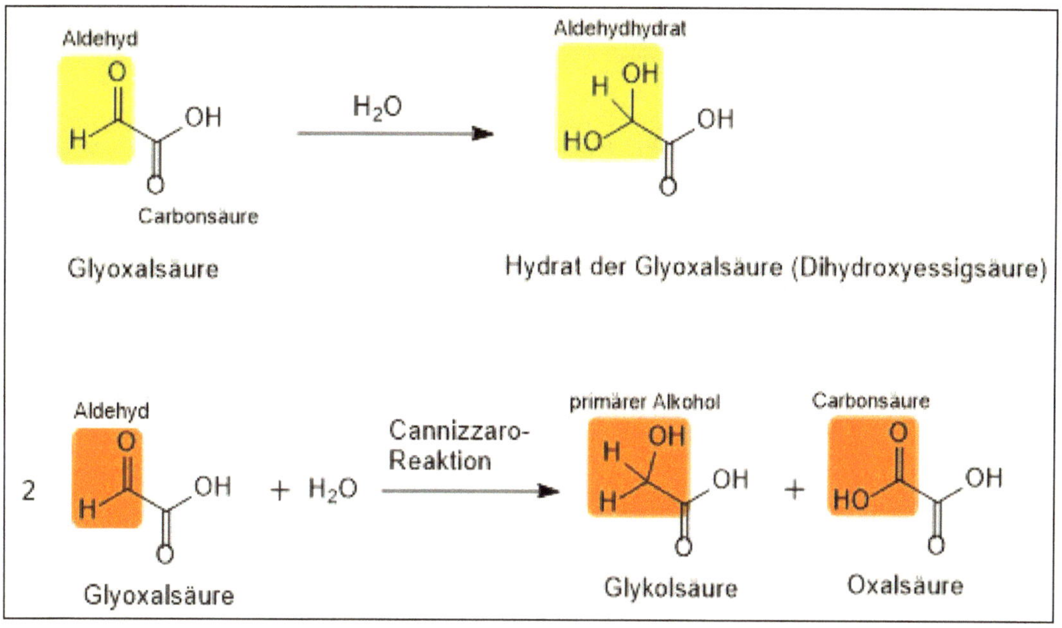

Abbildung 3.21

Die Glyoxalsäure als Produkt des Glyphosat-Abbaus durch oxidative Desaminierung.

Die Glyoxalsäure zerfällt zu Kohlenstoffdioxid (CO_2). AMPA wird nachfolgend durch C-P-Lyasen zu Methylamin (NH_2-CH_3) und anorgischem Phosphat (PO_4^{3-}) abgebaut (Abbildung 3.24). Sowohl Glyoxylate, die Salze der Glyoxalsäure, als auch Methylamin fördern das Wachstum von Mikroorganismen. Methylamin kann durch Methylamin-Dehydrogenasen zu Formaldehyd und Ammoniak oxidativ gespalten werden.

Alternativ kann der Abbau des Glyphosats zum AMPA auch durch Glycin-Oxidasen erfolgen (Abbildung 3.25) (Pollegioni et al. 2012, Hove-Jensen et al. 2014). Glycin-Oxidasen sind homotetramere Flavoenzyme, die nur eine geringe Spezifität aufweisen und die oxidative Desaminierung zahlreicher Amine und Aminosäuren, nicht nur von Glycin, katalysieren, sondern auch von Glyphosat (Job et al. 2002, Duke 2011).

Wichtige Charakteristika von Glyphosat und AMPA sind in Tabelle 3.24 gegenübergestellt.

Tabelle 3.3 Vergleich der chemischen Eigenschaften von Glyphosat und AMPA (Nach Jahnke 2017).

Quellen: [a] Deutsche Forschungsgemeinschaft 1992; [b] Peticide Properties Database, http://sitem.herts.ac.uk/aeru/ppdp/en/Reports/373htm (Glyphosat) und http://sitem.herts.ac.uk/aeru/ppdp/en/Reports/842htm (AMPA); [c] Sprankle et al. 1975, Jahnke 2017; [d] Jahnke 2017; Abkürzung: n.b.: nicht bestimmt.

Eigenschaft	Glyphosat	AMPA
IUPAC-Bezeichnung	N-(Phosphonomethyl)glycin	Aminomethylphosphonsäure
Löslichkeit in H_2O [a]	1,2 g/l	5,8 g/l
Löslichkeit in org. Lösungsmitteln [b]	0,078 g/l (Aceton), 0,012 g/l (Ethylacetat), 0,231 g/l (Methanol)	n.b.
Säure-Base-Eigenschaften [c]	amphotere Verbindung (3 saure und 1 basische Gruppe) 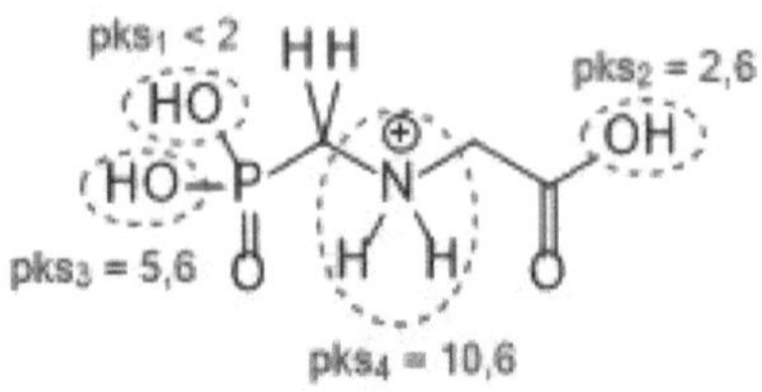	amphotere Verbindung (2 saure und 1 basische Gruppe) 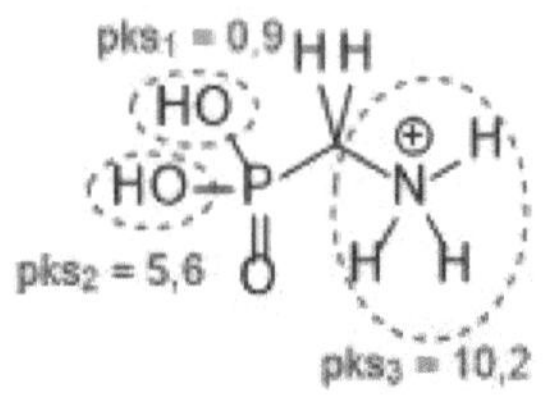
Boden-Adsorptionskoeffizient K_d [d]	61 g/m^3	n.b.
Halbwertszeit $t_{1/2}$ (anaerob) [d]	22 h	n.b.
Halbwertszeit $t_{1/2}$ (aerob) [d]	96 h	n.b.

Ein zweiter, mengenmäßig deutlich weniger bedeutsamer Abbauweg des Glyphosats im Boden ist die enzymatische Umsetzung des Glyphosats durch die C-P-Lyase und damit die Abspaltung von anorganischem Phosphat (Abbildung 3.25). Die Amin-Komponente innerhalb des Polyoxyethylenamins ist im Allgemeinen ein Amin, das mit einem lipophilen Alkyl-Rest substituiert ist ("fatty amine"). Die Synthese startet mit der Hydrolyse des Fetts. Die Carbonsäureester-Strukturen der Triglyceride werden hydrolytisch aufgespalten zu einem Molekül Glycerol (Alkohol-Komponente) und drei freien Fettsäuren (Carbonsäure-Komponente). In dem Beispiel in Abbildung 3.22 sind es die Fettsäuren Palmitinsäure, eine gesättigte C16-Fettsäure (16:0), Stearinsäure, eine gesättigte C18-Fettsäure (18:0) und Ölsäure, eine einfach ungesättigte C18-Fettsäure, bei der die Doppelbindung cis- bzw. Z-konfiguriert ist und an Position 9 sitzt (Δ9).

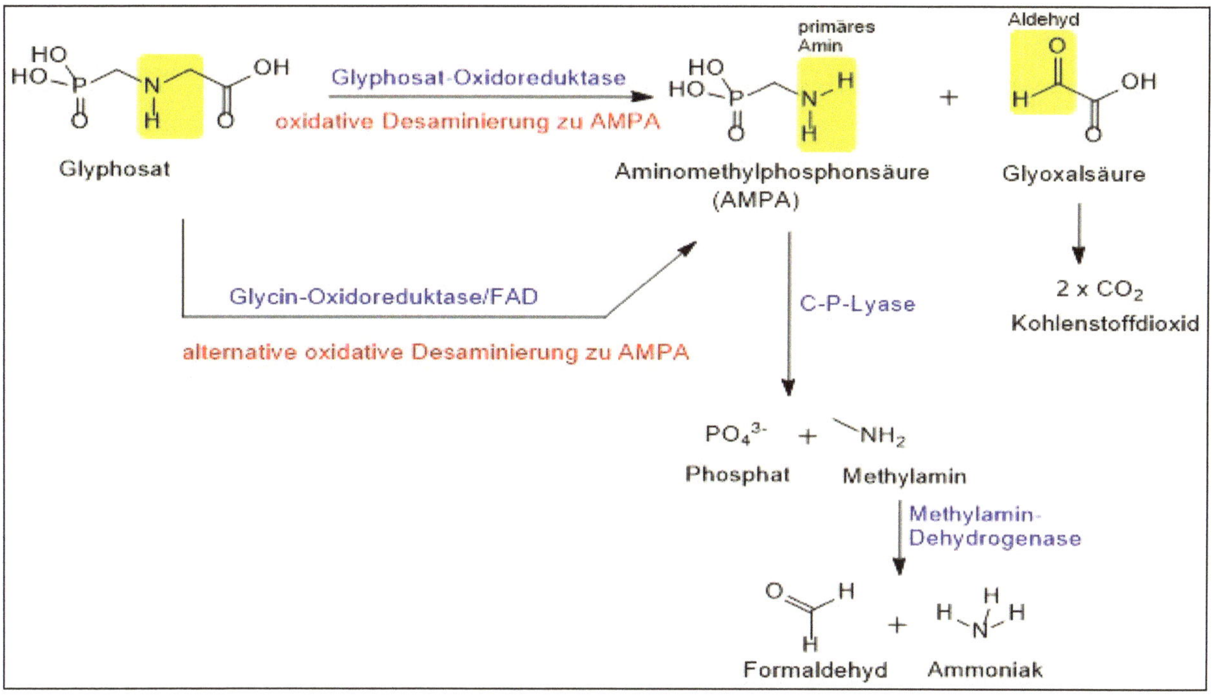

Abbildung 3.22: Hauptabbau des Glyphosats im Boden zu AMPA

Hauptabbauweg des Glyphposats im Boden durch die Glyphosat-Oxidoreduktase bzw. alternativ durch die Glycin-Oxidase zum Hauptmetaboliten Aminomethylphosphonsäure (AMPA), das ebenso wie Glyphosat noch hebizide und chelatisierende Eigenschaften aufweist. AMPA wird durch eine C-P-Lyase zu anorganischem Phosphat und Methylamin gespalten. Das Methylamin wird durch eine Methylamin-Dehydrogenase zu Formaldehyd und Ammoniak gespalten. Die bei der AMPA-Bildung zusätzlich entstehende Glyoxalsäure zerfällt zu zwei Molekülen Kohlenstoffdioxid. Somit liefert der Hauptabbauweg des Glyphosats als Endprodukte anorganisches Phosphat, Formaldehyd, Ammoniak und Kohlenstoffdioxid.

Es verbleibt das Abbauprodukt Sarkosin, eine nichtproteinogene Aminosäure, die auch im menschlichen Körper, v. a. im Muskelgewebe, vorkommt. Sarkosin kann als N-Methylglycin zu Glycin umgewandelt werden oder – da es ein Positionsisomeres des Alanins ist - durch eine intramolekulare Umlagerung zu Alanin reagieren (Abbildung 3.26) (Habermehl et al. 2008). Sarkosin wird weiter abgebaut zu Formaldehyd und Glycin unter enzymatischer Katalyse der Sarkosin-Oxidase. Diese Substanzen können von vielen Bodenbakterien weiterverwendet werden. Genauso ist aber eine nichtenzymatische Abspaltung von CO_2 möglich, woraufhin Methylamin gebildet wird, das wiederum durch die Methylamin-Dehydrogenase zu Formaldehyd und Ammoniak umgesetzt werden kann (Borggaard und Gimsing 2008, Duke 2011, Duke et al. 2012).

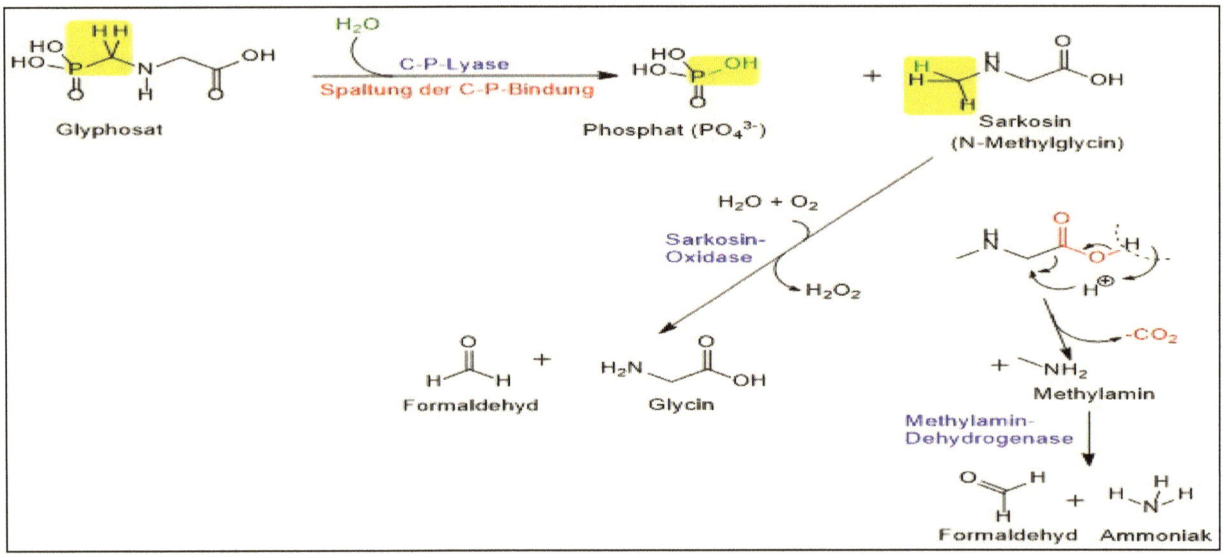

Abbildung 3.23

Alternativer Abbauweg des Glyphosats im Boden zu Sarkosin

Alternativ zum Hauptabbau über AMPA kann freies Glyphosat in weitaus geringerem Ausmaß im Boden zunächst durch eine C-P-Lyase umgesetzt werden und PO_4^{3-} abgespalten werden. Es verbleibt die nichtproteinogene Aminosäure Sarkosin, N-Methylglycin, die entweder spontan CO_2 freisetzen kann unter Bildung von Methylamin oder aber unter enzymatischer Katalyse der Sarkosin-Oxidase zu Formaldehyd und Glycin weiterreagiert.

Andere primäre Abbauprodukte als Aminomethylphosphonsäure und Sarkosin sind nur in Spuren nach chromatographischer Auswertung identifiziert worden: N-Methylaminomethylphosphonsäure, N,N-Dimethylaminomethylphosphonsäure und Hydroxymethylphposphonsäure (Abbildung 3.27). Sie haben für den Boden-Abbauprozess keine Bedeutung (Rueppel et al. 1977, Troev 2008).

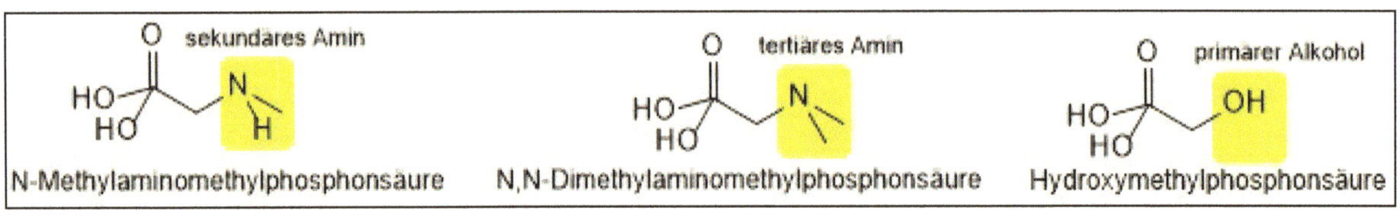

Abbildung 3.24

Abbauprodukte des Glyphosats im Boden, die nur in Spuren nachweisbar sind

3.6 Chemisch verwandte Pestizide/Arzneistoffe

3.6.1 Glufosinat, Bialaphos

Des Öfteren wird Glyphosat mit zwei weiteren natürlichen Herbiziden, dem Glufosinat (synonym Phosphinotricin) und dem Bialaphos, zu einer Untergruppe zusammengefasst: den nichtselektiven Phosphor enthaltenden Aminosäure-ähnlichen Herbiziden (non-selective phosphorous-containing amino acid-type herbicides, PAAHs). Ein entscheidender Vorteil der Phosphonate und Phosphinate ist sicherlich, dass sie über einen großen pH-Bereich stabil gegenüber einer hydrolytischen Spaltung sind. In Abbildung 3.28 ist ein Vergleich der chemischen und Eigenschaften des Glyphosats und des Glud´fosints gegeben.

Glufosinat (Handelspräparat z. B. Basta®) ist eine α-Aminocarbonsäure (Abbildung 3.28), ein Analogon des L-Glutamats, wohingegen Glyphosat ein Analogon der α-Aminocarbonäsure Glycin ist.

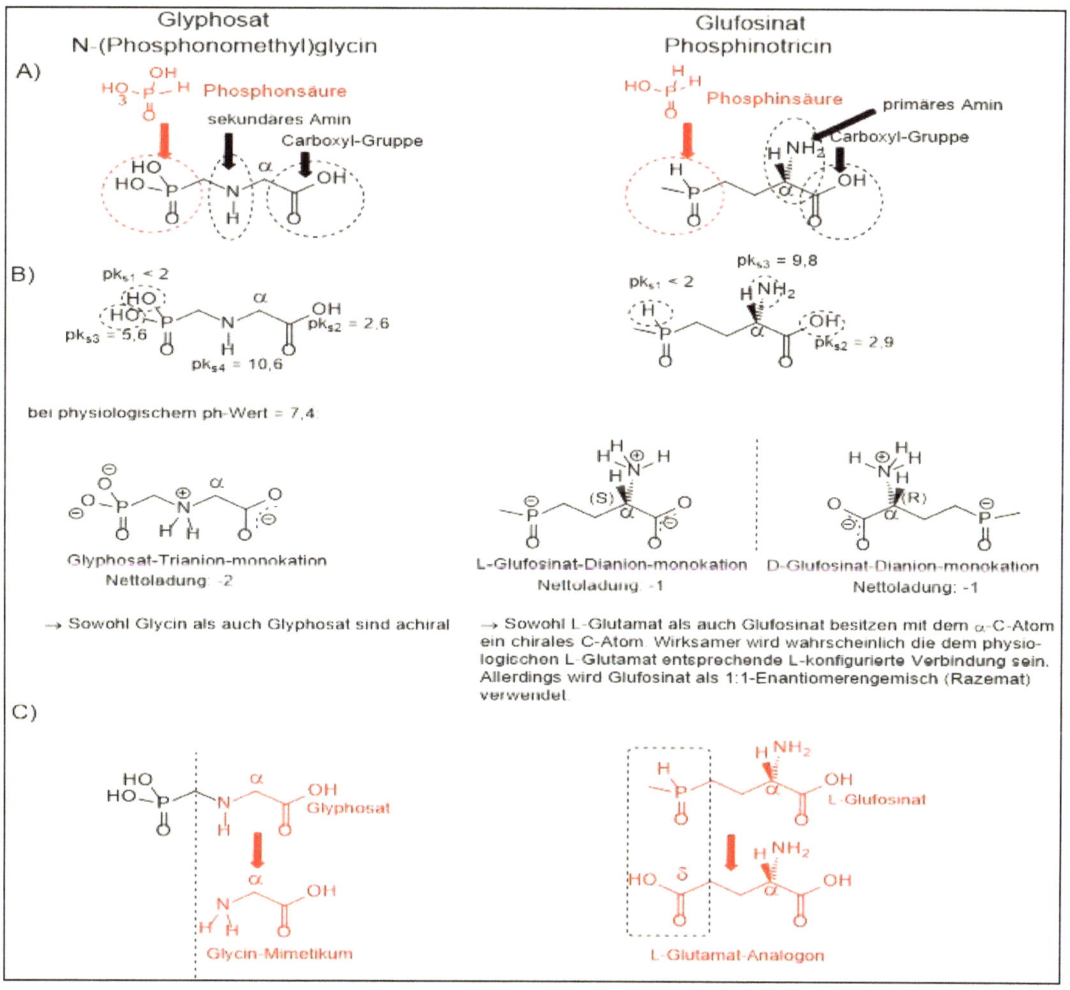

Abbildung 3.25

Vergleich des Glufosinats, das ebenfalls zur Untergruppe der PAAHs gehört, mit Glyphosat.

Ansonsten weisen beide Organophosphor-Verbindungen eine Carbonsäure-Gruppe und eine Amino-Gruppe auf. Glyphosat besitzt ein sekundäres Amin, beim Glufosinat ist es ein primäres Amin. Am anderen Ende des Moleküls enthalten sowohl Glyphosat als auch Glufosinat einen Säureester des Phosphors. Glyphosat enthält bekanntlich einen Methylester der Phosphonsäure, ein Methylphosphonat. Beim Glufosinat ist es ein Propylester der Phosphinsäure (früher Hypophosphorige Säure) (Abbildung 3.28). Dementsprechend enthält Glufosinat mit der Carboxyl-Gruppe und dem Phosphinat zwei OH-azide Gruppen im Molekül. Die pK_s-Werte der Carboxyl-Gruppen und der Hydroxyl-Gruppe(n) des Phosphonats/Phosphinats unterscheiden sich nur marginal. Das sekundäre Amin des Glyphosats allerdings hat durch den zusätzlichen +I-Effekt der zweiten Alkylkette eine höhere Elektronendichte und eine um fast eine Zehnerpotenz höhere Basizität (vgl. $pk_{s(RRNH)}$ = 10,6 Glyphosat vs $pk_{s(RRNH)}$ = 9,8 (Glufinosat)). Bei physiologischem pH-Wert von 7,4 besitzt Glyphosat demnach eine Nettoladung von -2, Glufosinat eine von -1 (Abbildung 3.28). Entsprechend zum Glyphosat wird auch Glufosinat in der Regel in Form eines Salzes – am gebräuchlichsten scheint das Ammonium-Salz zu sein – eingesetzt (Hoerlein 1994).

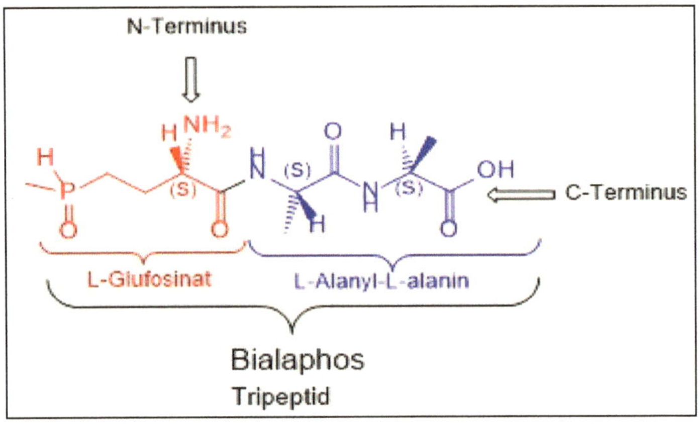

Abbildung 3.26

Strukturformel des natürlichen Tripeptids und Glutamin-Synthetase-Inhibitors Bialaphos.

Bialaphos ist ein natürliches Tripeptid, das L-Glufosinat als eine der drei Aminosäuren enthält. L-Glufosinat bildet mit seiner freien α-Amino-Gruppe den N-Terminus. Zusätzlich sind zwei L-Alanin-Reste enthalten, sodass Bialaphos auch als L-Alanyl-L-alanyl-phosphinotricin bezeichnet werden kann.

Glycin ist die einzige nichtchirale proteinogene Aminosäure. Dementsprechend ist auch Glyphosat achiral, wohingegen das Glufosinat als L-Glutamat-Analogon ein chirales α-C-Atom besitzt. Das wirksame Enantiomer wird höchstwahrscheinlich das entsprechende L-Glufosinat bzw. nach Cahn-Ingold-Prelog das (S)-Glufosinat sein. Allerdings wird Glufosinat als Herbizid als Razemat der beiden (S)- und (R)-Enantiomeren verwendet

(Abbildung 3.28). Glufosinat ist eine natürlich vorkommende Aminosäure, die bislang einzige bekannte peptidisch gebundene und nätürliche Aminosäure mit einer Phosphinsäure-Funktion in der Seitenkette. L-Glufosinat ist Bestandteil des Tripeptids L-Alanyl-L-alanyl-phosphinotricin (besser: L-Phosphinotricyl-L-alanyl-L-alanin) und praktisch eine Zwischenstufe innerhalb der Biosynthese dieses Tripeptids. Das Tripeptid – besser bekannt unter dem Namen - Bialaphos - wird ebenso als Herbizid verwendet (Abbildung 3.29).

Anders als Glyphosat ist L-Glufosinat, das reine, wirksame Enantiomer, eine natürliche Verbindung, das als Phosphinotricin bereits 1972 als Stoffwechselprodukt von *Streptomyces viridochromogenes* beschrieben worden ist (Hock et al. 1995). Bialaphos ist ein Stoffwechselprodukt von Streptomyces hygroscopicus (Hock et al. 1995). Die Biosynthese des Bialaphos ist bis heute nicht nicht vollständig aufgeklärt (Hara et al. 1988, van der Donk 2006).

Um Aminosäuren zu synthetisieren, benötigen Pflanzen eine Stickstoffquelle, die entweder oxidiert aus Nitrat (NO_3^-) oder Nitrit (NO_2^-) oder bereits reduziert aus Ammoniak (NH_3) besteht. Die Glutamin-Synthetase ist ein frühes Enzym mit zentraler Bedeutung auf dem Weg vom Ammoniak zur Aminosäure. Hemmstoffe der Glutamin-Synthetase sind daher herbizid wirksam. Die Glutamin-Synthtase katalysiert ATP-abhängig die Kondensation von Ammonium-Ionen und L-Glutamat unter Bildung von L-Glutamin, ADP, Phosphat und einem Proton (Mowbray et al. 2014) (Abbildung 3.27). Die Totalherbizide Glufosinat und Bialaphos hemmen als Strukturanaloga des L-Glutamats zunächst kompetitiv, dann irreversibel an der Substratbindestelle das Enzym, was zu einem kompletten Zusammenbruch des Ammonium-Stoffwechsels in den Chloroplasten führt (Hack et al. 1994).

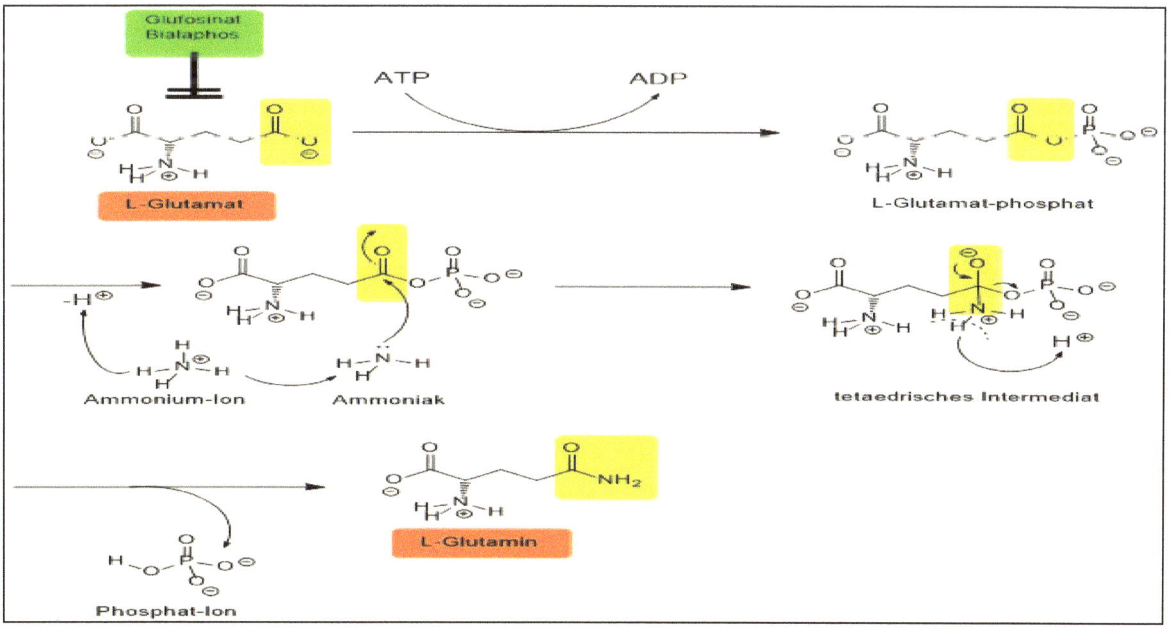

Abbildung 3.27 Die Glutamin-Synthetase-Reaktion

> Die Glutamin-Synthetase katalysiert die Bildung von L-Glutamin aus L-Glutamat. Dabei kondensiert die δ-Seitenketten-Carboxyl-Gruppe des L-Glutamats zunächst mit einem Phosphat des ATPs unter Bildung eines aktivierten L-Glutamat-phosphats. An den aktivierten Kohlenstoff der C=O-Bindung greift nun nach Abspaltung eines Protons ein nukleophiles Ammoniak-Molekül an unter Bildung eines tetraedrischen Intermediats an diesem Kohlenstoff. Das Intermediat stabilisiert sich durch Abspaltung des Phosphat-Restes zum L-Glutamin.
>
> Glufosinat und Bialaphos hemmen zunächst kompetitiv zu L-Glutamat die Reaktion. Die Bindung an die Substratbindungsstelle wird durch das L-Glutamat-phosphat kovalent und damit irreversibel.

Die L-Glutamin-Synthetase-Inhibitoren um Glufosinolat dienen mittlerweile als Leitstrukturen zur Entwicklung neuer Antituberkulostatika, die gegen *Mycobacterium tuberculosis* gerichtet sind. Weltweit ist die Tuberkulose nach AIDS die zweithäufigste Todesursache infolge einer Infektion. Etwa 1,3 Millionen Menschen sterben jedes Jahr an Tuberkulose (Mowbray et al. 2014). Tuberkulose ist heilbar, erfordert jedoch eine lange Therapiezeit von sechs bis 9 Monaten mit erheblichen Nebenwirkungen der derzeitigen Arzneistoffe, sodass häufig die Adherence des Patienten schlecht ist mit der Folge, dass sich Multidrug-resistente Tuberkulose-Stämme (MDR-TB) bilden. Die Situation hat sich noch verschärft, indem extrem arzneimittelresistente Formen des Bakteriums aufgetaucht sind (XDR-TB; extensively drug resitent; extreme Arzneimittelresistenz gegen Tuberkulose), die gegen die Erstlinientherapeutika Rifampicin und Isoniazid und gegen alle Fluorchinolone und mindestens eines der injizierbaren Mittel Kanamycin, Amikacin oder Capreomycin resistant sind (Shenoi et al. 2009). Zudem sind mittlerweile Bakterienstämme, beispielsweise im Iran, in Indien, in Südafrika und Italien, aufgetaucht, die eine totale Resistenz (TDR) gegenüber allen zur Verfügung stehenden Antibiotika aufweisen (Dheda et al. 2014). Dementsprechend wird händeringend nach neuen Targets für die Behandlung der Tuberkulose gesucht. Die Glutamin-Synthetase ist ein solches Target.

Die Inhibitoren der mycobakteriellen Glutamin-Synthetase lassen sich in zwei Klassen aufteilen. Die erste Klasse stellen die kleinen, hochpolaren Aminosäure-Analoga um Glufosinat und einem weiteren Strukturanalogon des L-Glutamats, dem Methioninsulfoxim (MSO) dar (Berlicki et al. 2008). Diese Aminosäure-Analoga binden an die L-Glutamat-Bindungsstelle, die hochkonserviert innerhalb der bakteriellen und der eukaryotischen Glutamin-Synthetasen ist. Daraus ergibt sich das Problem der möglicherweise zu geringen bakteriellen Selektivität und nicht tolerierbarer Nebenwirkungen (Krajewski et al. 2005). Die zweite Klasse von Glutamin-Synthetase-Inhibitoren enthält größere Moleküle, meist hydrophobe Heterozyklen, die kompetitiv zu ATP an dessen Bindungsstelle andocken. Die Nukleotid-Bindungsstelle ist weniger konserviert, und Inhibitoren, die an die ATP-Bindungsstelle binden und so das Enzym hemmen, werden dementsprechend weniger ein Selektivitätsproblem zeigen als die Aminosäure-Analoga (Nilsson et al. 2009).

MSO und L-Glufosinat bzw. Phosphinotricin:Beide Substanzen binden zunächst als kompetitive Inhibitoren, werden dann aber schnell phosphoryliert wie das natürliche Substrat L-Glutamat, was die bioaktiven Formen liefert – beim MSO das Methioninsulfoximphosphat, beim Phosphinotricin das Phosphionotricin-phosphat – und die Phosphate binen irreversibel an die L-Glutamat-Bindungsstelle und versperren dem Glutamat den Zugang (Abbildung 3.31) (Krishnaswamy et al. 1962, Mowbray et al. 2014).

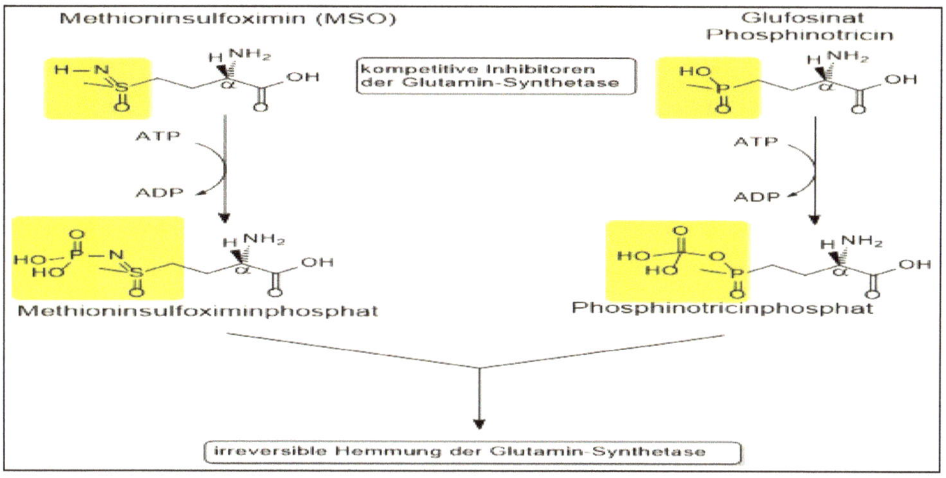

Abbildung 3.28

Irreversible Hemmung der mycobakteriellen Glutamin-Synthetase durch eine irreversible, kovalente Bindung des intermediär gebildeten Phosphats der beiden Leitstrukturen MSO und Phosphinotricin.

Mycobakterium tuberculosis besitzt vier Glutamin-Synthetase-Homologa, von denen nur eins, das Genprodukt von *glnA1* (*MtGS*), eine hohe Biosyntheserate aufweist und für das *In-vitro-* und *In-vivo-*Wachstum der Bakterien verantwortlich ist (Harth et al. 1994). Zusätzlich zu seiner gut erforschten Funktion innerhalb des Stickstoff-Metabolismus ist die Glutamin-Synthtase MtGS essenziell für die bakterielle Zellwand-Synthese. Hier ist sie verantwortlich für die Syntese der Poly-L-glutamat-L-glutamin-Komponente, das ausschließlich in der Zellwand pathogener Mycobakterien zu finden ist (Harth et al. 2003, Berlicki et al. 2006). Die extrazelluläre Lage des Enzyms macht es zudem für potenzielle Arzneistoffe einfach, ihr Target – das MtGS-Enzym – zu erreichen, da die schwer zu überwindende bakterielle Zellwand als Hindernis nicht dazwischenliegt.

Zahlreiche Studien bestätigen, dass MtGs ein vielversprechendes Target ist (Mowbray et al. 2014). Eine verwandte Glutamin-Synthetase gibt es auch in eukaryotischen Zellen, deren Funktion von ihrer Lokalisation abhängt. Im ZNS reguliert es die Konzentration des toxischen Ammoniaks und macht das neurotoxische Glutamat unschädlich durch Reaktion zu Glutamin. In der Leber ist es eines der Enzyme, die verantwortlich für die Beseitigung von Ammoniak sind (Mowbray et al. 2014).

Wie andere bakterielle Glutamin-Synthetasen auch liegt das Enzym von *M. tuberculosis* als Dodecamer vor, das aus zwei hexameren Ringen besteht, die wie zwei Reifen übereinandergestapelt werden gebildet. Die Aufsicht auf einemn hexameren Ring aus einer Kristallstruktur von Krajewski und Mitarbeitern ist in Abbildung 3.32 dargestellt (Abbildung 3.32, PDB-ID: 2BVC) (Krajewski et al. 2005).

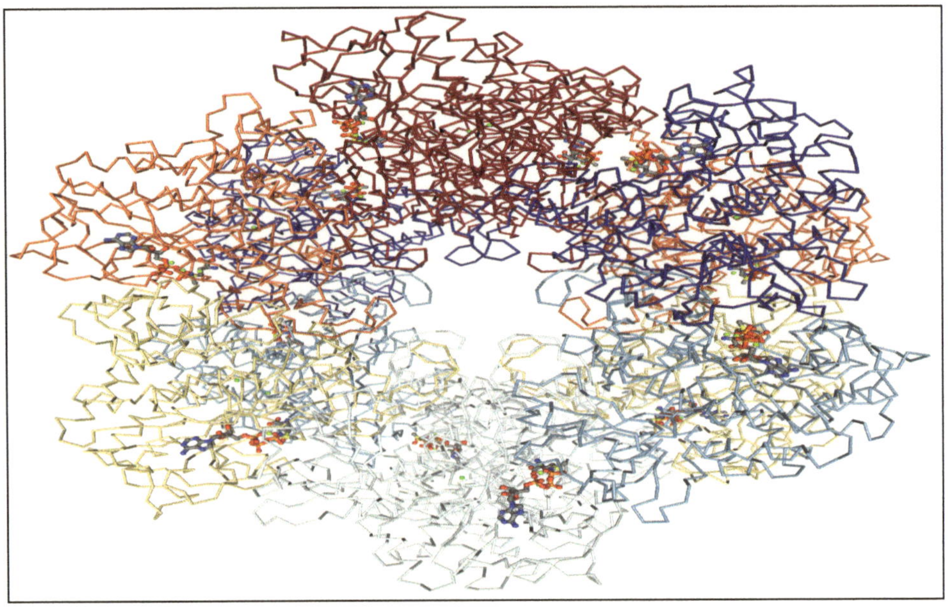

Abbildung 3.29

Kristallstruktur der mycobakteriellen Glutamin-Synthtase MtGS in Aufsicht (PDB-ID: 2BVC, Krajewski et al. 2005)

Man erkennt deutlich den oberen der zwei hexameren Ringe. Insgesamt ist das MtGS-Enzym ein Dodecamer.

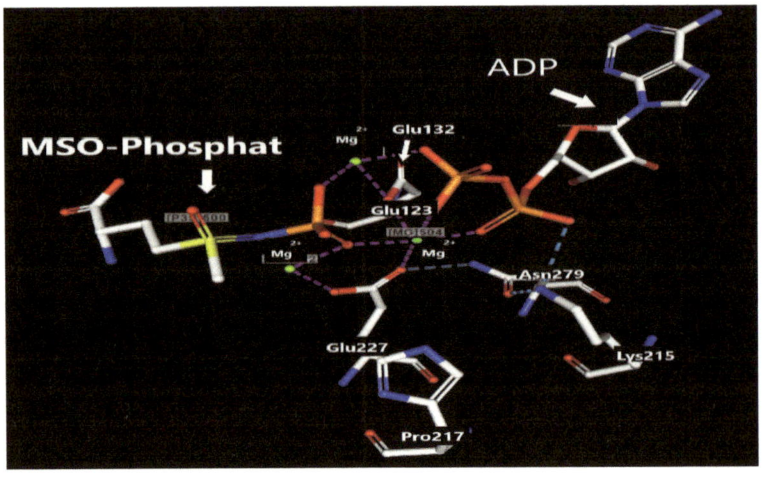

Abbildung 3.30

Kristallstruktur eines Ausschnitts des katalytischen Zentrums der mycobakteriellen Glutamin-Synthetase MtGs (PDB-ID: 2BVC, Krajewski et al. 2005).

Zu sehen ist der verbrauchte Cofaktor ADP in seiner Bindungstasche sowie drei Mg^{2+}-Ionen, die koordinativ über saure Aminosäuren fixiert sind. Der Inhibitor MSO (Methioninsulfoxim) ist bereits phosphoryliert, enthält die γ-Phosphat-Gruppe des ATPs und liegt als kovalent fixierendes Methioninsulfoximphosphat (MSO-Phosphat) vor.

Phosphotricin ist ein potenter Glutamin-Synthetase-Inhibitor verschiedenster Spzies einschließlich der MtGS von *M. tuberculosum* (IC_{50} (MtGS) = 1,9 μM) (Mowbray et al. 2014). Verschiedene Strukturanaloga des Phosphinotricins sind dargestellt worden, allerdings ohne die inhibitorische Wirkung signifikant zu verbessern (Abbildung 3.30) (Mowbray et al. 2014). Hauptstrategien zur Modifikation des Phosphinotricins betreffen die Einführung zusätzlicher Substituenten in der Alkylkette bzw. am α-C-Atom der Aminosäure (Logusch et al. 1988).

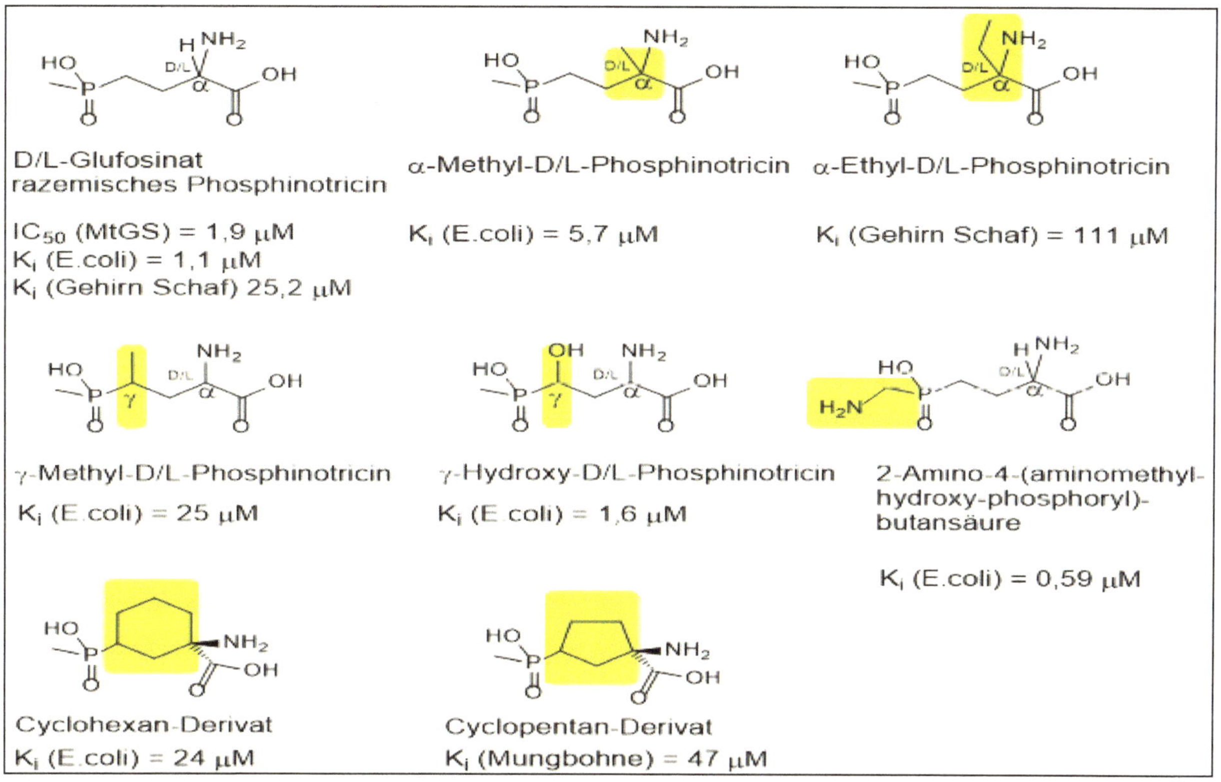

Abbildung 3.31

Strukturvariationsversuche beim Phosphinotricin zur Verbesserung der MtGS-Selektivität und der inhibitorischen Potenz (nach Mowbray et al. 2014).

Allerdings führen Alkyl-Substituenten an den Methylen-Gruppen bzw. am α-C-Atom genauso wie ein Einbau der Methylen-Gruppen in ein zyklisches System zu einer Abnahme der inhibitorischen Potenz im Vergleich zur Leitstruktur Phosphinotricin. Lediglich eine γ-Hydroxyl-Gruppe führt bezüglich der inhibitorischen Aktivität zu einer äquipotenten Substanz. Der Austausch der Methyl-Gruppe am Phosphor-Atom durch ein H-Atom oder einen aromatischen Rest führt zu einem dramatischen Wirkverlust (Maier et al. 1983). Computergestützte Studien deuten an, dass die Methyl-Gruppe des Phosphinotricins in der unmittelbaren Nähe der Ammonium-Bindungsstelle positioniert ist (Berlicki et al. 2005). Eine Reihe von Derivaten mit polaren Substituenten an der Methyl-Gruppe sind hergestellt worden. Die vielversprechenste dieser Verbindungen enthält eine Aminomethyl-Gruppe anstelle der Methyl-Gruppe und ist nahezu gleich wirksam wie Phosphinotricin (Abbildung 3.31).

3.6.2. Fosfomycin

Das Antibiotikum Fosfomycin ist bereits seit 1969 bekannt (Hendlin et al. 1969). Es gehört ebenso Phosphinotricyl-L-alanyl-L-alanin (Bialaphos) zu den natürlich vorkommenden Phosphonsäureestern (Abbildung 3.32) (Gräfe 1992).

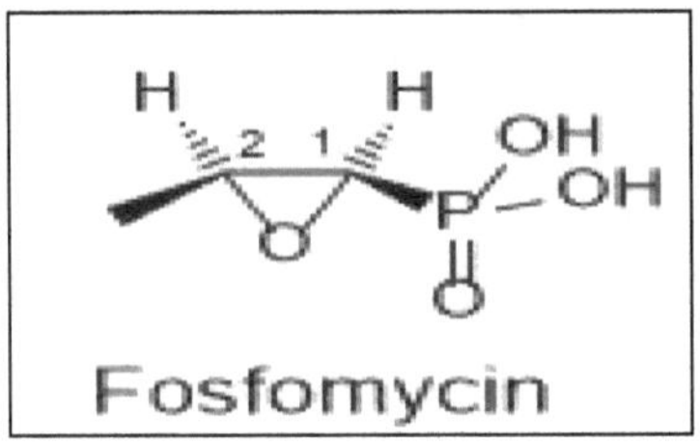

Abbildung 3.32

Strukturformel des Fosfomycins, Handelspräparate Monuril und Generika.

Fosfomycin ist das Produkt der weiteren Metabolisierung von Phosphoenolpyruvat zu Hydroxyethyl- und Aminoethylphosphonsäuren, die durch Fosfomycin-negative Blockmutanten von *Streptomyces wedmorensis* effektiv zu Fosfomycin transformiert werden (Abbildung 3.36) (Gräfe 1992). Auch andere *Streptomyces*-Arten bilden Fosfomycin, z. B. *Streptomyces fradiae* und *Streptomyces viridochromogenes* (Falagas et al. 2016).

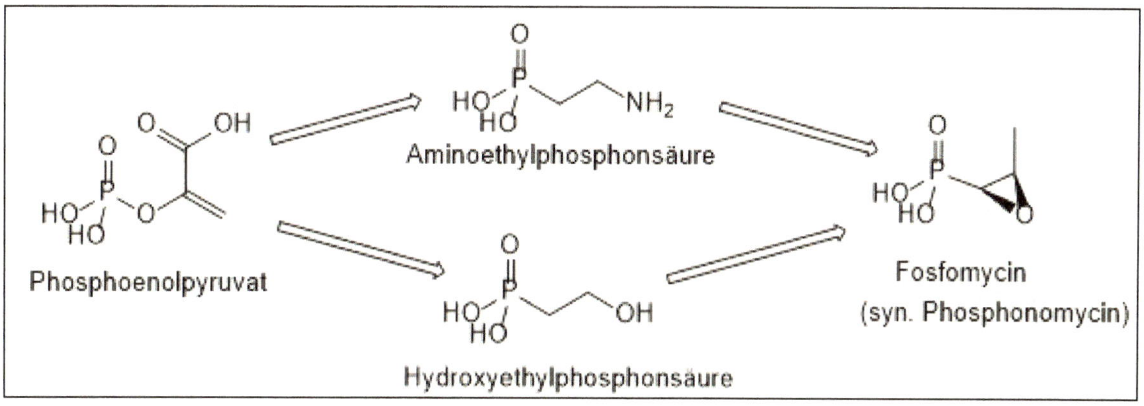

Abbildung 3.33 Biosynthetische Route für Fosfomycin.

Fosfomycin – früher als Phosphinomycin bezeichnet - ist ein sehr kleines Molekül mit zwei chiralen Zentren am Epoxid-Ring, deren absolute Konfiguration (1R,2S) für die Aktivität essenziell sind (Abbildung 3.33). Die drei anderen Diastereomeren sind wirkungslos. In dem (1R,2S)-Diastereomer sind die großen Substituenten am Epoxid-Ring cis-ständig zueinander. Fosfomycin ist demnach (1R,2S)-1,2-Epoxypropylphosphonsäure.

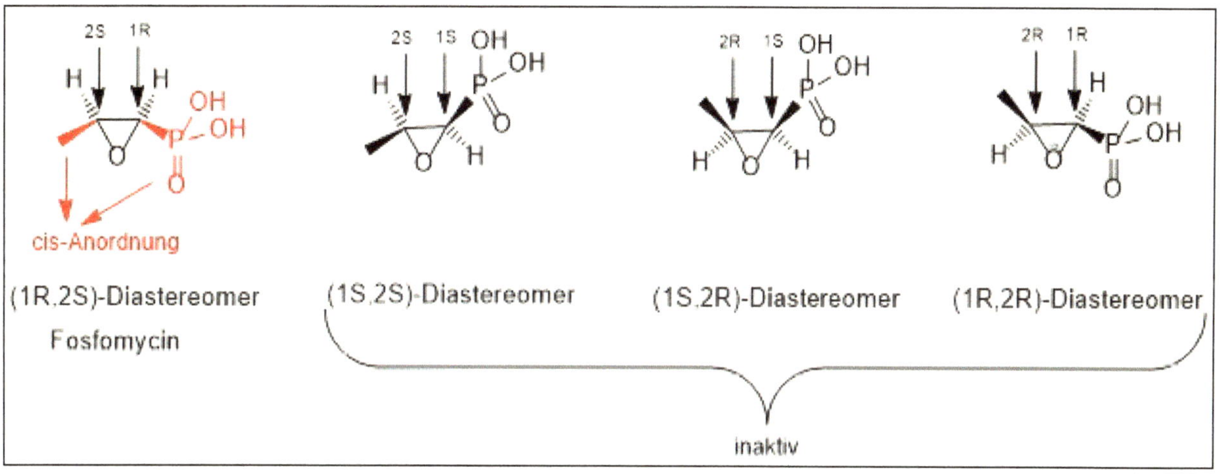

Abbildung 3.34

Die biologisch akAbbildung 1tive, absolute Konfiguration des Fosfomycin

Fosfomycin besitzt als zentralen Baustein einen Epoxid-Ring. Beide C-Atome dieses Epoxids sind chiral. Dementsprechend existieren 2^2 = 4 verschiedene Diastereomere, von denen lediglich das (1R, 2S)-Diastereomer volle biologische Aktivität aufweist. In diesem Diastereomer sind die voluminösen Substituenten an C1 und C2 cis-ständig zueinander angeordnet.

Fosfomycin hemmt die bakterielle Zellwandsynthese. Die inhibitorische Wirkung erfolgt zu einem früheren Zeitpunkt der Zellwandsynthese als bei den β-Lactam-Antibiotika oder bei den Glycopeptid-Antibiotika (Falagas et al. 2016). Fosfomycin ist ein Bakterizid wirkender Hemmstoff der ersten Enzym-katalysierten Reaktion der Biosynthese der bakteriellen Zellwand (Skarzynski et al. 1996, El Zoeiby et al. 2003). Die ersten beiden Schritte der bakteriellen Zellwandsynthese laufen im Zytoplasma ab und beinhalten die Bildung des Peptidoglykan-Präkursors UDP-N-Acetylneuraminsäure (Abbildung 3.38) (Borisova et al. 2014). Das geschieht durch Hemmung des Enzyms UDP-N-Acetylglucosamin-3-O-enolpyruvyl-Transferase (MurA). Dieses Enzym katalysiert den Transfer der Enolpyruvyl-Einheit des Phosphoenolpyruvats an die 3'-OH-Gruppe des UDP-Glc-N-Acetylglucosamins. Im zweiten Schritt wird die Enolpyruvat-Partialstruktur zum D-Lactat reduziert. Dieser Schritt der Zellwandsysnthese wird katalysiert durch die UDP-N-Acetylglucosamin-3-O-enolpyruvyl-Reduktase (MurB). Fosfomycin hemmt nur den ersten von MurA katalysierten Schritt. Als Antimetaolit des Substrates Phosphoenolpyruvats bindet Fosfomycin kovalent an die Thiol-Gruppe eines Cystein-Restes (bei *E. coli* Cys115) innerhalb des aktiven Zentreums des Enzyms. Durch die kovalente Bindung wird das Enzym irreversibel gehemmt (Kahan et al. 1974, Eschenburg et al. 2005, Petek et al. 2010). Fosfomycin imitiert also den tetraedrischen Übergangszustand des Phosphoenolpyruvats am 3'-OH. Damit weist Fosfomycin prinzipiell dieselbe Art von Wirkmechanismus wie Glyphosat bei der Hemmung der EPSP-Synthase auf.

Zusätzlich zur erwähnten Enzymhemmung reduziert Fosfomycin die Adhäsion von Bakterien an Epithelzellen des Urogenitaltraktes. Auch bei respiratorischen Epithelzellen verringert Fosfomycin die Adhäsion von Streptomyces pneumoniae und Haemophilus influenza (Carlone et al. 1987, Yokota et al. 2010).

Neben diesen klassischen Antibiotika-Wirkmechanismen ist Fosfomycin aber auch ein Immunmodulator. Fosfomycin beeinflusst die akute entzündliche Zytokin-Antwort. Es hemmt die Produktion des TNF-α (Tumornekrosefaktor-α) sowie der Interleukine IL-1α und IL-1β und fördert die Bildung von IL-10. Zusätzlich unterdrückt Fosfomycin die IL-2-Produktion von T-Zellen, die Produktion von Leukotrien B_4 in Neutrophilen. Fosfomycin besitzt außerdem einen immunmodulierenden Effekt auf die B-Zell-Aktivierung. Es verstärkt die Phagozytose von Neutrophilen gegenüber eindringenden Pathogenen. Unter Fosfomycin besitzen Neutrophile stärkere bakterizide Aktivitäten als unter anderen antimikrobiellen Wirkstoffen. Die klinische Bedeutung der Immunmodulation durch Fosfomycin muss allerdings noch abgeklärt werden (Falagas et al. 2016)

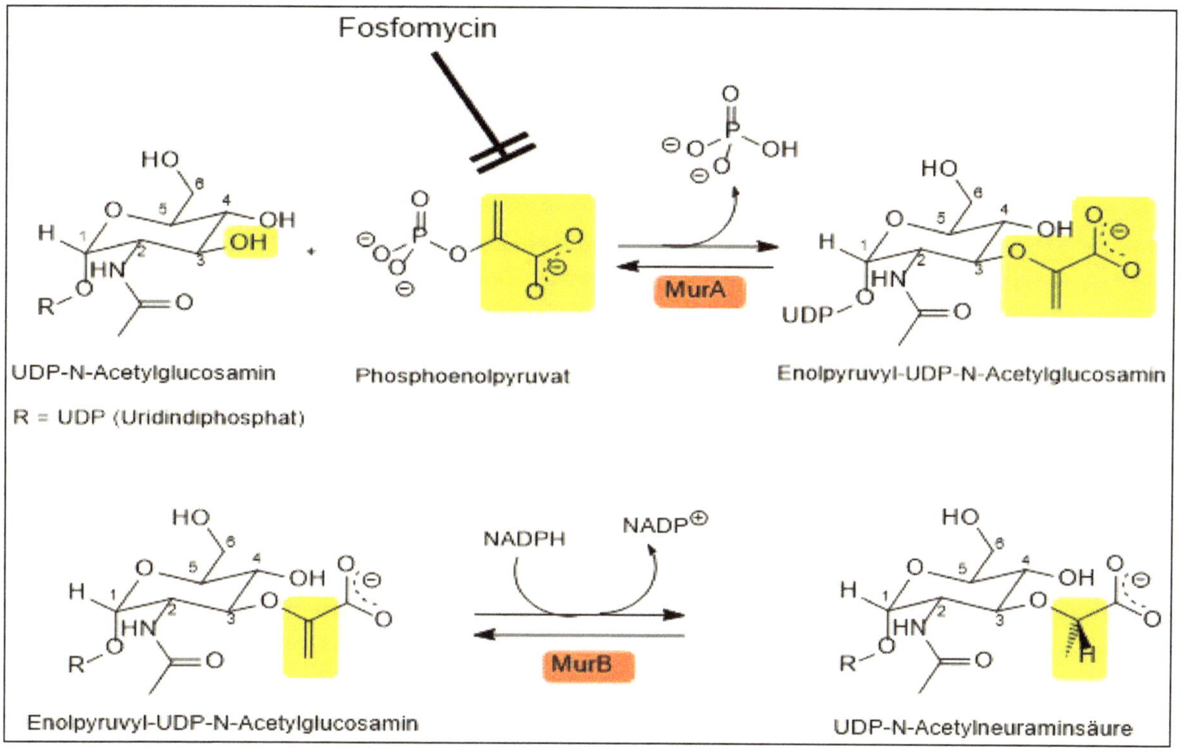

Abbildung 3.35

Die ersten beiden zytoplasmatischen und durch MurA und MurB katalysierten Reaktionen innerhalb der bakteriellen Zellwandsynthese

Abkürzungen: Uridindiphosphat; UDP: Uridindiphosphat; MurA: UDP-N-Acetylglucosamin-3-O-enolpyruvyl-Transferase; MurB: UDP-N-Acetyl-glucosamin-3-O-enolpyruvyl-Reduktase.

Um in die Zelle zu gelangen, nutzt Fosfomycin den aktiven Transport über das Hexose-6-Transporter-System, das durch Glucose-6-phosphat induziert wird. Zusätzlich nutzt Fosfomycin auch das L-Glycerol-3-phosphat-System zur Aufnahme in die Bakterienzelle (Honda et al. 1998, Krause et al. 2001, Falagas et al. 2016).

Die Inhibition des Enzyms MurA durch Fosfomyin führt zur bakteriellen Zelllyse und zum Zelltod. Die MurA-Reaktion durchläuft, wie oben erwähnt, einen tetraedrischen Übergangszustand der bereits kovalent verbundenen Substrate UDP-N-Acetylglucosamin und Phosphoenolpuruvat (Abbildung 3.34). Zur Stabilisierung wird Phosphat abgespalten. Phosphoenolpyruvat reagiert aber zunächst mit Cys115 unter Bildung eines kovalenten Phospholactoyl-Addukts. Seit langer Zeit wird über die Funktion und Bedeutung des Cystein-Restes an Position 115 diskutiert. Fungiert Cys115 als Nukleophil innerhalb der Reaktion mit Phosphoenolpyruvat, oder ist CYs115 lediglich ein allgemeiner Säure-Base-Katalysator?

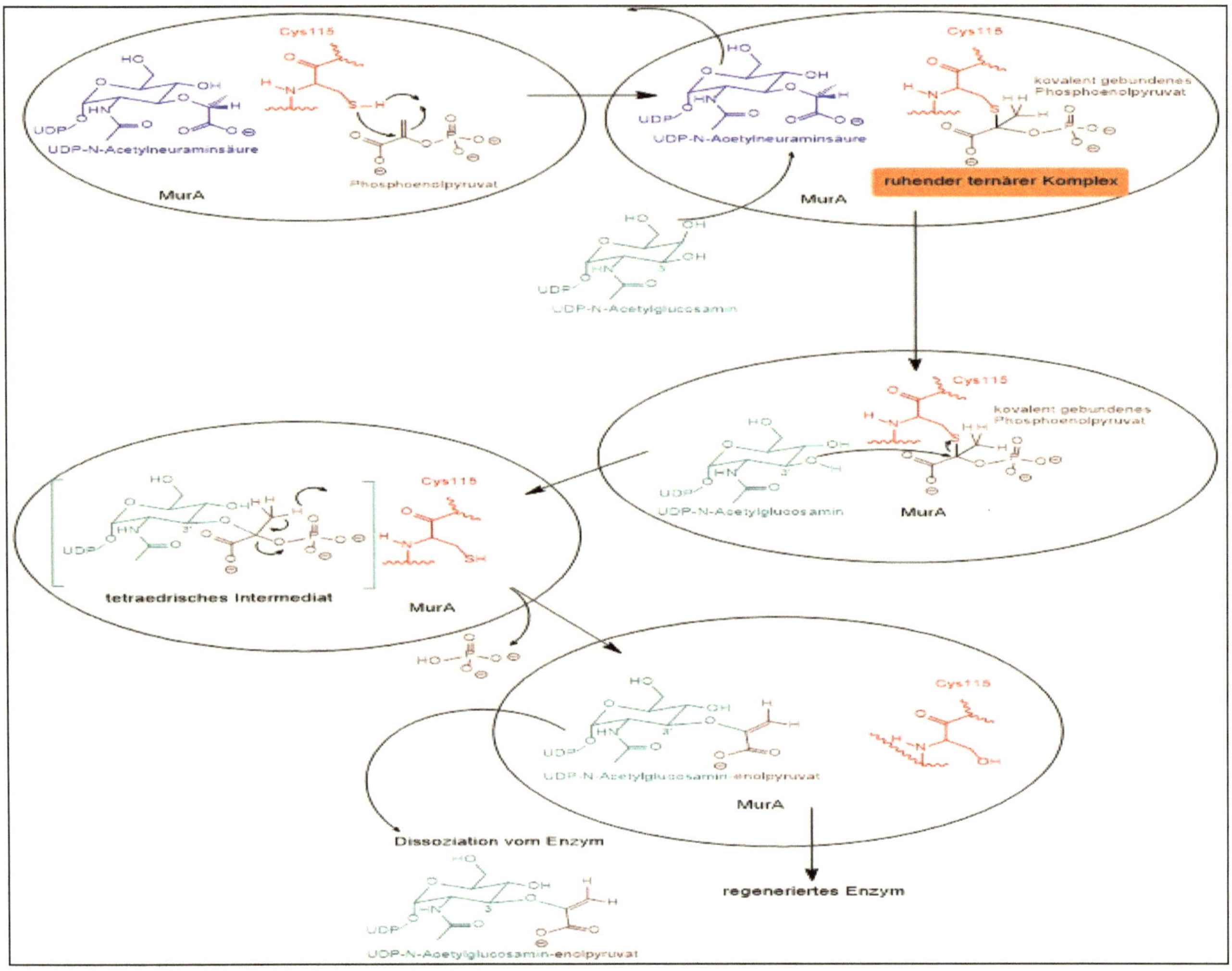

Abbildung 3.36 Katalytischer Kreislauf der MurA-Reaktion

Solange UDP-N-Acetylneuraminsäure im Überschuss vorliegt, bindet es im MurA-Enzym. Phosphoenolpyruvat reagiert mit der Thiol-Gruppe der Seitenkette von Cys115 (bei E. coli) kovalent zu einem Phospholactoyl-Addukt. Es bildet sich ein ruhender ternärer Komplex bestehend aus N-Acetylneuraminsäure, dem Cys115-Phospholactoyl-Addukt und MurA, der nicht weiterreagiert. Nimmt die Konzentration an UDP-N-Acetylglucosamin zu, verdrängt es UDP-N-Acetylneuraminsäure aus dem Enzym, woraufhin die 3'-Hydroxyl-Gruppe des N-Acetylglucosamins unter Bildung eines tetraedrischen Intermediats an das tetraedrische C-Atom des Cys115-Phospholactoyl-Addukts angreift Cys115 aus dem Addukt verdrängt. Dieses tetraedrische Intermediat, ein UDP-N-Acetylglycosamin-phospholactoyl-Addukt, stabilisiert sich nachfolgend durch Abspaltung eines Phosphat-Restes zum UDP-N-Acetylglucosamin-enolpyruvats. Das UDP-N-Acetylglucosamin-enolpyruvat dissoziiert vom MurA-Enzym, das somit wieder vollständig regeneriert den nächsten katalytischen Kreislauf in Angriff nehmen kann.

Cys115 kann durch Aspartat ohne Aktivitätsverlust ersetzt werden, sodass Cys115 wohl nicht als Nukleophil an der Reaktion teilnimmt (Kim et al. 1996, Zhu et al. 2012). Neuere Forschungsergebnisse deuten an, dass die MurA-Aktivität durch die Bindung von UDP-N-Acetylneuraminsäure reguliert wird. UDP-N-Acetylneuraminsäure ist das Produkt der MurB-Reaktion, des zweiten Schrittes der Zellwandsynthese. Ist UDP-N-Acetylneuraminsäure gebunden, bindet Phosphoenolpyruvat kovalent an Cys115. Dies führt zur Bildung eines "locked", eines ruhenden ternären MurA-Cys115-Phospholactoyl-Addukt-UDP-N-Acetylneuraminsäure-Komplexes (Abbildung 3.39). Dieser ternäre Komplex ist die vorherrschende Form, in der MurA in der Bakterienzelle anzutreffen ist. Sinkt das N-Acetylneuraminsäure-zu-N-Acetylglucosamin-Verhältnis, verdrängt UDP-N-Acetylglucosamin die UDP-N-Acetylneuraminsäure aus dem ruhenden ternären Komplex, wodurch es dann zum nukleophilen Angriff der 3'-OH-Gruppe des N-Acetylglucosamins das tetraedrische C-Atom des Cys115-Phospholactoyl-Addukts und zur Abspaltung des Cys115 kommt. N-Acetylglucosamin hat nun quasi die Position des Cys115 eingenommen und Cys115 geht unverbraucht aus diesem Kreislauf hervor. Das tetraedrische N-Acetylglucosamin-phospholactoyl-Addukt stabilisiert sich durch die Abspaltung von Phosphat unter Bildung des Produktes N-Acetylglucosamin-enolpyruvat. Das Produkt, dissoziiert vom Enzym und MurA, steht für einen erneuten katalytischen Kreislauf zur Verfügung (Kim et al. 1996, Eschenburg et al. 2005, Zhu et al. 2012, Silver 2017).

Zhou und Mitarbeiter haben in 2012 eine Kristallstruktur der *E. coli*-MurA im Komplex mit UDP-N-Acetylneuraminsäure und dem Cys115-Phospholactoyl-Addukt veröffentlicht (Abbildung (Zhou et al. 2012). Damit haben sie die Kristallstruktur des ruhenden ternären Komplexes erhalten, was auch die mengenmäßig deutlich dominierende Form des MurA-Enzyms darstellt (Silver 2017).

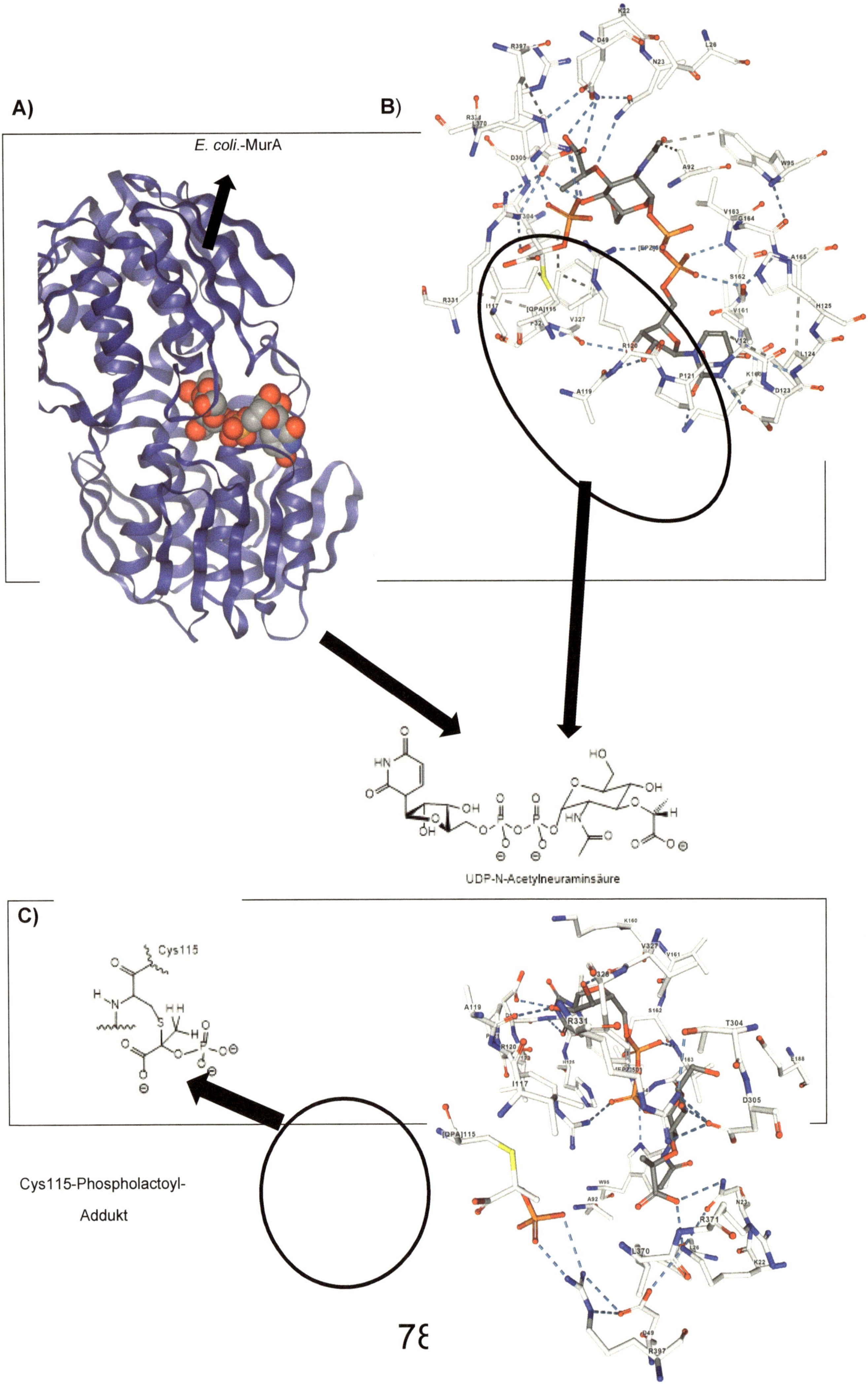
A)
B)
E. coli.-MurA
UDP-N-Acetylneuraminsäure
C)
Cys115
Cys115-Phospholactoyl-
Addukt

Abbildung 3.37

Kristallstukturen des *E. coli*-MurA-Enzyms im ruhenden, ternären Komplex mit UDP-N-Acetylneuraminsäure und dem kovalenten Addukt des Cysteins 115 mit Phosphoenolpyruvat (PDB-ID: 3SWD, Zhou et al. 2012).

Fosfomycin imitiert das Phosphoenolpyruvat (Abbildung 3.36). Dementsprechend wirkt Fosfomycin als Antimetabolit. Allerdings ist die Wirkung des Fosfomycins hochselektiv. Durch die Struktur des Phosphonsäureesters und die C1-P-Bindung ist Fosfomycin wesentlich hydrolysestabiler als Phosphoenolpyruvat, das anstelle der C-P-Bindung an dieser Position eine O-P-Bindung eines "normalen" hydrolisierbaren Phosphorsäureesters trägt (Abbildung 3.35).

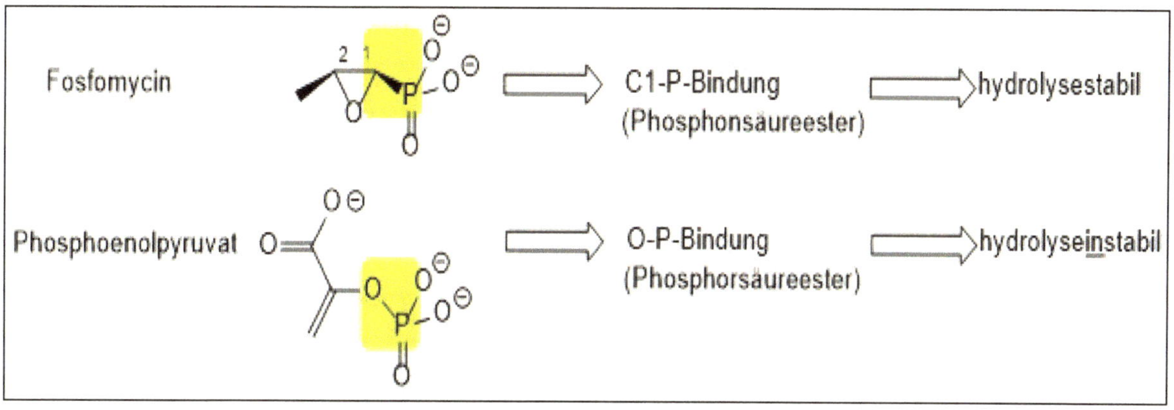

Abbildung 3.38

Struktureller Vergleich des Phosphonsäureesters Fosfomycin und des Phosphorsäureesters Phosphoenolpyruvat.

Bereits das Cys115-Phosenolpyruvat ist so stabil, dass ein Angriff des Sauerstoff-Atoms der 3'-Hydoxyl-Gruppe des UDP-N-Acetylglucosamin an das tetraedrische C-Atom, die Verknüpfungsstelle von Cys115 und Phosphoenolpyruvat, nicht in der Lage ist, das Cys115-Phospholactoyl-Addukt zu spalten und UDP-N-Acetylglucosamin-enolpyruvat zu bilden (Abbildung 3.42). Bereits an dieser Stelle ist der katalytische Kreislauf irreversibel gehemmt, da Cys115 nicht regeneriert werden kann. Lediglich über freies und noch nicht an Cys115 gebundenes Fosfomycin kann UDP-N-Acetylglucosamin ohne die katalytische Einwirkung des Cystein-Restes das MurA-Produkt UDP-N-Acetylglucosamin-enolpyruvat bilden (Abbildung 3.38).

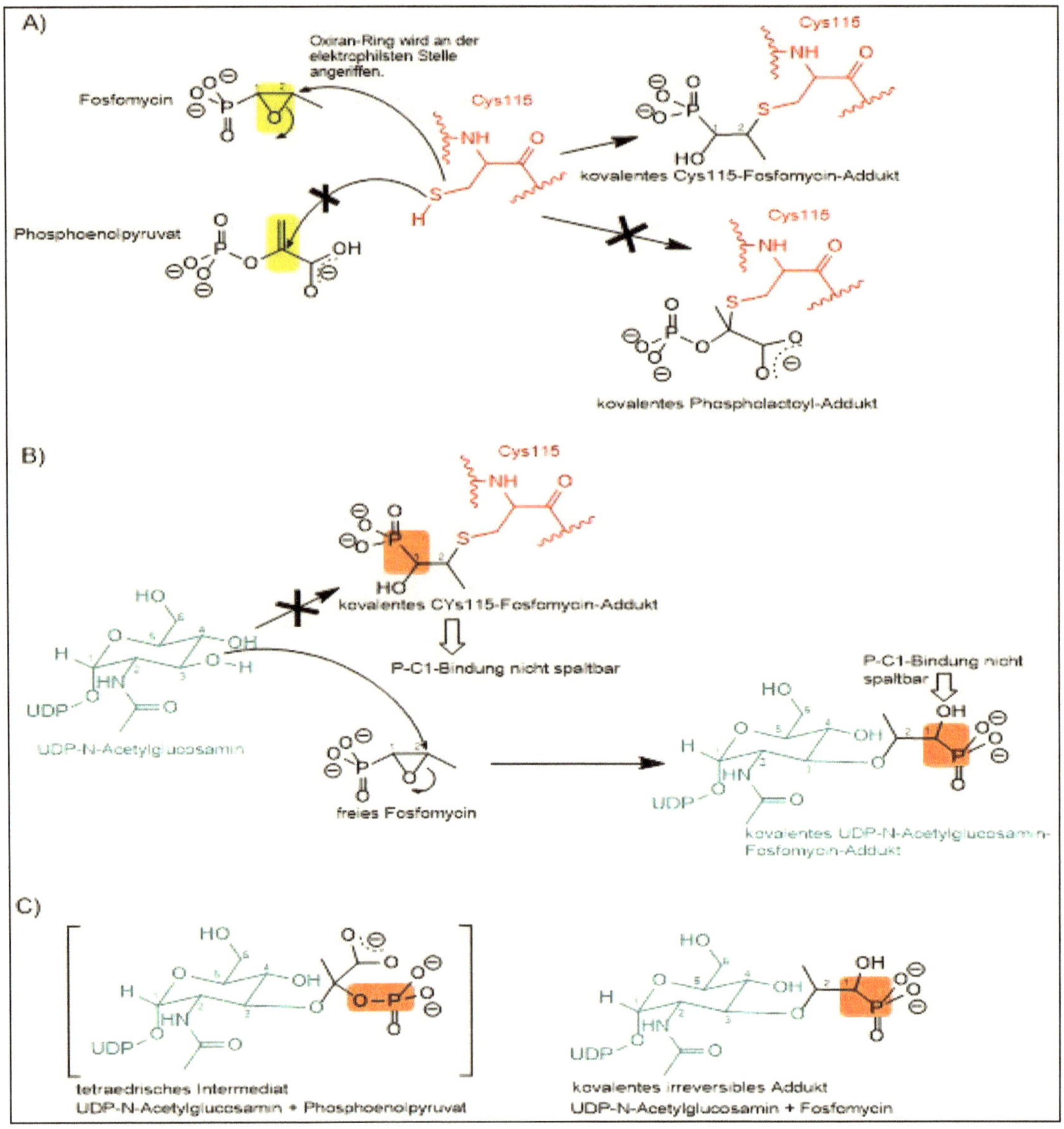

Abbildung 3.39

Reaktion des Fosfomycins innerhalb der MurA-Reaktion mit Komponenten und Substraten des Enzyms zu irreversiblen kovalenten Addukten

A) Fosfomycin und das physiologische Phosphoenolpyruvat kämpfen kompetitiv um die Bindung in der Cys115-Kavität. Phosphoenolpyruvat hat eine schwächere Affinität, und der größte Teil des Phosphoenolpyruvats wird nicht umgesetzt in Gegenwart von Fosfomycin. Fosfomycin reagiert mit dem nukleophilen Schwefel der Thiol-Gruppe von Cys115 an seiner elektrophilsten Stelle im Oxiran-Ring (C1) oder an dem am geringsten substituierten C-Atom unter Ringöffnung zu einem sehr stabilen, d. h. irreversiblen, kovalenten Addukt, das durch die Phosphonsäureester-Partialstruktur nur unter drastischen Methoden zu hydrolisieren ist. Auch der nucleophile Angriff des Sauerstoffs der 3'-OH-Gruppe des MurA-Substrates N-Acetglucosamin kann das Cys115-Fosfomycin-Addukt nicht spalten, sodass das Enzym bereits hier irreversibel inaktiviert ist.

B) Lediglich freies und noch nicht mit Cys115 abreagiertes Fosfomycin kann mit dem Substrat UDP-N-Acetylglucosamin zum entsprechenden UDP-N-Acetyl-N-glucosamin-enolpyruvat umgesetzt werden.

C) Strukturvergleich des intermediären Adduktes aus UDP-N-Acetylglucosmin und Phosphoenolpyruvat, das sich unter Abspaltung eines Phosphat-Restes zum UDP-N-Acetylglucosamin-enolpyruvat stabilisiert. Anders als das Enolpyruvat-Addukt ist das Fosfomycin-Addukt quasi irreversibel. Durch die C-P-Bindung ist der Phosphonsäureester nicht hydrolisierbar.

3.6.3 Dehydrophos

Ein anderes natürlich vorkommendes Antibiotikum, das Dehydrophos, das von Streptomyces luridus hergestellt wird, besitzt eine Tripeptid-Struktur (Kuemin und van der Donk 2010). Erstmals ist es 1984 beschrieben worden, wobei die korrekte Struktur erst 2007 durch einen Vergleich mit einem synthetisch hergestellten Tripeptid aufgeklärt werden konnte (Whitteck et al. 2007). Das C-terminale Ende, das an ein Glycin-Leucin-Dipeptid gebunden ist ein Monomethylester des 1-Aminovinylphosphonats (Abbildung 3.43). Dehydrophos ist das einzige natürlich vorkommende Phosphonat, das zusätzlich an einer der beiden OH-Gruppen verestert ist (Peck und van der Donk 2013).

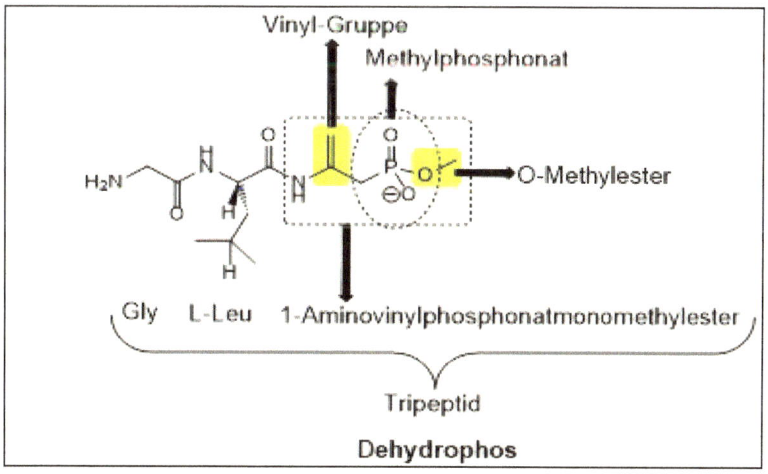

Abbildung 3.40

Strukturformel des natürlich vorkommenden tripeptidischen Antibiotikums Dehydrophos.

Untersuchungen zu Struktur-Wirkungs-Beziehungen an einigen Dehydrophos-Derivaten zeigen, dass sowohl die Vinyl- als auch der O-Methylester essenziell für eine Wirkung sind (Kuemin und van der Donk 2010). Viele toxische Phosphonate nutzen die Verknüpfung mit Aminosäuren, um sozusagen als "Trojanisches Peptid" über unspezifische Oligopeptid-Permeasen eine zelluläre Aufnahme zu erreichen (Abbildung 3.44). Ein Beispiel hierfür ist das Bialaphos, das intrazellulär durch Peptidase-Aktivität zum bioaktiven Glufosinat gespalten wird (Diddens et al. 1976, Circello et al. 2011). Nur selten wird das gesamte Peptid für die Bioaktivität des Moleküls benötigt, wie z. B. beim natürlichen tripeptidischen ACE-Hemmer mit Phosphonat-Partialstruktur K-26, dessen ACE-inhibitorische Aktivität vergleichbar mit der des Captoprils ist (Anthony et al. 2012).

Zurück zum Dehydrophos. Hier ist man sich größtenteils einig, dass für die eigentliche Wirkung nicht das Tripeptid als Ganzes, sondern nur die "C-terminale" Aminosäure 1-Aminovinylphosphonsäure-O-methylester benötigt wird. *In vitro* konnten Circello und Mitarbeiter eine Peptidase-abhängige Bildung des toxischen Pyruvat-Mimetikums Methylacetylphosphonat (MAP) und einen daraus gebildeten Metaboliten, den Hydroxyethylphosphonsäuremonomethylester (HEP-O-Me), beobachten. Der =-Methylester verringert die negativen Ladungen am Phosphonat um -1. D. h. mit nur noch einer permanenten Ladung ähnelt der Phosphonat-O-Methylester wahrscheinlich mehr dem Carbocylat-Anion (Abbildung 3.41) (Circello et al. 2011).

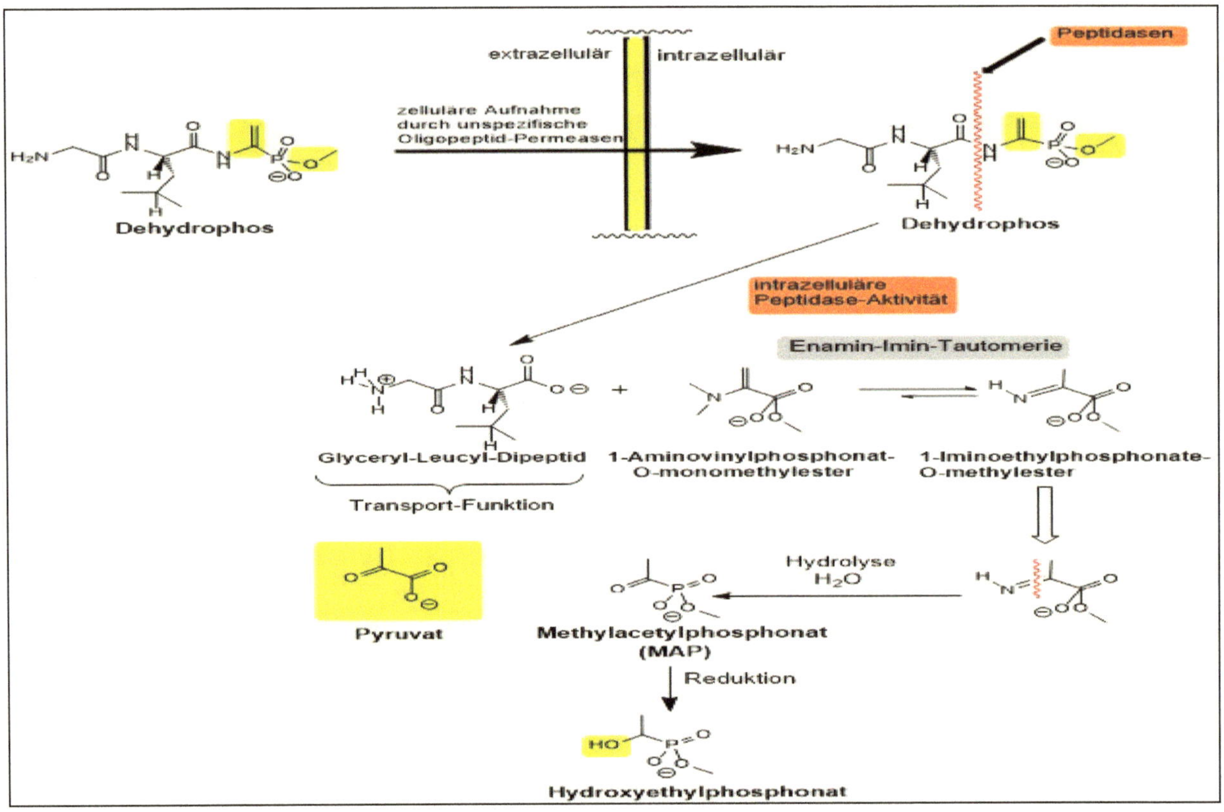

Abbildung 3.41

Dehydrophos – ein "Trojanisches Peptid" (nach Circello et al. 2011)

Das Tripeptid Dehydrophos benötigt seine beiden N-terminalen Aminosäuren Glycin und L-Leucin für seine bakterizide Wirkung nicht. Allerdings wird das Phosphonat genauso wie seine Toxizität durch die tripeptidische Struktur maskiert. So wird für Dehydrophos eine intrazelluläre Aufnahme über unspezifische Oligopeptid-Permeasen ermöglicht. Durch die intrazelluläre Peptidase-Aktivität wird es dem Dyhydrophos ermöglicht, sich von seiner N-terminalen Glycyl-L-Leucyl-Dipeptid-Struktur zu trennen. Es verbleibt ein Enamin-Phosphonat (1-Aminovinylphosphonat-O-methylester, das vorwiegend als energetisch bevorzugtes Imin-Teutomer vorliegen wird (1-Iminoethylvinylphosphonat-O-methylester). Die Imin-Struktur wird intrazellulär hydrolisdiert, sodass Methylacetylphosphonat (MAP), ein toxisches Pyruvat-Mimetikum, verbleibt, das insbesondere die Pyruvat-Dehydrogenase und damit Bildung von Acetyl-CoA aus Pyruvat hemmt. Nach erfolgter Hydrolyse wird das toxische MAP in einer Reduktion zum Hydroxyethylphosphonat-O-methylester biotransformiert.

Die Ergebnisse von Circello und seinen Mitarbeitern zeigen eindeutig, dass Dehydrophos zu einem großen Teil zu einem Pyruvat-Analogon weiter biotransformiert wird, das viele Targets inhibieren kann. Nach Abspaltung des Glycyl-Leucyl-Dipeptis tautomerisiert das Enamin-Phosphonat- zum stabileren Imin-Phosphonat-Tautomer, das hydrolisiert wird zum toxischen Pyruvat-Analogon Methylacetylphosphonat (MAP) (Whitteck et al. 2007). Methylacetatpyruvat ist ein bekannter Inhibot der Pyruvat-Oxidase und der Pyruvat-Dehydrogenase (O'Brien et al. 1980). Der Pyruvatdehydrogenase-Komplex wird im Anschluss an die Glykolyse aktiv. Als Startermolekül fungiert Pyruvat, das Salz der Brenztraubensäure, mit drei C-Atomen. Durch eine irreversible oxidative Decarboxylierung wird eine aus zwei C-Atomen bestehende Einheit kovalent mit Coenzym A zum Acetyl-CoA verknüpft. Acetyl-CoA wird in den Citratzyklus eingeschleust. Die Dehydrogenase-Reaktion erfolgt am Multienzymkomplex in zwei Teilschitten. Zunächst wird Pyruvat an Thiamin gebunden, anschließend erfolgt die Decarboxylierung. Übrig bleibt ein an Thiamin gebundener Acetaldehyd ("aktivierter Acetaldehyd")

3.6.4. Weitere Phosphonsäureester als Antibiotika und Virustatika

3.6.4.1 Ciliatin und Derivate/Analoga

Das erste natürlich vorkommende Phosphonat wurde bereits 1959 isoliert (Horiguchi et al. 1959). Ciliatin, die 2-Aminoethylphosphonsäure (AEP), ist ein Analogon sowohl von β-Alanin als auch von Taurin (Abbildung 3.45). Es kommt in hohen Konzentrationen ubiquitär in niederen Organismen vor. Ungebunden liegt es als gemeinsames intermediäres Produkt zahlreicher Biosynthesewege für Phosphonate vor. Andererseits findet sich Ciliatin aber auch kovalent an Lipide und Glykane gebunden. Ebenso werden die methylierten Derivate des Ciliatins, N-Methyl-, N,N-Dimethyl- und N,N,N-Trimethylciliatin in Lipidfraktionen einiger Organismen gefunden, allerdings in wesentlich geringeren Mengen (Abbildung 3.40). Lipide, die Aminophosphonate enthalten, werden als Phosphonolipide bezeichnet. Es gibt zwei Klassen von Phosphonolipiden: die Glycerophosphonolipide und Sphingophosphonolipide. Phosphonolipide können auch bei Säugetieren und beim Menschen isoliert werden (Kafarski 2019). Die physiologische nFunktion der Phosphonolipide ist nicht bekannt. Es wird vermutet, dass sie durch die C-P-Bindung und die damit verbundene höhere Stabilität gegenüber hydrolytischen Prozessen durch Lipasen und Phosphatasen, eine schützende Funktion gegenüber eindringenden Organismen ausüben. Auch die physiologische Bedeutung der Phosphonoglykane ist nach wie vor ungeklärt.

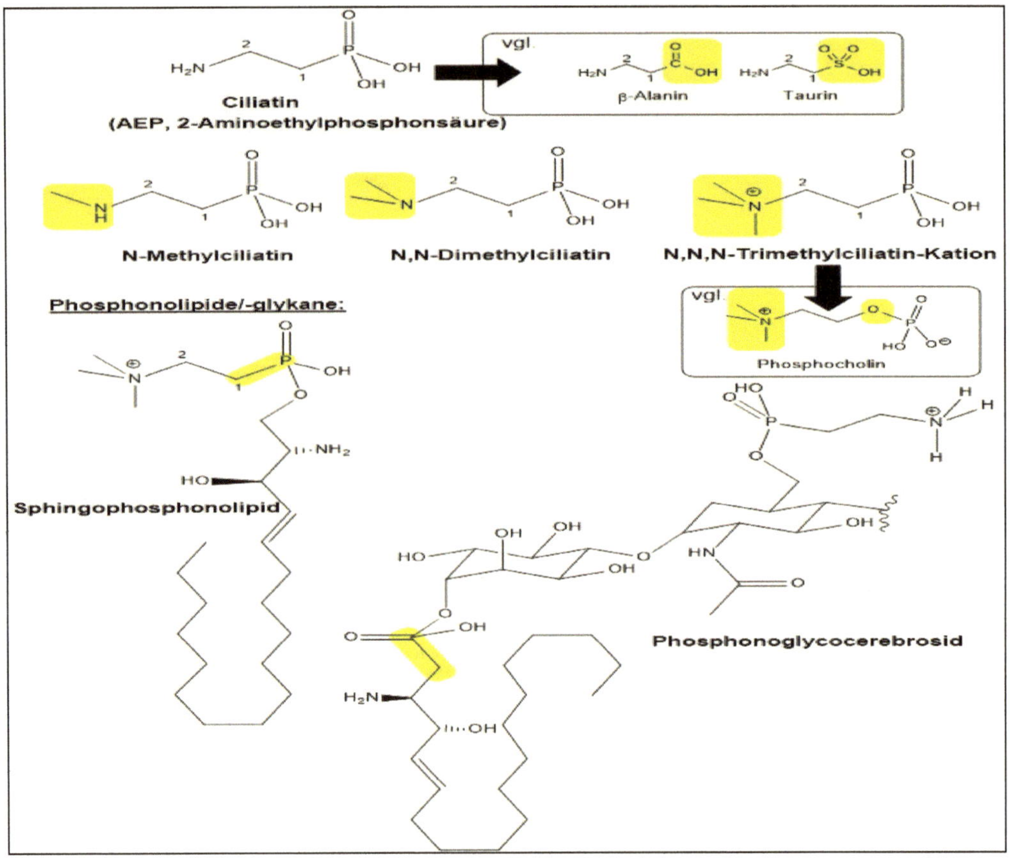

Abbildung 3.42
Ciliatin und seine Derivate sowie repräsentative Beispiele für Phosphonolipide und -glykane (Kafarski 2019).

Die Biosynthese der Phosphonate startet mit der Umlagerung des Phosphoenolpyruvats zum Phosphonopyruvat. Die Reaktion wird durch die Phosphoenolpyruvat-Mutase katalysiert. Thermodynamisch wird in dieser Gleichgewichts-reaktion Phosphoenolpyruvat mit dem Faktor 500 favorisiert. Somit muss Phosphonopyruvat schnell zu metabolisch nützlichen Substanzen umgesetzt werden. Phosphponopyruvat stellt somit ein

Schlüsselsubstrat für die Synthese des Ciliatins, des Phosphonoalanins, der 2-Hydroxyethylphosphonsäure, des Phosphonoacetaldehyds, der Phosphonomethyläpfelsäure und der 2-Keto-4-hydroxy-5-phosphonopentansäure dar. Alle kleinen organischen Phosphonate sind metabolisch verwandt mit Ciliatin (Kafarski 2019).

Metabolisch verwandt mit Ciliatin sind auch die niedrigmolekularen Antibiotika, wie z. B. Fosfomycin, Fosfonochlorin (Abbildung 3.46), das von einigen Stämmen von *Fusarium* und *Talaromyces flavus* produziert wird (Takeuchi et al. 1989), Nitrilaphos und Hydroxynitrilaphos, die aus einigen Streptomyces-Arten gewonnen werden können (Abbildung 3.41) (Cioni et al. 2014) und das herbizid wirksame Phosphonotrixin, das von *Saccharotrix* produziert wird Takahashi et al. 1995). Nur eines dieser "low-molecular-weight"-Antibiotika, nämlich Fosfomycin (Monuril® und Generika)- produziert von *Streptomyces-* und *Pseudomonas*-Stämmen hat als Human-Antibiotikum Bedeutung gewonnen (vgl. 3.6.2) (Falagas et al.2016).

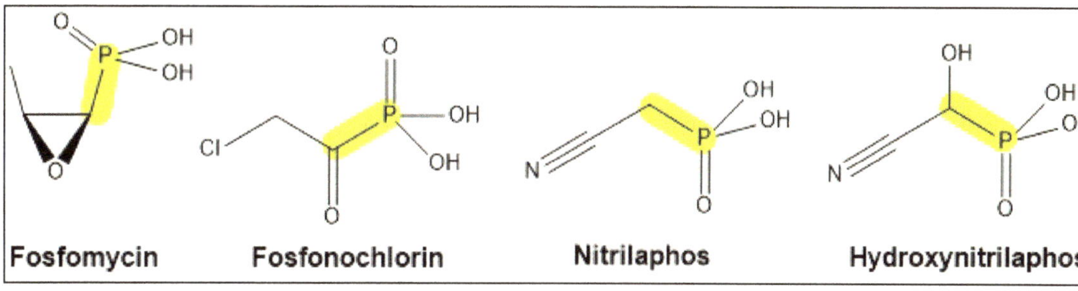

Abbildung 3.43 "Low-molecular-weight"-Antibiotika.

Die C-P-Bindungen sind gelb unterlegt. Fosfomycin ist das einzige dieser Antibiotika, das als Arzneistoff Verwendung findet. Fosfonochlorin, das seinen Namen einem Phosphor- und einem Chlor-Atom im Molekül verdankt, ist lediglich gegen wenige gramnegative Bakterien moderat wirksam. Die meisten Bakterienstämme sind gegen Fosfonochlorin insensitiv (Takeuchi et al 1989). Nitrilaphos und Hydroxynitrilaphos sind außergewöhnliche Antibiotika, da sie zusätzlich zur Phosphonat-Gruppe eine Nitril-Funktion enthalten. Unter den fast 200.000 bekannten Naturstoffen enthalten weniger als 0,1 % eine Nitril-Guppe und noch weniger eine Phosphonat-Struktur. Beides zusammen in einem Molekül ist eine Rarität. Wahrscheinlich wird die Nitril-Gruppe durch Oxidation eines primären Amins hergestellt. Nach Bildung des entsprechenden Aldoxims erhält man unter Wasserabspaltung das Nitril (Cioni et al. 2014). Hydroxynitrilaphos enthält eine Cyanhydrin-Partialstruktur (α-Hydroxynitril, geminales Hydroxynitril), bei dem das C-Atom der C-P-Bindung je eine Hydroxyl-Gruppe und eine Nitril-Gruppe trägt.

3.6.4.2. Fosmidomycine

Eine separate Klasse von Phosphonat-Antibiotika sind die Aminophosphonat-Antibiotika, die eine γ-Amino-Gruppe in Relation zur Phosphonat-Gruppe besitzen (Abbildung 3.47). Hierzu zählen Fosmidomycin und seine Derivate FR900098, FR-33289 und FR-32863, die ursprünglich alle aus *Streptomyces*-Stämmen gewonnen werden konnten sowie das aus *Micromonospora sp.* isolierte, zyklische SF2312 (Iguchi et al. 1980, Okuhara et al. 1980, Ohba et al. 1986).

Die Leitstruktur Fosmidomycin zeichnet sich durch einen Phosphonsäureester und in γ-Position eine substituierte Amino-Gruppe aus. Die Amino-Gruppe ist N-hydroxyliert und N-formidiert. Man kann Fosmidomycin demnach als [3-(N-Hydroxyformaido)propyl] phosphonsäure bezeichnen. Allen Fosmidomycin-Analoga ist die N-Hydroxyl-Gruppierung gemeinsam (Abbildung 3.41). Das Derivat FR32863 trägt genauso wie Fosmidomycin einen zur N-Hydroxy-Gruppierung geminalen N-Formyl-Rest. Das Derivat FR900098 hat im Unterschied zu Fosmidomycin eine N-Acetyl-Gruppierung am geminalen N-Hydroxy-Stickstoff. Zusätzlich kann natürlich auch die verbindende Alkylkette, wie z. B. bei FR-33289 in β-Position (Abbildung 3.47) hydroxyliert sein. Hieraus erklärt sich auch die α,β-Doppelindung beim Derivat FR32863 in der Alkylkette. Bei Derivat wie dem SF2312 ist es über eine Zyklisierung des α-C-Atoms und der N-Acetyl- bzw. N-Formyl-Gruppierung zu einer Zyklisierung gekommen unter Bildung eines Lactams, des 1,5-Dihydroxypyrrolidin-2-ons (Abbildung 3.44).

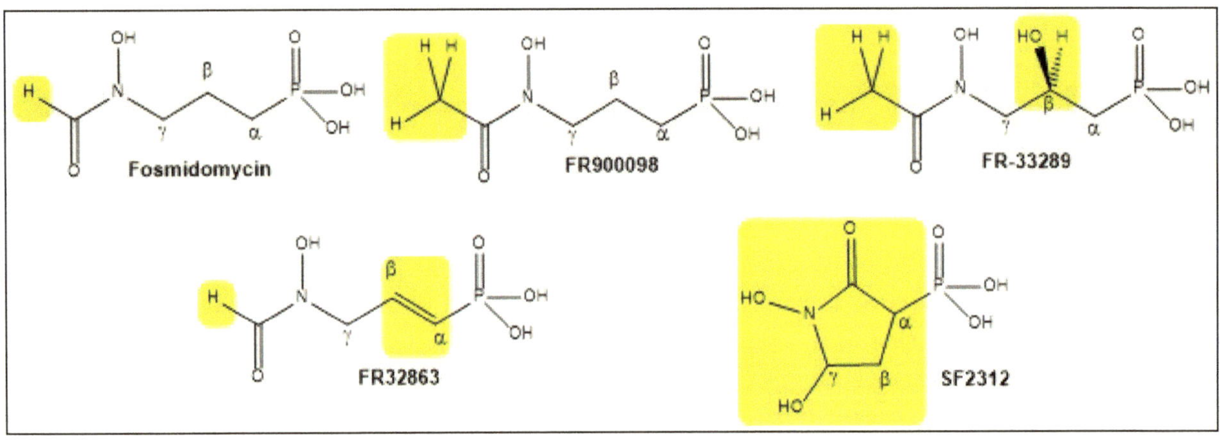

Abbildung 3.44

γ-Aminophosphonate-Antibiotika vom Typ des Fosmidomycins

Gerade die Leitsubstanz dieser Antibiotikaklasse, das Fosmidomycin, ist in den letzten beiden Jahrzehnten aufgrund der Therapie einer *Plasmodium-falciparium*-Infektion in die Schlagzeilen gekommen. In klinischen Studien erweist sich Fosmidomycin als effektiv, um unkomplizierte *Plasmodium-falciparium*-Malaria zu kurieren. Mit Fosmidomycin kann bei einer unkomplizierten Malaria-Infektion ohne großartige Nebenwirkungen eine schnelle parasiten- und fieberfreie Clearance erzeugt werden (Wiener et al. 2003). Allerdings schließt eine hohe Rückfallrate die Monotherapie mit Fosmidomycin aus. Innerhalb von Studien mit Antibiotika-Kombinationen kann ein synergistischer Effekt bei gleichzeitiger Gabe von Fosmidomycin mit Clindamycin, einem Hemmer der bakteriellen Proteinsynthese, beobachtet werden. Diese Kombination schaffte es bis in die Phase II der klinischen Prüfung (Wiesner et al. 2002, Borrmann et al. 2004, Guggisberg et al 2014). Auch bei Zusatz eines zellpenetrierenden Peptids wie Octaarginin, das das negative geladene Fosmidomycin wie ein Vehikel transportiert, zeigt sich eine verbesserte Wirksamkeit des Fosmidomycins gegen *Plasmodium*- und *Mycobakterium*-Spezies (Sparr et al. 2013).

Voraussetzung für die Wirkung der Fosmidomycin-Analoga ist, dass die Isoprenoid-Biosynthese nicht wie bei In-viro und In-vivo-Test über einen Mevalonat-abhängigen Syntheseweg ausgehend von Acetyl-CoA zu den Isoprenoid-Building-Blocks Isopentylpyrophosphat (IPP) und Dimethylallylpyrophosphat (DMAPP) (Abbildung 3.48) abläuft, sondern über eine alternative Biosyntheseroute ohne Mevalonat. Dieser Biosyntheseweg wird MEP-Biosyntheseweg genannt (MEP: 2-C-Methyl-D-erythritol-4-phosphat) (Guggisberg et al. 2014). Involviert sind hierbei sieben enzymatische Schritte. Mindestens zwei der Enzyme auf diesem Biosyntheseweg katalysieren geschwindigkeitsbestimmende Schritte: die DOXP-Synthase (DXS) und die DOXP-Reduktoisomerase (1-Desoxy-D-xylose-5-phosphat-Reduktoisomerase, DXR) (Guggisberg et al. 2014). Die DOXP-Synthase katalysiert die Reaktion von Glyceraldehyd-3-phosphat mit Pyruvat zum 1-Desoxy-D-xylulose-5-phosphat (DOXP), und die DOXP-Reduktoisomerase (DXR) katalysiert die intramolekulare Umlagerung von 2-C-Methyl-D-erythritol-4-phosphat (MEP) aus DOXP (Abbildung 3.45) (Takahashi et al. 1998).

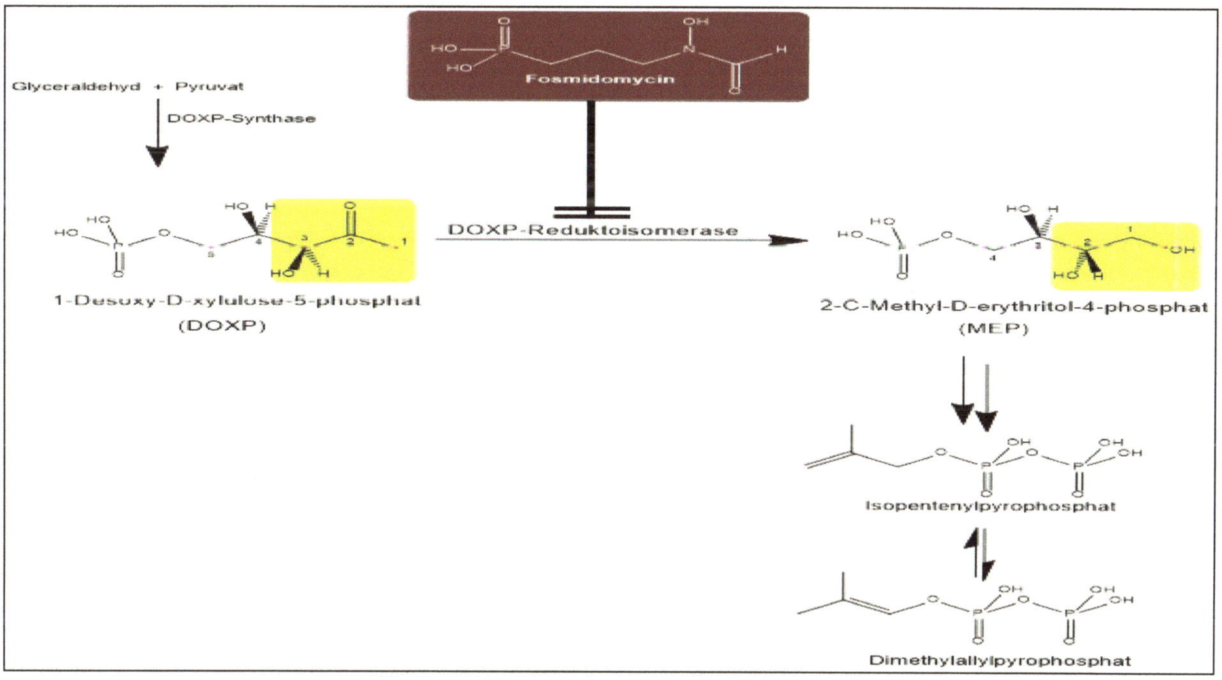

Abbildung 3.45 der MEP-Biosyntheseweg als Alternative zum humanen Mevalonat-Biosyntheseweg für die "Building Blocks" Isopentylpyrophosphat bzw. Dimethylallylpyrophosphat terpenoider Sekundärmetaboliten

Wichtigster und geschwindigkeitsbestimmender Schritt ist die intramolekulare Umlagerung des 1-Desoxy-D-xylulose-5-phosphats (DOXP) zum 2-C-Methyl-D-erythritol-4-phosphat (MEP). Katalysiert wird diese Reaktion durch die DOXP-Reduktoisomerase. Dieses Enzym wird spezifisch und kompetitiv zum Substrat 1-Desoxy-Dxylulose-5-phosphat durch das Antibiotikum Fosmidomycin und seine Analoga gehemmt. Der IC_{50}-Wert für eine kompetitive Hemmung von *Plasmodium falciparum* beträgt 350 nM (Jomaa et al. 1999, Lell et al. 2003, Umeda et al. 2011).

Weniger die Bedeutung als Antibiotikum hat dem Fosmidomycin Aufmerksamkeit verschafft, sondern vielmehr die Tatsache, dass Fosmidomycin ein selektiver MEP-Biosyntheseweg-Inhibitor ist (Guggisberg et al. 2014). Zunächst galt das ganze Interesse den antibakterielllen Eigenschaften (Okuhara et al. 1980). Allerdings hat die permanente negative Ladung zur Folge, dass Fosmidomycin aktiv in die Zelle aufgenommen werden muss. Das schränkt den Nutzen des Fosmidomycins gegen viele Mikroorganismen stark ein. Nachfolgende *In-vitro*-Studien deckten dann auf, dass Fosmidomycin kompetitiv die DOXP-Reduktoisomerase, den wichtigsten Schritt des MEP-Synthese-Weges, hemmt (Kuzuyama et al. 1998, Koppisch et al. 2002, Steinbacher et al. 2003). Fosmidomycin wie auch seine Analoga sind spezifische Inhibitoren der DOXP-Reduktoisomerase. Das Phosphonat reduziert die Konzentration nachgeschalteter sekundärer Metabolite des MEP-Syntheseweges sowie isoprenoider Produkte (Cassera et al. 2004, Cassera et al. 2007, Zhang et al. 2011).

Die Basis für den Wirkmechanismus des Fosmidomycins liefert eine Kristallstruktur von *E. coli*-DOXP-Reduktoisomerase im Komplex mit Mn^{2+} und Fosmidomycin (Steinbacher et al. 2003). Die DOXP-Reduktoisomerase benutzt NADPH als Cofaktor. Im katalytischen Zentrum findet sich in der Regel ein oktahedral koordiniertes Mn^{2+}-Kation, das für die Katalyse am besten geeignet ist. Aber auch Co^{2+} oder Mg^{2+} sind möglich. Die N-terminale Domäne (Aminosäuren 1 – 149) besitzt eine klassische Dinukleotid-Faltung und dient als Fixierung für NADPH. Eine zentrale katalytische Domäne (Aminosäuren 150 – 285) beinhaltet die Bindungsstelle für das divalente Kation, die Phosphat-Bindungsstelle des Substratsund die katalytische Schleife. Die C-terminale Domäne (Aminosäuren 312 – 389) ist über einen kurzen Peptid-Linker mit der katalytischen Domäne verbunden. Die Funktion der C-terminalen Domäne ist es, die katalytische Domäne zu unterstützen (Steinbacher et al. 2003). Mittlerweile existieren weitere Kristallstrukturen u. a. mit Pasmodium falciparum (Umeda et al. 2011). Das zentrale Mn^{2+}-Kation bildet einen oktahedralen Komplex mit sauren Aminosäuren, Asp150, Glu152, Glu231, die mit ihren terminalen Carboxylat-Gruppen monodentate Koordinationen zum Mn^{2+}-Kation ausbilden. Der Rest der Koordinierungsstellen wird – 3 Stück – wird jeweils durch ein Wassermolekül besetzt. Setzt man diesem oktahedralen koordinativem Komplex Fosmidomycin hinzu, werden zwei Wassermoleküle durch die N-Formyl-N-hydroxy-amino-Kopf-Gruppe des Fosmidomycins ersetzt. Das Phosphat ist durch ein ganzes Netzwerk an H-Brücken mit Ser186, Ser222, Asn227, Lys228 verankert.

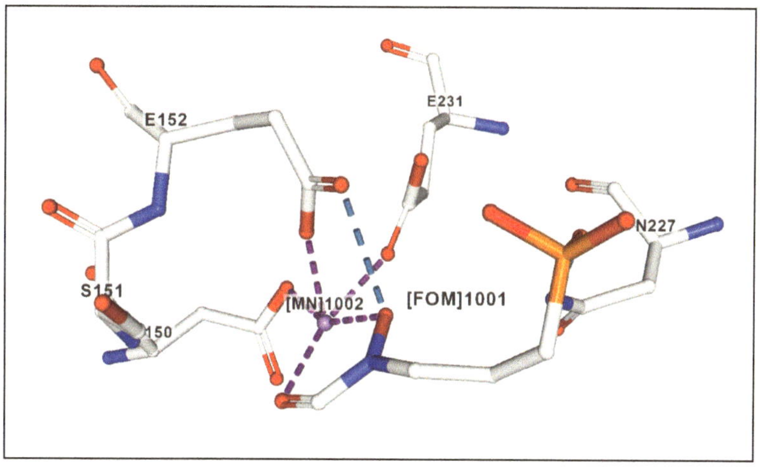

Abbildung 3.46

Fixierung der N-Formyl-N-hydroxy-amino-Kopfgruppe des Fosmidomycins am katalytischen Mn^{2+} der E. coli-DOXP-Reduktisomerase ((PDB-ID: 1ONP), Steinbacher et al. 2003)

Mn^{2+} bildet eine oktahedrale Koordination aus. Drei saure Aminosäuren bilden mit ihren terminalen Carboxylat-Gruppen der Seitenketten monodentate Koordinationen aus (1. Glu152, E152; 2. Asp150, D150, 3. Glu231, E231). Die restlichen drei Koordinationsstellen werden durch Wassermoleküle aufgefüllt. Der Ligand kämpft kompetitiv mit dem Inhibitor um die Bindungsstelle. Sobald Fosmidomycin die Ligandenbindungsstelle besetzt, werden zwei Wassermoleküle aus ihrer Koordination verdrängt, die Fosmidomycin mit seiner Kopfgruppe N-Formyl-N-hydroxy-amin verdrängt und eine bidentate Koordination zum Mn^{2+} ausbildet. Die Phosphonat-Schwanzgruppe ist durch zahlreiche H-Brücken fixiert.

Der drei Methylen-Gruppen lange Linker trägt nicht zur Stabilisierung durch Wechselwirkung mit dem katalytischen Zentrum bei. Ersetzt man den Formyl-Wasserstoff des Fosmidomycins durch eine Methyl-Gruppe, kommt man zum Inhibitor FR-900098 mit größerer Affinität zum Enzym (IC_{50} (P. falciparium) = 170 nM (Jomaa et al. 1999). Die Methyl-Gruppe wechselwirkt anscheinend mit der Seitenkette von Thr212 der katalytischen Schleife. Eine korrespondierende Methyl-Gruppe kann auch im Substrat 1-Desoxy-D-xylulose-5 phosphat ausgemacht werden. Das bestätigt die These, nach der Fosmidomycin und seine Analoga "Substrat-like" binden und eben nicht wie kürzlich behauptet ein Analogon eines Intermediats – 2-C-Methyl-erythrose-4-phosphat – darstellen (Reuter et al. 2002).

3.6.4.3 Plumbemycine und Rhizoctizine

Die Plumbemycine und die Rhizocticine sind zwei Gruppen von dipeptidischen oder tripeptidischen Antibiotika (Fredenhagen et al. 1995). Ihr Wirkmechanismus soll auf einem Eingreifen in den Threonin- bzw. Threonin-verwandten Stoffwechsel beruhen. Beide, Plumbemycine und Rhizocticine, besitzen die ungewöhnliche Aminosäure (Z)-2-Amino-5-phosphono-3-pentensäure (APPA) in der L-Konfiguration. Die Rhizocticine A, B, C und D sind als antifungal wirksame Oligopeptide aus dem bakteriellen Stamm *Bacillus subtilis* ATCC 6633 isoliert worden (Rapp et al. 1988). Die Plumbemycine A und B – isoliert als Antagonisten des L-Threonins aus *Streptomyces plumbeus* – enthalten APPA in der L-Konfiguration, nachdem zunächst von Park und Mitarbeitern die D-Konfiguration angenommen wurde (Abbildungen 3.47 und 3.48) (Park et al. 1976).

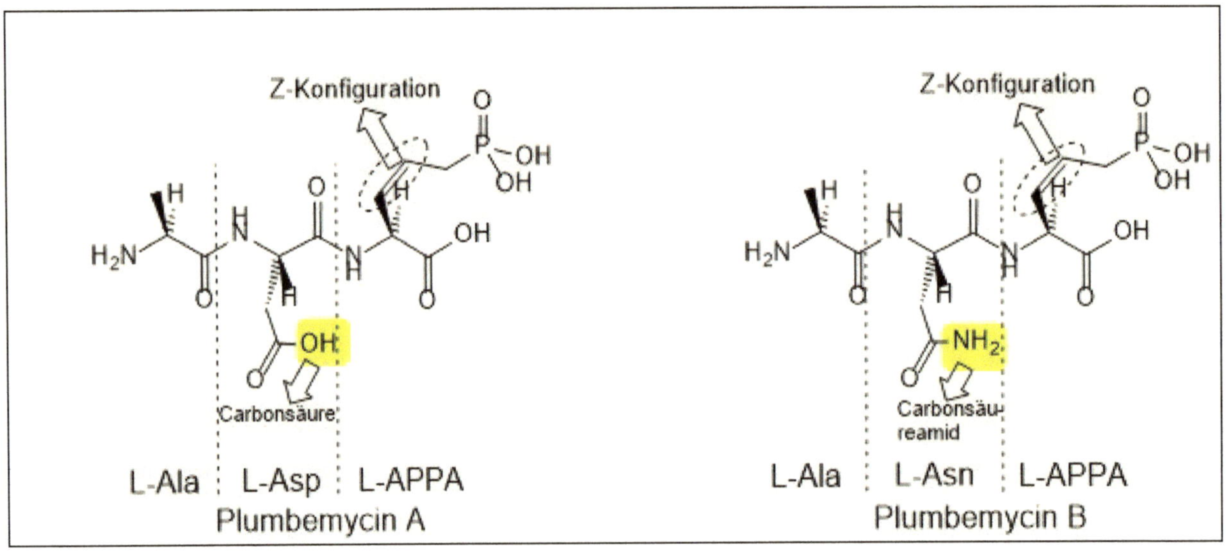

Abbildung 3.47

Strukturformeln der natürlichen Organophosphonate Plumbemycin A und B

Es handelt sich um Tripeptide Die N-terminale Aminosäure ist jeweils L-Alanin, beim Plumbemycin A ist die mittlere Aminosäure eine L-Asparaginsäure durch die endständige Carboxyl-Gruppe (gelb unterlegt) in der Seitenkette, beim Plumbemycin B ist die mittlere Aminosäure ein L-Asparagin, da dort in der Seitenkette terminal ein Carbonsäureamid (gelb unterlegt) vorliegt. Die dritte Aminosäure ist (Z)-L-2-Amino-5-phosphono-3-pentensäure. Die Doppelbindung in der Seitenkette ist (Z)-konfiguriert, die absolute Konfiguration am α-C-Atom ist (S) wie bei anderen natürlichen Aminosäuren auch.

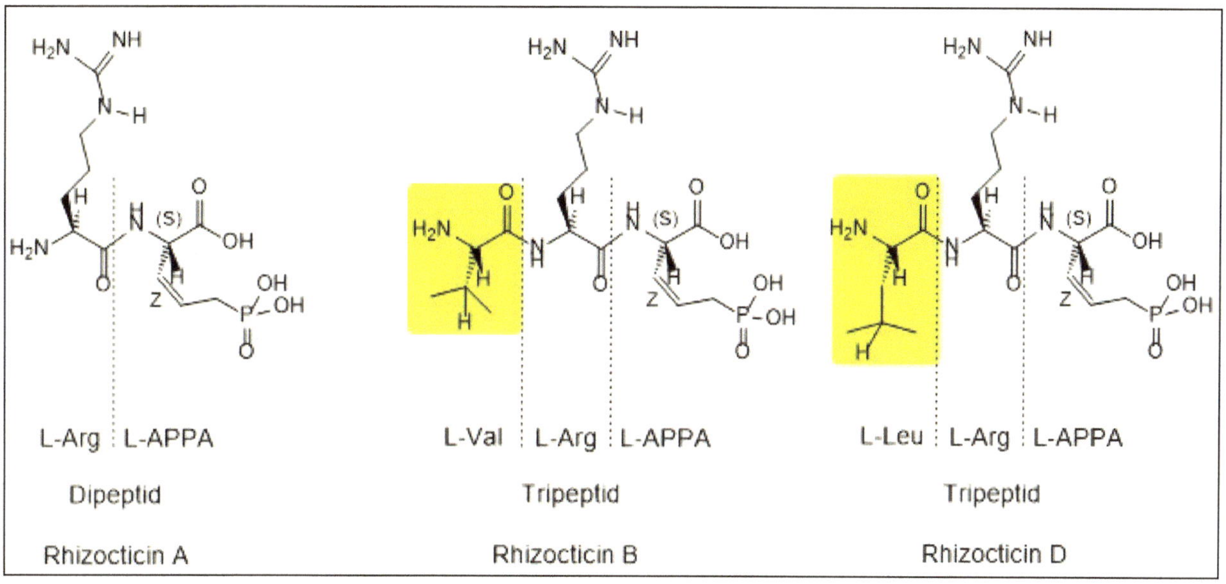

Abbildung 3.48

Strukturformeln der natürlichen Organophosphonate Rhizocticin A, B und D

Lediglich Rhizocticin A ist ein Dipeptid, die Rhizocticine B und D sind Tripeptide. C-terminal befindet sich bei allen Rhizocticinen genauso wie bei den Plumbemycinen die Aminosäure APPA, die in der Seitenkette ein Phosphonat enthält, deren Doppelbindung Z-konfiguriert ist und nach CIP die Konfiguration (S) besitzt.

Rhizocticine sind gegen die meisten Pilze sensitiv, wohingegen sie gegen Protozoen und Bakterien keine Aktivität zeigen (Kugler et al. 1990). Dagegen sind Plumbemycine - obwohl strukturell nah mit den Rhizocticinen verwandt – antibakteriell wirksam (Borisova et al. 2010). Rhizocticine gelangen in ihre Zielzelle, indem sie das Oligopeptid-Transportsystem nutzen (Kugler et al. 1990). Anschließend werden die Di- bzw. Tripeptide durch Peptidasen des Wirts gespalten, was zur Freisetzung von L-APPA führt. L-APPA hemmt die Threonin-Synthase, ein Enzym das Pyridoxal-5'-phosphat-abhängig die Umwandlung von Phosphohomserin zu L-Threonin katalysiert (Abbildung 3.52) (Kugler et al. 1990, Laber et al. 1994, Borisova et al. 2010). Damit greift APPA in die Biosynthese von Threonin und den damit verbundenen metabolischen Synthesewege ein. Die Aminosäure hat Einfluss auf die Proteinsynthese und führt zur Wachstumshemmung. Die inhibitorische Aktivität der Aminosäure APPA ist auf die strukturelle Ähnlichkeit mit dem Substrat der Threonin-Synthase, dem Phosphohomoserin, zurückzuführen. Allerdings verfügt APPA über eine hydrolytisch stabile C-P-Bindung anstelle der hydrolytisch labilen C-O-P-Einheit des Phosphohonoserins (Borisova et al. 2010).

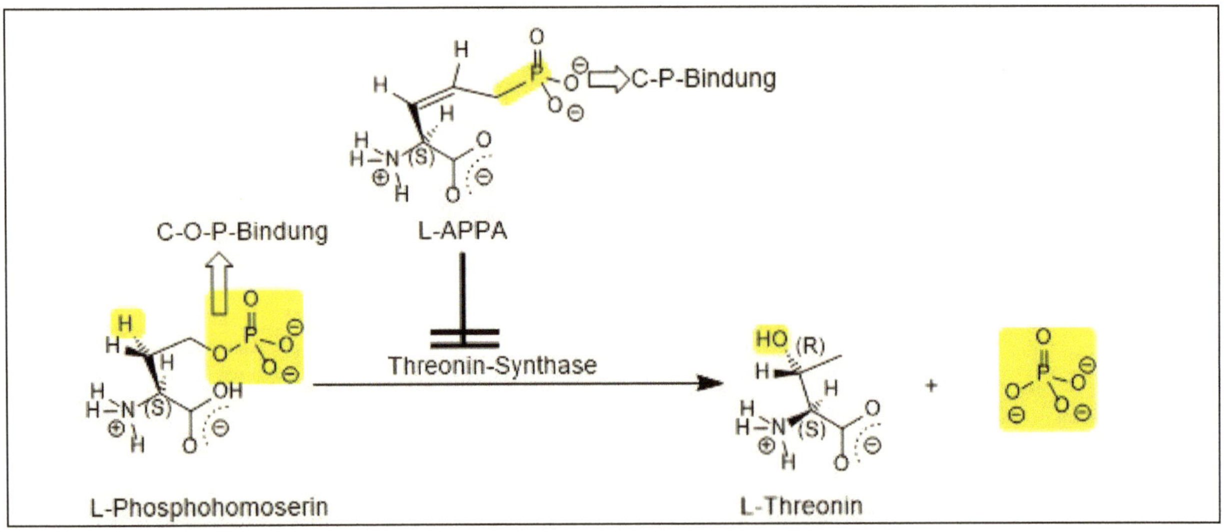

Abbildung 3.49

Die durch L-APPA durch Peptidase-Einwirkung freiwerdende nichtproteinogene Aminosäure gehemmte Threonin-Synthase-Reaktion.

Es konnte gezeigt werden, dass Plumbemycins z. B. bei *Escherichia coli* K-12 die Bakterienzelle über den Oligopetid-Transporter erreichen kann (Diddens et al. 1979). L-Threonin kann die Wachstumshemmung der Plumbemcine wie bei den Rhizocticinen in einer konzentrationsabhängigen Art und Weíse (Borisova et al. 2014) beeinflussen. Dementsprechend müssen auch Plumbemycine gespalten werden, v. a. durch Peptidasen der Target-Zellen, um die bioaktive Aminosäure L-APPA freizusetzen. Die Selektivität dieser Reaktion dieser di- und tripeptidischen Antibiotika ist daher nicht die Folge eines unterschiedlichen Wirkmechanismus, sondern sie wird eher bestimmt durch die Erkennung einer proteinogenen Aminosäure, die am N-Terminus von L-APPA sitzt und durch ein Oligopeptid-Transport-System erkannt wird. Dieser Umstand kann mitunter dazu führen, dass man APPA-enthaltende Oligopeptide mit spezifischer Affinität für einen besonderen Organismus entwickeln kann. Dazu kommt, dass die Threonin-Synthase nicht in Säugetieren vorkommt, was die Toxität beim Menschen noch einmal drastsch reduziert. In der Zukunft könnten die Phosphonat-Oligopeptide zu vielversprechenden Therapeutika werden.

3.6.4.4 Foscarnet

Foscarnet ist ein Virustatikum, das vorzugsweise zur Behandlung von Infektionen mit Herpesviren, hier v. a. Infektionen mit Herpes-simplex-Viren vom Typ 1 und 2 (Herpes labialis, Herpes genitalis) und zur Behandlung von lebensbedrohlichen Infektionen mit dem Cytomegalievirus (CMV) eingesetzt wird (Crisp und Clissold 1991, Hardy 1992, Gérard und Salmon-Céron 1995, Bacigalupo et al. 2012).

In Deutschland existieren noch zwei Fertigarzneimittel, die Foscarnet enthalten: die Infusionslösung Foscavir® 24 mg/ml (Fachinformation Foscavir®2018), die v. a. bei lebensbedrohenden und augenlichtbedrohenden CMV-Infektionen sowie bei Aciclovir-resistenten akuten und mukokutanen Herpesinfektionen eingesetzt wird sowie die Antiviralcreme Triapten® zur Behandlung der Schmerzen, des Juckreizes und des Spannungsgefühls bei einem Herpes labialis (Fachinformation Triapten® 2018). Da Foscarnet nur schlecht nach peroraler Applikation aus dem Gastrointestinaltrakt resorbiert wird (Bioverfügbarkeit ca. 12 – 22 %) (Chrisp und Clissold 1991), gibt es keine orale Dareichungsform des Phosphonsäure-Analogons im Handel.

Foscarnet ist eine Phosphonoamiesensäure mit drei OH-aziden Gruppen (Abbildung 3.50).

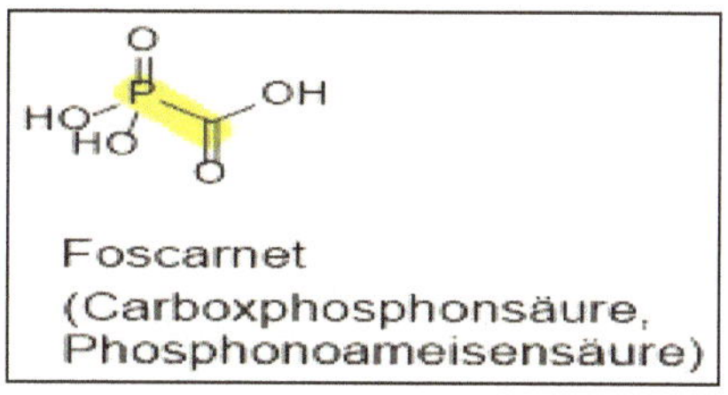

Abbildung 3.50

Strukturformel der Phosphonoameisensäure Foscarnet

Gelb unterlegt die hydrolysestabile C-P-Bindung.

Aufgrund seiner beiden Säurefunktionen, der Phosphonsäure- und der Carbonsäure-Gruppe, die über die hydrolysestabile C-P-Bindung miteinander verbunden sind, fungiert Foscarnet als Pyrophosphat-Mimetikum. Die Phosphatester-Bindung des Pyrophosphats ist hydrolyselabil. Foscarnet bedarf keiner zusätzlichen Aktivierung durch virale Kinasen, es ist kein Prodrug. Bindet also Foscarnet anstelle eines physiologischen Pyrophosphats, das als Abgangsgruppe der eigentlichen Nukleotid-Transfer-Reaktion beteiligt ist, an dessen Bindungsstelle eines Enzyms, z. B. die virale DNS-Polymerase humaner Herpes-Viren oder die Reverse Transkriptase der HI-Viren, verdrängt das Pyrophophat-Mimetikum Foscarnet Pyrophosphat kompetitiv aus seiner Bindung (Abbildungen 3.54 und 3.55) (Zahn et al. 2011). Foscarnet wirkt als Inhibitor der viralen DNS-Polymerase von Herpes-Viren einschließlich des Cytomegalie-Virus (CMV) und der retroviralen Reverse Transkriptase, weshalb Foscarnet auch HI-Viren hemmt (Chrisp und Clissold 1991).

Die Kristallstruktur einer chimären DNS-Polymerase, die der Polymerase des Cytomegalie-Virus (UL54) homolog ist im Komplex mit Foscarnet, gibt Aufschluss über die Bindung des Foscarnets im aktiven Zentrum der CMV-DNS-Polymerase (Zahn et al. 2011).

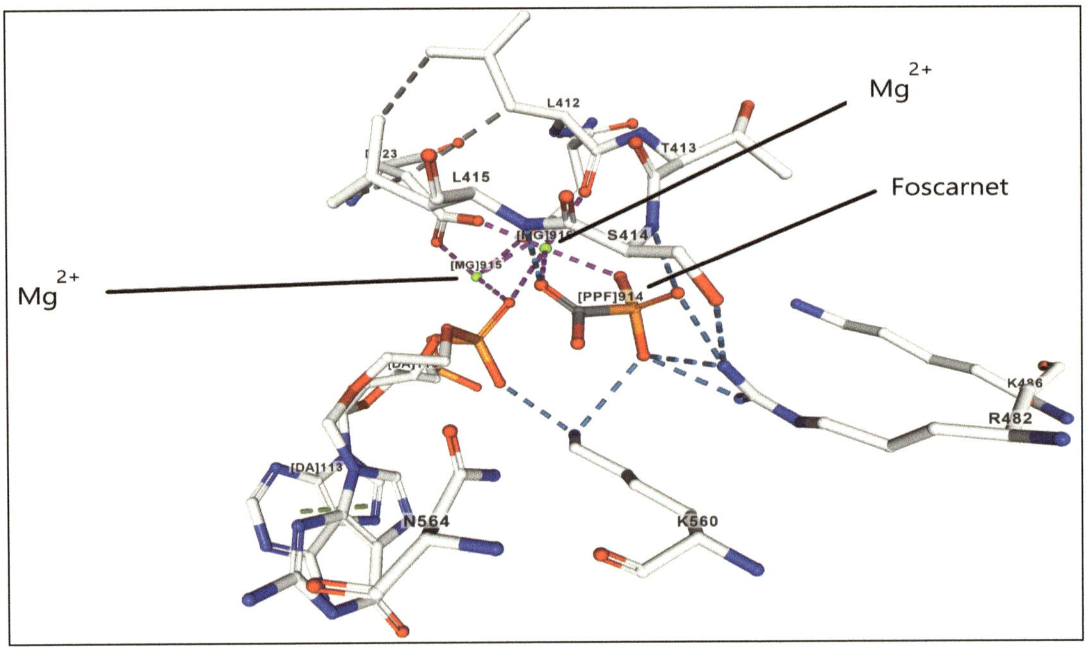

Abbildung 3.51

Kristallstruktur einer chimären DNS-Polymerase, die homolog zur CMV-DNS-Polymerase ist, im Komplex mit dem Inhibitor und Pyrophosphat-Mimetikum Foscarnet (nach Zahn et al. 2011, PDB-ID: 3kd5)

Die beiden Mg^{2+}-Kationen im aktiven Zentrum sind grün gekennzeichnet sowie zusätzlich noch einmal durch Strichsymbole kenntlich gemacht. Ebenfalls ein Strich führt zum Foscarnet.

Foscarnet bindet an die geschlossene Form der Polymerase. Es chelatisiert eines der beiden Mg^{2+}-Kationen und zwar dasjenige, das Wechselwirkungen zum Triphosphat-Schwanz des ankommenden Substrates aufnimmt. Sowohl die Carboxylat-Gruppe als auch die Phosphonat-Gruppe bilden über deprotonierte Sauerstoff-Atome jeweils eine koordinative Bindung zum Magnesium-Kation aus (Abbildung 3.55). Zwei basische Aminosäuren im katalytischen Zentrum sorgen für eine feste Fixierung des Foscarnets. Lysin an Position 560 (K560) mit seiner protonierten terminalen Amino-Gruppe der Seitenkette und Arginin an Position 482 (Arg482) mit seiner terminalen Guanidinium-Grupppe bilden eine bzw. zwei starke elektrostatische Interaktionen der Phosphonat-Partialstruktur aus. In Abbildung 3.55 sieht man zudem die α-Phosphat-Gruppe, die beide Mg^{2+}-Kationen koordinativ bindet und wo bereits das Pyrophosphat, also β- und γ-Phosphat-Gruppen, abgespalten sind (Zahn et al. 2011).

3.6.5 Der ACE-Hemmer K-26

Eine umfänglich angelegte Literaturrecherche zeigt, dass mehr als 50 Moleküle natürlichen Ursprungs eine signifikante inhibitorische Aktivität gegenüber dem Angiotensin-I-Converting-Enzym (ACE) zeigen (Kramer 2014). Von diesen sind die meisten strukturell den Peptiden oder den Peptid-Derivaten zuzuordnen (Kido et al. 1984, Yamato et al. 1986). Diese peptidischen ACE-Inhibitoren besitzen eine Sequenzlänge von minimal drei Aminosäuren bis zu knapp unter 20 Aminosäuren. Ihre IC_{50}-Werte fallen in den niedrigen bis mittleren mikromolaren Bereich (Ju et al. 2014).

K-26 ist ein tripeptidischer ACE-Inhibitor und das repräsentative Molekül einer Familie von sechs Naturstoffen, die von Actinomyceten produziert werden und deren einzigartige strukturelle Gemeinsamkeit die C-terminale Phosphonsäure ist. Hierbei handelt es sich um ein Phosphonsäure-Analogon des Tyrosins (Kramer 2014). K-26 hebt sich von den anderen ACE-Inhibitoren dieser Familie aufgrund seiner ACE-inhibitorischen Aktivität mit einem IC_{50}-Wert im niedrignanomolaren Berich (12,5 nM) ab (Yamoto et al. 1986). Bis jetzt ist K-26 der mit Abstand potenteste ACE-inhibitorisch wirksame Naturstoff, der entdeckt worden ist (Kramer 2014). Zum Vergleich: der etablierte ACE-Inhibitor Captopril zeigt einen IC_{50}-Wert, der mit 7,7 nM ungefähr im selben Bereich liegt (Yamoto et al. 1986). K-26 besteht aus drei Aminosäuren (Abbildung 3.56). Das N-terminale Isoleucin ist N-acetyliert, es folgt L-Tyrosin und C-terminal die nichtproteinogene Aminosäure (R)-1-Amino-2-(4-hydroxyphenyl)ethylphosphonsäure (AHEP) (Ntai et al. 2008). Die Aminosäure AHEP ist ein Tyrosin, bei dem die α-Carboxy-Gruppe durch eine α-Phosphonsäure-Struktur ersetzt ist (Abbildung 3.51).

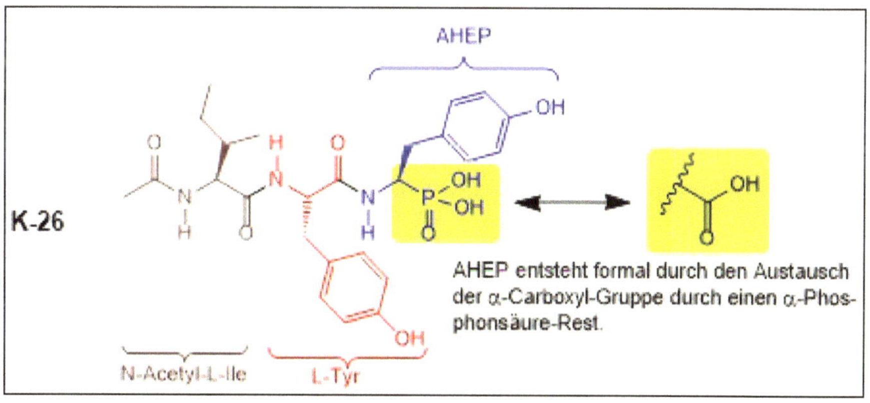

Abbildung 3.52

Strukturformel des natürlich vorkommenden tripeptidischen ACE-Hemmers K26.

Die Aminosäuresequenz lautet N-Ac-L-Ile-L-Tyr-AHEP. Die N-terminale Aminosäure L-Ile liegt an der α-Amino-Gruppe N-acetyliert vor. Die C-terminale Aminosäure AHEP ist wie die mittlere

Aminosäure ein L-Tyr mit dem Unterschied, dass bei AHEP die terminale α-Carboxyl-Gruppe durch eine Phosphonsäure substituiert ist.

K-26 ist ein spezifischer Inhibitor des Angiotensin-I-Converting-Enzyms. Das ACE ist eine Carboxypeptidase. Diese spalten vom C-Terminus Aminosäure-Reste ab. Demgegenüber stehen die Aminopeptidasen, die vom freien N-Termimus Aminosäuren abspalten. Das ACE ist eine Metallo-Peptidase, d. h. im katalytischen Zentrum findet sich ein Zn^{2+}-Kation. Als katalytisches Nukleophil fungiert ein aktiviertes Wassermolekül, das an die vierte Koordinationsstelle des Zn^{2+}-Kations gebunden ist. Histidin und Glutamat besetzen die anderen Koordinationsstellen. Innerhalb der katalytischen Domäne ergibt sich somit ein charakteristisches His-Glu-X-X-His-Motiv (Abbildung 3.57) (Bisswanger 2015).

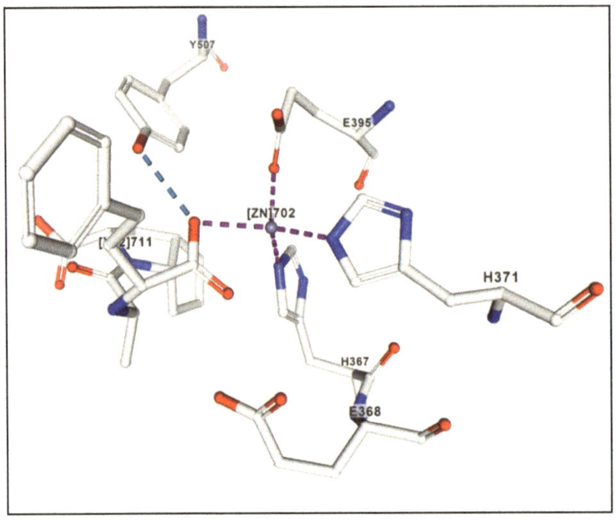

Abbildung 3.53

Kristallstruktur der Koordination des Zn^{2+}-Kations im aktiven Zentrum des Angiotensin-Converting-Enzyms (AnCE) von *Drosophila melanogaster* (PDB-ID: 2X92), Akif et al. 2010).

Das Zn^{2+}-Kation ([ZN702) wird im katalytischen Zentrum vierfach koordiniert: zwei Histidin-Reste mit jeweils dem basischen Stickstoff im Imidazol-Ring (H367, H371), ein Glutamat-Rest mit der δ-Carboxylat-Gruppe der Seitenkette (E395) und der Ligand (...711). In diesem Fall ist es ein bioaktiviertes, d. h. nach Spaltung des Carbonsäureesters mit einer freien Carboxyl-Gruppe ausgestattetes Ramipril (=Ramiprilat), das das Zn^{2+}-Kation über diese Carboxylat-Gruppe koordiniert.

Das etwa 1.300 Aminosäuren lange ACE-Protein besitzt zwei Aminosäuresequenzen mit einer 69 %igen hohen Homologie; innerhalb der Aminosäuren, die das katalytische Zentrum bilden, besteht sogar eine Homologie von 89 % (Soubrier et al. 1988). Das humane ACE besteht somit aus zwei Tandem-Domänen, die N- und die C-Domäne. Jede Domäne ist mit einem katalytischen Zentrum ausgestattet, das eine Zn^{2+}-bindende Domäne (His-Glu-X-X-His) enthält (Abbildungen 3.57 und 3.58) (Soubrier et al. 1988, [2]Wei et al. 1991). Beide Domänen unterscheiden sich in der Affinität sowie in der Bindung und der Spaltung von Liganden (Kramer et al. 2014). Das ACE ist über eine C-terminale Aminosäuresequenz in der Zellmembran verankert. Allerdings gibt es auch lösliches ACE im Plasma, was daran liegt, dass ACE ähnlich wie Interleukine oberhalb der Zellmembran gespalten und als intaktes, katalytisch aktives Enzym in das Plasma freigesetzt wird (Abbildung 3.53) ([1]Wei et al. 1991, Naim 1992).

Die Hauptfunktion des ACE ist sicherlich die Regulation des Blutdrucks. Das erzielt die Carboxypeptidas ACE durch die hydrolytische Abspaltung der zwei C-terminalen Aminosäuren am Decapeptid Angiotensin I und der daraus resultierenden Bildung des Octapeptids Angiotensin II. Allerdings spielt ACE bei vielen weiteren physiologischen Prozessen eine wichtige Rolle (Shen et al. 2012, Kramer et al. 2014). Da bekannt ist, dass beide Domänen, die N- und die C-Domäne, unterschiedliche Substrat-Präferenzen besitzen, vermutet man, dass diese Domänen auch unterschiedliche Funktionen besitzen (Kramer et al. 2014).

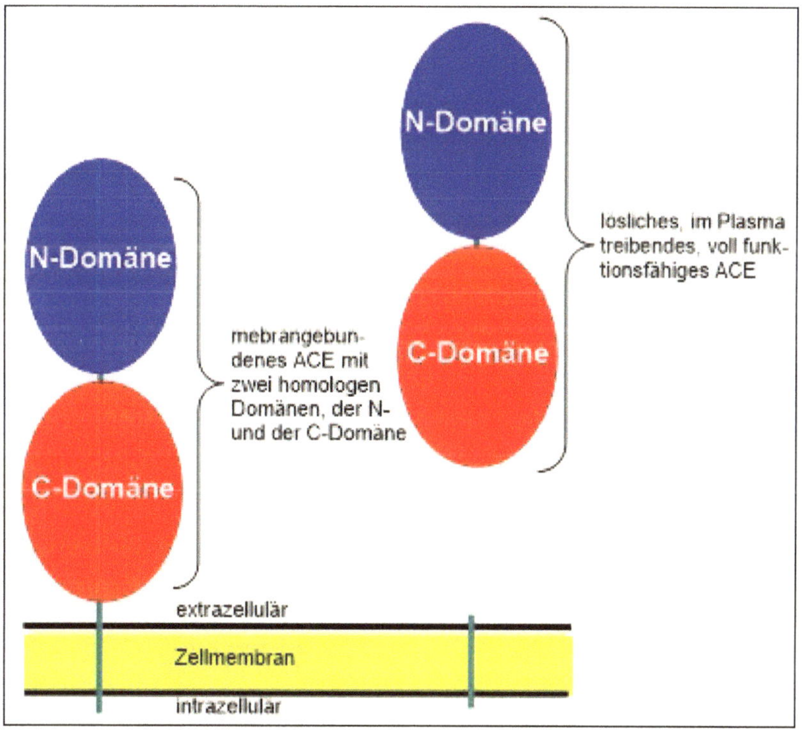

Abbildung 3.54

Schematischer Aufbau des Angiotensin-I-Converting-Enzyms (ACE) beim Menschen (nach Kramer 2008)

Es gibt noch eine weitere gewebespezifische ACE-Variante in den Tests.

Das sogenannte t-ACE besitzt nur die Hälfte des Molekulargewichts des membrangebunden "normalen" ACEs und enthält nur eine C-Domäne. Die N-Domäne fehlt (Cushman et al. 1971, Kramer 2008).

Der Abbau des Bradykinins und die Regulation des Blutdrucks sind physiologische Funktionen, die beiden Domänen gemein sind – wenn auch die Blutdruckregulation auf unterschiedliche Art erfolgt. Sie haben beide dieselbe Tertiärstruktur sowie mit His-Glu-X-X-His dasselbe Zn^{2+}-bindende Motiv (Kramer 2008). Die Spaltung des Angiotensins-I, also die Funktion, mit der man das ACE aus pharmakologischer Sicht identifiziert, übernimmt größtenteils die C-Domäne. Sie ist dreimal effizienter bei der Katalyse der hydrolytischen Spaltung von Angiotensin-1 in den Vasokonstriktor Angiotensin-II als die N-Domäne ([2]Wei et al. 1991). Dafür katalysiert die N-Domäne β-Amyloid-Peptide wesentlich effizienter als die C-Domäne, was ihr eine gewisse Aufmerksamkeit beim M. Alzheimer verschafft hat. Bei diesem Demenz-Typ akkumulieren β-Amyloid-Plaques im Gehirn (Kramer 2008). Allerdings ist nachgewiesen, dass die Behandlung mit einem ACE-Hemmer nicht die Ablagerung von β-Amyloid-Plaques fördert (Zou et al. 2009).

Weiterhin wird die N-Domäne des ACE als hauptverantwortlich für den Abbau des Peptids AcSDKP (Ac-Ser-Asp-Lys-Pro) angesehen. AcSDKP wird mit einer k_{cat}-Konstanten, die 40-mal größer als bei der C-Domäne ist, durch die N-Domäne abgebaut (Rousseau et al. 1995). Dem Peptid werden regulatorische Aufgaben bei der hämatopoetischen Stammzellproduktion nachgesagt sowie Funktion bei inflammatorischen und fibrotischen Prozessen (Bonnet et al. 1992, Peng et al. 2003, Lin et al. 20008, Liao et al. 2010).

Beide Domänen werden posttranslational glykosyliert, wobei die N-Domäne über 10, die C-Domäne über 7 Glykosylierungsstellen verfügt. Außerdem benötigt die C-Domäne 2 Chlorid-Ionen im aktiven Zentrum, die N-Domäne nur eines. Kristallstrukturen der beiden Domänen zeigten zudem Unterschiede in den Aminosäuren, die im katalytischen Zentrum eine Rolle spielen (Natesh et al. 2003, Corradi et al. 2006). Da beide Domänen des ACE unterschiedliche biologische Funktionen besitzen, erscheint die Entwicklung Domänen-selektiver Arzneistoffe nützlich, u. a. um eventuelle Nebenwirkungen zu vermeiden, wenn nur die Hemmung einer Domäne gewünscht ist (Kramer 2008).

K-26 ist ein spezifischer Inhibitor des Angiotensin-I-Converting-Enzyms, da Carboxypeptidase A nur wenig durch K-26 inhibiert wird und alle anderen getesteten Metallo-Peptidasen sich durch K-26 nicht hemmen lassen (Kramer 2014). Die Blutdruck-Antwort nach intravenöser Applikation bei einer normotensiven Ratte wird durch K-26 ähnlich gehemmt wie durch Captopril. Diese starke Hemmung des ACE ist zurückzuführen auf Interaktionen der Phosphonat-Gruppe innerhalb des AHEPs und dem Zn^{2+}-Kation im aktiven Zentrum (Yamato et al. 1986). Allerdings zeigte eine Studie mit dem künstlichen

Substrat HHL (Hippuryl-Histidyl-Leucin), dass K-26 ein nichtkompetitiver Inhibitor des ACEs ist (Yamoto et al. 1986, Kramer 2014).

Struktur-Wirkungs-Untersuchungen mit K-26 und synthetischen K-26-Derivaten haben strukturelle Charakteristika aufgedeckt, die für eine starke ACE-Inhibition essenziell sind (Ntai et al. 2008). Wählt man für die C-terminale Aminosäure nicht die im Naturstoff vorkommende (R)-Konfiguration ((R)-AHEP), sondern als C-terminale Aminosäure das entsprechende (S)-Enantiomer ((S)-AHEP), kommt es zu einem Aktivitätsverlust. Das diastereomere Tripeptid mit (S)-AHEP ist ca. 10-mal schwächer inhibitorisch wirksam als das natürliche K-26 mit der Aminosäure AHEP in (R)-Konfiguration. Wird die formale Substitution der Carbonsäure durch die Phosphonsäure rückgängig gemacht, ersetzt man also AHEP durch L-Tyrosin, kommt es zu einem drastischen, etwa 1.500fachen Verlust an inhibitorischer Aktivität. Wird N-terminal die Acetyl-Gruppe abgespalten, erhält man Desacetyl-K26, das etwa 15-mal schwächer ACE-inhibitorisch wirksam ist (Ntai et al. 2008, Kramer 2014, Kramer et al. 2014).

Somit sind es insbesondere die Stereochemie der C-terminalen Aminosäure AHEP, das Vorliegen einer Phosphonat-Struktur und die N-terminale N-Acetyl-Gruppe, die als wichtige Strukturmerkmale einer ACE-Hemmung ausgemacht werden können (Kramer 2008). Interessanterweise ist AHEP allein mit einem IC_{50}-Wert > 10 µM kein starker ACE-Inhibitor (Kramer 2008). Es bedarf mindestens einer tripeptidischen Struktur, um wie im physiologischen Substrat Angiotensin-I zwei Aminosäuren abspalten zu können. In Abbildung 3.54 sind wichtige erste Struktur-Wirkungs-Beziehungen zusammengefasst.

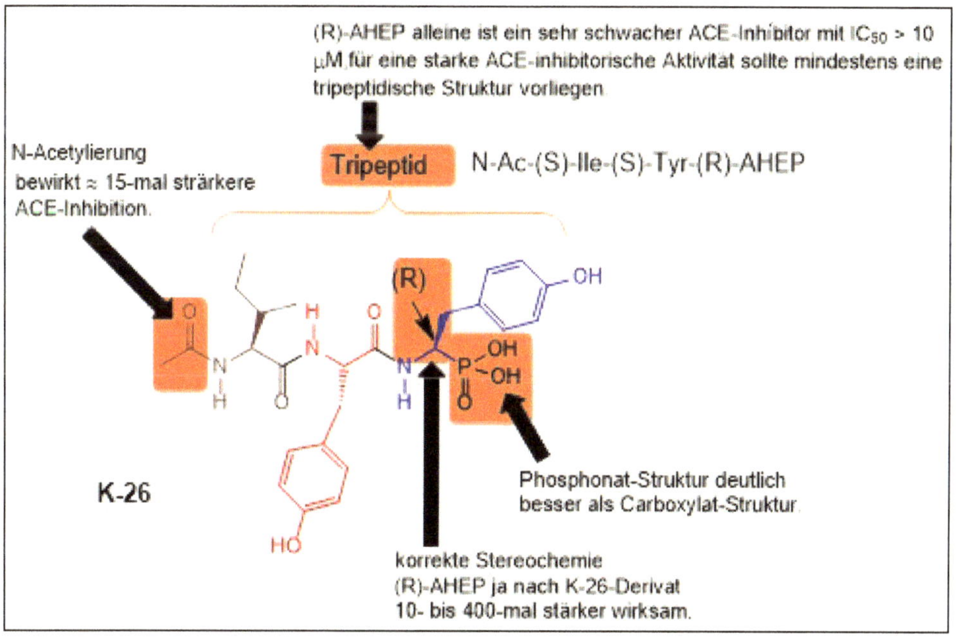

Abbildung 3.55

Einfache Struktur-Wirkungsbeziehungen für eine starke ACE-inhibitorische Aktivität (nach Kramer 2008, Kramer et a. 2014).

Um weitere Informationen bzgl. der hohen ACE-inhibitorischen Aktivität der Muttersubstanz K-26 zu bekommen, ist K-26 getrennt in der N-Domäne und der C-Domäne cokristallisiert worden (Kramer et al. 2014). K-26 nimmt in beiden Domänen ungefähr die gleiche Konformation ein. K-26 besitzt ein charakteristisches von den synthetischen ACE-Inhibitoren abweichendes Bindungsverhalten, da das Tripeptid nicht die Hauptbindungsstellen besetzt. Andere ACE-Hemmer, wie z. B. Lisinopril oder Captopril, sind vorwiegend in den Hauptbindungstaschen des Enzyms fixiert (S1', S2') (Kramer et al. 2014).

Das Phosphonat von K-26 koordiniert das Zn^{2+} in den Kristallstrukturen, die 4-Hydroxybenzyl-Partialstruktur der Seitenkette des C-terminalen AHEPs ist in der S1-Bindungstasche lokalisiert (Abbildung 3.60). Der Aromat bildet hydrohobe Wechselwirkungen mit Val518 in der C-Domäne bzw. Thr496 in der N-Domäne aus. Zusätzlich scheint die AHEP-Partialstruktur durch ein Netzwerk von Wassermolekülen in der S1-Bindungstasche und damit im aktiven Zentrum fixiert zu werden (Abbildung 3.55). Das gilt sowohl für die C- als auch für die N-Domäne (Kramer et al. 2014).

Die gleiche Seitenkette der mittleren Aminosäure Tyrosin füllt die S2-Bindungstasche aus (Abbildung 3.57). Der Phenyl-Ring des Tyrosins bindet über aromatische "Stacking"-Wechselwirkungen mit His387 und His410 in der C-Domäne bzw. His365 und His388 in der N-Domäne. Zusätzlich kommen hydrophobe Wechselwirkungen mit Phe391 der C-Domäne bzw. Tyr369 der N-Domäne hinzu. Wichtig für die Bindung sind zudem H-Brücken zwischen dem Tyrosin-Backbone von K-26 und dem Alanin-Backbone der Position 356 der C- und dem Backbone des Alanins an Position 334 der N-Domäne. Die 4-Hydroxyl-Gruppe am Phenyl-Ring des mittleren Tyrosins bildet H-Brücken über dazwischen geschaltete Wassermoleküle zu den Hauptketten-NH- und C=O-Gruppen von Arg402 und Gly404 aus. Diese zwei Aminosäure-Reste, Arg402 und Gly404, sind in beiden Domänen konserviert. Lediglich an Position 403 sitzt in der C-Domäne ein Glutamat und in der N-Domäne an der entsprechenden Position 381 ein Arginin. Die lange, durch das Guanidinium-Kation positiv geladene Seitenkette von Arg381 der N-Domäne könnte eine mittels H_2O überbrückte H-Brücke durchaus verhindern und damit für eine geringere Affinität des K-26 zur N-Domäne sorgen (Kramer 2008, Kramer et al. 2014).

Die N-terminale Aminosäure N-Acetylisoleucin beansprucht die S3-Bindungstasche für sich (Abbildung 3.60). Eine freie Amino-Gruppe des Isoleucins an dieser Stelle hat – wie oben beschrieben – eine etwa 15fache Verringerung der inhibitorischen Aktivität. Auch eine N-Methyl-Gruppe führt zu einer 5- bis 10-Fachen Abnahme der inhibitorischen Aktivität im Vergleich zur N-Acetyl-Gruppe. Ursächlich dafür scheint die Fähigkeit der N-Acetyl-Carbonyl-Gruppe zu sein, eine H-Brücke mit dem Backbone-NH von Asp358 der C- und Asp336 der N-Domäne auszubilden. Zusätzlich ist in der N-Domäne über die 4-Hydroxyl-Gruppe der Seitenkette von Tyr369 eine H-Brücke zur Acetyl-Carbonyl-Gruppe möglich (Kramer 2008, Kramer et al. 2014).

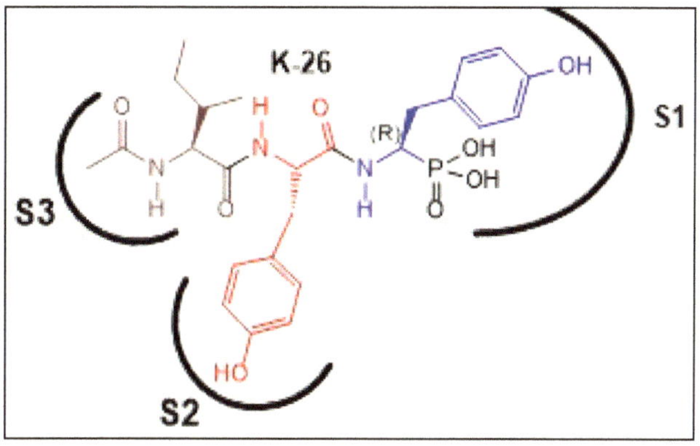

Abbildung 3.56

Besetzung der Bindungstaschen S1, S2 und S3 durch die Aminosäure-Reste des K-26.

K-26 besitzt innerhalb seiner Naturstoff-Familie nicht nur die größte ACE-inhibitorische Aktivität, sondern zusammen mit dem einzigen weiteren Tripeptid, das N-terminal acetyliert ist, SF2513 C 7- bzw. 15fach höhere Affinitäten für die C-Domäne (Tabelle 3.4) (Kramer et al. 2014).

Tabelle 3.4

ACE-inhibitorische Aktivitäten des Naturstoffe K-26 und einiger synthetischer K-26-Analoga.

Abkürzung: nt: nicht getestet; somatisches ACE

Gelb unterlegt sind jeweils die K-26-Analoga mit der stärksten inhibitorischen Aktivität.

K-26-Familie	IC_{50}				K_i		
Naturstoff	**sACE**	**C-Domäne**	**N-Domäne**	**Selektivität**	**C-Domäne**	**N-Domäne**	**Selektivität**
K-26	25 nM	11 nM	100 nM	9,1	11 nM	75 nM	6,8
15-B-2 (N-methyliert)	140 nM	54 nM	52 nM	--------	nt	nt	
SF2513 C	35 nM	7 nM	88 nM	12,6	12 nM	170 nM	14,2

K-26 ist mit einem IC_{50}-Wert von 25 nM das Tripeptid innerhalb der K-26-Familie mit der stärksten ACE-inhibitorischen Aktivität. Bei den IC_{50}-Werten und den K_i-Werten ist K-26 deutlich selektiver gegenüber der C-Domäne als gegenüber der N-Domäne mit Selektivitäten für K-26 von 9,1 für die IC_{50}-Werte und 6,6 für die K_i-Werte. K-26 und SF2513

C sind die beiden N-acetylierten Verbindungen, die anscheinend aufgrund dieser N-terminalen Molekülvariation eine C-Domänen-Selektivität aufweisen.

Die Kristallstruktur des K-26 im Komplex mit der *Drosophila-melanogaster*-N-Domäne des AnCEs zeigt deutlich, wie das Phosphonsäure-O-methylester-Motiv Raum beanspruchend im katalytischen Zentrum erscheint und direkt zwei Koordinierungsstellen beim Zn^{2+}-Kation besetzt (Abbildung 3.56).

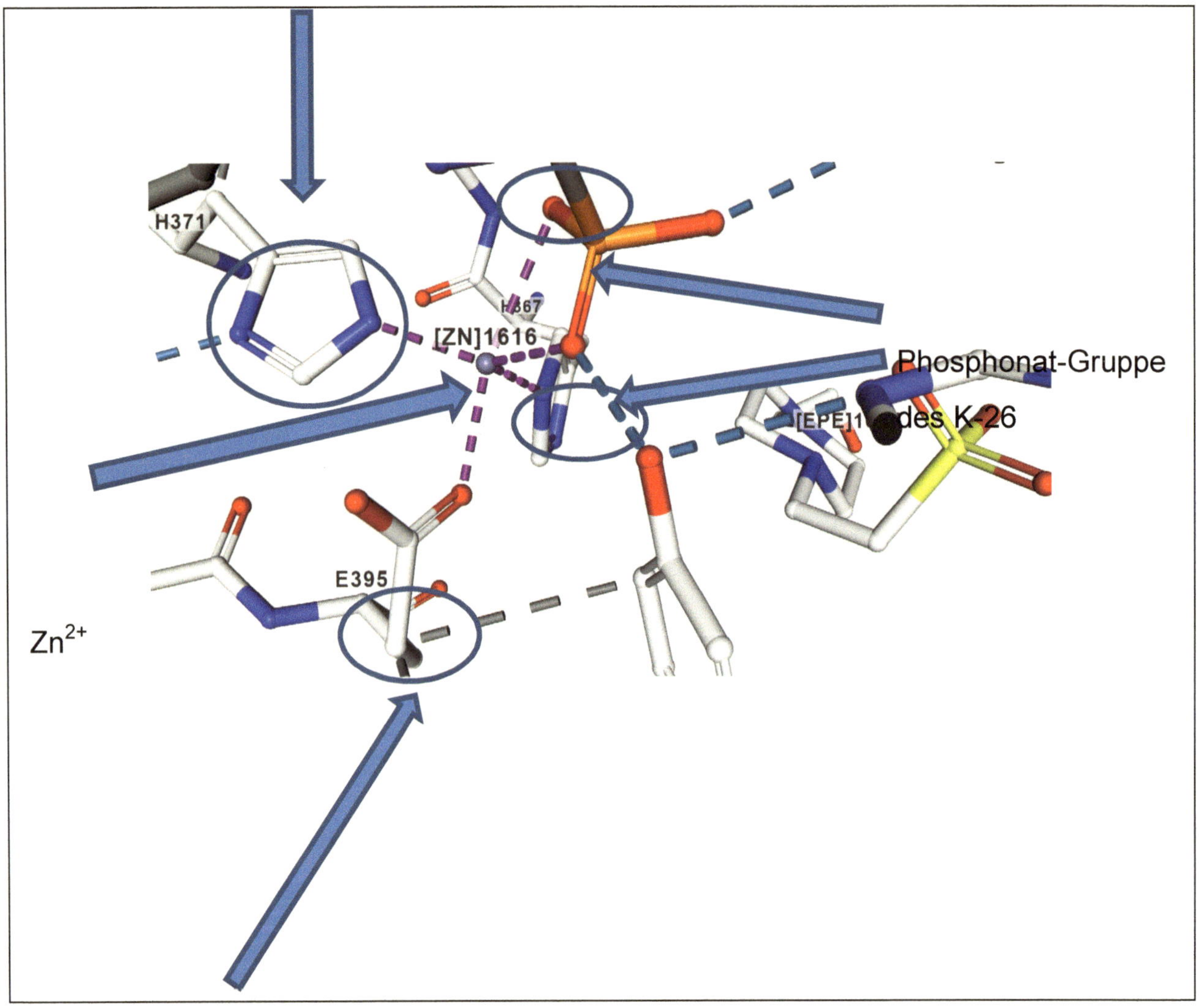

Abbildung 3.57 Ausschnitt aus der Kristallstruktur des Tripeptids K-26 im Komplex mit Angiotensin-Converting Enzyme (Ance) von Drosophila melanogaster (PDB-ID: 2XHM): Koordination des Zn^{2+}-Kations (nach Akif et al. 2010).

Für die Hälfte der Koordinationen des Zn^{2+}-Kation ([ZN]1616) sind ein Histidin (H371) mit seinem elektronenreichen, basischen Stickstoff im Imidazol-Ring, ein Glutamat (E395) mit seiner Carboxylat-Gruppe in der Seitenkette zuständig. Die andere Hälfte, d. h. die anderen beiden Koordinierungen kommen von der Phosphonat-Gruppe des K-26 (Akif et al 2010).

Bisherige Studien deuten an, dass eine Domänen-Selektivität durch die Seitenketten der Aminosäuren, die die Bindungstaschen S1 und S2 ausfüllen, erreicht werden (Dive et al. 1999, Corradi et al 2007, Anthony et al. 2010). Da K-26 die beiden Bindungstaschen S1 und S2 ausfüllt und durch die terminale N-Acetyl-Gruppe eine weitere fernab gelegene S3-Bindungstasche abdeckt, könnte eine weitere Suche nach potenziellen domänenspezifischen Wirkstoffen sich auf diese und noch weiter vom katalytischen Zentrum entfernte Orte konzentrieren. Hierzu gibt es bislang kaum Literatur.

Die C-Domänen-Selektivität des K-26 wird durch die N-Acetylierung erreicht, die eine weit vom Zn^{2+} abgelegene S3-Bindungstasche ausfüllt und durch die hydrophoben Wechselwirkungen innerhalb der S2-Bindungstasche. Die Entwicklung eines ACE-Inhibitors, der nur an den "Non-prime"-Bindungsstellen andockt, wurde bislang nicht untersucht und könnte neue Indikationen erögffnen (Kramer et al. 2014).

Da K-26 von den Actinomyceten nicht explizit als Inhibitor des humanen ACEs produziert wird, stellt sich die Frage nach einem Target. Solche Sekundärstoffe dienen meistens als Schutz vor anderen Mikroben. Bakterielle Enzyme, die eine Verwandtschaft zum humanen ACE zeigen, z. B. eine Zn^{2+}-Metalloprotease wie die Dicarboxypeptidase K26DCP, das Enzym MR1DCP aufgrund seiner 41-prozentigen Sequenzidentität zum humanen ACE, sind ausgesucht worden und auf eine Hemmwirkung durch K-26 getestet worden. Insbesondere besitzen alle ausgewählten Enzyme das His-Glu-X-X-His-Motiv zur Zn^{2+}-Koordination. Allerdings zeigt sich Captopril als effizienter Inhibitor dieser Enzyme, nicht aber K-26 (Kramer et al. 2014).

3.6.6 Glyphosat als Antibiotikum

Schaut man sich die hier vorgestellten sekundären Metabolite natürlichen Ursprungs mit Phosphonat-Struktur an, stellt man fest, dass die große Mehrheit zur Klasse der Antibiotika gehört (außer K-26). Warum sollte dann Glyphosat nicht eine zweite Karriere starten als zwar synthetisches, dafür aber mit derselben Partialstruktur des Phosphonats ausgestattetes Molekül wie die natürlichen Phosphonate? Dazu muss man festhalten, dass Monsanto bereits in 2010 Glyphosat als Antibiotikum patentiert hat. Dabei darf das Patent nicht auf Spekulationen beruhen. Etwas überzogen formuliert, Glyphosat darf nicht zur Therapie der Herzinsuffizienz patentiert werden. Aber als Antibiotikum war die Patentierung des Glyphosats ohne weiteres möglich, denn es hemmt die EPSP-

Synthase, die nicht nur in Pflanzen, sondern auch in vielen Bakterien und Parasiten vorkommt und dort für den Nachschub v. a. an proteinogenen aromatischen Aminosäuren sorgt.

Wirtschaftlich gesehen ist es nachvollziehbar, dass ein durch massiven Forschungseinsatz entwickeltes Molekül zur Gewinnmaximierung ausgenutzt werden soll. Auch schläft die Konkurrenz nicht. Zeigt eine Substanz wie Glyphosat tatsächlich *in vitro* im Testsystem eine antimikrobielle Aktivität, ist es noch ein langer Weg, bis daraus ein klinisch wirksamer antimikrobieller Arzneistoff wird.

Glyphosat hat nachgewiesen, dass ausreichend hohe Konzentrationen *in vitro* Bakterienzellen abtöten können. Klinisch aber müssen am Wirkort verlässliche, wirksame Konzentrationen des Arzneistoffs ankommen und das möglichst peroral, was beim Glyphosat bei einer oralen Bioverfügbarkeit von ca. 20 % eine deutliche Hürde darstellt. Fällt die perorale Route als Applikation aus, bleibt meistens nur die für den Patienten unattraktive i.v.-Applikation.

Zudem sollte das Dosierungsintervall in den Tagesablauf des Patienten passen, d. h. eine Applikationsfrequenz von dreimal täglich (alle acht Stunden) oder zweimal täglich (alle 12 Stunden) wäre anzustreben. Bei Antibiotika, die häufiger als alle sechs Stunden gegeben werden müssen, lässt die Adherence des Patienten deutlich nach. Überträgt man das auf Glyphosat, so kann man festhalten, dass die Verweildauer im Körper sehr kurz ist. Die Hälfte der absorbierten Dosis ist bereits nach zwei Stunden wieder ausgeschieden.

Hinzu kommt der Wirkmechanismus des Glyphosats: die spezifische Hemmung der EPSP-Synthase innerhalb des Shikimat-Biosyntheseweges, die nur in Pflanzen und einigen Bakterien, nicht aber beim Menschen vorkommt. Das ist auf den ersten Blick natürlich ein Vorteil des Glyphosats, da u. a. dadurch seine geringe akute Toxizität zu begründen ist. Über die Hemmung der EPSP-Synthase blockiert Glyphosat die Synthese aromatischer Aminosäuren und einiger weiterer Metaboliten in Bakterien. Ohne diese wichtigen Aminosäuren werden die Bakterien die Proliferation einstellen, mitunter sterben. Dementsprechend versuchen Bakterien die für sie lebensnotwendigen Substanzen vom Wirt zu bekommen (Blut ist kein Wasser) und enthält alle wichtigen Nährstoffe und dementsprechend für die Bakterien wie gemacht.

Somit ist es schwer vorstellbar, dass Glyphosat noch einmal als antibiotisches Arzneimittel auftaucht. Dennoch kann Glyphosat zumindest prädisponierend wirken in Bezug auf nicht humanpathogene Bakterien, die nach Glyphosat-Exposition plötzlich humanpathogen werden.

Ein Einzelfall: nach einem gescheiterten Selbstmordversuch mit Glyphosat erkrankt die Frau zwei Wochen später an einer *Clostridium-tertium*-Infektion (You et al. 2015). *Clostridium tertium* kommt ubiquitär im Boden, in Tieren und im Gastrointestinaltrakt des Menschen vor. Der Keim ist im Mikrobiom des Gastrointestinaltraktes normalerweise nicht humanpathogen. Bei Menschen mit Blut- und Immunerkrankungen sowie nach Darmoperationen kann *Clostridium tertium* isoliert werden (You et al. 2015). Glyphosat führt auch nach einer versehentlichen oder unversehentlichen Aufnahme zur Schädigung des Gastrointestinaltraktes, des Mikrobioms und der Darmwand, sodass der Weg durch die geschädigte Darmwand frei sein könnte für *C. tertium*. Glyphosat wäre somit der entscheidende Faktor für die Pathogenität des *Clostridium tertiums*.

Der routinemäßige Gebrauch von "Antibiotika" in der Landwirtschaft ist zu einer ernsten Bedrohung der menschlichen Gesundheit geworden. Bakterien werden durch die ständige Kontamination sublethaler Dosen dieser vermeintlichen Herbizide bzw. Antibiotika durch den ständigen Selektionsdruck weniger sensitiv gegenüber anderen als Antibiotika gegen diese Bakterien verwendeten Humanarzneimittel. Tatsächlich scheint es so zu sein, dass der Gebrauch des Glyphosats und anderer Herbizide zu Kreuzresistenzen führt (Kurenbach et al. 2015). Wir züchten uns somit hochresistente Erreger heran, die viel aggressiver im Krankheitsverlauf agieren als normalerweise gewohnt (Davies und Davies 2010, Kurenbach et al. 2018). Diese adaptiven Prozesse innerhalb der Bakterien erlauben es ihnen, eigentlich letalen Konzentrationen bestimmter Antibiotika zu widerstehen und erst bei sehr viel höheren Konzentrationen des Antibiotikums, Schwierigkeiten zu bekommen. Dabei scheint auch ein Transfer resistenter Gene von landwirtschaftlichen Pathogenen auf humane Pathogene möglich (Chang et al. 2014). Sollte dies zutreffen, sind Pandemien nicht mehr undenkbar.

Viel wurde über die Biene und ihre Rolle im Glyphosat-Streit diskutiert. Verschiedene Ursachen sind für das vermehrte Sterben der Hongbienenkolonien verantwortlich gemacht worden. Immer noch rätselt man und hat die Zusammenhänge nicht vollständig verstanden. Die Biene nimmt ökologisch sicherlich eine immens bedeutende Funktion als Pflanzenbestäuber ein. Einige Spezies, so z. B. die westliche Honigbiene (*Apis mellifera*), sind unverzichtbar für die Landwirtschaft und seit Jahrhunderten fast schon kulturelles Gut (Kwong und Moran 2015). Das Target des Herbicids Glyphosat, die EPSP-Synthase, kommt beim Menschen genauso wenig vor wie bei Tieren oder Insekten, sondern lediglich in Pflanzen und einigen Mikroorganismen. Dementsprechend sollte Glyphosat in keinem Zusammenhang mit dem Bienensterben stehen. Tatsächlich jedoch sind Bienen auf ein spezialisiertes Mikrobiom angewiesen, dass das Wachstum fördert und das Immunsystem stärkt, sodass ein Schutz gegen äußere Pathogene besteht (Motta et al. 2018). Das Mikrobiom der Honigbiene wird von ca. acht bakteriellen Phylotypen dominiert: *Lactobacillus ssp.* Firm-4, *Lactobacillus ssp.* Firm-5, *Bifidobacterium ssp.* (phylum Actinobacteria), *Snodgrassela alvi*, *Gilliamella apicola*, *Frischella perrara*, *Bartonella apis* und Alpha 2.1 (phylum Proteobacteria) (Kwong und Moran 2016). Sie bilden die Mehrheit des Darmmikrobioms (Kwong und Moran 2015). Jede dieser acht Spezies besitzt innerhalb des Mikrobioms eine große Diversität einzelner Stämme, z. B. was metabolische Fähigkeiten betrifft oder wie sensitiv der jeweilige Stamm auf ein Xenobiotikum reagiert (Engel et al. 2012, Theng et al. 2016). Neue Arbeitsbienen sind nahezu frei von Darmbakterien. Sie eignen sich ihr normales Mikrobiom innerhalb der ersten Tage oral durch soziale Kontakte an. Bienen, die kein normales funktionierendes Mikrobiom besitzen, zeigen ein reduziertes Wachstum, einen veränderten Metabolismus (Zheng et al. 2017), eine erhöhte Anfälligkeit gegenüber Pathogenen und eine erhöhte Mortalität (Motta et al. 2018).

Die unterschiedlichen bakteriellen Spezies und Stämme innerhalb eines Honigbienenmikrobioms variieren stark in ihrer Sensitivität gegenüber Glyphosat. Viele der Bakterien des Mikrobioms enthalten ebenfalls die EPSP-Synthase, allerdings handelt es sich in der Mehrzahl um das sogenannten Klasse-I-Enzym, das in allen Pflanzen und einigen Bakterien, wie z. B. *Escherichia coli*, vorkommt (Funke et al. 2009). Diese Bakterien sind sensitiv gegenüber Glyphosat. Nur wenige Spezies, wie z. B. *Staphylococcus aureus*, enthalten die Klasse-II-EPSP-Synthase (Cao et al. 2012). Solche Bakterienspezies tolerieren große Mengen an Glyphosat. Die Mehrzahl der Bakterien eines Honigbienenmikrobioms toleriert nur geringe Mengen Glyphosat. Alle Stämme des Keims *Snodgrassella alvi* enthalten die Glyphosat-sensitive Klasse-I-EPSP-Synthase. Dennoch tolerieren einige *S. alvi*-Stämme auch große Mengen des Herbicids. Der Mechanismus, der diesem Effekt zugrundeliegt, ist noch unbekannt (Motta et al. 2018). Ein für das gesamte Mikrobiom geltender Effekt einer Glyphosat-Exposition ist ein reduziertes Wachstum der *S. alvi*-Bakterien trotz der Tatsache, dass einige Stämme dieses Keims Glyphosat besser vertragen (Motta et al. 2018).

Möglicherweise spielt die Aktivität der N-Acetyltransferase eine Rolle bei der Glyphosat-Verträglichkeit. Normalerweise besitzt der Keim *Bacillus licheniformis* nur eine geringe N-Acetylransferase-Aktivität. Diese N-Acetyltransferase gewährt keine Toleranz gegenüber Glyphosat. Durch gezielte DNS-Modifikationen und einer daraus resultierenden 7.000fachen Steigerung der katalytischen Effizienz (k(cat)/K(m) der N-Acetyltransferase wird jedoch eine robuste Toleranz gegenüber Glyphosat erreicht (Abbildung 3.63) (Siehl et al. 2005).

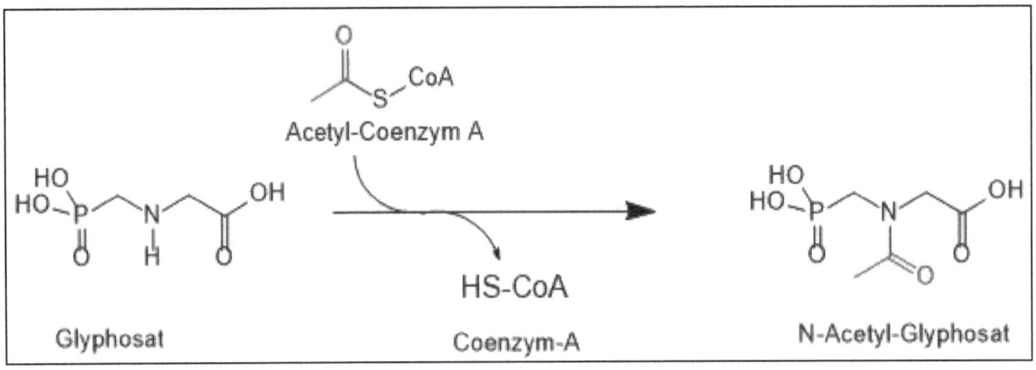

Abbildung 3. 58 Die N-Acetyltransferase-Reaktion für Glyphosat.

Möglicherweise können einige Bakterienstämme trotz einer Klasse-I-EPSP-Synthase und damit geringen Glyphosat-Toleranz durch eine erhöhte Aktivität der N-Acetyltransferase trotzdem mit hohen Konzentrationen des Glyphosats zurechtkommen. Die N-Acetylierung des Glyphosats führt zu dessen Inaktivität.

Raymann und Mitarbeiter konnten mittels Amplicon-Sequenzierung der Protein-codierenden Gene zeigen, dass der Einsatz von Antibiotika (hier wurde Tetrazyklin verwendet) die genetische Diversität wichtiger Spezies des Honigbienen-Mikrobioms (*S. alvi und G. apicola*) deutlich verringern kann (Raymann et al. 2018). Allerdings ist das Ausmaß bei den Keimen *S. alvi* und *G. apicola* deutlich unterschiedlich. Während die Abnahme bei *G. apicola* signifikant auffällig ist, fällt sie bei *S. alvi* nur sehr gering aus.

Viele Darmmikrobiome sind spezifisch auf den Wirt ausgerichtet. Gerade die Mikrobiome der Honigbiene haben eine Diversifizierung durchgemacht innerhalb ihres Wirtes, was zu einer Wirtsspezifität geführt hat. Es ist natürlich ohne weiteres vorstellbar und auch bewiesen, dass das hochspezialisierte Mikrobom der Honigbiene sensitiv auf eine Glyphosat-Exposition reagiert, das Wachstum der Biene eingeschränkt ist, die genetische Diversität verlorengeht, das Immunsystem nachlässt und die Bienen anfälliger für Krankheiten werden. Der kausale Zusammenhang zwischen diesen Mikrobiom-Beeinträchtigungen und -Veränderungen und einer erhöhten Mortalität der Honigbiene ist dadurch aber noch nicht gelungen.

Dai und Mitarbeiter untersuchten das Überleben, die Entwicklungsrate, das Larvengewicht und die Mikrobiom-Diversität von Apis mellifera (Dai et al. 2018). Das Überleben der Brut verringert sich unter 4 und 20 mg/ml Glyphosat, nicht aber unter 8 mg/l. Das Larvengewicht nimmt unter 4mg/l und 8 mg/l Glyphosat signifikant ab. Außerdem sinkt der Spezies-Reichtum und die -Diversität unter der Höchstkonzentration von 20 mg/l Glyphosat deutlich ab.

Eine andere Arbeitsgruppe nahm sich die Larvenentwicklung unter chronischer Glyphosat-Exposition *in vitro* vor (Vázquez et al 2018). Sie fütterten Hongigbienenlarven mit kontaminiertem Futter (1,25 – 5,0 mg Glyphosat/l Futter). Diese Maßnahme führte zu einer Verlängerung des Larvenstadiums und verringerte das Wachstum. Diese Effekte an den Larven der Honigbienen können bei fast allen Bakterienspezies beobachtet werden.

Eine weitere Studie beschäftigte sich mit dem Flugweg der Honigbienen unter Glyphosat (Sol Balbuena et al. 2015). Drei subletale Dosen von 2,5, 5 und 10 mg Glyphosat/l entsprechend 0,125, 0,250 und 0,500 µg Glyphosat pro Tier waren in dieser Studie vorgesehen. Honigbienen, die mit der 10-mg/l-Lösung gefüttert wurden, brauchten für den Heimflug signifikant länger als die Kontrollbienen oder Bienen, die mit weniger Glyphosat gefüttert wurden. Sie flogen dabei nicht langsamer, sondern nahmen indirekte Routen, so als ob sie nach dem Weg suchten. Zusätzlich nahmen die direkten Heimflüge in der Kontrollgruppe schon nach einem Flug deutlich zu, während dies bei den Glyphosat-behandelten Bienen nicht der Fall war. Die Resultate der Arbeitsgruppe um Balbuena legen den Schluss nahe, dass Glyphosat die kognitiven Fähigkeiten der Bienen beeeinträchtigt. Die Navigation der Honigbiene wird durch Glyphosat schlechter, ein, zwei Bienen werden pro Flug den Weg nach Hause nicht finden. Auf die Dauer kann dies ein ganzes Bienenvolk bedrohen (Balbuena et al. 2015).

Auch wenn die *In-vitro*-Studien an Larven (vgl. auch Vázquez et al. 2018) die reale Situation nur bedingt wiederzugeben vermögen, so können sie dennoch als ein verlässlicher erster Anhaltspunkt für weitere Untersuchungen dienen. Inwiefern weitere Faktoren eine Rolle spielen – andere Pathogene, andere Herbicide oder nachteilige Umwelteinflüsse – ist nicht bekannt. Fakt ist, dass das Mikrobiom der Honigbiene in seiner genetischen Diversität schrumpft und dass dies Auswirkungen haben wird. Ausreichend, um das Bienensterben vollkommen zu erklären, sind diese Studien allerdings nicht.

4. Glyphosat-Synthesen

Glyphosat wird von weit mehr als 80 Chemieunternehmen weltweit hergestellt, über 40 % davon sind in China angesiedelt In der Datenbank Molbase ((www.molbase.comen/synthesis_1071-83-6-moldata-3463.html) werden mehr als 50 verschiedene Synthesen für Glyphosat beschrieben.

Im Gegensatz zu anderen Aminosäuren-Derivaten ist Glyphosat sehr beständig in sehr stark saurem bzw. alkalischem Milieu und das auch bei starkem Erhitzen. Zusätzlich ist es inert gegen Oxidations- und Reduktionsmittel. Diese Stabilität ist der Grund für die unterschiedlichsten Synthesen, die in den letzten Jahrzehnten für Glyphosat etabliert worden sind (Tian et al. 2012).

4.1 Glyphosat-Synthese mittels der Maedritzer-Irani-Reaktion

Die weitverbreiteste Methode, um die P-C-N-Bindung experimentell zu konstruieren, ist die erstmals von Moedritzer und Irani in 1966 durchgeführte Synthese (Moedritzer und Irani 1966). Ausgehend von der Phosphonsäure kann Glyphosat über die Moedritzer-Irani-Reaktion mit Formaldehyd und Glycin im stark sauren Milieu in einer "One-pot"-Synthese hergestellt werden (Abbildung 4.1) (Moedritzer und Irani 1966). Die Synthese stellt eine Adaption der klassischen Mannich-Reaktion dar (Sevrain et al. 2017).

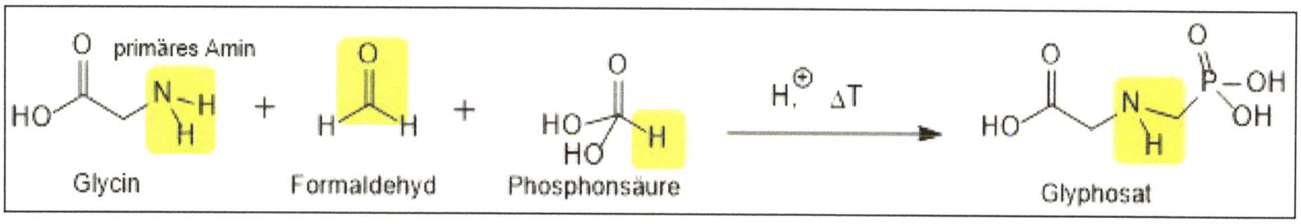

Abbildung 4.1

"One-pot"-Synthese des Glyphosats nach Maedritzer-Irani (Maedritzer und Irani 1966).

Das H-Atom, das direkt an den Phosphor gebunden ist, verkörpert das für diesen Reaktionstyp essenzielle "azide H". Für die Synthese des Glyphosats kann als Amino-Komponente Glycin eingesetzt werden, als Carbonyl-Komponente Formaldehyd. Die

CH-azide Methylen-Komponente bei der herkömmlichen Mannich-Reaktion ist durch die P-H-azide Phosphonsäure ersetzt. Das Gelingen der Reaktion setzt voraus, dass die Amin-Komponente, das Glycin, unter den Reaktionsbedingungen nukleophiler als die P-H-azide Komponente, die Phosphonsäure ist. Sofern ein primäres Amin wie Glycin eingesetzt wird, erhält man als Reaktionsprodukt eine Bisphosphonsäure-Struktur, da das *in situ* generierte sekundäre Amin reaktiver als das als Ausgangsverbindung fungierende primäre Amin ist (Iveson et al. 1993). Das bedeutet, dass die stöchiometrischen Verhältnisse angepasst werden müssen. Man benötigt demnach zwei Äquivalente Formaldehyd und zwei Äquivalente Phosphonsäure bei einem Äquivalent Amin-Komponente (Sevrain et al. 2017). Die Ausgangsverbindungen können durchaus durch andere Verbindungen ersetzt werden. Anstelle der aziden Komponente Phosphonsäure kann beispielsweise Phosphor(III)-trichlorid (PCl_3) verwendet werden. Die am besten geeignete Methode zur Darstellung von Phonsphonsäure *in situ* ist sicherlich die Hydrolyse von PCl_3, eine an der Luft rauchende Flüssigkeit (durch Luftfeuchtigkeit Bildung von HCl-Nebeln), die bei einer Temperatur von 76 °C siedet. PCl_3 besitzt ein freies Elektronenpaar und kann somit als Lewis-Base wirken. Die PCl_3-Hydrolyse ist in Abbildung 4.2 dargestellt. Auch Ester der Phosphonsäure können problemlos verwendet werden. Die Reaktion funktioniert mit Ammoniak genauso wie mit primären Aminen (Glycin) oder sekundären Aminen. Für Formaldehyd kann die Formaldehyd-Quelle Hexamethylentetramin (Urotropin) eingesetzt werden (Schweda 2012).

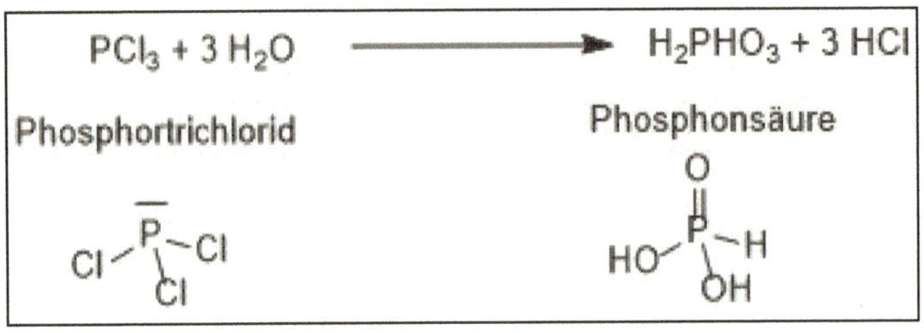

Abbildung 4.2

Darstellung der Phosphonsäure durch Hydrolyse von Phosphortrichlorid.

Der Reaktionsmechanismus hängt von den Reaktionsbedingungen statt. In saurer Lösung addiert sich zuerst das freie Elektronenpaar des Amin-Stickstoffs an das positivierte electrophile C-Atom der Carbonyl-Gruppe des Formaldehyds zu einem Addukt, das unter Protonen-Aufnahme zunächst zum primären Alkohol und nach Aufnahme eines zweiten Protons und anschließender H_2O-Abspaltung in ein mesomeriestabilisiertes Kation (Methyleniminium-Ion) übergeht (Abbildung 4.3). Dieses Kation stellt das eigentliche aminomethylierende Agens einer Mannich-Reaktion dar, das über das elektrophile Carbenium-Ion in einer elektrophilen Substitution an das zentrale nucleophile Phosphor-Atom der Phosphonsäure angreift. Unter Abspaltung eines Protons wird die “Mannich-Base” Glyphosat gebildet.

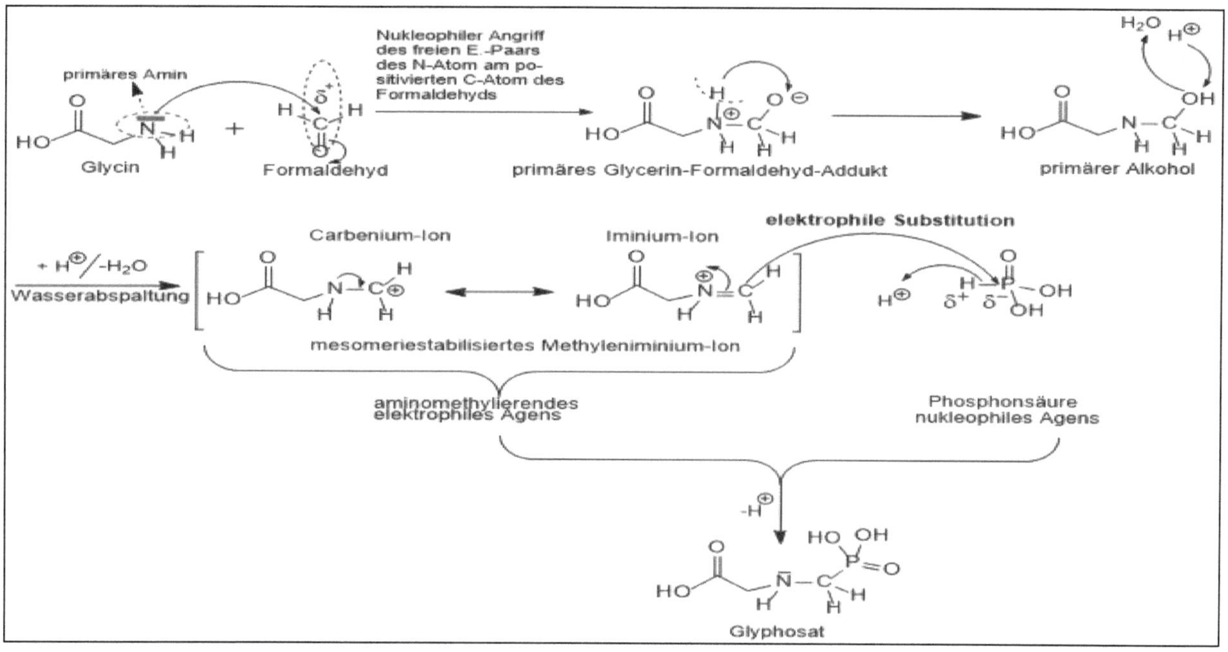

Abbildung 4.3

Ausführliche Darstellung der Maedritzer-Irani-Reaktion, einer abgewandelten Mannich-Reaktion zur Synthese des Glyphosats (nach Moedritzer und Irani 1966).

4.2 GLYPHOSAT-SYNTHESE MITTELS DER DIALKYLPHOSPHITESTER-ROUTE

Angewendet wird heutzutage häufig die Dialkylphosphitester-Reaktion (Zhou et al. 2012), die aufgrund günstiger Ausgangssubstanzen (Glycin, Paraformaldehyd und Dialkylphosphit) und wenig aufwändiger Reaktionsschritte, das Glyphosat in einer Reinheit von 95 % liefert. Die Totalausbeute über alle Reaktionsschritte - Addition, Kondensation, Hydrolyse - beträgt etwa 80 %. Als Ausgangssubstanz des Dialkylphosphits kann beispielsweise der Dimethylester, das Dimethylphosphit dienen. Dimethylphosphit ist der Dimethylester der Phosphonsäure (Dimethylphosphonat, DMPP). Der zweifache Ester lässt sich leicht über eine Arbuzov-Reaktion des Phosphortrichlorids mit wasserfreiem Methanol darstellen (Abbildung 4.4) (Brückner 1996, Zhou et al. 2012).

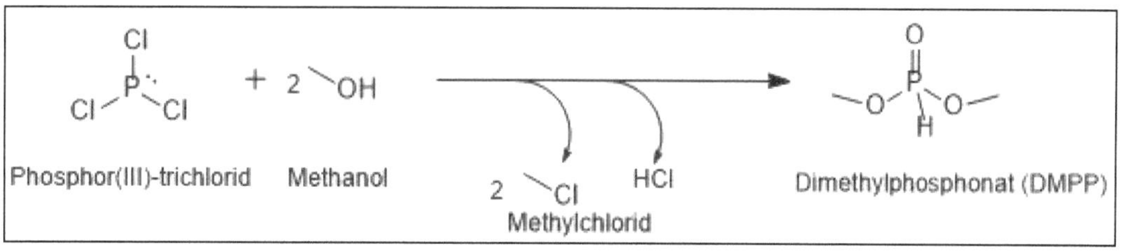

Abbildung 4.4

Darstellung des Dimethylphosphonats (Phosphonsäuredimethylesters), der Ausgangssubstanz für die Dialkylphosphitester-Synthese des Glyphosats, über eine Abuzov-Reaktion.

Glycin wird hauptsächlich über die Reaktion von Chloressigsäure mit Ammoniak in methanolischer Lösung dargestellt. Chloressigsäure erhält man über die Chlorierung von Essigsäure mit Cl_2 in Acetanhydrid (Abbildung 4.5).

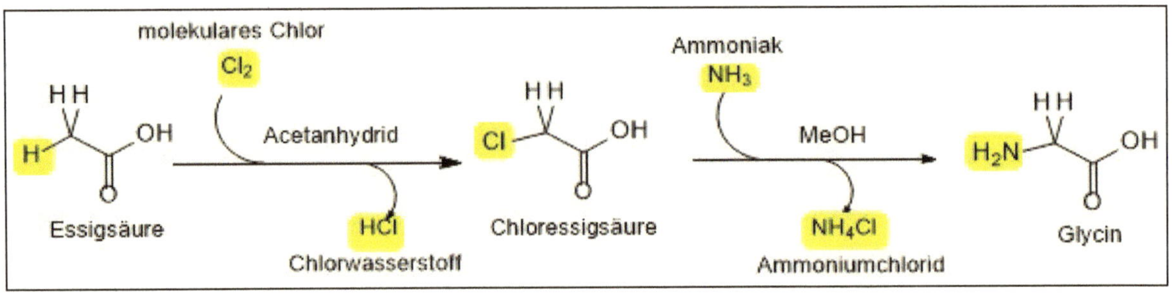

Abbildung 4.5

Darstellung des Glycins in zwei Stufen über Chloressigsäure aus Essigsäure.

Diese Synthese ist in China sehr weit verbreitet. Etwa 60 % des Glyphosats werden so hergestellt. Als Edukte der Dialkylphosphitester-Reaktion dienen Glycin, Paraformaldehyd und Dimethylphosphonat. Zunächst kommt es in wasserfreiem Methanol unter Katalyse von Triethylamin zur Depolymerisation des Paraformaldehyds (Brückner 1996, Eberbach 1999, Zhou et al. 2012). Formaldehyd reagiert nachfolgend mit Glycin und dem Dimethylphosphonat via Mannich-Reaktion in Analogie zur Umsetzung nach Moedritzer und Irani (Abbildungen 4.1 und 4.3). Das Mannich-Produkt ist ein N-Methyloxymethylen-substituiertes Glyphosat-Derivat. Durch Zusatz wässriger 31%iger Salzsäure und Erhitzen unter Reflux erhält man das Zielprodukt Glyphosat (Abbildung 4.6).

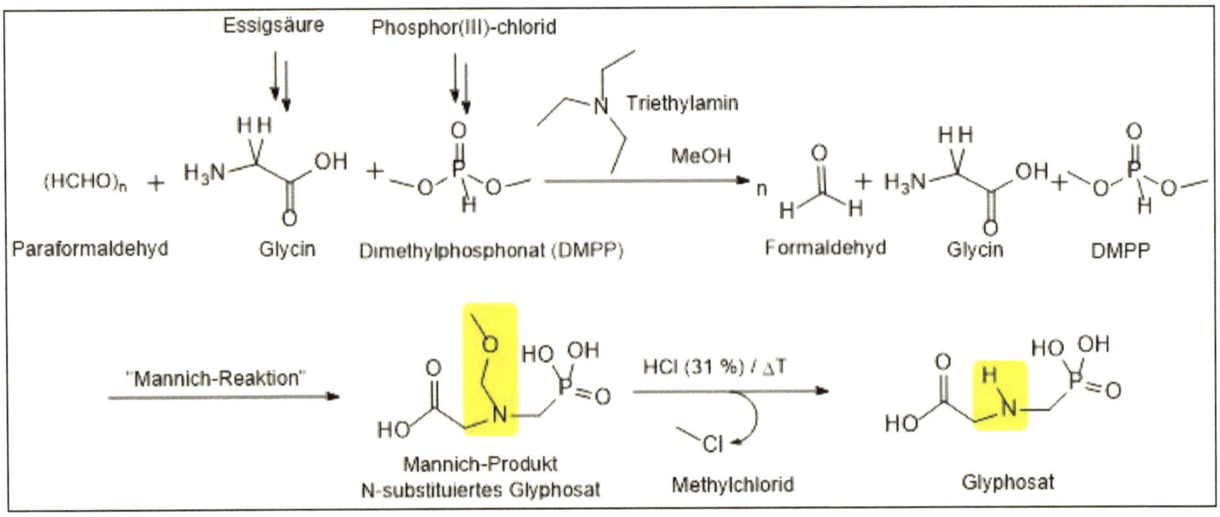

Abbildung 4.6

Die Dialkylphosphit-Ester-Reaktion als eine der wichtigsten Glyphosat-Synthesen

In der Regel werden die Dimethylester der Phosphonsäure eingesetzt. Der Reaktionsmechanismus entspricht dem einer Mannich-Reaktion und damit größtenteils der Maedritzer-Irani-Reaktion.

4.3. Glyphosat-Synthese mittels des HCN-Verfahrens

Bei dieser Glyphosat-Synthese sind die wichtigsten Zwischenstufen Cyanwasserstoffsäure (Blausäure, HCN) und Iminodiacetonitril (IDAN), der unmittelbaren Vorstufe für Iminodiessigsäure. Der erste Schritt der Synthese besteht aus der Bildung der Cyanwasserstoffsäure mittels des Andrussow-Verfahrens (Pirie 1958). Dieses Verfahren wurde bereits in den 1920er Jahren entwickelt. Es dient der Herstellung von Cyanwasserstoffsäure aus Methan (CH_4), Ammoniak (NH_3) und molekularem Sauerstoff (O_2) (Abbildung 4.7).

Als Katalysator dient ein Platin-Netz, über dem sich ein Methan-Ammoniak-Gemisch befindet. Durch Einblasen reinen Sauerstoffs und Initiierung der Reaktion kommt es zu einer exothermen Reaktion mit stark negativer Reaktionsenthalpie und bei entsprechend hohen Temperaturen (ca. 1000 °C) zur Bildung von Cyanwasserstoffsäure. Diese Reaktion unterhält sich daraufhin selbst (Abbildung 4.7) (Pirie 1958, Kondratenko et al. 2010). Heutzutage wird statt des reinen Sauerstoffs Luft als Trägergas verwendet (Kondratenko et al. 2010). Im ersten Schritt der Reaktion wird der Ammoniak durch den Luftsauerstoff zum Nitroxyl oxidiert. Nitroxyl reagiert mit dem Methan-Gas unter Bildung eines Imins, aus dem schließlich molekularer Wasserstoff freigesetzt wird, was zur Bildung von Cyanwasserstoffsäure führt (Abbildung 4.7).

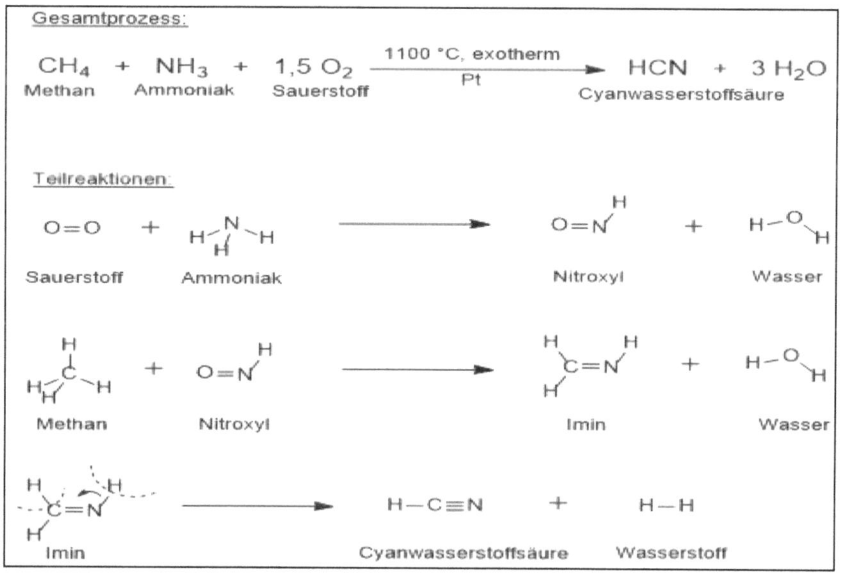

Abbildung 4.7

Bildung der Cyanwasserstoffsäure als Edukt der Iminodiessigsäure-Glyphosat-Synthese mittels des Andrussow-Verfahrens.

Das gebildete HCN reagiert mit Formaldehyd unter basischer Katalyse zum Cyanhydrin-Zwischenprodukt. Hierbei greift das einsame Elektronenpaar am C-Atom des Cyanid-Ions nukleophil an das positivierte C-Atom des Formaldehyds an. Cyanhydrin wird direkt weiter mit Ammoniak umgesetzt zum Iminodiacetonitril (IDAN) (Abbildung 4.8). Die Ausbeute für den gesamten Reaktionsverlauf vom HCN zum IDAN beträgt 90 %.

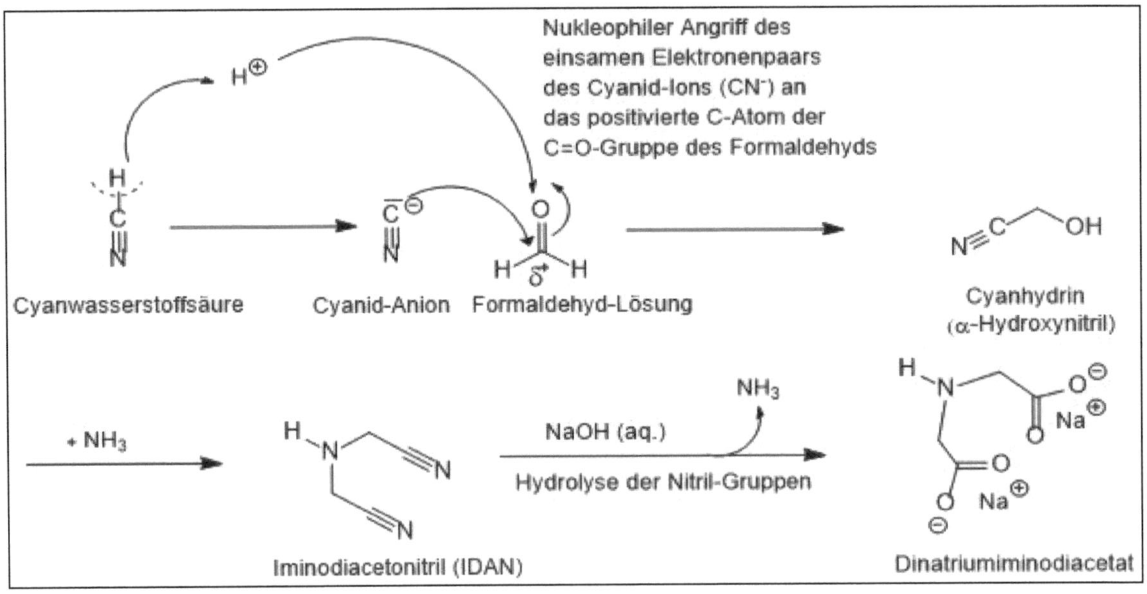

Abbildung 4.8

Bildung des Dinatriumiminodiacetats ausgehend von HCN.

Aus IDAN wird in Natronlauge nachfolgend das Dinatriumsalz der Iminodiessigsäure gebildet. Ammoniak als weiteres Produkt der Hydrolyse wird zurückgewonnen und wieder für die IDAN-Synthese verwendet.

Alternativ kann Iminodiessigsäure ausgehend von Chloressigsäure dargestellt werden. Unter Zusatz von Calciumhydroxid ($Ca(OH)_2$) wird Chloressigsäure mit wässriger NH_3-Lösung umgesetzt, angesäuert und mit Natriumhydroxid neutralisiert. Die Ausbeute hierfür beträgt insgesamt 85 %.

Anschließend erfolgt die eigentliche Synthese des Glyphosats durch Erhitzen in Schwefelsäure mit den Edukten Phosphor(III)-chlorid, Formaldehyd und Dinatriumiminodiacetat zum N-Phosphonomethyliminodiessigsäure-Präkursor mittels einer Mannich-Reaktion (Abbildung 4.9). Die Hydrolyse in wässriger Lösung des PCl_3 liefert dabei zunächst die Phosphonsäure (Abbildung 4.2). Die Ausbeute für diese Reaktion beträgt ca. 90 %. Zuletzt wird die Präkursor-Substanz mittels eines Überschusses an Wasserstoffperoxid (H_2O_2) in Wasser und äquimolaren Mengen Schwefelsäure zum Glyphosat oxidativ desalkyliert, in dem ein Essigsäure-Rest abgespalten wird (Abbildung 4.9). Für diesen finalen Reaktionsschritt beträgt die Ausbeute 90 – 95 %. Etwa 20 % der gesamten Glyphosat-Menge wird in China über diese Synthese gewonnen.

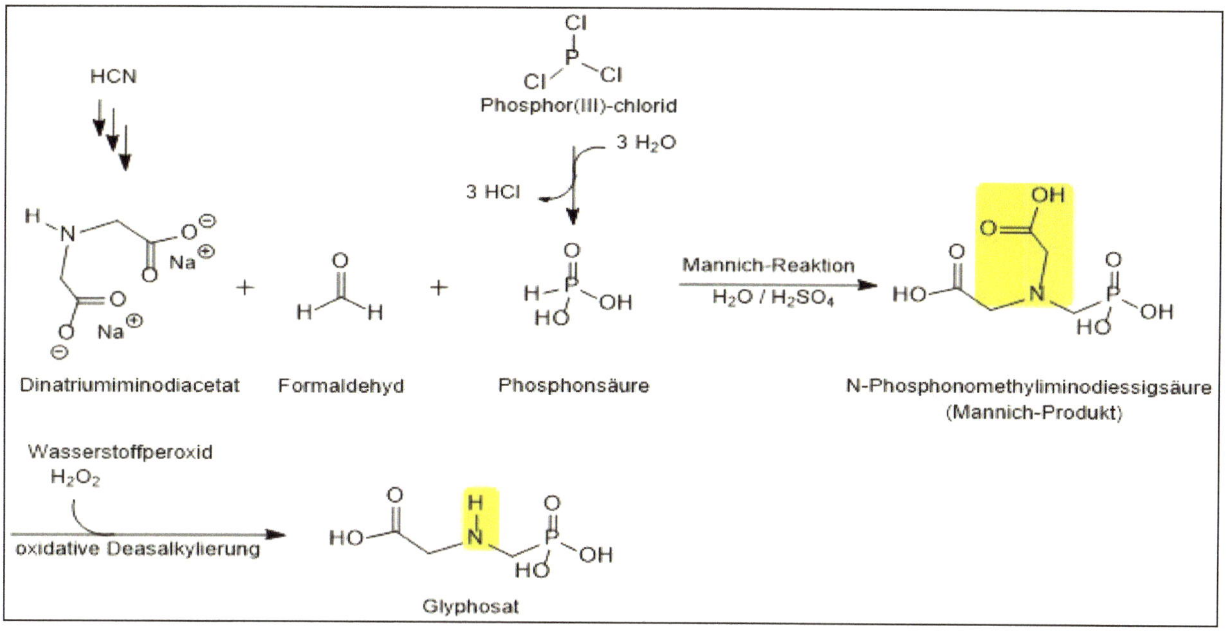

Abbildung 4.9

Die Iminodiessigsäure-Glyphosat-Synthese als weitere Möglichkeit, Glyphosat industriell herzustellen

Der Reaktionsmechanismus entspricht dem einer Mannich-Reaktion und damit größtenteils der Maedritzer-Irani-Reaktion.

4.4 Glyphosat-Synthese über die Diethanol-amin-Route

Bei dieser Synthese erfolgen die letzten beiden Reaktionsschritte analog zur Iminodiessigsäure-Methode (Abbildung 4.9), d. h. Phosphor(III)-chlorid, Formaldehyd und das Dinatriumsalz der Iminodiessigsäure reagieren via Mannich zum Mannich-Produkt N-Phosphonomethyliminodiessigsäure. Durch das Oxidationsmittel H_2O_2 wird die zweite Essigsäure-Einheit oxidativ abgespalten, und man erhält Glyphosat.

Bei der Diethanolamin-Methode wird das Edukt für die Mannich-Reaktion, die Iminodiessigsäure, allerdings nicht über HCN, Canyhydrin und Iminodiacetonitril hergestellt, sondern über eine Oxidation von Diethanolamin (DEA) (Abbildung 4.10). Ausgangspunkt für die Darstellung des Diethanolamins ist der Heterozyklus Ethylenoxid, der mit flüssigem Ammoniak in einem chemischen Reaktorsystem umgesetzt wird. Man erhält bei dieser Reaktion ein Gemisch aus Monoethanolamin, Diethanolamin und Triethanolamin. Das Verhältnis der drei Ethanolamine kann dabei im Reaktor bedarfsgerecht angepasst werden. Nur das Diethanolamin (DEA) wird mittels eines kupferbasierten Katalysators im basischen Milieu in wässriger Lösung zum Dinatriumsalz der Iminodiessigsäure (Dinatriumiminodiacetat) oxidiert (Abbildung 4.11). Etwa 20 % der insgesamt in

China benötigten Glyphosat-Menge wird über dieses von Monsanto entwickelte Verfahren erzeugt.

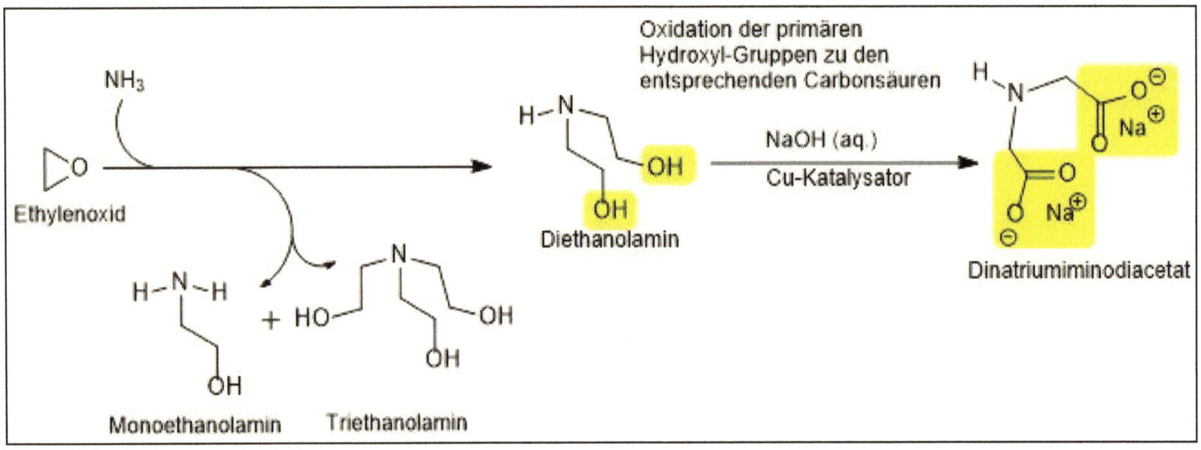

Abbildung 4.10

Alternative Möglichkeit zur Darstellung des Dinatriumiminodiacetats

5. Wirkmechanismus des Glyphosats

5.1 Der Shikimat-Biosynthese-Weg

Glyphosat ist ein systemisch wirkendes Totalherbizid, das toxisch für jede Pflanze ist, sofern diese nicht durch genetische Manipulation eine Glyphosat-Resistenz oder eine sekundär erworbene Resistenz aufweisen. Demgegenüber wird Glyphosat von der Mehrheit immer noch als ein für Tiere und Menschen nichttoxisches, sicheres Herbizid angesehen.

Glyphosat hemmt ein Enzym innerhalb des sogenannten Shikimisäure-Weges, die 5-Enolpyruvylshikimat-3-phosphat-Synthase (EPSP-Synthase), dessen Aktivität essenziell für die Synthese aromatischer Aminosäuren in Algen, höheren Pflanzen, Bakterien, Pilzen und bestimmten einzelligen Parasiten, den Apicomplexa, ist (Bentley 1990, Haslam 1993, Roberts et al. 1998, Schönbrunn et al. 2001). Da der Shikimisäure-Syntheseweg, der sich in Pflanzen in den Chloroplasten lokalisiert, in Säugetieren, Fischen, Vögeln, Reptilien und Insekten nicht vorkommt (Haslam 1993, Alibhai und Stallings 2001), ist die EPSP-Synthase zu einem attraktiven Target für die Entwicklung neuer antibakterieller und antifungizider Wirkstoffe geworden. Als Leitsubstanz dient dabei das Herbizid Glyphosat, das nachgewiesenermaßen ein potenter und spezifischer Inhibitor dieses Enzyms ist (Steinrücken und Amrhein 1980). Glyphosat wird erfolgreich als Totalherbizid eingesetzt. Es konnte auch gezeigt werden, dass es das Wachstum humanpathogener Parasiten, wie z. B. *Plasmodium falciparum*, *Toxoplasma gondii* und *Cryptosporidium parvum*, hemmt (Roberts et al. 1998, Schönbrunn et al. 2001).

Der Shikimisäure-Weg bzw. Shikimat-Weg ist wie schon angesprochen ein stark verzweigter Biosyntheseweg, der seinen Namen einem charakteristischen Zwischenprodukt, der Shikimisäure, verdankt (Rimpler 1990). Für den Shikimisäure-Weg dienen zwei aus dem Kohlenhydrat-Stoffwechsel stammende Verbindungen als Ausgangssubstanzen: Phosphoenolpyruvat und Erythrose-4-phosphat. Alle drei in Proteinen vorkommenden aromatischen Aminosäuren - Phenylalanin, Tyrosin und Tryptophan – werden über den Shikimisäure-Weg biosynthetisiert (Herrmann 1995).

Eine ausführliche Darstellung der sieben gemeinsamen Schritte dieses Biosyntheseweges liefern die Abbildungen 5.1 und 5.2. Im ersten Schritt des Shikimisäure-Weges wird durch die DAHP-Synthase aus Phosphoenolpyruvat und Erythrose-4-phosphat das 3-Desoxy-D-arabino-heptulosonat-7-phosphat (DAHP), eine 6-gliedrige, sieben C-Atome zählende, heterozyklische Verbindung gebaut, die formell auch als 2-Desoxy-D-glucose-6-phosphat-Derivat bezeichnet werden kann (Garner und Herrmann 1984). Im zweiten Schritt kommt es unter Ringöffnung und Rezyklisierung zu einer Umlagerungsreaktion. Der Ring-Sauerstoff wird durch das exozyklische C7-Atom unter Bildung von 3-Dehydrochinat, einem hochsubstituierten Cyclohexan-Derivat, ausgetauscht. Aus 3-Dehydrochinat wird beispielsweise (-)-Chinasäure gebildet. Im dritten Schritt wird die erste der drei Doppelbindungen eingeführt, die das Cyclohexan in einen aromatischen Benzen-Ring überführen. Das Enzym, das die Bildung von 3-Dehydroshikimat unter Wasserabspaltung aus 3-Dehydrochinat katalysiert, ist die 3-Dehydroshikimat-Dehydratase. In höheren Pflanzen werden der dritte und vierte Schritt, die Dehydroshikimat-Dehydratase- und die Shikimat-Dehydrogenase-Reaktion, durch ein bifunktionelles Enzym katalysiert (Koshiba 1978, Polley 1978, Herrmann 1995). Die vierte enzymatische Reaktion liefert den Namensgeber des gesamten Biosyntheseweges, die Shikimisäure bzw. das entsprechende deprotonierte Anion Shikimat. Von der Shikimisäure ausgehend wird beispielsweise die Trihydroxybenzoesäure Gallussäure synthetisiert. Der fünfte Schritt wird durch eine Kinase katalysiert. Shikimat wird durch die Shikimat-3-Kinase zum Shikimat-3-phosphat phosphoryliert. Die Eliminierung zwei Schritte später führt zum Einbau der zweiten Doppelbindung (Herrmann 1995).

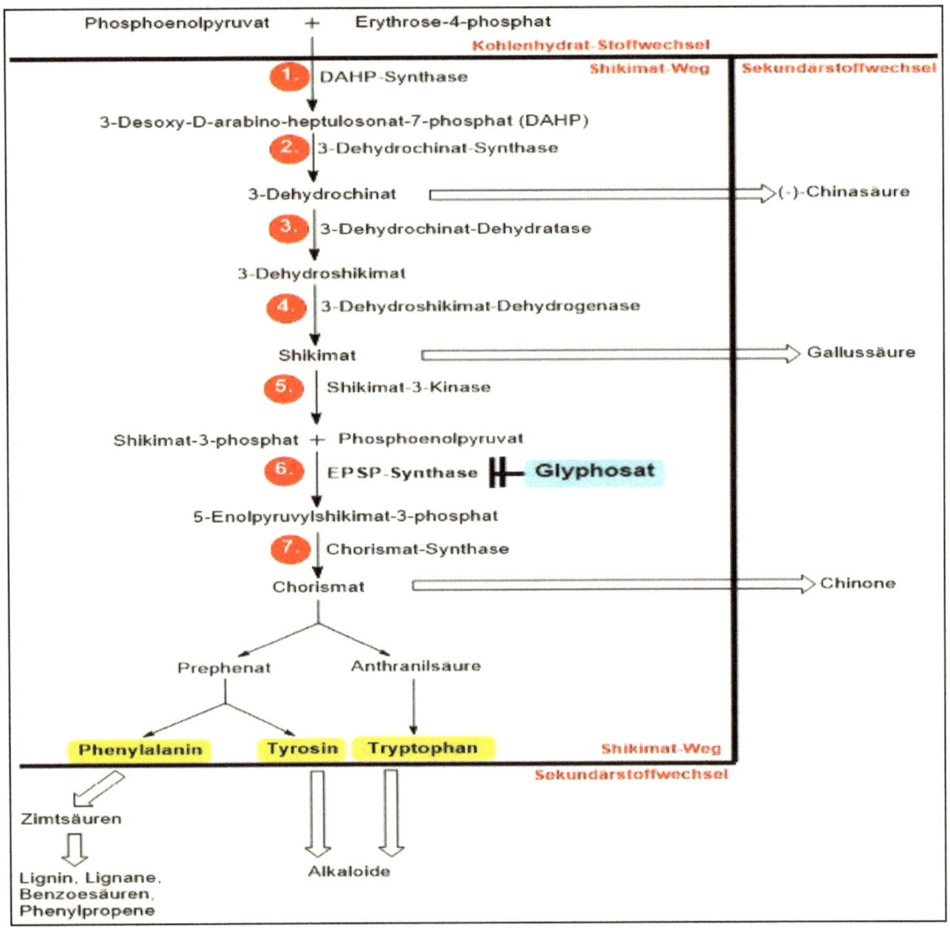

Abbildung 5.1: Übersicht des Shikimat-Weges (nach Rimpler 1990)

Endprodukte des Shikimat-Weges sind die aromatischen Aminosäuren Phenylalanin, Tyrosin und Tryptophan. Fehlen diese Aminosäuren, werden auch wichtige Substanzen des Sekundärstoffwechsels, wie z. B. Tyrosin- und Tryptophan-Alkaloide sowie Lignin, Lignane, Benzoesäuren und Phenylpropene nicht mehr gebildet.

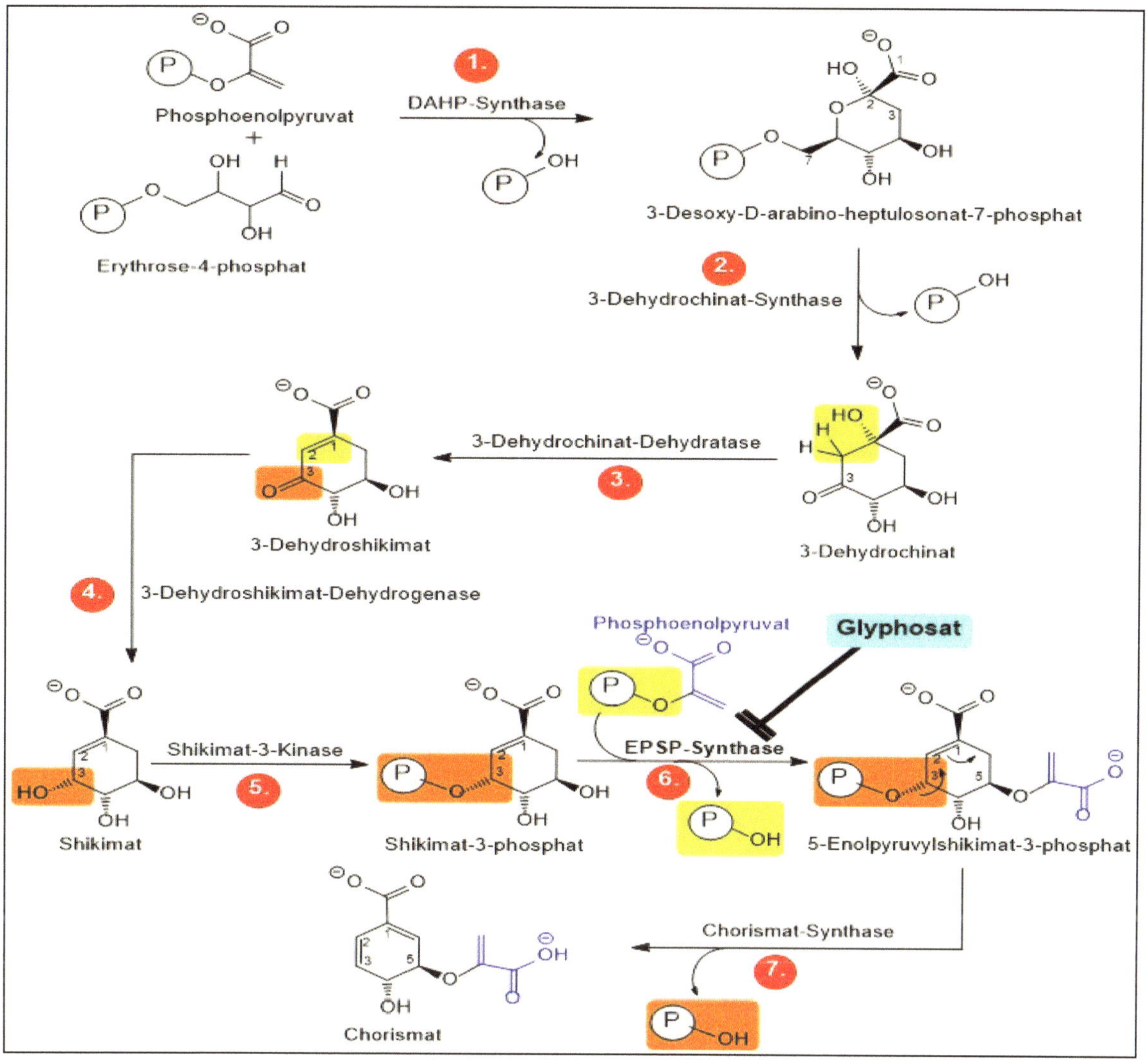

Abbildung 5.2:

Darstellung der sieben gemeinsamen enzymatisch katalysierten Schritte des Shikimat-Biosyntheseweges mit Strukturformeln (nach Herrmann 1995)

Glyphosat hemmt kompetitiv zum Substrat Phosphoenolpyruvat die EPSP-Synthase, die den sechsten Reaktionsschritt, die Bildung des 5-Enolpyruvylshikimat-3-phosphats aus Shikimat-3-phosphat und Phosphoenolpyruvat, katalysiert.

5.2 Die 5-Enolpyruvylshikimat-3-phosphat-Synthase-Reaktion

Der vorletzte Schritt im Shikimat-Weg ist die reversible Bildung des 5-Enolpyruvylshikimat-3-phosphats (EPSP) und anorganischem Phosphat aus Shikimat-3-phosphat und Phosphoenolpyruvat. Die Reaktion wird durch die 5-Enolpyruvylshikimat-3-phosphat-Synthase (EPSP-Synthase) katalysiert. Die EPSP-Synthase ist das Target des Glyphosats. Die EPSP-Synthasen von Pflanzen besitzen in der Regel K_i-Werte, die eine Zehnerpotenz kleiner als die K_i-Werte mikrobieller EPSP-Synthasen sind (Herrmann 1995, Tzin und Galili 2010. Die Hemmung durch Glyphosat ist kompetitiv zu Phosphoenolpyruvat. Phosphoenolpyruvat ist nicht nur ein Substrat der EPSP-Synthase, sondern auch für einige andere Enzyme des Sekundärstoffwechsels, u. a. für das erste Enzym des Shikimat-Weges, die DAHP-Synthase. Allerdings wird keines dieser anderen Enzyme durch Glyphosat gehemmt.

Der letzte gemeinsame Schritt des Shikimat-Weges führt zur Chorisminsäure bzw. zum Chorismat durch 1,4-trans-Eliminierung von Phosphat aus 5-Enolpyruvylshikimat-3-phosphat (Hawkes et al. 1990). Katalysiert wird dieser Schritt durch die Chorismat-Synthase, die hierfür ein reduziertes Flavin-Nukleotid ($FMNH_2$) als Cofaktor benötigt, auch wenn die Gesamtreaktion redoxneutral ist (Herrmann 1995). Chorismat ist Ausgangspunkt für zahlreiche Sekundärstoffe. So werden chinoide Verbindungen – Benzo- und Naphthochinone – aus Chorismat biosynthetisiert. Auch die aromatischen Aminosäuren, Endprodukte in der Biosynthesekette, werden ausgehend von Chorisminsäure gebildet. Phenylalanin und Tyrosin werden über Prephensäure bzw. Prephenat gebildet. Die α-Ketocarbonsäure Prephensäure entsteht durch eine perizyklische Umlagerungsreaktion aus Chorisminsäure. Tryptophan wird ausgehend von Chorisminsäure über die Zwischenstufe der Anthranilsäure gebildet. Durch die Hemmung der EPSP-Synthase verarmt die Pflanze an aromatischen Aminosäuren. Zusätzlich stellen diese drei Aminosäuren aber auch wichtige Substrate für den Sekundärstoffwechsel der Pflanze dar. Dementsprechend können keine Tyrosin- und Tryptophan-Alkaloide sowie Lignin, Lignane, Benzoesäuren und Phenylpropene mehr gebildet werden. Bedenkt man, dass bis zu 35 % der Trockenmasse einer Pflanze aus aromatischen Verbindungen des Shikimat-Weges bestehen, wird dessen Bedeutung zusätzlich hervorgehoben (Rimpler 1990, Alibhai und Stallings 2001, Tzin und Galili 2010).

Glyphosat ist das einzige Herbizid, das die 5-Enolpyruvylshikimat-3-phosphat-Synthase hemmt. Dieses Enzym katalysiert eine ungewöhnliche Reaktion, bei der die Enolpyruvoyl-Gruppe des Phosphoenolpyruvats kovalent an die 5-Hydroxyl-Gruppe des Shikimat-3-phosphats gebunden wird. Die Reaktion startet mit einem nukleophilen Angriff des O5 an das elektrophile, sp^2-hybridisierte und eine trigonal-planare Geometrie vorgebende Vinyl-C-Atom des Phosphoenolpyruvats (Abbildung 5.3). Das einzige andere Enzym, von dem bekannt ist, dass es einen Carboxyvinyl-Transfer mittels Phosphoenolpyruvat katalysiert, ist die bakterielle UDP-N-Acetylglucosamin-enolpyruvyl-Transferase (MurA). Dieses Enzym katalysiert den ersten Schritt beim Aufbau des Peptidoglykan-Grundgerüstes der bakteriellen Zellwand (Alibhai und Stallings 2001). Bei der EPSP-Synthase verläuft die Reaktion über ein tetraedrisches Shikimat-3-Phosphat-Phosphoenolpyruvat-Intermediat, bei dem das Vinyl-C-Atom kurzzeitig sp^3-hybridisiert vorliegt (Abbildung 5.3) (Anderson und Johnson 1990, Eschenburg et al. 2003). Die Inhibiton des Glyphosats resultiert aus der Bildung eines ternären Enzym-Shikimat-3-phosphat-Glyphosat-Komplexes. Die Bindung des Glyphosats ist kompetitiv zu Phosphoenolpyruvat, hinsichtlich Shikimat-3-phosphat ist die Bindung des Glyphosats unabhängig, nichtkompetitiv (Kishore und Shah 1988). Allerdings muss zuerst Shikimat-3-phosphat an das Enzym binden und einen binären EPSP-Synthase-Shikimat-3-phosphat-Komplex bilden, bevor Glyphosat andocken kann (Alibhai und Stallings 2001). Durch die Bindung des Shikimat-3-Phosphats wird erst die nötige Konformationsänderung im Enzym erzeugt, die eine Bindung des Glyphosats ermöglicht (Pollegioni et al. 2011). Daraufhin kann Glyphosat ein stabiles, aber reversibles tetraedrisches Intermediat innerhalb der Phosphoenolpyruvat-Bindungstasche ausbilden. Die absolute Konfiguration (2S) des tetraedrischen Shikimat-3-Phosphat-Glyphosat-Intermediats konnte mit Hilfe einer Kristallstruktur des ternären Komplexes aufgeklärt werden (Eschenburg et al. 2003).

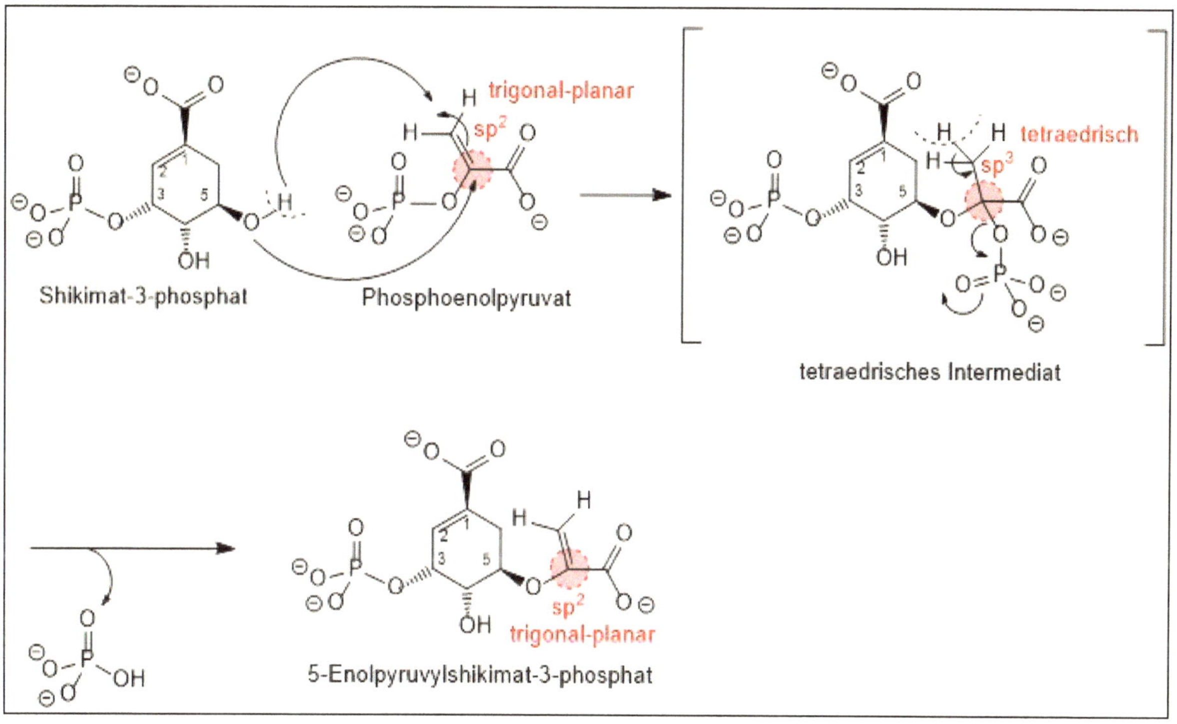

Abbildung 5.3:

Molekularer Mechanismus der EPSP-Synthase-Reaktion über ein kovalentes tetraedrisches Intermediat von Shikimat-3-phosphat und Phosphoenolpyruvat.

5.3 Die Hemmung der 5-Enolpyruvylshikimat-3-phosphat-Synthase durch Glyphosat

Für die EPSP-Synthase-Hemmung ist sicherlich die Ähnlichkeit des Glyphosats mit dem Phosphoenolpyruvat mit ausschlaggebend. Pyruvat ist das Anion der Brenztraubensäure. Die Brenztraubensäure liegt in protonierter Form auch als α-Ketocarbonsäure vor, in deprotonierter, phosphatisierter Form liegt die Enol-Form vor (Abbildung 5.4).

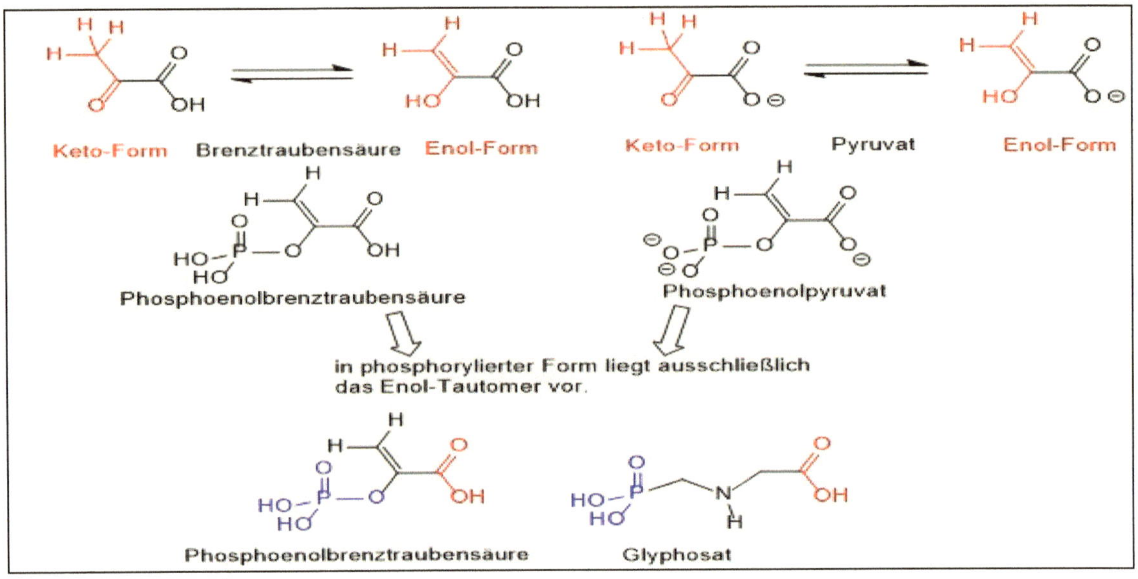

Abbildung 5.4:

Vergleich der Keto- und Enol-Formen der Brenztraubensäure bzw. seines Anions, des Pyruvats, sowie der strukturelle Vergleich von Phosphoenol-brenztraubensäure und Glyphosat.

Die Inhibition der EPSP-Synthase verläuft über die Bildung eines ternären Komplexes EPSP-Synthase-Shikimat-3-phosphat-Glyphosat, wobei Glyphosat an die der Shikimat-3-phosphat-Bindungsstelle angrenzende Phosphoenolpyruvat-Bindungsstelle anbindet. Glyphosat kann erst binden, wenn bereits ein binärer Komplex aus EPSP-Synthase und Shikimat-3-phosphat besteht. Glyphosat imitiert dann durch Bindung anstelle des Phosphoenolpyruvats den tetrahedralen Übergangszustand mit seinem protonierten sekundären Amin, das eine starke Wechselwirkung mit der 5-Hydroxyl-Gruppe des Shikimat-3-phosphats eingeht. (Alibhai und Stallings et al. 2001, Pollegioni et al. 2011) (Abbildung 5.5). Durch diese Interaktion innerhalb des ternären Komplexes ist das aktive Zentrum für Phosphoenolpyruvat blockiert, und es kann keine Abspaltung anorganischen Hydrogenphosphats erfolgen (Alibhai und Stallings 2001) (Abbildung 5.5).

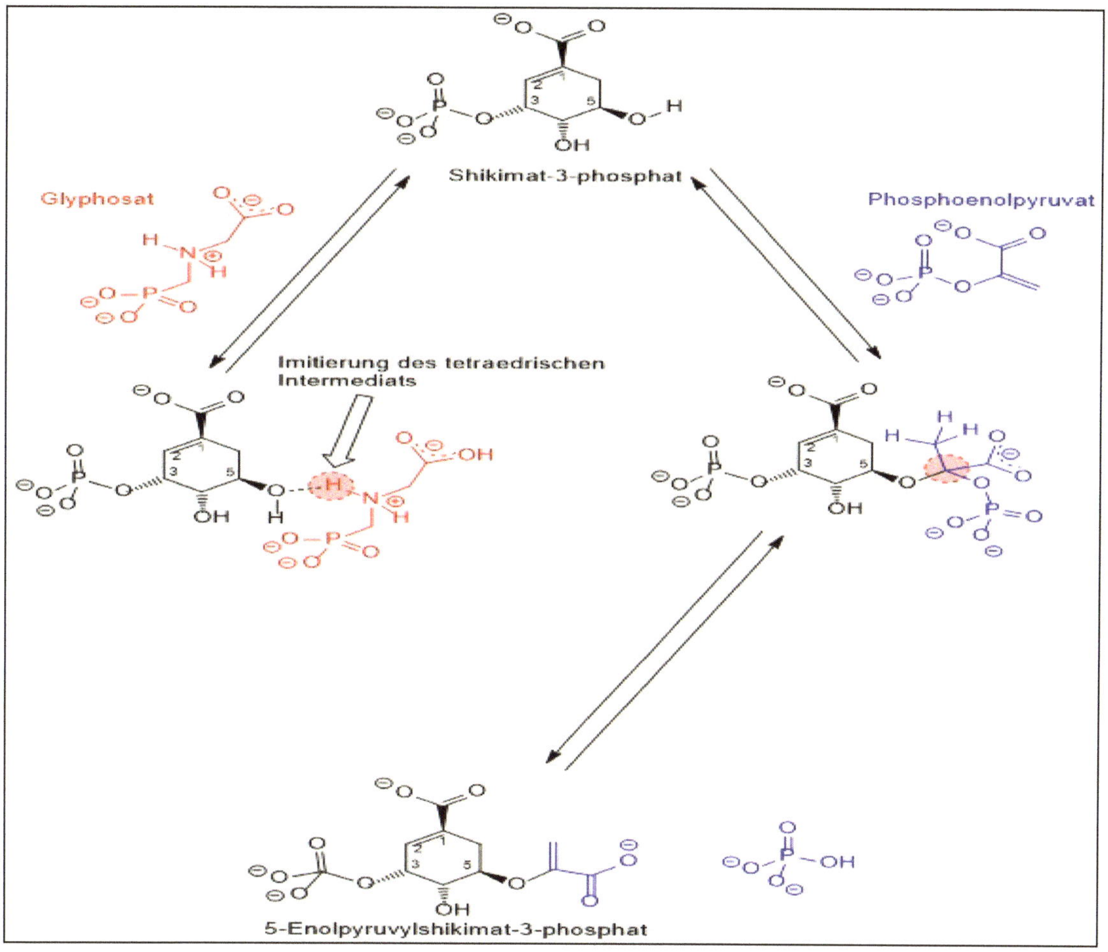

Abbildung 5.5:

Wirkmechanismus des Glyposats im katalytischen Zentrum der EPSP-Synthase (nach Alibhai und Stallings 2001)

Bei der Bindung des Glyphosats an die EPSP-Synthase handelt es sich wahrscheinlich nicht um die Bildung eines Komplexes, der exakt den Übergangszustand imitiert. Die Bindung des Glyphosats an die Phosphoenolpyruvat-Bindungsstelle – in der Hinreaktion - erfolgt kompetitiv zum Phosphoenolpyruvat, die Rückreaktion dagegen erfolgt kompetitiv zum Phosphat (Hock et al. 1995). Tabelle 5 visualisiert einen Vergleich der kinetischen Eigenschaften der EPSP-Synthase aus Glyphosat-sensibler Wild-Typ-Petunia und Glyphosat-resistenter Petunia (nach Kishore und Shah 1988 und Hock et al. 1995). Die K_M-Werte für Phosphoeenolpyruvat und Phosphat sind stark erhöht, v_{max} dagegen nur wenig verringert. Auch dies ist ein Beweis dafür, dass Glyphosat in der Bindungstelle des Phosphoenolpyruvats andockt.

Tabelle 5.1: Vergleich der kinetischen Parameter für die Hin-und die Rückreaktion der EPSP-Synthase in Glyphosat-sensibler-Wild-Typ-Petunia und in einer Glyphosat-resistenten Petunia-Mutante.

Kinetische Konstante	Wild-Typ-Petunia (Glyphosat-sensibel)	Petunia-Mutante (Glyphosat-resistent)
K_M (Phosphoenolpyruvat)	10 µM	420 µM
K_M (Shikimat-3-phosphat)	13 µM	12 µM
K_i (Glyphosat)	0,4 µM	3000 µM
v_{max} (Hinreaktion)	43 µmol/min/mg	27 µmol/min/mg
K_M (EPSP)	2,5 µM	2,1 µM
K_M (Phosphat)	620 µM	5900 µM
v_{max} (Rückreaktion)	3 µmol/min/mg	1,6 µmol/min/mg

Die Empfindlichkeit der EPSP-Synthase verschiedener Organismen für Glyphosat schwankt sehr. Die höchste Empfindlichkeit ist für die EPSP-Synthase aus Pisum sativum mit K_i = 0,08 µM bestimmt worden. Die entsprechenden K_M-Werte für EPSP, Phosphat, Shikimat-3-phosphat und Phosphoenolpyruvat betragen 5,2 µM, 3,7 µM. 7,7 µMund 5,2 µM (Mousdale und Coggins 1984, Ream et al. 1988, Hock et al. 1995).

Bei Mikroorganismen liegen die K_i-Werte für Glyphosat im Bereich von 1 – 5 µM. Daher ist der Quotient K_i (Glyphosat)/K_m (Phosphoenolpyruvat) in Erbsen beispielsweise nur 0,0015, in *Neurospora crassa* aber 0,31. Es kann somit festgestellt werden, dass Glyphosat für die EPSP-Synthase höherer Pflanzen ein besserer Hemmstoff als für die mikrobielle EPSP-Synthase ist (Hock et al. 1995).

Die unmittelbare Konsequenz, die sich innerhalb der Pflanze aus der EPSP-Synthase-Hemmung ergibt, sollte die Akkumulation des Substrats Shikimat-3-phosphat sein. Die Inhibition des Enzyms durch Glyphosat führt jedoch zur Anreicherung von Shikimat in den Vakuolen. Der Grund dafür ist vermutlich darin zu sehen, dass Shikimat-3-phosphat durch unspezifische Phosphatasen zu Shikimat hydrolysiert wird. Lediglich in ganz jungem stoffwechselaktivem Gewebe, das durch den Transport im Phloem schnell erreicht wird, kommt es zur Akkumulation von Shikimat-3-phosphat (Mollenhauer et al. 1987, Hock et al. 1995). Shikimat-3-phosphat wird erst am Tonoplast oder in der Vakuole hydrolisiert.

Die Konzentrationen der aromatischen Aminosäuren Phenylalanin und Tyrosin sind in den Wurzeln von Mais- oder Soja-Keimpflanzen deutlich reduziert. In Maiswurzeln sinkt die Konzentration etwa um die Hälfte bezogen auf das Frischgewicht (Hocket al. 1995).

In Soja-Hypocotylen, die dem Licht ausgesetzt sind, bleiben die Konzentrationen an Phenylalanin und Tyrosin dagegen unverändert. Viele Gewebe reagieren auf die EPSP-Synthase-Hemmung durch Glyphosat mit Kompensationsmaßnahmen. Bei Phenylalanin-Mangel kommt es zur Induktion der Phenylalanin-Ammoniak-Lyase (PAL) (Hoagland et al. 1978, Duke et al. 1980, Hock et al. 1995). PAL katalysiert die stereospezifische Abspaltung eines Moleküls Ammoniak aus L-Phenylalanin unter Bildung von trans-Zimtsäure (Abbildung 5.7).

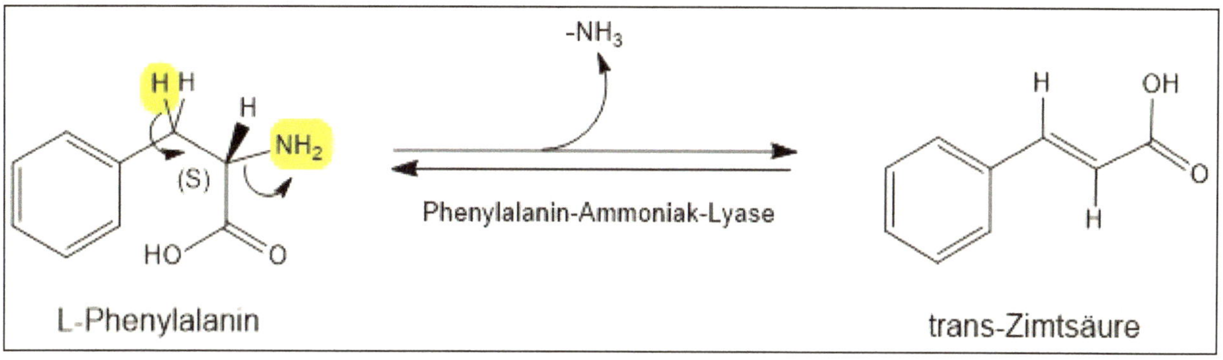

Abbildung 5.6: Die Phenylalanin-Ammoniak-Lyase-Reaktion unter Bildung von trans-Zimtsäure (bzw. E-Zimtsäure) aus L-Phenylalanin.

Die Aktivität der PAL kann um ein Vielfaches ansteigen. Eine solche PAL-Induktion lässt sich auch mit PAL-Inhibitoren, wie z. B. Aminooxyessigsäure und L-α-Aminooxy-β-phenylpropionsäure erreichen (Hoagland und Duke 1982, Hock et al. 1995). Ursächlich dafür könnte ein Mangel an regulatorisch wirksamen Zimtsäure-Derivaten sein, der sowohl infolge der EPSP-Synthase- als auch der PAL-Hemmung auftreten kann. Die kompensatorische Erhöhung der Phenylalanin-Konzentration wird durch Glyphosat weitgehend, jedoch nicht vollständig verhindert (Hock et al. 1995).

In *Fagopyrum-esculentum*-Hypocotylen hat Glyphosat allerdings weder im Licht noch im Dunkeln einen Einfluss auf die PAL-Aktivität, obwohl gleichzeitig die lichtabhängige Akkumulation von Phenylalanin, Chlorogensäure, Procyanidin, Rutin und Anthocyanin gehemmt ist (Holländer und Amrhein 1980, Hock et al. 1985). Die äußerst komplexe Regulierung des Stoffwechsels der aromatischen Aminosäuren und der daraus biosynthetisch hervorgehenden Phenylpropanoide führt offenbar dazu, das abhängig von den Bedingungen - Licht/Dunkelheit, Wurzel/Spross – PAL induziert wird oder nicht, eine Verarmung an Phenylalanin und Tyrosin eintritt oder nicht und somit eine Reversion der Hemmung (teilweise) möglich ist oder nicht (Becceril et al. 1989, Hock et al. 1995).

Die schnellste messbare Wirkung des Glyphosats findet in jungem, photosynthetisch aktivem Blattgewebe statt. Nach ca. 18 -20 Stunden kommt es zu einer Schwellung der Chloroplasten (Mollenhauer et al. 1987). Nach etwa vier Tagen reißen die Chloroplastenmembranen, die dem Druck nicht mehr standhalten können, auf. Im Sprossmeristem beginnt die Chloroplastenschwellung allerdings erst nach ca. zwei Tagen. Junge Chloroplasten reagieren wegen ihrer hohen Syntheseleistungen im Licht besonders sensitiv.

Die photosynthestische CO_2-Fixierung sinkt nach Glyphosat-Exposition etwas ab. Die interne CO_2-Konzentration bleibt aufgrund des Absinkens der Stoma-Leitfähigkeit allerdings konstant (Geiger et al. 1987, Hock et al. 1995). Die Stärke-Akkumulation wird nahezu komplett gehemmt, dafür nimmt das Disaccharid Saccharose einen größeren Anteil der fixierten C-Körper auf. Somit kommt es zu einer Verschiebung der Stoffwechselwege des fixierten Kohlenstoffs. Die Hemmung der Photosynthese und die gesteigerte Saccharose-Synthese heben sich gegenseitig auf, sodass die Ableitung des Disaccharids aus dem Blatt unverändert bleibt. Ein Wachstumsstillstand tritt abhängig von der Behandlungsart nach einigen Stunden bis Tagen auf. Der Chlorophyllabbau und die Chlorose folgen erst später (Hoagland und Duke 1982, Hock et al. 1995).

Das Substrat Phosphoenolpyruvat und der Inhibitor Glphosat binden kompetitiv an dieselbe Tasche innerhalb der EPSP-Synthase. Sie zeigen ähnliche Interaktionen mit den angrenzenden Aminosäuren. In Abbildung 5.8 ist der potenzielle Bindungsmodus des Glyphosats in der Phosphoenolpyruvat-Bindungstasche in einem ternären *E.coli*-EPSP-Synthase-Shikimat-3-phosphat-Glyphosat-Komplex dargestellt (PDB: 1g6s) (Schönbrunn et al. 2001, Pollegioni et al. 2011). Einem Induced-fit-Mechanismus folgend wird durch die Bindung des Shikimat-3-phosphats eine Konformation der EPSP-Synthase erzeugt, die direkt angrenzend an die Target-Hydroxyl-Gruppe des Shikimat-3-phosphats auffällig viele basische Aminosäuren (Arg124, Arg344, Arg386, Lys22, Lys411) enthält (Schönbrunn et al. 2001, Pollegioni et al. 2011). Diese Arginine und Lysine umgeben die Phosphoenolpyruvat-Bindungstasche und stabilisieren und fixieren mit ihren positiv geladenen Seitenketten den negativ geladenen Inhibitor Glyphosat (Eschenburg et al. 2003, Pollegioni et al. 2011).

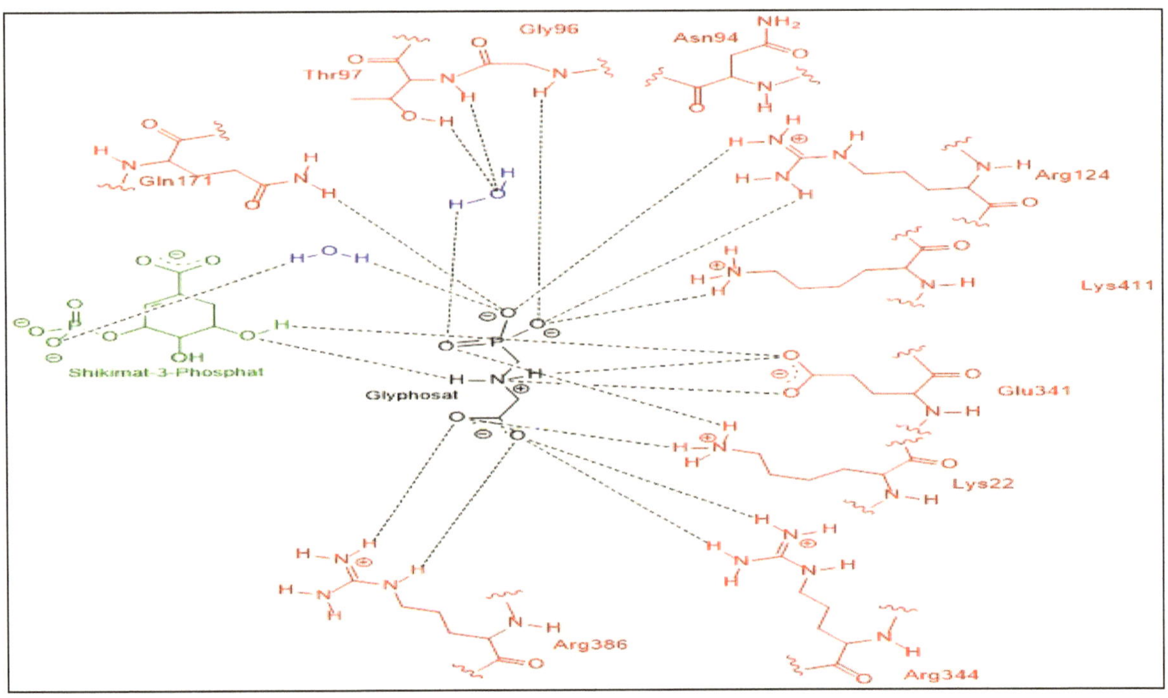

Abbildung 5.7:

Bindungsmodus des Glyphosats innerhalb der Phosphoenolpyruvat-Bindungstasche (PDB: 1g6s) (nach Schönbrunn et al. 2001, Pollgioni et al. 2011)

Aminosäuren der *E. coli*-EPSP-Synthase: rot; Shikimat-3-phosphat: grün; Interaktionen des Shikimat-3-phosphats mit dem Enzym fehlen der Übersichtlichkeit halber.

Die EPSP-Synthase besteht aus zwei Domänen nahezu gleicher Größe (Abbildung 5.9). Jede Domäne enthält drei Proteineinheiten, wobei jede dieser Proteineinheiten aus zwei parallelen α-Helices und einer vier-strängigen β-Faltblattstruktur besteht. Drei dieser Proteineinheiten bilden eine Domäne (Stallings et al. 1991, Alibhei und Stallings 2001).

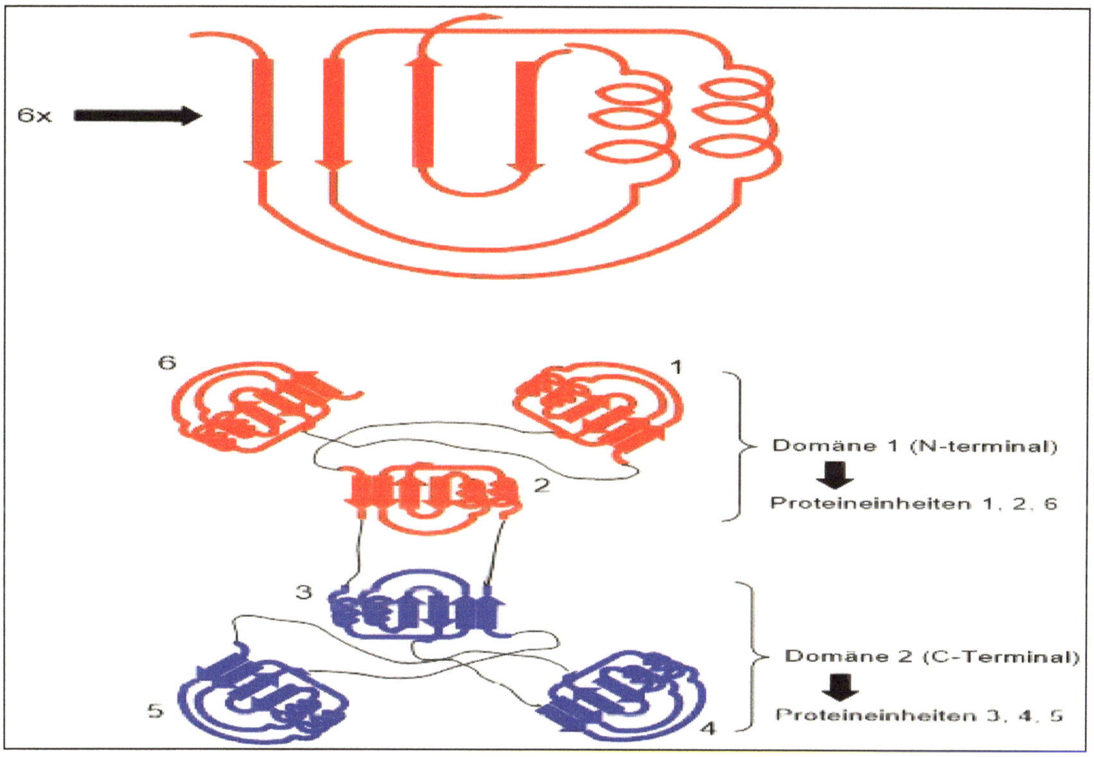

Abbildung 5.8:

Faltung und Topology der EPSP-Synthase (nach Stallings et al. 1991 und Alibhai und Stallings 2001)

Die Zwei-Domänen-Struktur der EPSP-Synthase wird aus sechs Proteineinheiten gebildet (oben). Jede dieser Proteineinheiten besteht aus zwei parallelen α-Helices und einem viersträngigen α-Faltblatt, wobei je drei dieser Proteineinheiten eine Domäne bilden (unten).

In Abbildung 5.9 sind die Kristallstrukturen der *Escherichia-coli*-EPSP-Synthase in der "offenen" und "geschlossenen" Konformation dargestellt. Ohne Liganden liegt die EPSP-Synthase in der "offenen" Konformation vor (PDB: 1eps) (Stallings et al. 1991). Die Bindung des Liganden Shikimat-3-phosphat induziert eine immense Konformationsänderung hin zur "geschlossenen" Konformation. Die Kristallstruktur zeigt den ternären Komplex aus *E. coli*-EPSP-Synthase, Shikimat-3-phosphat und Glyphosat (PDB: 1g6s) (Stallings et al. 1991, Schönbrunn et al. 2001, Pollegioni et al. 2011).

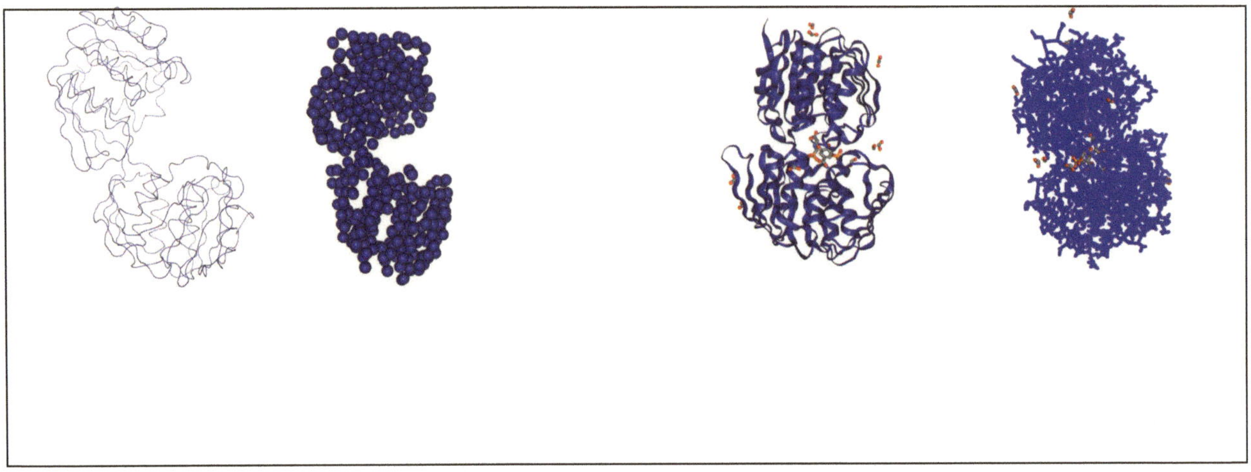

A B C D

Abbildung 5.9:

Kristallstrukturen der *Escherichia-coli*-EPSP-Synthase in der "offenen" (A und B) (PDB: 1eps) und in der "geschlossenen" Konformation (C und D) (PDB: 1g6s) (nach Stallings et al. 1991, Schönbrunn et al. 2001, Pollegioni et al. 2011).

Die Kristallstrukturen der *E. coli*-EPSP-Sythase in der geschlossenen Konformation enthalten zusätzlich den Liganden Shikimat-3-phosphat sowie Glyphosat.

Die Domänen sind derart als Makrodipole zueinander angeordnet, dass eine starke elektropositive Anziehung der anionischen Liganden bzw. Inhibitoren an der Schnittstelle der zwei Domänen resultiert (Stallings et al. 1991).

Die Kristallstruktur der EPSP-Synthase von *Escherichia coli* zeigt bemerkenswerte Gemeinsamkeiten zur Kristallstruktur von MurA, der verwandten Enolpyruvyl-Transferase (Schönbrunn et al. 1996). Durch die Bindung des Liganden UDP-N-Acetylglukoosamin oder eines Inhibitors wie Fosfomycin wird eine dramtische Konformationsänderung induziert. Durch Liganden-Bindung ändert sich die MurA-Tertiärstruktur derart, dass sie von der "offenen" zur "geschlossenen" Konformation übergeht. In dieser "geschlossenen" Konformation ordnen sich die beiden Domänen nah aneinander an. Es wurde vermutet, dass Glyphosat durch Bindung an die Phosphoenolpyruvat-Bindungsstelle die

EPSP-Synthase ebenso in der dicht gepackten "geschlossenen" Konformation stabilisiert (Krekel et al. 1999). Zusätzlich zeigen Fluoreszenz-spektroskopische Aufnahmen, dass die Assoziation des Glyphosats mit dem binären EPSP-Synthase-Shikimat-3-phosphat-Komplex gravierende Konformationsänderungen hervorruft (Anderson et al. 1988). Interessanterweise konnte auch gezeigt werden, dass das Präkursor-Protein der EPSP-Synthase ohne weiteres die Chloroplasten-Membran überqueren und in die Chloroplasten geklangen kann, dass aber das Präkursor-Protein im Komplex mit Shikimat-3-phosphat und Glyphosat nicht in die Chloroplasten gelangt. Das bedeutet, dass durch die "geschlossene" Konformation, die der ternäre Komplex durch die Glyphosat-Bindung annimmt, die Chloroplasten-Membran nicht überquert werden kann. Glyphosat verhindert durch seine Bindung, dass das Enzym, die EPSP-Synthase, ihren Wirkort erreicht (Della-Cioppa und Kishore 1988). Die gesamten Studien zeigen, dass die zwei Domänen der EPSP-Synthase sich nach Bindung des Glyphosats an die Phosphoenolpyruvat-Bindungsstelle deutlich annähern (Alibhai und Stallings 2001). Kristallstrukturen zeigen, dass Aminosäure-Reste, die Interaktionen mit den Liganden eingehen, in beiden Domänen zu finden sind (Alibhai und Stallings 2001, Schönbrunn et al. 2001).

6. Genetisch erzeugte Glyphosat-Resistenz

In Deutschland wird Glyphosat vor Aussaat der Nutzpflanzen verwendet, damit auf das energie- und arbeitsaufwändige Pflügen verzichtet werden kann. Reste der Ernte werden nicht in den Boden eingearbeitet und dienen bei Regen als Erosionsschutz. Es geht somit weniger Boden durch Erosion verloren. Zusätzlich werden Treibstoff und Zeit eingespart. Die Zeitersparnis für Weizen, Gerste, Silomais und Raps beträgt ca. zwei Stunden pro Hektar (Sodoge 2018). Teilweise wird es auch auf die Nutzpfanzen direkt gesprüht zur Abreifebeschleunigung (Sikkation). Der Einsatz in Deutschland beschränkt sich nicht nur auf landwirtschaftlich genutzte Flächen, sondern erstreckt sich auch auf die Vegetationskontrolle im urbanen Raum und auf Gleisflächen (Jahnke 2017). Der Verbrauch in Deutschland beträgt 5.000 Tonnen pro Jahr. Etwa 39 % der landwirtschaftlich genutzten Flächen werden in Deutschland mit Glyphosat behandelt (Jahnke 2017, Sodege 2018). Allerdings läge der Verbrauch sicherlich noch deutlich höher, würde Glyphosat wie in den USA oder anderen Ländern außerhalb der EU angewendet. In den USA wird Glyphosat seit 1996 anders als in Europa eingesetzt. Seit der Entwicklung transgener Glyphosat-resistenter Sojabohnen 1996 kann und darf Glyphosat in den USA während des Wachstums der angebauten Pflanze noch vor der Ernte eingesetzt werden. Das Totalherbizid Glyphosat vernichtet so zwar alle unerwünschten Unkräuter, führt aber aufgrund der Resistenz der angebauten Nutzpflanze gegenüber Glyphosat zu keiner Ernteeinbuße (Pollegioni et al. 2011). In 2010 waren bereits 93 % der in den USA angebauten Sojabohnen, 78 % der Baumwolle und 70 % des Mais glyphosatresistent (Pollegioni et al. 2011).

Eine Glyphosat-Resistenz wird künstlich beispielsweise durch die Expression eines Gens erreicht, das für eine EPSP-Synthase codiert, die nicht sensitiv für Glyphosat ist. Schon kurz, nachdem 1980 die EPSP-Synthase als das Target des Glyphosats identifiziert wurde, begann die Suche nach Glyphosat-resistenten Enzymformen. Allerdings waren erste Arbeiten auf diesem Gebiet enttäuschend. Der Grund dafür ist darin zu sehen, dass Glyphosat und Phosphoenolpyruvat diesselbe Bindungsstelle innerhalb der EPSP-Synthase beanspruchen. Eine Steigerung der Toleranz gegenüber Glyphosat geht daher oftmals mit einer gleichzeitigen Abnahme der Affinität des Enzyms für Phosphoenolpyruvat einher (Padgette et al. 1991).

EPSP-Synthasen verschiedener Organismen werden eingeteilt in zwei verschiedene Klassen. Klasse-I-EPSP-Synthasen finden sich in allen Pflanzen sowie in vielen gramnegativen Bakterien, wie z. B. *Escherichia coli* und *Salmonella typhimurium*. Diese Klasse-I-Enzyme werden bereits durch sehr niedrige Glyphosat-Konzentrationen gehemmt. Tatsächlich konnten aber auch einige natürlich vorkommende Glyphosat-resistente EPSP-Synthasen identifiziert werden. Solche Synthasen besitzen beispielsweise Agrobacterium sp. Linie CP4, Achromobacter sp. strain LBAA und Pseudomonas sp. strain PG2982 (Pollegioni et al. 2011). Die Enzyme, die aus diesen Bakterien isoliert werden können, werden als Klasse-II-EPSP-Synthasen bezeichnet. Klasse-II-Enzyme weisen auch in Gegenwart hoher Glyphosat-Konzentrationen noch eine hohe enzymatische Aktivität auf, d. h. es wird ausreichend Phosphoenolpyruvat mit Skikimat-3-phosphat unter Phosphat-Abspaltung kondensiert. Außerdem weisen Klasse-II-EPSP-Synthasen entscheidende Unterschiede in den Aminosäuresequenzen im Vergleich zu den Klasse-I-EPSP-Synthasen von Pflanzen oder von *E. coli* auf (Barry et al. 1997, Pollegioni et al. 2011). Seit der Entdeckung der ersten Klassen-II-Enzyme sind weitere Klasse-II-EPSP-Synthasen identifiziert worden - vorzugsweise in gram-positiven Bakterien- wie z. B. *Streptococcus pneumoniae* und *Staphylococcus aureus* (Du et al. 2000, Priestman et al. 2005).

Die ersten Punktmutationen, die eine Glyphosat-Resistenz auslösen, P101S innerhalb der EPSP-Synthase von *Salmonella typhimurium* und G96A innnerhalb des Enzyms *von Klebsiella pneumoniae*, konnten auch bereits in den 1980er Jahren ausgemacht werden (Comai et al. 1983, Stalker et al. 1985, Sost et al. 1990). P101S (Pro101Ser), wobei der Austausch des Prolins an Position 101 durch ein Serin erfolgt, sowie G96A (Gly96Ala), der Austausch des Glycins durch ein Alanin an Position 96 der Aminosäuresequenz der bakteriellen EPSP-Synthase, reichen jeweils für sich aus, um eine Glyphosat-Resistenz zu erzielen. Insbesondere die G96A-Variante bei *E. coli* ist hochresistent gegenüber Glyphosat. Das liegt an der zusätzlichen Methyl-Gruppe des Alanins im Vergleich zum Glycin. Diese Methyl-Gruppe reicht exakt in die Glyphosat-Bindungsstelle hinein, sodass der Zugang des Glyphosats für eine Bindung am Enzym sterisch blockiert ist (Eschenburg et al. 2002). Allerdings führt diese Mutation dann unweigerlich auch zu einem dramatischen Verlust an Affinität der G96A-EPSP-Synthase für Phosphoenolpyruvat, da das Substrat bekanntlich dieselbe Bindungsstelle nutzt wie der Inhibitor Glyphosat (Pollegioni et al. 2011).

Im Gegensatz dazu ist Pro101 kein Aminosäure-Rest, der direkt im katalytischen Zentrum des Enzyms lokalisiert ist. Stattdessen befindet sich dieses Prolin etwa 9 Å entfernt vom Glyphosat und ist Bestandteil einer α-Helix, die von Position 97 – 105 der N-terminalen Domäne 1 reicht. Es sind Substitutionen des Prolins durch die hydrohoben, aliphatischen Aminosäuren Alanin und Leucin sowie durch die alkoholischen Aminosäuren Serin und Threonin möglich (Sammons und Gaines 2014). Substitutionen an Position 101 führen zu strukturellen Veränderungen über lange Strecken, die auch das katalytische Zentrum betreffen. Insbesondere werden durch P101-Substitutionen die räumlichen Orientierungen von G96 und T97 in Bezug zum Glyphosat beeinflusst und geändert (Healy-Fried et al. 2007). Da diese Veränderungen der Ausrichtung von G96 und T97 nur sehr gering ausfallen, führen P101-Substitutionen nur zu einer sehr moderaten Glyphosat-Resistenz, während die katalytische Aktivität voll erhalten bleibt (Bearson et al. 2002, Perez-Jones et al. 2007, Yu et al. 2007). In Tabelle 6.1 sind einige P106-Mutationen (für *E. coli* entsprechend P101-Muationen) und deren Auswirkungen auf die Glyphosat-Wirkung zusammengestellt.

Tabelle 6.1:

Bekannte [a]Pro106-Mutationen und deren Auswirkung auf die Glyphosat-Wirkung (Sammons und Gaines 2014).

[a] Nummerierung richtet sich nach dem Start der Aminosäuresequenz des maturen Enzyms von Pflanzen.

Spezies	Mutation P106X	Faktor Glyphosat-Resistenz	zusätzliche bekannte Wirkmechanismen	Literatur
Eleusine indica	Ser	2 - 4	------------	Bearson et al. 2002
Amaranthus tuberculatus	Ser	5	verringerte Translokation zu den Chloroplasten	Nandula et al. 2013
Lolium multiflorum	Ser Ala	2 – 5 5 - 15	------------	Jasieniuk et al. 2008
Lolium rigidum	Ser Thr	6 – 8 8 - 11	verringerte Translokation zu den Chloroplasten	Bostamam et al. 2012
Lolium rigidum	Ala	14	verringerte Translokation zu den Chloroplasten	Yu et al. 2007

Im Anschluss an die ersten Bakterienstämme mit Einzelmutationen wurden transgene Pflanzen bzw. Bakterien mit mehreren Punktmutationen innerhalb der EPSP-Synthase entwickelt: bei *Petunia hybrida* etwa die Doppelmutationen G101A/G137D bzw. G101A/P158S (Padgette et al. 1995).

Das *EPSPS*-Gen der Pflanzen enthält zusätzlich eine codierende Sequenz für ein Transit-peptid, das benötigt wird, um das Protein zu den Chloroplasten zu translozieren (Gasser et al. 1988, Padgette et al. 1991). Diese Transit-Peptide, in etwa den humanen Pro-Proteinen mit Signalsequenzen entsprechend, sind bei unterschiedlichen Spezies variabel in Länge und Sequenz. In den Chloroplasten läuft der Shikimat-Biosynthese-Weg ab. Nach Erreichen der Chloroplasten wird das Transit-Peptid abgespalten, wodurch das mature EPSPS-Protein erzeugt wird. Um eine Konsistenz in die Nummerierung zu bekommen und Vergleiche zu erleichtern, beginnt die Nummerierung der Aminosäuresequenz bei der großen Mehrheit der Publikationen bei der ersten Aminosäure des maturen Enzyms. Die Aminosäuren des Transit-Peptids werden nicht mitgezählt. Bei *Petunia hybrida* entspricht das Glycin an Position 101 dem Glycin an Position

96 von *E. coli*. Das Glycin an Position 137 von *Petunia hybrida* entspricht bei *E. coli* dem G132 und P158 bei *Petunia hybrida* entspricht P153 bei *E .coli*.

Weitere bekannte Doppelmutationen sind *E. coli* G96A/A183T (Kahrizi et al. 2007) sowie *Zea mays* T102I/P106S. Diese *Zea-mays*-Variante der EPSP-Synthase, T102I/P106S (entsprechend T97I/P101SS bei *E.vcoli*), abgekürzt als TIPS-EPSPS bezeichnet, wurde benutzt, um die erste kommerziell vertriebene Glyphosat-resistente Mais-Variante zu produzieren ("Roundup Ready maize") (Pollegioni et al. 2011). Lange Zeit war die TIPS-EPSP-Synthase von *E. coli* das einzige bekannte Klasse-I-Enzym, das trotz Glyphosat-Resistenz (K_i = 5,1 mM, Tabelle 6.2) hohe Affinität für Phosphoenolpyruvat besitzt (K_m = 10,6 µM). Die Kristallstruktur der TIPS-EPSP-Synthase zeigt, dass S101 zu einer Änderung der Ausrichtung von G96 führt, die eine Glyphosat-Bindung sterisch erschwert, dass die aliphatische Seitenkette von I97 aber von der Bindungsstelle wegzeigt, sodass die Bindung von Phosphoenolpyruvat weiterhin möglich ist (Funke et al. 2009). Interessanterweise erweist sich eine T97I-EPSP-Synthase als weitaus weniger Glyphosat-resistent und ohne die kompensierende Mutation P101S mit einer weitaus geringeren Affinität für Phosphoenolpyruvat. Es scheint, dass nur die gleichzeitige Mutation der Positionen T97 und P101 die nötigen konformationellen Änderungen hervorruft, um eine hohe katalytische Aktivität bei gleichzeitiger Glyphosat-Resistenz zu erreichen (Pollegioni et al. 2011). Mittlerweile sind auch andere Kombinationen von Mutationen möglich, die eine weitaus größere Glyphosat-Resistenz bei akzeptabler Bindungsaffinität für Phosphoenolpyruvat ermöglichen (Tabelle 6.2). Beispielsweise die Mutationenkombination T97I und P101M, für die ein Selektivitätsquotient von 260 ermittelt wird (Tabelle 6.2) (Alibhai et al. 2010).

Aus dem Stamm *Agrobacterium sp.* CP4 konnte eine Glyphosat-resistente und kinetisch effiziente EPSP-Synthase gewonnen werden. Diese sogenannte CP4-EPSP-Synthase besitzt unerwartete kinetische und strukturelle Eigenschaften, die sie zum Prototyp der Klasse-II-Enzyme entwickelten (Tabelle 6.2) (Funke et al. 2006).

In Tabelle 6.2 sind weitere Mutationen innerhalb der EPSP-Synthasen verschiedener Pflanzen-Varianten und Bakterienstämme und deren Auswirkung auf Glyphosat-Resistenz und Phosphoenolpyruvat-Affinität zusammengestellt (nach Sammons und Gaines 2014).

Eine weitere Möglichkeit, durch genetische Manipulation eine Glyphosat-Resistenz hervorzurufen, aber noch lange nicht so ausgereift wie die durch Punktmutationen resistenten, transgenen EPSP-Synthasen, ist die Gen-Duplikation oder sogar die Gen-Amplifikation. Die natürliche Gen-Duplikation, also die vererbte Replikation eines DNS-Segments und die daraus resultierende zusätzliche Kopie eines Gens, stellt einen unerlässlichen Mechanismus für Pflanzen dar, um eine genomische Diversität sicherzustellen. Duplikationen von Genen sind seit jeher ein gemeinsamer Mechanismus in der evolutionären Geschichte der Pflanzen (Innan und Kondrashov 2010, Bass und Field 2011). Sofern eine duplizierte DNS-Sequenz Promoter-Sequenzen enthält oder wenn ein dupliziertes Gen direkt hinter einen Promoter eingebaut wird, kommt es sofort zu einer Steigerung der Expression von mRNS und Protein. Die zusätzlichen Genkopien neigen zu Mutationen, was die Chance bietet, vorteilhafte Mutationen zu selektieren. Ein wichtiger evolutionärer Prozess besteht auch darin, dass duplizierte Genkopien im Laufe der Zeit wieder verschwinden können, während die durch entsprechende Mutationen verbesserten Genkopien erhalten bleiben (Sammons und Gaines 2014).

Tabelle 6.2:

Mutationen innerhalb der EPSP-Synthasen verschiedener Pflanzen-Varianten und Bakterienstämme sowie deren Auswirkungen auf die Glyphosat-Resistenz (K_i), die Affinität für Phosphoenolpyruvat (K_m) und der Selektivitätsquotient (K_i/K_m) für Phosphoenolpyruvat gegenüber Glyphosat, wenn sie in *E. coli* expressiert werden (nach Sammons und Gaines 2014)

Gly101 entspricht in *E. coli*-EPSP-Synthase Gly96; Thr102 entspricht in *E. coli*-EPSP-Synthase Thr97; Pro106 entspricht in *E. coli*-EPSP-Synthase Pro101; Gly144 entspricht in *E.coli*-EPSP-Synthase Gly137; Ala192 entspricht in *E.coli*-EPSP-Synthase Ala183.

In rot: TISP-EPSP-Synthase

Mutationen innerhalb der EPSP-Synthase	**K_i für Glyphosat**	**K_m für Phosphoenolpyruvat**	**Selektivitätsquotient K_i/K_m für Phosphoenolpyruvat gegenüber Glyphosat**	**Literatur**
***Petunia* wild-typ**	0,4 µM	5,2 µM	0,08	Eichholtz et al. 2001
Gly101Ala	2000 µM	200 µM	10,0	Eichholtz et al. 2001
Gly101Ala + Ala192Thr	683 µM	54 µM	12,6	Eichholtz et al. 2001
Gly101Ala + Gly144Asp	348 µM	40 µM	7,7	Eichholtz et al. 1994
Gly101Ala + Gly144Asn	960 µM	91 µM	10,5	Eichholtz et al. 1994
***Mais* wild-typ**	0,5 µM	27 µM	0,02	Alibhai et al. 2010
Thr102Ile	148,6 µM	233 µM	0,6	Alibhai et al. 2010
Pro106Ser	1,0 µM	17,1 µM	0,06	Alibhai et al. 2010
Thr102Ile + Pro106Ser	58,0 µM	10,6 µM	5,5	Alibhai et al. 2010
Thr102Ile + Pro106Met	37200 µM	143,3 µM	260	Alibhai et al. 2010

Thr102Ile + Pro106Cys	818,2 µM	47,0 µM	17,4	Alibhai et al. 2010
Thr102Ile + Pro106Ile	2500 µM	60,3 µM	41,5	Alibhai et al. 2010
Agrobacterium sp. CP4	5100 µM	14,4 µM	354	Alibhai et al. 2010

K_i: inhibitorische Konstante (Konzentration, bei der eine halbmaximale Hemmung der EPSP-Synthase erreicht wird.

→ je kleiner, desto größer ist die inhibitorische Aktivität des Glyphosats.

K_m: Bindungsaffinitätskonstante.

→ je kleiner, desto größer ist Affinität zur EPSP-Synthase.

K_i/K_m: Selektivitätsquotient für Phosphoenolpyruvat gegenüber Glyphosat.

→ je kleiner, desto selektiver ist die Glyphosat-Resistenz und desto unbeeinflusster die Bindung des Phosphoenolpyruvats.

Die ersten Versuche, *EPSPS*, das für die EPSP-Synthase codierende Gen, zu duplizieren, waren Selektionsstudien in Zellkultur mit Glyphosat (Jones et al. 1996, Sammons und Gaines 2014). Allerdings erwiesen sich die duplizierten *EPSPS*-Gene als instabil (Pline-Srnic 2006). Das erstmalige Auftreten einer *EPSPS*-Duplikation bzw. -Amplifikation wurde bei einer Glyphosat-resistenten *Amaranthus-palmeri*-Population in Georgia beobachtet (Gaines et al. 2010). Mittels quantitativer Real-time-PCR konnte eine ungefähre Anzahl der *EPSPS*-Kopien ermittelt werden: es lag eine 2- bis 100fache Amplifikation des Gens im Vergleich zu einer Glyphosat-sensitiven Population vor. Eine im Vergleich zur Glyphosat-sensitiven Population 7-mal resistentere *Amaranthus-palmeri*-Population mit einer 2- bis 10fachen *EPSPS*-Amplifikation in New Mexico war in der Lage, eine Glyphosat-Dosis von 0,82 kg/ha zu überleben ([1]Mohseni-Moghadam et al. 2013, [2]Mohseni-Moghadam et al. 2013, Sammons und Gaines 2014). Weitere Spezies mit EPSPS-Duplikation/-Amplifikation in Glyphosat-resistenten Populationen sind dokumentiert, darunter u. a. *Lolium multiflorum*, *Kochia scoparia*, *Amaranthus tuberculatus* und *Amaranthus spinosus* (Salas et al. 2012, Sammons und Gaines 2014). Interessant wäre in diesem Zusammenhang der Übertragungsweg der Glyphosat-Resistenz. Da *Amaranthus spinosus* und *Amaranthus palmeri* nah verwandt sind, kann sich die Resistenz bei *Amaranthus spinosi* entweder durch interspezifische Hybridisierung oder aber völlig unabhängig entwickelt haben (Sammons und Gaines 2014).

Die Glyphosat-Resistenz scheint umso ausgeprägter zu sein, je größer die Anzahl an Genkopien ist. In zwei *Amaranthus-palmeri*-Populationen verschiedener Herkunft korrelierte das Ausmaß der Resistenz mit der Anzahl an *EPSPS*-Kopien. Insgesamt ist der

Prozess der Gen-Duplikation sehr komplex. Der exakte Mechanismus auf molekularer Ebene und die Vererbung ist im Detail bislang nicht entschlüsselt (Sammons und Gaines 2014).

Eine weitere Möglichkeit, eine Glyphosat-Resistenz zu erzeugen, besteht darin, seinen Abbau in der Pflanze zu beschleunigen. Dazu wird die Pflanze beispielsweise mit einem bakteriellen Enzym ausgestattet, das die Acetylierung des sekundären Amins des Glyphosats katalysiert (Castle et al. 2004). Das acetylierte Glyphosat besitzt nur eine sehr geringe Affinität für die EPSP-Synthase, da der Wasserstoff fehlt, um mit dem Sauerstoff der 5-OH-Gruppe des Shikimat-3-phosphats eine H-Brücke auszubilden. Durch die Amidierung ist auch die Basizität des Stickstoffs verlorengegangen. N-acetyliertes Glyphosat ist nicht mehr herbizid wirksam.

Verwendet wird u. a. eine optimierte N-Acetyltransferase namens GAT (Glyphosat-Acetyltransferase) aus *Bacillus licheniformis* (Siehl et al. 2007). Von den GATs ist bislang wenig bekannt. Trotz intensiven Screenings verschiedenster Substanzen, darunter biogener Amine, Aminosäuren, Nukleotide und Antibiotika, sind die physiologischen Substrate der nativen GAT-Enzyme unbekannt (Siehl et al. 2005). GAT-Enzyme besitzen ein Molekulargewicht von 17 kDa, besitzen ihre größte Aktivität bei pH = 6,8 und ihr K_m-Wert für den Kofaktor Acetyl-Coenzym-A (Acetyl-CoA) liegt bei ca. 1 – 2 μM (Siehl et al. 2007). Die native GATs sind nur sehr schlechte Katalysatoren für die Acetylierung von Glyphosat. Der K_m-Wert beträgt 1,3 mM, k_{cat} etwa 5,3 min^{-1} (Siehl et al. 2007).

Um das codierende Gen *gat* als Transgen einer Glyphosat-Resistenz nutzen zu können, wurden verschiedene GATs einem mehrmaligen Gen-Shuffling unterzogen. Dadurch erhielt man optimierte R7-GAT-Varianten, die eine bis zu 4.500-mal höhere katalytische Effizienz aufweisen als das native Enzym. Erreicht werden konnte diese katalytische Effizienz durch Verbesserung bei k_{cat} (190-Fach) und bei K_m für Glyphosat (24-Fach) (Siehl et al. 2007). Wird ein Gen, das für eine solche optimierte GAT codiert, in das Genom der Pflanze eingebracht, kann eine robuste Toleranz gegenüber Glyphosat erzielt werden (Castle et al 2004).

In den Abbildungen 6.3 und 6.4 ist der vermeintliche Mechanismus einer N-Acetylierung des Glyphosats durch GAT dargestellt. Der Acetyl-Transfer erfolgt durch direkten Acetyl-Transfer vom Kofaktor Acetyl-CoA auf das sekundäre Amin des Glyphosats (Vetting et al. 2005). Basierend auf den strukturellen Gemeinsamkeiten bekannter kompetitiver Inhibitoren, wie etwa D-3-Phosphoglycerat, mit Glyphosat, wird Glyphosat an dieselbe Bindungsstelle und in derselben Ausrichtung und Orientierung wie der kompetitive Inhibitor D-3-Phosphoglycerat (Abbildung 6.3) andocken, dessen Bindungsmodus anhand einer Kristallstruktur des ternären Komplexes GAT-Acetyl-CoA-D-3-Phosphoglycerat aufgeklärt werden konnte (Hickman et al. 1999, Siehl et al 2007).

Siehl et al. haben einen detaillierten Mechanismus für die Bindung des Glyphosats und die N-Acetylierungsreaktion formuliert (Siehl et al. 2007). Im katalytischen Zentrum fehlt ein essenzielles Cystein, da die mutierte C108A-Enzym-Variante volle katalytische Aktivität besitzt. Das Fehlen eines essenziellen Cysteins sowie die Kristallstruktur des ternären Komplexes zeigen, dass es sich höchstwahrscheinlich nicht um einen komplizierten Ping-Pong-Mechanismus mit einem kovalenten Acetyl-Enzym-Intermediat, sondern um einen direkten Acetyl-Transfer von Acetyl-CoA auf das sekundäre Amin des Glyphosats handelt. GATs gehören zur Superfamilie der GNATs (GCN5-related N-acetyltransferases), von denen bekannt ist, dass sie fast alle diesen Mechanismus bevorzugen (Dyda et al. 2000, Vetting et al. 2005, Siehl et al. 2007).

Die Carboxylat-Gruppe des Glyphosats wird in der Bindungstasche durch starke elektrostatische Interaktionen mit Arg73 und Arg21 fixiert, die Phosphonat-Partialstruktur durch starke elektrostatische Interaktionen mit Arg21 und Arg111 (rote Doppelpfeile) (Abbildung 6.4). Diese drei Arginin-Reste sind für die Affinität des Glyphosats ungeheuer wichtig. Die Substitution eines dieser drei Arginin-Reste durch Alanin lässt den K_m-Wert bis auf das 250fache steigen (Siehl et al. 2007). Um acetyliert zu werden, muss das sekundäre Amin deprotoniert vorliegen. Mit einem pk_s-Wert von 10,3 in Lösung wird es sicherlich zunächst protoniert vorliegen. Durch die Bindung in seiner Bindungstasche scheint es vermutlich zu einem Absinken des pK_s-Wertes des sekundären Amins durch die positiv geladene Umgebung zu kommen, verursacht durch die drei Arginin-Reste 21, 73 und 111. Allerdings scheint insbesondere His138 von Bedeutung zu sein (Abbildung 27). Eine Alanin-Substitution des Histidins führt zu einem deutlich ausgeprägteren Rückgang des k_{cat}-Wert (Reduktion um das 110fache). Man kannn daher davon ausgehen, dass His138 eine spezifische katalytische Funktion bei der Acetylierung innehat. His138 besitzt innerhalb seiner Imidazol-Partialstruktur ein protinierbares Amidin mit einem pk_s-Wert von pH = 6,0. Im ternären Komplex mit dem kompetitiven Inhibitor D-3-Phosphoglycerat ist His138 vom C3 (dem C-Atom also, das dem NH des Glyphosats entspricht) des D-3-Phosphoglycerats 5,8 Å entfernt – zu weit, um His138 eine direkte Beteiligung als katalytische Base zugestehen zu können. Im Komplex mit Glyphosat mögen kleine Änderungen der Konformation das His138 näher an das Glyphosat-NH heranbringen. Alternativ kann der katalytische Effekt des His138 auch durch überbrückende Wasser-Moleküle ablaufen, wie bei anderen Mitgliedern der GNAT-Superfamilie bereits beobachtet (Vetting et al. 2005).

Von den Autoren wird allerdings ein anderer Mechanismus favorisiert (Siehl et al. 2007), bei dem His138 die Deprotonierung des Substrats katalysiert. Innerhalb der bei pH = 4,6 aufgenommmenen Kristallstruktur bildet His138 eine kurze, nur 2,6 Å kurze H-Brücke mit einem der deprotonierten Phosphat-Sauerstoffe des D-3-Phosphoglycerat. Ähnliche H-Brücken werden in in den katalytischen Zentren zahlreicher anderer Enzyme beobachtet, wo sie wichtige Rollen bei der Katalyse übernehmen (Cleland 2005, Siehl et al. 2007).

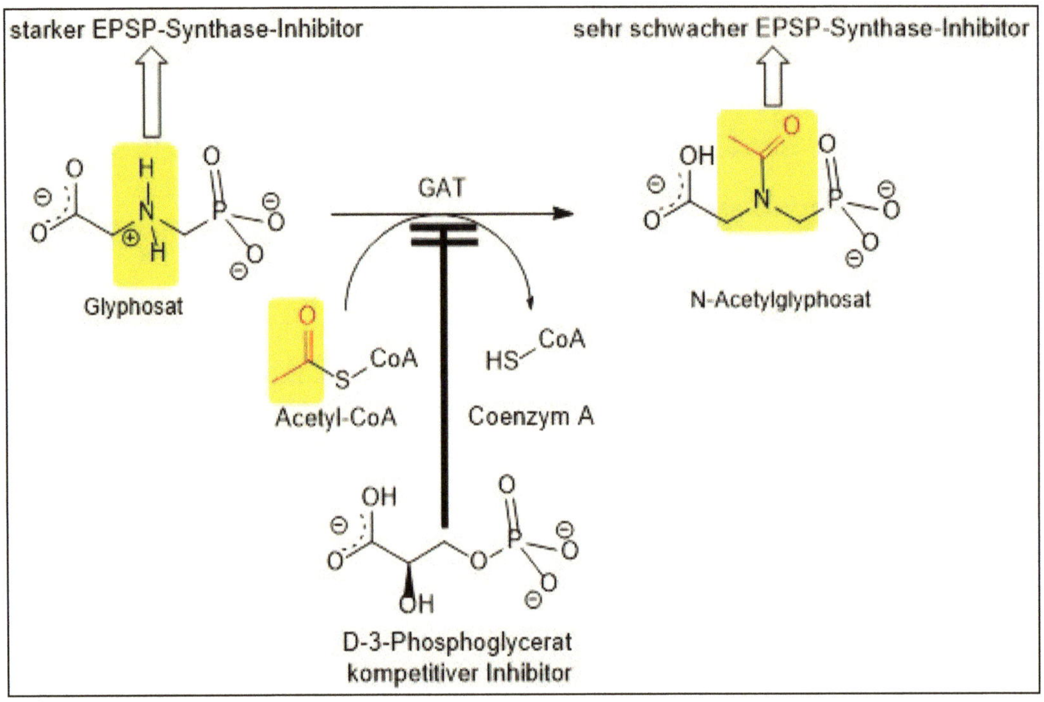

Abbildung 6.1:

Allgemeine Reaktionsgleichung für die N-Acetylierung des Glyphosats durch GATs (Glyphosat-Acetyltransferasen).

Bei physiologischem pH sind sowohl der Imidazol-Ring des His138 als auch der Phosphonat-Sauerstoff mit einem pKs = 5,7 wahrscheinlich deprotoniert. Durch die Bindung des Glyphosats in seiner Bindungstasche wird das Proton der protonierten NH-Gruppe des Glyphosats stabilisiert, indem es auf auf ein Phosphonat-Sauerstoff-Atom übertragen wird, was zur Ausbildung einer starken H-Brücke zwischen dem Imidazol-Ring des His138 und der Phosphonat-Gruppe führt und damit auch das nun deprotonierte sekundäre Amin des Glyphosats für eine Acetylierung aktiviert (Abbildung 6.4). Ein solcher durch das Substrat vermittelte Protonen-Transfer steht im Einklang mit der ph-Abhängigkeit von k_{cat} und erklärt die duale Funktion des His138 als katalytische Base und als wichtiger Bestandteil für die Substratbindung und -fixierung (Abbildung 6.4) (Siehl et al. 2007).

Der Thioester des Acetyl-CoA wird zunächst durch eine H-Brücke mit einer Länge von 3,3 Å mit dem phenolischen Hydroxyl-Wasserstoff des Tyr118 für eine Acetylierung aktiviert. Die phenolische Partialstruktur des Tyr114 fungiert als allgemeine Säure, die das entstehende Thiolat-Anion zum Coenzym A protoniert (Abbildung 6.4) (Siehl et al. 2007).

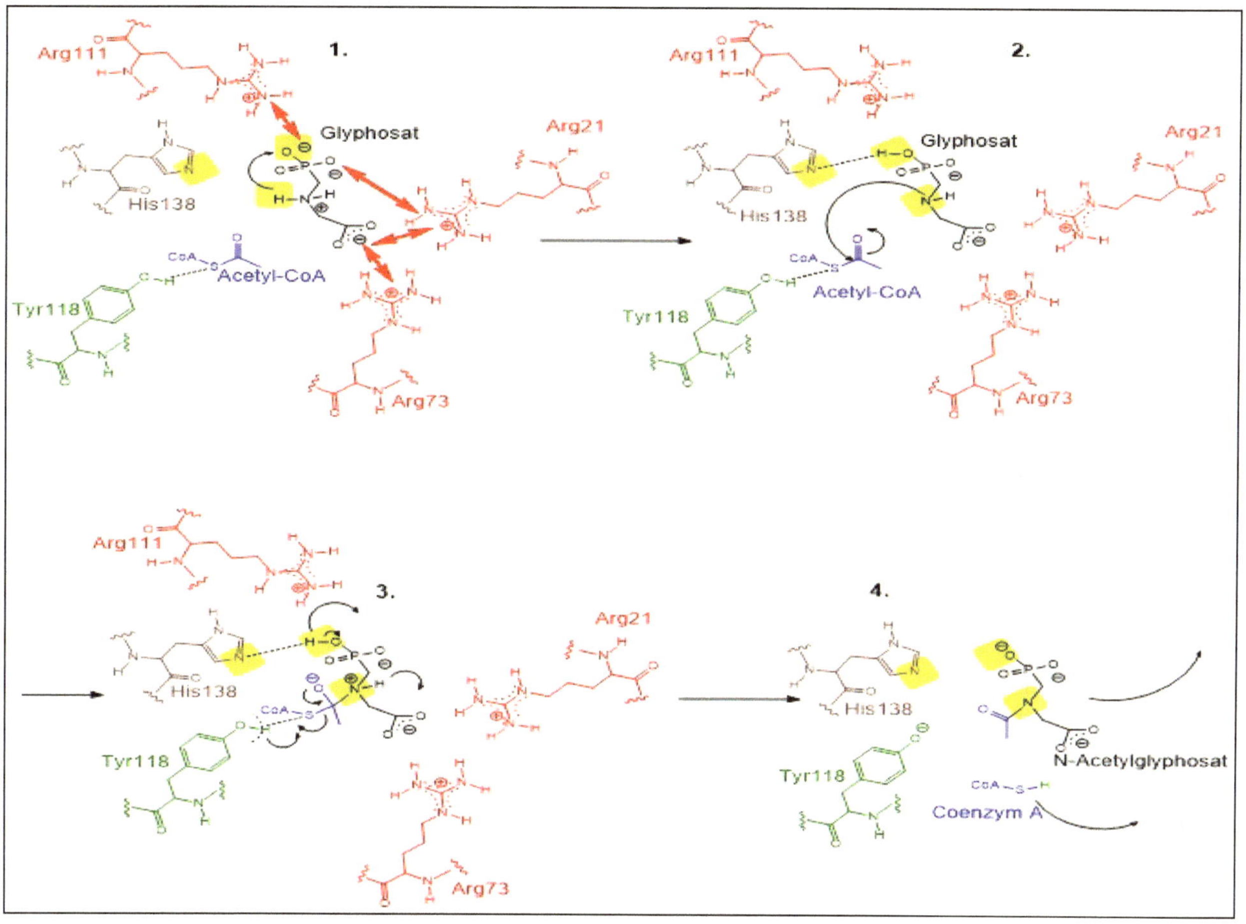

Abbildung 6.2:

Postulierter Mechanismus der Acetylierung des Glyphosats durch GAT-Enzyme (nach Siehl et al. 2007).

1. Glyphosat bindet direkt angrenzend an Acetyl-CoA im katalytischen Zentrum. Die Fixierung wird durch drei Guanidium-Gruppen dreier Arginin-Reste (Arg21, Arg73 und Arg111) gewährleistet, die jeweils starke elektrostatische Wechselwirkungen mit den negativen Ladungen der Phosphonat- bzw. Carboxylat-Gruppe des Glyphosats ausbilden. Durch die positive Umgebung sinkt wahrscheinlich die Basizität der zunächst noch protonierten Glyphosat-NH-Gruppe, die ihr Proton auf einen deprotonierten Phosphonat-Sauerstoff überträgt.
2. His138 bildet eine mit seiner deprotonierten Amidin-Gruppe eine kurze H-Brücke mit der OH-Gruppe des Phosphonats aus. Die NH-Gruppe des Glyphosats ist deprotoniert und damit nukleophil genug, um das Carbonyl-C-Atom des durch eine H-Brücke von Tyrosin zum Schwefel-Atom aktivierten Acetyl-CoA anzugreifen.
3. Es bildet sich ein kovalentes tetraedrisches Intermediat aus. Coenzym A stabilsiert sich als Abgangsgruppe durch Aufnahme des Protons von Tyr118, Glyphosat ist acetyliert und gibt ein Proton ab, genauso wie die

Phosphonat-Gruppe des Glyphosats, womit die H-Brücke zum His138 aufgelöst wird.

4. N-Acetylglyphosat und Coenzym A diffundieren vom katalytischen Zentrum weg.

Zusätzlich zu diesen genetischen Resistenzen stößt man in der Literatur immer wieder auf Diskussionen über Resistenzmechanismen, die nicht auf chromosomaler Ebene ihren Ursprung haben, sondern bei denen die Kinetik und die Verteilung des Glyphosats innerhalb der Pflanze als potenzieller Auslöser angesehen wird. So wird Glyphosat durch aktive Transportmechanismen in die pflanzlichen Zellen und in die subzellulären Kompartimente, wie z. B. die Vakuolen, aufgenommen. Dieser Transport ist unidirektionell, Glyphosat verbleibt also in der Zelle bis zum Zelltod. Außerdem ist die zelluläre Aufnahme durch das Abbauprodukt AMPA und die ebenso strukturell nah verwandte Aminosäure Glycin kompetitiv hemmbar (Sammons und Gaines 2014). Es ist somit einleuchtend, dass eine Glyphosat-Resistenz die Folge einer verminderten zellulären Aufnahme aufgrund einer reduzierten Aktivität eines dieser Transporter sein kann.

Die Entwicklung einer erworbenen, aber ungewollten Resistenz gegenüber einer Nutzpflanze wird nach dem EPPO-Schema als "mittel" eingestuft. Während in Deutschland noch keine Glyphosat-resistenten Unkräuter bzw. Nutzpflanzen nachgewiesen werden konnten, sind in Europa inzwischen fünf Arten der Gattungen Conyza und Lolium Glyphosat-resistent: nachgewiesen in Frankreich, Griechenland, Italien, Polen, Portugal, Spanien und Tschechische Republik. Die resistenten Varianten wurden sowohl auf Plantagenkulturen als auch auf Nichtkulturland, z. B, auf Bahngleisen, gefunden (JKI 2014) (Julius Kühn-Institut – Bundesforschungsanstalt für Kulturpflanzen).

7. Glyphosat-Exposition beim Menschen und Kinetik des Glyphosats im menschlichen Körper

7.1 Die humane Glyphosat-Exposition

Bewiesen ist, dass Glyphosat vom menschlichen Körper absorbiert wird (Gillezeau et al. 2019). Die Art und Weise, wie Glyphosat aufgenommen wird, kann sehr unterschiedlich ausgeprägt sein. Die Bauern sind beim Versprühen des Herbizids von Berufs wegen exponiert für eine inhalative oder transdermale Aufnahme. Glyphosat gelangt aber auch ins Grundwasser oder wird durch Wind auf nichtlandwirtschaftlich genutzte Flächen transportiert. Einigkeit herrscht ebenso darüber, dass eine Exposition des Glyphosats nicht nur berufsbedingt erfolgt, sondern auch die Menschen in urbanen Gebieten ereilt und damit die gesamte Bevölkerung betrifft (Curwin et al. 2005, Knudsen et al. 2017, Silva et al. 2018). Bei dieser Bevölkerungsgruppe, die somit nicht beruflich mit Glyphosat in Kontakt kommt, liegen die mittleren im Urin gemessenen Konzentrationen normalerweise unter des LOD (limits of detection) von ca. 0,4 µg/l ([1]Curwin et al. 2007, Gillezeau et al. 2019). In Gebieten, die an landwirtschaftlich genutzte Flächen angrenzen, auf denen Glyphosat versprüht wird, können die mittleren Glyphosat-Konzentrationen allerdings auch weit oberhalb des LOD liegen. Hier wurden beispielsweise mittlere Urin-Konzentrationen an Glyphosat von 7,6 µg/l gemessen (Varona et al. 2009).

Allerdings weisen die Studien, die sowohl zur berufsbedingten als auch zur nichtberufsbedingten Glyphosat-Exposition vorliegen, große Lücken auf. Für Arbeiter, die in den Fabriken tätig sind, in denen Glyphosat bzw. glyphosathaltige Herbizide hergestellt werden, existieren keine Daten bezüglich deren Glyphosat-Exposition. Die meisten Studien wurden in den USA und in Europa durchgeführt, obwohl Glyphosat weltweit eingesetzt wird. Eine Studie bezüglich der Glyphosat-Exposition liegt für Südamerika vor. Und das in Anbetracht dessen, dass wegen des massenhaften Drogenanbaus und der damit verbundenen Anti-Drogen-Strategie nahezu auf dem gesamten Kontinent Glyphosat versprüht wird (United Nations Office on Drugs and Crime 2007, Varona et al. 2009). Zudem erfassen fast alle Studien keine Zeiträume, mehrmalige Messungen fehlen. Meistens wurde nur einmal die Urin-Konzentration erfasst, in der Regel während oder direkt nach Versprühen des Glyphosats. Nur innerhalb einer Studie wurden Urin-Konzentrationen vor und nach Versprühen des Glyphosats bestimmt (Gillezeau et al.

2019). Keine Studie liegt für die saisonale Exposition im Laufe des Jahres vor (Gillezeau et al. 2019). Vergleicht man die Glyphosat-Konzentrationen im Urin der allgemeinen Bevölkerung mit denen, die beruflich mit Glyphosat arbeiten, fallen die ähnlichen, kaum voneinander abweichenden Messergebnisse auf, was ein sicherlich nicht so vorherzusehendes Ergebnis darstellt. Es lässt vermuten, dass es Lücken und Mängel bei den Urinproben gibt, dass es Hochexpositionsphasen bei der landwirtschaftlich tätigen Population gibt, die mit den bisherigen Messmethoden und v. a. -zeitpunkten nicht erfasst werden. Andererseits zeigen andere Studien, wie etwa die von Kongtip und Mitarbeitern, dass sogar bei werdenden Müttern, die normalerweise auf eine gesunde Lebensweise achten und damit auch jede mögliche zusätzliche chemische Exposition vermeiden werden, Glyphosat-Spiegel von unfassbaren 189 µg/l gemessen wurden (Kongtip et al. 2017). Einige Studien vergleichen die Exposition bei Kindern mit der bei Erwachsenen. Kinder haben danach generell höhere Glyphosat-Konzentrationen in ihren Körperflüssigkeiten als Erwachsene (Jauhiainen et al. 1991, [2]Curwin et al. 2007 McGuire et al. 2016). Über die Ursache hierfür lässt sich bislang nur spekulieren. Es könnten Unterschiede bei Metabolisierung und Exkretion vorliegen, ein anderes Verhalten im Tagesverlauf, so z. B. Aktivitäten im Freien (Gillezeau et al. 2019). Bis auf wenige verzichten die meisten Studien auf die Anpassung der Glyphosat- und AMPA-Konzentrationen an den Kreatinin-Wert bzw. an den daraus mit entsprechenden Formeln berechneten eGFR-Wert ("estimated" glomeruläre Filtrationsrate). Diese Parameter sind ein Maß für die Nierenfunktion. Da beide hydrophilen Substanzen, Glyphosat und AMPA, zu 100 % über die Nieren ausgeschieden werden, hat eine deutlich eingeschränkte Nierenfunktion sicherlich Auswirkungen auf die Ausscheidung beider Substanzen (Jayasumana et al. 2015).

Ein weiteres Manko der Studien zur Glyphosat-Exposition sind die verschiedenen instrumentell-analytischen Methoden, die zur Bestimmung von Glyphosat und AMPA im Urin eingesetzt werden. Bislang wurden in den Studien hauptsächlich die LC-MS (Flussigchromatographie mit Massenspektrometrie-Kopllung), die GC-MS (Gaschromatographie mit Massenspektrometrie-Kopplung) und das immunologische Nachweisverfahren ELISA (enzyme-linked immunosorbent assay) eingesetzt, seltener wurde ausschließlich mittels der HPLC ausgewertet. Auch mit Hilfe eines Fluoreszenz-immunologischen Nachweisverfahrens, des FCMIA (fluorescence covalent microbead immunoassay), können die Konzentrationen bestimmt werden (Gillezeau et al. 2019). Die LC-MS-Methode wird dabei von Experten als sensitiver für das im Urin nachzuweisende Glyphosat bzw. sein Abbauprodukt AMPA angesehen als das GC-MS-Verfahren oder das enzymatische Immunadsorptionsverfahren ELISA. Die unterschiedlichen Sensitivitäten sind eine weitere Quelle für Fehlinterpretationen (Gillezeau et al. 2019). Hinzu kommt, dass die Nachweisgrenzen (LOD, limits of detection) und die noch genaueren Bestimmungsgrenzen (LOQ, level of quantification) während der Jahre und von Studie zu Studie deutliche Unterschiede zeigen.

Gillezeau und Mitarbeiter haben die zur Glyphosat-Exposition beim Menschen zur Verfügung stehenden Studien eingehend untersucht, auf gleiche Einheiten standardisiert und die Richtigkeit der ermittelten Werte gegengecheckt (Gillezeau et al. 2019). 45 Publikationen zu diesem Gebiet wurden auf diese Weise untersucht. Im Folgenden sind einige kurz aufgeführt.

In 2001 untersuchten Curmin und Mitarbeiter insgesamt 47 Väter, 48 Mütter und 117 Kindern aus Farmer-Haushalten in Iowa (USA) ([1]Curwin et al. 2007). Um eine Vergleichbarkeit zu gewährleisten, konnten von Gillezeau und seine Mitarbeiter nur 24 Farmerhaushalte mit jeweils 24 Müttern und 24 Vätern sowie 66 Kindern einbezogen werden (Gillezeau et al. 2019). Die Glyphosat-Menge im Urin wurde mittels des FCMIA-Verfahrens bestimmt Die Nachweisgrenze (LOD) für Glyphosat lag bei 0,9 µg/l. Für die Väter, die in der Regel die Versprühung des Glyphosat-Herbizids übernahmen, wurden nur leicht höhere Glyphosat-Konzentrationen im Urin als für die Mütter gemessen (Mittelwert 1,6 µg/l Männer vs. 1,1 µg/l Frauen). Schon hier zeigte sich, dass die Werte der Kinder am höchsten waren, sogar höher als die der unmittelbar mit dem Glyphosat in Kontakt kommenden Väter (Mittelwert 1,9 µg/l Kinder) ([1]Curwin et al. 2007):

Dieselbe Beobachtung machten auch Knudsen und seine Mitarbeiter (Knudsen et al. 2017). Sie nahmen Urinproben in den Jahren 2011 und 2012 bei Kindern im Alter zwischen 6 und 11 Jahren sowie deren Müttern. Sie wohnten entweder in ländlichen Gegenden mit Glyphosat-Einsatz in unmittelbarer Nähe oder urban in weit räumlicher Entfernung vom Herbizideinsatz. 13 Mütter und 14 Kinder konnten letzlich einbezogen werden. Die Konzentration des Glyphosats wurde mittels des ELISA-Verfahrens bestimmt. Die Nachweisgrenze lag bei 2,5 ppb. Die Mütter wiesen im Mittel geringere Glyphosat-Konzentrationen als ihre Kinder im Urin auf (Mittelwert 1,96 µg/l Kinder vs. Mittelwert 1,28 µg/l Mütter) (Knudsen et al. 2017, Gillezeau et al. 2019).

Ähnliche Resultate liefert eine deutsche Studie aus dem Jahr 2009, an der 2009 Freiwillige teilnahmen (Krüger et al. 2015). Der Mittelwert aller Proben lag bei 1,08 µg/l, der Maximalwert bei 4,2 µg/l. Studienteilnehmer im Alter von 0 – 19 Jahren hatten die höchsten Urin-Konzentrationen an Glyphosat (Mittelwert 1,55 µg/l). Die Glyphosat-Konzentration nahm in dieser Studie mit steigendem Alter ab. Am geringsten war sie bei Probanden, die älter als 70 Jahre alt waren (Mittelwert 0,77 µg/l).

Eine weitere Studie derselben deutschen Arbeitsgruppe kam zu dem Ergebnis, dass diejenigen der 140 Probanden, die viele Bioprodukte zu sich nahmen, signifikant niedrigere Glyphosat-Konzentrationen aufwiesen, als die, die eine normale Kost bevorzugten (Krüger et al. 2014). Der Mittelwert der Glyphosat-Konzentrationen aller 140 Probanden betrug 1,08 µg/l, wohingegen der Mittelwert der Bioprodukt-Liebhaber bei etwa 0,5 µg/l lag.

Eine weitere deutsche Studie untersuchte die Glyphosat-Exposition im Laufe der Zeit von 2001 bis 2015 (Conrad et al. 2017). Verwendet wurden insgesamt 399 24-Stunden-Urinproben, die in der Umweltprobenbank des Umweltbundesamtes eingelagert wurden. Proben von jeweils 20 Frauen und 20 Männern im Alter von 20 – 29 Jahren wurden zwischen März und April in ausgewählten Jahren zwischen 2001 und 2011 gesammelt, ab 2012 lief dieses Prozedere jedes Jahr ab. 31,8 % aller Proben wiesen Glyphosat-Konzentrationen größer oder gleich dem LOQ von 0,1 µg/l auf. 40,1 % der

Proben beinhalteten AMPA-Konzentrationen, die größer oder gleich dem LOQ-Wert waren. In 2001 waren es nur 10 % der Proben, die oberhalb des LOQ-Wertes lagen. Die Spitzenwerte lagen in 2012 bei 57,5 % und in 2013 bei 56,4 %. Die absoluten Glyphosat-Konzentrationen waren in 2013 am höchsten. Bei den Männern lagen sie nicht nur in 2013, sondern über die 14 Jahre hinweg signifikant höher als bei den Frauen. Bei den Männern wurde in 2013 eine Maximalkonzentration von 2,80 µg/l gemessen, bei den Frauen lag der Maximalwert mit 1,78 µg/l deutlich niedriger. Im Durchschnitt betrug die Glyphosat-Konzentration bei den Männern im Jahr 2013 0,18 µg/l. In den Jahren 2014 und 2015 bewegten sich die Werte auf einem Plateau (Conrad et al. 2017, Gillezeau et al. 2019).

Eine weitere interessante Auswertung bezüglich des Zusammenhangs zwischen der Glyphosat-Konzentration im Urin und dem Essverhalten lieferte dieselbe Studie. Die Werte derjenigen, die angaben, sich ausschließlich vegetarisch zu ernähren, zeigten keine Abweichungen nach unten oder oben im Vergleich zu den Werten der Nichtvegetarier (Conrad et al. 2017, Gillezeau et al. 2019).

Es gibt kaum Literatur über die Glyphosat-Exposition der allgemeinen urbanen Bevölkerung. Man weiß, dass Glyphosat im Trinkwasser, in der Nahrung und in Staubpartikeln des Bodens vorkommt. Beispielweise konnte Curwin Glyphosat in Staubpartikeln sowohl von Farmer- als auch von Nichtfarmer-Haushalten nachweisen (Curwin et al. 2005). Damit zeigt sich, dass die Exposition gegenüber Glyphosat nicht mit den Grenzen des landwirtschaftlichen Betriebes aufhört, sondern sich weit darüber hinaus ausdehnt (Curwin et al. 2005).) Die EPA (US Environmental Protection Agency) hat vor 10 Jahren ein Risiko-Assessment zu Glyphosat abgeschlossen und bewertete dabei auch die Mengen an Glyphosat in Lebensmitteln aus landwirtschaftlichen Betrieben und Biolandwirtschaftlichen Betrieben sowie aus dem Trinkwasser (United States Environmental Protection Agency 2017).

Für einige europäische Länder existieren ebenso Konzentrationen an Glyphosat in Nahrungsmitteln. Auch diese Studien zeigen signifikante Konzentrationen in zahlreichen Nahrungsmitteln (Shehata et al. 2014, Bohn et al. 2014, Krüger et al. 2015, EPA 2018,), insbesondere auch im Muskelgewebe und Organen von Kühen und Hühnern (Bohn et al. 2014, CDC National Health and Nutrition Eamination Survey 2018).

Ein FDA-Übersichtsartikel über Glyphosat-Konzentrationen in Nahrungsmitteln in den USA führt auf, dass in über 60 % der Mais- und Sojabohnen-Proben nachweisbare Glyphosat-Konzentrationen vorliegen. Die Environmental Working Group untersuchte 26 Produkte mit Cerealien extra für Kinder und konnte in allen 26 Produkten Glyphosat-Konzentrationen nachweisen, die 160 µg/l überstiegen (US FOOD and Drug Administration 2018)

Die Konzentrationen an Glyphosat reichten von 100 µg/L in Gemüse, wie z. B. in Tomaten oder in Pfefferkörnern, bis zu 200.000 µg/l in Pfefferminze und deren ätherischen Ölen. Bedenkt man zusätzlich, dass Jahr für Jahr der Verbrauch an Glyphosat deutlich steigt, ist es nicht falsch, anzunehmen, dass der EPA-Report nicht die heutigen, wahrscheinlich deutlich höheren Belastungen widerspiegelt und von einer höheren Dunkelziffer auszugehen ist.

Glyphosat und sein Abbauprodukt werden auch im Trinkwasser gefunden. In der Analyse der EPA "Dietary Exposure Analysis in Support of Registration" werden "worst-case"-Szenarien mit einer chronischen Belastung des Trinkwassers von ca. 75 µg/l beschrieben (United States Environmental Protection Agency 2017). Auf fast identische Ergebnisse kam eine ähnlich angelegte europäische Studie (Poiger et al. 2017).

Es sollte auch bedacht werden, dass Glyphosat zusammen mit seinem Metaboliten AMPA vollständig innerhalb weniger Tage über die Nieren aus dem Körper ausgeschieden wird. Wird also eine erhöhte Glyphosat-Exposition festgestellt, kann die Aufnahme erst kurze Zeit zurückliegen.

Zusammenfassend muss festgestellt werden, dass dringlichst zusätzliche Studien benötigt werden, die die Angaben für die Glyphosat-Exposition sowie die Exposition des AMPA in der Bevölkerung und unter Farmern/Bauern und Fabrikarbeitern durch Langzeitmessungen verifizieren. Zusätzlich müssen diese Studien auch andere geographische Gebiete – nicht nur Europa und die USA – erfassen. Eine deutlich verbesserte und genauere Expositionsbewertung ist nötig, um eine verlässliche Risikoabschätzung insbesondere hinsichtlich der in den letzten Jahren aufgekommenen Debatte zur Karzinogenität und Genotoxizität des Glyphosats treffen zu können (Gillezeau et al. 2019).

7.2. Die Toxikokinetik des Glphosats

Der Kenntnisstand zum toxikokinetischen Verhalten des Glyphosats ist limitiert. Werte für Resorption, Verteilung und Exkretion stützen sich auf Ergebnisse, die in Tierversuchen erzielt worden sind. Hier sind es vor allem Studien an Ratten, die auf den Menschen übertragen worden sind (Brewster et al. 1991, Williams et al. 2000). Diese Extrapolation vom Tier auf den Menschen ist durchaus mit guten und verlässlichen Ergebnissen möglich (Sharma und Coulombe 1996). In diesen Studien wurde den Tieren eine einzelne Dosis oder wiederholte Dosen von Glyphosat appliziert. Zusätzlich wurde die Applikationsart variiert (oral, dermal, intravenös, intraperitoneal, intramuskulär).

Die wichtigsten kinetischen Parameter des Glyphosats und seines Metaboliten AMPA sind nach Anadón et al. 2009 in den Tabellen 7.1 und 7.2 zusammengefasst.

Tabelle 7.1:

Toxikokinetische Parameter von Glyphosat in Ratten nach einer einzelnen oralen Gabe (400 mg/kg KG) und einer einzelnen i.v.-Bolus-Gabe (100 mg/kg KG) (nach Anadón et al. 2009).

Kinetischer Parameter	i.v.-Bolus-Applikation	Orale Applikation
Gastrointestinale Resorption	--------------------------------	langsam und unvollständig, der

		größte Teil wird nicht reorbiert und mit den Faezes eliminiert. Aus dem Darmlumen erfolgt Resorption wahrscheinlich über L-Typ-Aminosäure-Transporter-1 und -2.
Halbwertszeit der oralen Absorption $t_{1/2}$	--------------------------------	ca. 2,3 h
Orale Bioverfügbarkeit	--------------------------------	ca. 23 %
Maximale Plasmakonzentration c_{max}	ca. 166 µg/ml	ca. 4,6 µg/ml
Zeit, bis c_{max} erreicht wird t_{max}	0 h	ca. 5,2 h
Distributionshalbwertszeit $t_{1/2\alpha}$	ca. 0,35 h	ca. 4,2 h
Eliminationshalbwertszeit $t_{1/2\beta}$	ca. 10 h	ca. 14,4 h
scheinbares Verteilungsvolumen V_1	ca. 0,6 l/kg	ca. 5,8 l/kg
scheinbares Verteilungsvolumen V_2	ca. 2,4 l/kg	ca. 2,3
Steady-State-Verteilungsvolumen V_{ss}	ca. 3 l/kg	--------------------------------
Clearance	0,995 $l \times h \times kg^{-1}$	0,995 $l \times h \times kg^{-1}$
Elimination	100 % renal	

Tabelle 7.2:

Toxikokinetische Parameter des Glyphosat-Metaboliten AMPA bei Ratten nach einer einzelnen oralen Gabe Glyphosat (400 mg/kg KG) (nach Anadón et al. 2009).

Kinetischer Parameter	**Orale Applikation**
Gastrointestinale Resorption	Keine Angaben, aufgrund der negativen Nettoladung von -1 und der Hydrophilie vermutlich durch Diffusion ähnlich schlecht wie bei Glyphosat,

	Substrate für LAT1 und LAT2 → ?
Distributionshalbwertszeit $t_{1/2\alpha}$	ca. 2,9 h
Eliminationshalbwertszeit $t_{1/2\beta}$	ca. 15 h
Maximale Plasmakonzentration c_{max}	ca. 0,42 µg/ml
Zeit, bis c_{max} erreicht wird t_{max}	ca. 2,4 h
Elimination	100 % renal

Die Absorption nach peroraler Gabe aus dem Gastrointestinaltrakt ist schlecht. Studien an Ratten zeigen, dass etwa 65 – 85 % einer oralen Dosis in den Faeces wieder auftauchen (Williams et al. 2000), dass also nur 15 – 35 % der Dosis resorbiert werden. So geht man heute davon aus, dass die Absorption nach oraler Gabe beim Menschen ähnlich gering ist. Neuere toxikokinetische Daten lassen den Schluss zu, dass der absorbierte Glyphosatanteil aus dem Gastrointestinaltrakt beim Menschen ungefähr 20 % beträgt.

Glyphosat besitzt eine α-Aminocarbonsäure-Partialstruktur. Daher liegt der Verdacht nahe, dass für seine Resorption Aminosäure-Transporter des Darms genutzt werden, insbesondere die L-Typ-Aminosäure-Transporter-1 und -2 (LAT1 und LAT2) (Abbildung 7.3) (Xu et al. 2016). Dafür spricht, dass die Aufnahme des Glyphosats aus dem Darmlumen über die epitheliale Bürstensaummembran absättigbar ist, was auf ein epitheliales Transportsystem schließen lässt (Vasiluk et al. 2005). Zudem kann die Resorption des Glyphosats durch kompetitive Gabe von α-Aminosäuren bzw. spezifischen LAT1-/LAT2-Inhibitoren gehemmt werden (Xu et al. 2016). Die Resorption verläuft ATP- und Na^+-unabhängig (Xu et al. 2016). Anadón und Mitarbeiter konnten bei Ratten eine langsame und schlechte Absorption nach einer einzelnen Dosis von 400 mg Glyphosat pro kg Körpergewicht erkennen (Anadón et al. 2009). Die Halbwertszeit der Absorption nach oraler Gabe beträgt etwa 2,3 Stunden. Die orale Bioverfügbarkeit für Glyphosat beträgt bei der Ratte ca. 23 %. Maximale Plasmakonzentrationen c_{max} werden nach t_{max} von ≈ 5,6 Stunden erreicht (Anadón et al. 2009). Extrapoliert man die orale Bioverfügbarkeit bei der Ratte auf den Menschen, so kann man auch von einer oralen Bioverfügbarkit im Bereich von 20 % ausgehen. Das bedeutet aber auch, dass – vorausgesetzt die gesamte Körperbelastung mit Glyphosat ist fast ausschließlich durch in der Nahrung enthaltenes Glyphosat zurückzuführen – die Menge an Glyphosat, die mit der Nahrung aufgenommen wurde, fünfmal höher war, als die letztlich festgestellte systemische Menge (Niemann et al. 2015).

Die Verteilung vom Blut in andere Gewebe und Organe verläuft analog eines Zwei-Kompartiment-Modells, wie es bereits von Brewster und seinen Mitarbeitern beschrieben worden ist (Brewster et al. 1991, Anadón et al. 2009).). Nach einer Bolus-i.v.-Gabe (100 mg Glyphosat pro kg Körpergewicht) beobachtet man zunächst eine schnelle Verteilungsphase α mit einer Halbwertszeit $t_{1/2\alpha}$ von ca. 0,35 Stunden gefolgt von einer langsamen Eliminationsphase β mit einer Halbwertszeit $t_{1/2\beta}$ von ca. 10 Stunden. Nach peroraler Applikation verläuft die Umverteilung mit einer Halbwertszeit $t_{1/2\alpha}$ von ca. 4,2 Stunden deutlich langsamer als nach i.v.-Applikation. Ebenso verhält es sich bei der Eliminiationsphase β mit einer Halbwertszeit $t_{1/2\beta}$ nach oraler Gabe von etwa 14,4 Stunden. Die beiden Eliminationshalbwertszeiten $t_{1/2\beta}$ nach oraler Gabe (14,4 Stunden) und $t_{1/2\beta}$ nach intravenöser Bolus-Applikation (10 Stunden) deuten eine langsame finale Eliminierung aus dem Blut über die Nieren an. Das scheinbare Verteilungsvolumen für das zweite Kompartiment V_2 beträgt in der Studie ca. 2,4 l/kg, das Steady-State-Verteilungsvolumen V_{ss} etwa 3 l/kg. Das hohe Steady-State-Verteilungsvolumen V_{ss} deutet auf eine hohe Verteilung des Glyphosats in extravaskuläre Gewebe hin (Anadón et al. 2009, Niemann et al. 2015). Die Werte für das scheinbare Verteilungsvolumen des zweiten Kompartiments V_2 von 2,4 l/kg nach i.v.-Gabe bzw. 2,3 l/kg nach oraler Gabe zeigen ebenfalls, dass Glyphosat leicht in alle Gewebe penetriert (Anadón et al. 2009). Diese Ergebnisse stimmen ebenfalls mit den frühen kinetischen Untersuchungen von Brewster und seinen Mitarbeitern überein (Brewster et al. 1991). Vergleich man die Eliminationshalbwertszeiten $t_{172\beta}$ nach oraler und intravenöser Gabe (14,4 Stunden vs. 10 Stunden), zeigt sich, dass bei Ratten die Plasmadisposition des Glyphosats nach oraler Gabe durch den Absorptionsprozess bestimmt wird (Anadón et al. 2009).

Eine Metabolisierung des Glyphosats findet beim Menschen genauso wie in der Pflanze fast nicht statt. Glyphosat ist als Phosphonsäureester der Aminosäure Glycin quasi von vornherein ein klassischer Phase-II-Metabolit des Glycins, der bereits ausreichend hydrophil ist, um über die Nieren ausgeschieden zu werden. So wird Glyphosat unverändert mit nahezu 100 % seines resorbierten Anteils renal ausgeschieden. Eine Metabolisierung findet – wenn überhaupt – nur marginal statt. Nach i.v.-Applikation sind keine AMPA-Konzentrationen messbar, und 100 % unverändertes Glyphosat wird renal ausgeschieden.

Allerdings kann man bereits nach einer einmaligen oralen Glyphosat-Gabe eine – wenn auch geringe – oxidative Desaminierung zu Glyyoxalsäure und AMPA erkennen. Entsprechend zur Biodegradation des Glyphosats im Boden ist der Hauptmetabolit im menschlichen Körper das AMPA. Durch oxidative Desaminierung wird AMPA vom Rest des Moleküls abgespalten, es verbleibt die instabile Glyoxalsäure (die wird eigentlich desaminiert), die zu zwei Molekülen Kohlenstoffdioxid zerfällt und nicht nachweisbar ist (Abbildung 7.3). Nach einer einmaligen oralen Gabe macht der Hauptmetabolit AMPA etwa 6,5 % der gesamten Herbizid-Plasma-Konzentration aus. Nach oraler Gabe von Glyphosat beobachtet man c_{max} (AMPA) nach t_{max} von $\approx$ 2,4 Stunden. Die Eliminationshalbwertszeit $t_{1/2\beta}$ beträgt für den Metaboliten etwa 15 Stunden (Anadón et al. 2009). Es wird angenommen, dass der Abbau des Glyphosats bereits im Darm durch Bakterien erfolgt (Anadón et al. 2009). Die Eliminiationsraten von Glyphosat und seinem Hauptmetaboliten AMPA sind bei Ratten vergleichbar (14,4 Stunden für Glyphosat vs. 15 Stunden für AMPA). Ähnliche Verhältnisse der Metabolisierung des Glyphosats wurden bereits bei Brewster beschrieben (Brewster et al. 1991).

Wird AMPA nicht innerhalb des Körpers gebildet, wie durch die fehlende AMPA-Bildung nach intravenöser Gabe erwiesen, nimmt man an, dass die oxidative Desaminierung bereits vor der Resorption durch die intestinalen Darmbakterien stattfindet (Abbildung 28) (Mueller et al. 1981). Diese These wird durch andere Studien, die bei Monsanto selber durchgeführt worden sind, bestätigt (Anadón et al. 2009). Die oxidative Desaminierung des Glyphosats wird nicht durch Induktion des entsprechenden bakteriellen Enzyms durch Glyphosat selber gefördert. Stattdessen kann man bei einem hohen Glyphosat-Siegel eine Inhibition mikrosomoler Monooxygenasen, also von Cytochrom-P-450-Isoenzymen, ausmachen (Hietanen et al. 1983). Eine Beeinflussung der peroxisomalen β-Oxidation sowie der GSH-Aktivität findet durch Glyphosat nur marginal statt (Vainio et al. 1983). Hierzu muss allerdings festgestellt werden, dass die Beeinflussung von Xenobiotika-metabolisierenden Enzymen sowie die Beeinflussung von Transportsystemen größtenteils noch nicht erforscht sind (Anadón et al. 2009).

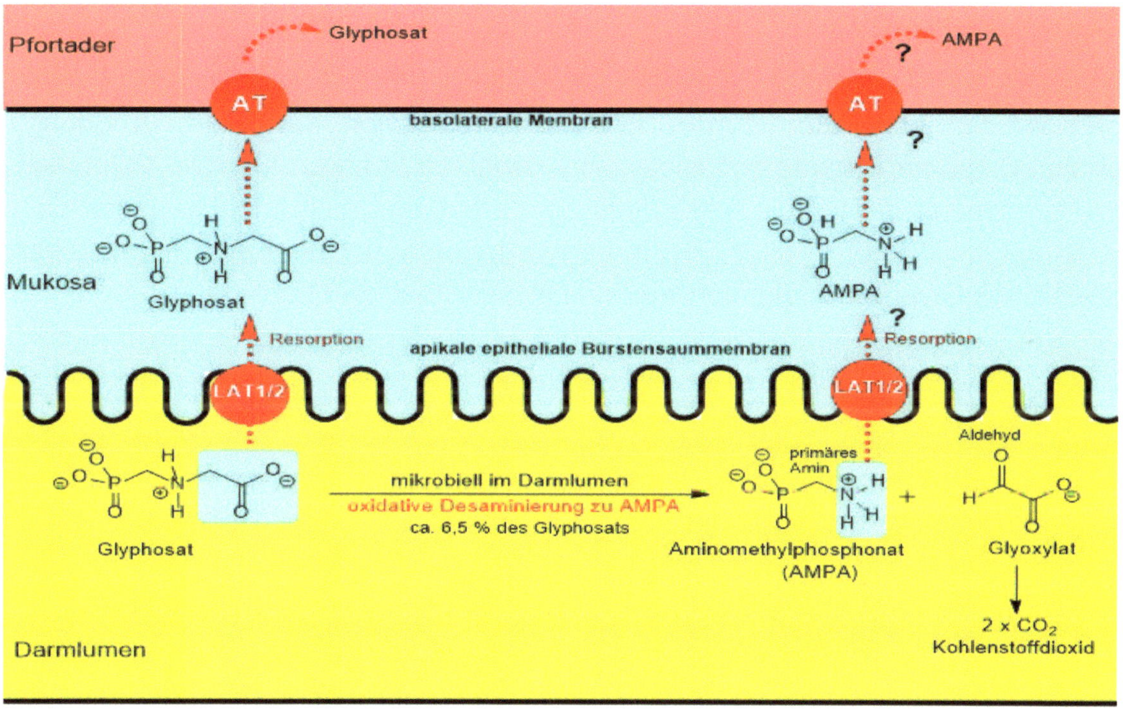

Abbildung 7.1:

Resorption des Glyphosats aus dem Darmlumen über die L-Typ-Aminosäure-Transporter-1 und -2 (LAT1/LAT2).

Reaktionsgleichung des einzigen Glyphosat-Metabolisierungsschrittes bei Ratten (und beim Menschen), die oxidative Desaminierung zur Aminomethylphosphonsäure (AMPA).

Es wird angenommen, dass dieser Abbau des Glyphosats bereits im Dünndarm mikrobiell erfolgt ähnlich zum Abbau im Boden.

Ob auch AMPA als Phosphonsäure und Nichtcarbonsäure ein Substrat für LAT1/LAT2 darstellt, ist der Literatur nicht zu entnehmen.

Da Glyphosat ausschließlich als Spray bzw. zu versprühende Lösung angewendet wird, da es über die Blätter systemisch in die Pflanze aufgenommen wird, besteht die Gefahr der perkutanen und inhalativen systemischen Aufnahme. Die passive Diffusion durch die intakte lipophile Hautbarriere und insbesondere das Stratum corneum als vorderster lipophiler Barriere ist bei Glyphosat aufgrund seiner doppelt negativen Nettoladung und seiner Hydrophilie deutlich erschwert.

Affen haben sich bei Hautpenetrationsversuchen bewährt, da sie für die meisten organischen Moleküle dem Menschen vergleichbare Resorptionsraten besitzen. Da nahezu das gesamte Glyphosat relativ schnell ausschließlich renal unverändert ausgeschieden wird, reicht die quantitative Bestimmung des Glyphosats im Urin zur Bestimmung der Resorptionsquote. Eine Studie, bei der Glyphosat für sieben Tage auf die Haut von Affen aufgebracht wurde – pro Quadratzentimeter 25 µg auf einer Fläche von 20 Quadratzentimetern (insgesamt 500 µg Glyphosat) – bestätigte die anfängliche Vermutung: lediglich 0,8 % der 500 µg Glyphosat konnten im Urin wiedergefunden werden. Glyphosat besitzt somit eine extrem schlechte Penetration durch die intakte Haut. Etwas gesteigert werden kann die dermale Glyphosat-Resorption durch die Erhöhung der Glyphosat-Dosis pro Quadratzentimeter. Bei zehnfach höheren Mengen Glyphosat pro Quadratzentimeter beträgt die Resorption durch die Haut nicht mehr weniger als 1 %, sondern 2,2 % (Wester et al. 1991). In den Organen konnte bei dieser Versuchsreihe kein restliches Glyphosat gefunden werden (Wester et al. 1991).

Allerdings sollte man auch bedenken, dass nicht Glyphosat allein versprüht wird, sondern dass insbesondere die oftmals nicht näher benannten Surfactants, die die Aufnahme in die Pflanze erleichtern, in dem Glyphosat-basierten Herbizid zur Steigerung der Resorption beitragen können. Tatsächlich aber zeigen Hautpenetrationsstudien mit dem Gesamtprodukt Roundup® nur eine sehr geringe, dem reinen Glyphosat vergleichbare transdermale Resorption trotz des Zusatzes eines Surfactants wie POEA (Wester et al. 1991, Williams et al. 2000).

8. Die akute und chronische Toxizität sowie die vermeintliche Kanzeroge-nität und Genotoxizität des Glyphosats

8.1. Akute Toxizität

Wie schon ausgeführt ist das Target des Glyphosats, die EPSP-Synthase, als Teil des Shikimat-Weges nur für Pflanzen und Mikroorganismen spezifisch. Das Fehlen dieses Biosyntheseweges u. a. bei Säugetieren mag seine geringe Toxizität – von der man immer noch ausgehen muss – erklären (Wu et al. 2006). Tatsächlich werden einige der Surfactants, wie z. B. POEA, bei oraler Aufnahme als deutlich toxischer angesehen als der eigentliche Wirkstoff, das Glyphosat (Henderson et al. 2010).

Glyphosat verfügt nur über eine geringe akute Toxizität. Dabei spielt die Applikationsart des Glyphosats, ob oral, dermal, oder inhalativ, keine Rolle. Die Generierung der notwendigen Daten zur Klassifizierung der akuten Toxizität, also einer einmaligen Applikation einer sehr hohen Dosis, erfolgt heutzutage anhand von OECD-Testverfahren (Acute Toxic Class Method (ATC), Fixed Dose Procedure, Up-and-Down procedure). Die ATC-Methode hat sich als besonders geeignet herauskristallisiert. Der früher geforderte LD_{50}-Test gehört der Vergangenheit an. Die Übereinstimmung bei der ATC-Methode hinsichtlich der EU-Toxizitätsklassen nach der LD_{50}-Methode beträgt 88 % (Marquardt et al. 2013). Außerdem ist der LD_{50}-Wert, die tödliche Dosis, die bei 50 % der Versuchstieren letal wirkt, keine Kenngröße einer Substanz. Vielmehr ist der LD_{50}-Wert von vielen Versuchsbedingungen abhängig und nur schlecht reproduzierbar. Der LD_{50}-Wert lässt keine Aussagen zur Steilheit der Dosis-Wirkungs-Beziehung zu (Marquardt et al. 2013). Analog zum LD_{50}-Wert, der üblicherweise in mg (Substanz) pro kg Körpergewicht angegeben wird, ist der LC_{50}-Wert zu sehen. Der LC_{50}-Wert gibt die Menge einer Substanz in mg pro Volumen (z. B. in Liter, l) des Mediums (z. B. Luft, Wasser) an, bei dem 50 % der Versuchstiere sterben. Üblicherweise werden Ratten als Versuchstiere genommen und die ermittelten Werte auf den Menschen extrapoliert.

Anders als in der EU ist die Klassifizierung der Toxizität anhand des LD_{50}- bzw. LC_{50}-Wertes in den USA nach wie vor üblich (Henderson et al. 2010). Eine Substanz wird danach als umso akut toxischer angesehen, je kleiner der LD_{50}-Wert ist, und umso weniger akut toxisch, je größer er ist. Bei der akuten Toxizität einer Substanz in den USA werden vier Kategorien unterschieden (Tabelle 8.1). Hochtoxisch ist eine Substanz, wenn der orale LD_{50}-Wert bei der Ratte kleiner oder gleich 50 mg/kg Körpergewicht beträgt. Bei moderat toxischen Substanzen liegt der orale LD_{50}-Wert zwischen 50 und 500 mg/kg Körpergewicht. Als gering toxisch wird eine Substanz mit einem LD_{50}-Wert zwischen 500 und 5.000 mg/kg Körpergewicht bezeichnet. Ist der LD_{50}-Wert größer als 5.000 mg/kg Körpergewicht, wird die Substanz als sehr gering toxisch eingestuft (Henderson et al. 2010; http://www.epa.gov/oppfead1/labeling/lrm/chap-07.pdf).

Tabelle 8.1:

Klassifizierung der akuten Toxizität in den USA und Einstufung des Glyphosats (nach Henderson et al. 2010).

Klassifizierung	**hochtoxisch**	**moderat toxisch**	**gering toxisch**	**sehr gering toxisch**
LD_{50} (oral)	**≤ 50 mg/kg KG**	**> 50 – 500 mg/kg KG**	**> 500 – 5000 mg/kg KG**	**> 5000 mg/kg KG**
Glyphosat	------------------	---------------------	4320 mg/kg KG	--------------------------
Isopropylammoniumglyphosat	------------------	---------------------	----------------------------	> 5000 mg/kg KG
Ammonium-glyphosat	------------------	---------------------	4613 mg/kg KG	----------------------
Klassifizierung	**hochtoxisch**	**moderat toxisch**	**gering toxisch**	**sehr gering toxisch**
LD_{50} (inhalativ)	**≤ 0,05 mg/l**	**> 0,05 – 0,5 mg/l**	**> 0,5– 2,0 mg/l KG**	**> 2,0 mg/l**
Glyphosat	-------------------	----------------------	------------------------	> 4,43 mg/l
Isopropylammoniumglyphosat	-------------------	----------------------	> 1,3 mg/l	----------------------
Ammonium-glyphosat	-------------------	----------------------	> 1,9 mg/	----------------------
Klassifizierung	**hochtoxisch**	**moderat toxisch**	**gering toxisch**	**sehr gering toxisch**
LD_{50} (dermal)	**≤ 200 mg/kg KG**	**> 200 – 2000 mg/kg KG**	**> 2000 – 5000 mg/kg KG**	**> 5.000 mgTkg KG**
Glyphosat	-------------------	-----------------------	------------------------	nicht dokumentiert
Isopropylammoniuglyphosat	-------------------	-----------------------	------------------------	> 5.000 mg/kg
Ammonium-glyphosat	-------------------	-----------------------	------------------------	> 5.000 mg/kg

In Abhängigkeit vom verwendeten Salz oder der Glyphosatsäure liegen die oralen LD_{50}-Werte bei der Ratte weit oberhalb von 500 mg/kg Körpergeicht und werden demnach als gering toxisch, das Isopropylamin-Salz mit einem LD_{50}-Wert über 5.000 mg/kg Körpergewicht sogar als sehr gering akut toxisch nach oraler Ingestion eingestuft (Henderson et al. 2010). Bei Mäusen liegt die akute orale Toxizität bei einem LD_{50}-Wert von größer als 10.000 mg/kg KG, bei Ziegen liegt der LD_{50}-Wert bei 3.350 mg/kg KG (Tomlin 2006).

Glyohosat zeigt eine schwache akute Toxizität nach systemischer Resorption durch Inhahaltion des versprühten Herbizids. Der akute LC_{50}-Wert bei Ratten ist größer als 4,43 mg/l. Das Resultat erhielt man durch vierstündige Inhalation ausschließlich über die Nase (Welsch 2004).

Auch die inhalative Aufnahme des Glyphosats verursacht wenig akute Reaktionen. Glyphosat ist kein Sensitizer der Bronchialschleimhaut. Glyphosatsäure zeigt an der Ratte einen LC_{50}-Wert(inhalativ) von größer als 4,43 mg/l, der in einer vier Stunden dauernden Studie, wo nur über die Nase inhaliert werden darf, ermittelt wurde. In diesem Testverfahren besitzt das Isopropylamin-Salz des Glyphosats einen LC_{50}(inhalativ) von größer als 1,3 mg/l Luft. Das Ammoniumium-Salz des Glyphosats, dem die Versuchstiere in einer Ganzkörperexpositions-Studie ausgesetzt waren, besitzt einen LC_{50} (inhalativ) vom größer als 1,9 mg/l Luft (Tabelle 8.1) (Henderson et al. 2010). Zwei kommerzielle Produkte mit Glyphosat bewirken bei Ratten einen LC_{50}-Wert vom größer als 1,3 mg/l bzw. größer als 3,2 mg/l.

Bei akuter, aber auch wiederholter dermaler Applikation bewirkt Glyphosat keine hautsensibilisierenden Eigenschaften. Die beiden Salze des Glyphosats zeigen im Ergebnis jeweils dermale LD_{50}-Werte bei Ratten, die größer als 5.000 mg/kg Körppergewicht sind und weisen deshalb analog zur Klassifizierung eine sehr geringe dermale akute Toxizität auf. Beide Salze rufen akute Augenirritationen hervor, nicht jedoch an der Haut. Bei zwei von drei Handelspräparaten mit Glyphosat wurden Augenirritationen von schwerwiegendem bzw. moderatem Ausmaß beobachtet. Ein Präparat zeigte keine Augenirritationen. Das Produkt Roundup® wurde innerhalb eines modifizierten Draize-Tests auf die Haut von 204 weiblichen und männlichen Freiwilligen appliziert. Es wurde keine Sensibilisierung beobachtet. Somit sollte auch die Bestrahlung mit Licht keine Photoirritationen oder -sensibilisierungen hervorrufen (Maibach 1986).

Zum Vergleich sind in Tabelle 8.2 die Akuttoxizitäten einiger anderer phophorhaltiger Pestizide in Form des LD_{50}-Wertes nach oraler Aufnahme bei der Ratte angegeben (Roth 2016).

Tabelle 8.2:

Akuttoxizitäten (LD_{50} (oral, Ratte) ausgewählter Phosphor-haltiger Pestizide im Vegleich zu Glyphosat (nach Rozh 2016).

Pestizid	Markteinführung	Art des Pestizids	Wirkmechsnismus	LD_{50} (oral, Ratte) in mg/kg KG
Parathion (E605)	1947	Pflanzenschutzmittel (Insektizid, Akarizid, Kontakt- und Fraßgift))	nach Bioaktivierung ("Giftung") zum Paraoxon: irreversible Acetylcholinesterase-Hemmung	2
Dichlorvos	1951	Pflanzenschutzmittel (Insektizid, Kontakt- und Fraßgift)	Acetylcholinesterase-Hemmer	56
Phosphamidon	1956	Pflanzenschutzmittel (Insektizid, Kontakt- und Fraßgift)	Cholinesterase-Hemmer (Acetylcholin- und Butylcholinesterase)	17
Fenthion	1958	Pflanzenschutzmittel (Insektizid, Kontakt- und Fraßgift)	Acetylcholinesterase-Hemmer	250
Phosfolan	1963	Pflanzenschutzmittel (Insektizid, Akarizid, Kontakt- und Fraßgift)	Cholinesterase-Hemmer (Acetylcholin- und Butylcholinesterase)	9
Phosmet	1966	Pflanzenschutzmittel (Breitspektrum-Insektizid, Akarizid, Kontakt- und Fraßgift)	Cholinesterase-Hemmer (Acetylcholin- und Butylcholinesterase)	230
Phoxim	1969	Tierarzneimittel gegen Ektoparasiten (Insektizid, Kontakt- und Fraßgift)	Acetylcholinesterase-Hemmer	1.845
Glyphosat	1974	Totalherbizid	Reversible, kompetitive Hemmung der 5-Enolpyruvylshikimat-3-phosphat-Synthasesynthase	4.320

Als Anmerkung sei hier gestattet, dass der klassische LD_{50}-Wert eigentlich der Vergangenheit angehören sollte. Die entsprechende OECD-Richtlinie 401 wurde bereits 2002 außer Kraft gesetzt (Marquardt et al. 2013). Der LD_{50}-Wert ist keine Kenngröße einer Substanz, denn er hängt von vielen Versuchsbedingungen ab und ist extrem schlecht reproduzierbar. Für jede Tierspezies ist der LD_{50} unterschiedlich und für die Beurteilung einer Gefährlichkeit einer Substanz sind Dosen, die gerade eine (oder gerade keine) Wirkung hervorrufen, wesentlich aussagekräftiger. Zur Abschätzung der Toxizität ist nicht die Letalität, sondern das Auftreten schwerwiegender toxischer Wirkungen entscheidend. Für die Beurteilung der allgemeinen Toxizität einer Substanz ist die akute Toxizität relativ unbedeutend. Hier sind Daten nach Mehrfachapplikation wesentlich aussagekräftiger. Zudem ist eine Korrelation der akuten Toxizität aus dem Tierversuch im Gegensatz zur chronischen Toxizität meist unbefriedigend (Marquardt et al. 2013). Die OECD Richtlinien (Organization for Economic Co-Operation and Development) zur Testung von Chemikalien laufen unter Beachtung der GLP-Vorschriften ab und kommen mit einer deutlich geringeren Anzahl an Versuchstieren aus. Meistens brauchen die Tiere für ein ausreichendes Ergebnis auch gar nicht sterben (OECD 2008, Marquardt et al. 2013). Als Alternativen für den LD_{50}-Test gelten der ATC-Test (Acute Toxic Class Method), der Up-and-down-Test und Fixed Dose Procedure (Marquardt et al. 2013).

Tiere, denen glyphosathaltige Präparate oral verbareicht werden, zeigen Essstörungen, ein lethargisches Verhalten, vermehrten Speichelfluss (Hapersalivation), Erbrechen und Durchfall. Die Syptome dauern für zwei bis zu 24 Stunden nach der Applikation an. Für diese klinische Symptomatik werden v. a. die den glyphsathaltigen Herbiziden beigemischten Surfactants (z. B. POEA) verantwortlich gemacht (Welch 2004, Henderson et al. 2010). Schwerwiegendere Symptome treten in der Regel bei Tieren nach etwa 30 Minuten auf. Zuerst kommt es zu Tachyarrhthmien, das Tier ist erregt. In der Folge treten Ataxie, depressive Symptome und Bradykardien auf. Komplikationen ergeben sich, wenn der klinische Zustand weiter fortschreitet und zu einem Kollaps und zu zerebralen Krämpfen bzw. epileptischen Anfällen führt (Henderson et al. 2010).

Das “Centre National d’informations Toxicologiques Veterinaires” in Frankreich berichtet über 31 Haustiere mit akuten Glyphosat-Intoxikationen während eines Zeitraumes von drei Jahren. Erbrechen tritt 1 – 2 Stunden nach Exposition in 61 % der Fälle auf. Bei 26 % der Tiere beobachtet.man eine starke Hypersalviation. Dazu kommen in 16 % der Fälle eine milde Diarrhoe. Die Nachbeobachtung gibt keinen Hinweis auf langanhaltende oder Dauereffekte (Burgat et al. 1998).

Für die akute Toxizität des Glyphosats beim Menschen sind 80 internationale Fälle einer Einnahme eines glyphosathaltigen Herbizids untersucht worden. 79 dieser Fälle waren Suizid-Versuche. Sieben davon endeten mit dem Tod. Während die versehentliche Einnahme eines glyphosathaltigen Herbizids mit leichten gastrointestinalen Smptomen einhergeht, beobachtet man bei der suizidalen Einnahme eine starke gastrointestinale Symptomatik. Wesentlich größere Mengen verursachen ein Anschwellen des Gastrointestinaltraktes, Schleimhautfetzen lösen sich ab, und es folgt eine Erosion mit starken gastrointestinalen Blutungen (Talbot et al. 1991, Williams et al. 2000, Bradberry et al. 2004).

Augen- und Hautirritationen werden gelegentlich beobachtet, v. a. durch eine dermale Exposition (Williams et al. 2000Bradbery et al. 2004). Solche unerwünschten Wirkungen treten insbesondere dann auf, wenn ein konzentriertes glyphosatbasiertes Herbizid vor der Anwendung nicht oder falsch verdünnt wird. Äußerst selten führen solche akuten Expositionen zu permanenten Augen-/Hautschädigungen (Acquavella et al. 1999, Williams et al. 2000, Bradberry et al. 2004).

Die Inhalation beim Versprühen des Herbizids kann kurzzeitig zu Halsschmerzen und nasalem Kribbeln führen, was aber nicht dauerhaft ist, sondern nach relativ kurzer Zeit wieder verschwindet (Bradberry et al. 2004).

Glyphosat und seine Salze sind entsprechend dem GHS-System (Globally Harmonized System of Classification, Labelling and Packaging of Chemicals) als umweltgefährlich (Kennzeichnung N) eingestuft. Es gelten die R-Sätze 41, 51 und 53 sowie die H-Sätze 318 und 411.

8.2. Chronische Toxizität

8.2.1 Grenzwerte, Richtwerte, Empfehlungen und zetlicher Ablauf der Re-Evaluierung

Die WHO (Weltgesundheitsorganisation) hat zur Bewertung von Rückständen in Lebensmitteln eine eigene Kategorie etabliert: der "Accetpable daily intake", kurz ADI oder ins Deutsche übersetzt "die erlaubte Tagesdosis". ADI-Werte sind Schätzwerte. Der ADI einer Chemikalie ist die Schätzung, welche Dosis pro Tag über die gesamte Lebenszeit ohne nennenswerte gesundheitliche Risiken für den Konsumenten aufgenommen werden kann. Der ADI findet bei Lebensmittelzusatzstoffen, bei Rückständen von Tierarzneimitteln und eben auch bei Rückständen von Pflanzenschutzmitteln Anwendung. Der ADI-Wert wird als Körperdosis in mg/kg Körpergewicht angegeben. ADI-Werte zu Pflanzenschutzmitteln können über die EU-Pestizid-Datenbank (http//:ec.europa.eu/sanco_pesticides/public/index.cfm) abgerufen werden. Für Substanzen, die von der EU nicht bewertet worden sind, bestimmt das BfR (Bundesinstitut für Risikobewerrtung) ADI-Werte nach denselben Regeln (Marquardt et al. 2013). Germien, die ADI-Werte festsetzen, sind auf europäischer Ebene die EU innerhalb des wissenschaftlichen Lebensmittelausschusses (SCF, Scientific Committee on Food) und auf internationaler Ebene das JEFCA-Kommitee (Joint FAO/WHO Expert Committee on Food Additives, das von Gesundheits- bzw. Ernährungsorganisationen der UN getragen wird (z. B. WHO) (Marquardt et al. 2013). Der AOEL-Wert ("Acceptable Operator Exposition Level", annehmbare Anwenderdosis) wird nur in Europa für Herbizide angegeben. Er ist dem speziellen Risiko, dem sich der Arbeiter, der unmittelbar mit dem Herbizid arbeitet (Glyphosat wird verspritzt) aussetzt. Wie der ADI-Wert ist der AOEL-Wert so ausgelegt, dass der Wert die Höchstexposition jeden Tag ein Leben lang angibt, ohne dass gesundheitliche Schäden zu erwarten sind. Die Einheit des AOELs ist mg/kg KG/d (European Commission 2017).

Auf der Basis des jeweiligen ADI-Wertes können für jedes Pestizid begründete Trinkwasser-Leitwerte abgeleitet werden. Der Trinkwasser-Leitwert gibt die Höchstkonzentration des Pestizids im Trinkwasser an, die täglich lebenslang ohne Krankheitsgefahr aufgenommen werden kann. Die Empfehlung des BfR lautet, dass die Aufnahme über das Trinkwasser höchstens 10 % der Menge des ADI beanspruchen sollte (Schellschmidt et al. 2004, Streloke et al. 2007). Im Gegensatz zum ADI-Wert ist der ARfD-Wert (Akute Reference Dose) ein Referenzwert für die kurzzeitige, bis zu 24-stündige Exposition gegenüber einem Pestizid in Lebensmitteln. Der ARfD-Wert erleichtert die Bewertung einer akuten Exposition.

Die Tierversuchsdaten werden auf den Menschen extrapoliert, um die höchste Dosis ohne schädigenden Effekt zu ermitteln (NOAEL, No Observable Adverse Effect Level). Der NOAEL dient als Ausgangswert für die Ableitung einer sicheren Expositionshöhe. Der NOAEL-Wert wird in der Einheit mg/kg KG/d (oder in englischer Schreibweise: mg/kg bw/d) angegeben. Dabei gibt der NOAEL auch immer nur einen Schätzwert und keinen 100%ig korrekten Wert an. Aus dem NOAEL einer Langzeitstudie und einem zusätzlichen Sicherheitsfaktor wird eine sichere Dosis ermittelt. Sind zu der Substanz aber keine Daten verfügbar, so kann die erlaubte Tagesdosis ADI auch mittels der Formel ADI = NOAEL/100 in mg/kg KG ermittelt werden (Marquardt et al. 2013). Der NOAEL ist von der Güte der Versuchsreihe und der Verlässlichkeit der Einzeldaten abhängig (Marquardt et al. 2013).

Weiterhin gibt es den sogenannten NOEL-Wert (No Observable Effect Level), der die höchste Dosis ohne irgendeine Wirkung angibt. Der NOEL-Wert für systemische Toxizität ist in den USA ermittelt worden, indem Hunden der Rasse Beagle zwölf Monate Kapseln mit 0 mg, 20 mg, 100 mg oder 500 mg Glyphosat/kg Körpergewicht pro Tag verabreicht wurden. Innerhalb dieses Zeitraumes wurden keine Effekte und Wirkungen bei den Hunden festgestellt. Dementsprechend ist der NOEL für Glyphosat größer als 500 mg/kg KG/d (Henderson et al. 2010). Dieser gilt aber nur für die Hunderasse Beagle und ist kein eindeutiger, sondern ein näherungsweiser Wert.

Weitere Werte wurden an Ratten bestimmt. Männliche Ratten wurden für zwei Jahre mit 89 mg, 362 mg oder 940 mg Glyphosat pro kg Körpergwicht pro Tag gefüttert. Den weiblichen Ratten gab man täglich 113 mg, 457 mg oder 1.183 mg Glyphosat pro kg Körpergewicht für zwei Jahre. In der Hochdosisgruppe der Nager beobachtete man bei den männlichen Ratten einen verminderten pH-Wert des Urins, eine höhere Inzidenz für einen Katarakt, Abnormalitäten der Linsen und eine Zunahme des Lebergewichts. Bei den weiblichen Ratten wurde in der Hochdosisgruppe ein vermindertes Körpergewicht registriert. In der Niedrigdosisgruppe und der Mitteldosisgruppe der weiblichen und männlichen Tiere wurden keine Veränderungen bzw. Wirkungen durch die tägliche Glyphosatgabe festgestellt. Somit wurde der LOEL-Wert (Lowest Observed Effect Level) für systemische Toxizität bei männlichen und weiblichen Ratten festgelegt. Für männliche Ratten beträgt er 940 mg/kg KG/d und für die weiblichen Ratten 1.183 mg/kg KG/d (Henderson et al. 2010). Der NOEL-Wert für systemische Toxizität beträgt nach dieser Studie 362 mg/kg KG/d für männliche und 457 mg/kg KG/d für weibliche Ratten.

In einer anderen Studie wurden Laborratten mit Glyphosatdosen von 0 mg, 100 mg, 300 mg oder 1.000 mg pro kg Körpergewicht und Tag gefüttert. Nach einem Jahr registrierte

man bei einigen Ratten aus den zwei höchsten Dosisgruppen (300 und 1.000 mg/kg KG/d) vergrößerte Speicheldrüsen mit zellulären Veränderungen. Der NOEL-Wert für eine systemische Toxizität an Ratten wurde daraufhin auf 100 mg/kg KG/d festgelegt (Henderson et al. 2010). Nach dem Bericht von Henderson und Mitarbeitern aus dem Jahr 2010 – mit kurzen Überarbeitungen in 2019 – wird Glyphosat als nicht neuro- und immunotoxisch eingestuft. Der NOAEL-Wert (No Obervable Adverse Effect Level) für eine Immunotoxizität des Glyphosats wurde an Laborratten bestimmt und beträgt 1.448 mg/kg KG/d. NOAEL-Werte wurden auch für eine subchronische Neurotoxizität bestimmt. Hier liegen die Werte bei 1.546,5 mg/kg KG/d buzw. 1.639,6 mg/kg KG/d für männliche bzw. weibliche Ratten (USEPA 2017, Henderson et al. 2017).
Für die Zulassung von Pestiziden besitzt die EU ein striktes Verfahren (vgl. unter 1. Einführung). Ein Pestizid bzw. ein Herbizid wie Glyphosat wird nur für die begrenzte Dauer von 15 Jahren zugelassen. Im Anschluss wird die Substanz neu bewertet. Zu Beginn dieser Neubewertung werden EU-Mitgliedsstaaten ausgewählt, die anhand einer wissenschaftlich fundierten Forschungsarbeit eine Bewertung abgeben, die sie der EFSA (Europäische Lebensmittelsicherheitsbehörde) mitteilen (Haimerl 2017). Nach Peer-Review, Hinzuziehen der Öffentlichkeit wird aufgrund der Bewertung einzelner Mitgliedsstaaten eine Entscheidung gefällt. Glyphosat wurde in 2002 in der EU zugelassen. Diese Zulassung galt bis zum 31. Dezember 2015. Für Glyphosat lief die Neubewertung in 2012 an mit Deutschland als dem berichterstattenden Mitgliedsstaat (vgl. Abbildung 8.3). In 2013 hatte das das Bundesinstitut für Risikobewertung (BfR) den "Renewal Assessment Report" (RAR) für das Herbizid zusammengestellt und an die EFSA übergeben (https://www.bfr.bund.de/de/presseinformation/2014/03/glyphsat_nicht_gif-tiger_als_bisher_angenommen_aber_bestimmte_beistoffe_sind_kritisch_zu_betrachten-188897.html). Die EFSA begann anschließend das Peer-Review mit den EU-Mitgliedsstaaten, bezog die Öffentlichkeit mit ein und forderte anschließend, im Herbst 2014, zusätzliche Informationen vom Antragsteller ein.

Anfang 2015 wurde ein äußerst brisanter Bericht der Internationalen Agentur für Krebsforschung (IARC), die der WHO unterstellt ist, veröffentlicht (https://www.iarc.fr/wp-content/uploads/2018/11/QA_Glyphosate.pdf). In dem Bericht wurde von der IARC geschlussfolgert, dass Glyphosat "wahrscheinlich krebserregend für den Menschen" sei und dass, nachdem andere offizielle Behörden wie das deutsche BfR zu einer anderen Bewertung gekommen waren. Das BfR lehnte eine erneute Stellungnahme und Bewertung aufgrund des nun vorliegenden IARC-Gutachtens ab, da es alle Studien, auch die von der IARC herangezogenen, sorgfältig geprüft habe. Das BfR betonte zudem, dass IARC eine rein gefahrenbezogene Analyse anstelle und auch Studien mit glyphosathaltigen Formulierungen miteinbeziehe, wohingegen das BfR nur mit der Risikoeinschätzung des reinen Wirkstoffes beauftragt worden sei. Im Übrigen empfiehlt das BfR aber ausdrücklich, auch glyphosathaltige Formulierungen mit in die Bewertung zur Zulassung einfließen zu lassen (BfR 2015). Daraufhin wurde von der EFSA eine Expertenrunde einberufen, die sich ausschließlich mit der potenziellen Kanzerogenität des Glyphosats beschäftigte.

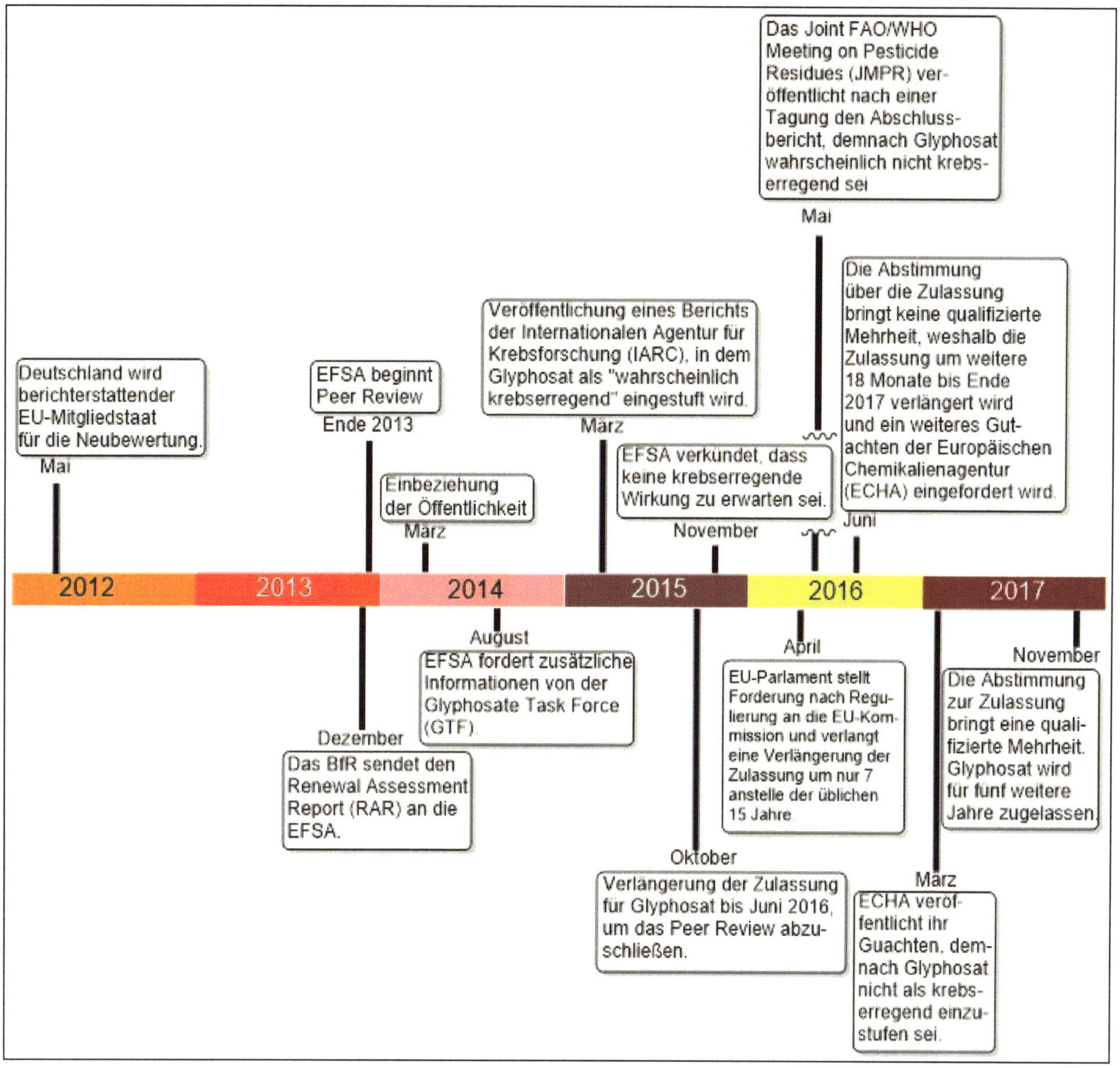

Abbildung 8.1: Chronik der Neubewertung des Glyphosats (nach Haimerl 2017).

Im Oktober 2015 musste die Zulassung des Glyphosats bis Juni 2016 verlängert werden, um das Peer-Review abschließen zu können. Kurz nach Verlängerung der Glyphosatzulassung veröffentlichte dann die EFSA das Peer Review, eine eigene Bewertung, in der sie zu dem Ergebnis kam, dass von Glyphosat "keine krebserzeugende Wirkung zu erwarten sei" (EFSA Journal 2015, http://www.efsa.europa.eu/de/efsajournal/pub/4302). Im Frühjahr 2016 veröffentlichte auch das JMPR (Joint FAO/WHO Meeting on Pesticide Residues) eine eigene Erklärung, die der Bewertung der EFSA in etwa entsprach (JMPR 2016). Das ist insofern interessant, da sowohl JMPR als auch IARC unter dem Dach der WHO organisiert sind. Das EU-Parlament stellte daraufhin im April 2016 Forderungen zur Regulierung an die EU-Kommission. Insbesondere sollte die Verlängerung der Marktzulassung nicht für fünfzehn, sondern nur für sieben Jahre gewährt werden (Haimerl 2017). Nachdem durch die Vertreter der EU-Mitgliedsstaaten keine qualifizierte Mehrheit für oder gegen eine Neuzulassung zustande gekommen war, verlängerte die EFSA die Zulassung des Glphosats noch einmal kurzfristig von Juni 2016 bis Ende 2017. Ein von der ECHA (Europäische Chemikalienagentur) erstelltes Gutachten, das von der EU in Auftrag gegeben wurde, ist Anfang März 2017 veröffentlicht worden. Das ECHA-Gutachten kommt zu dem Ergebnis, dass Glyphosat nicht als krebserregend einzustufen sei (ECHA 2017). Am 27. November stimmte dann letztendlich eine qualifizierte Mehrheit der EU-Mitgliedsstaaten, darunter auch Deutschland, für die Verlängerung der Zulassung um weitere fünf Jahre. Zusätzlich wurden von der EU-Kommission Handlungsempfehlungen zum korrekten Umgang mit Glyphosat für die Mitgliedsstaaten veröffentlicht. Die inerte Substanz, das Surfactant POEA, soll möglichst aus glyphosathaltigen Formulierungen verbannt, der Gebrauch der Substanz in öffentlichen Parks, öffentlichen Spielplätzen und in Gärten sowie das Versprühen von Glyphosat vor der Ernte möglichst minimiert werden (Haimerl 2017).

Bei seiner Erstzulassung in 2002 wurde seitens der EU für Glyphosat ein ADI von 0,3 mg/kg KG/d festgelegt (Tabelle 8.4 A) (Marquardt et al. 2013). Das der WHO unterstehende JMPR hat in 2005 einen ADI-Wert von 1,0 mg/kg Kg/d festgesetzt. Zur Ermittlung dieses Wertes wurden die früher üblichen Langzeitstudien an Ratten durchgeführt. Für die erfolgte Re-Evaluierung innerhalb der EU wurde das für Glyphosat empfindlichste Tiermodell, ein Versuchsmodell mit trächtigen Kaninchen, gewählt. Der AOEL-Wert, der Grenzwert für die Anwenderexposition, wurde auf 0,2 mg/kg KG/d festgesetzt (Tabelle 8.4 A). Dabei ist der AOEL-Wert erst nach 2002 dazugekommen. Der ADfR für eine kurzfristig hohe Glyphosat-Exposition in Lebensmitteln in nur einer Mahlzeit bzw. über maximal 24 Stunden, so war man sich 2002 einig, werde nicht gebraucht.

Sogar vor der abgeschlossenen Re-Evaluierung des Glyphosats und der Zulassung bis 2022, bestand im Juni 2014 beim BfR noch Einigkeit darüber, dass es aufgrund der geringen Toxizität des Glyphosats keines Wertes für die akute Referenzdosis (ADfR) bedarf (BfR 2014). In 2019 stellt sich die Sachlage anders dar. Hier ist ein ADfR-Wert von 0,5 mg/kg KG für Glyphosat in der Pestizid-Datenbank der EU hinterlegt (Tabelle 8.4 B) (http//:ec.europa.eu/sanco_pesticides/public/index.cfm). Dieser ergibt sich aus dem NOAEL-Wert von 50 mg/kg KG und einem Sicherheitsfaktor von 100 (Kimmel et al. 2013). Dafür ist der ADI-Wert gelockert worden und von 0,3 auf 0,5 mg/kg KG/d angehoben worden, was dem bereits in 2005 vom JMPR an Ratten ermittelten ADI von 1,0 mg/kg KG/d entspricht. Für den ADI-Wert von 0,3 mg/kg Kg/d aus dem Jahr 2002 bildet eine tierexperimentelle Studie an Ratten die Basis. Die Tiere erhielten 60 mg /kg KG/d über zwei Jahre appliziert mit der Folge eines signifikanten Anteils an Leberschäden (European Commission 2002, Mesnage und Antoniou 2017). Die täglich annehmbare Anwenderexposition ist dagegen noch einmal verschärft worden. Der nur in der EU geltende AOEL ist von 0,2 auf 0, 1 mg/kg KG/d abgesenkt worden (Tabelle 8.4 B) (http//:ec.europa.eu/sanco_pesticides/public/index.cfm). Der Hauptmetabolit AMPA ist keinesfalls toxischer als Glyphosat. Für AMPA gelten dieselben Grenzerte wie für Glyphosat (BFR 2014).

Tabelle 8.3:

ADI-, AOEL- und ARfD-Werte der EU und des JMPRs für Glyphosat A) aus dem Jahr 2002 (EU) bzw. 2005 (JMPR) bzw. B) ADI-, AOEL und ARfD-Werte der aus 2019 (nach Marquardt et al. 2013, http//:ec.europa.eu/sanco_pesticides/public/index.cfm; aufgerufen am 13.5.2019).

ADI: acceptable daily intake, erlaubte Tagesdosis lebenslang;

AOEL: acceptable operator exposition level, annehmbare tägliche, lebenslange Anwenderdosis;

JMPR: Joint FAO/WHO Meeting on Pesticides Residues

ARfD: acute reference dose, Referenzwert für eine kurzzeitige, maximal 24 Stunden andauernde Exposition, unterhalb derer keine Gesundheitsgefahr besteht.

A)

Herbizid	**ADI (EU)**	**AOEL (EU)**	**ARfD (EU)**	**ADI (JMPR)**	**AOEL (JMPR)**	**ARfD (JMPR)**
Glyphosat	0,3 mg/kg KG/d	0,2 mg/kg KG/d	nicht erforderlich	1,0 mg/kg KG/d	----------------- (EU-spezifischer Wert)	nicht erforderlich

B)

Herbizid	**ADI (EU)**	**AOEL (EU)**	**ARfD (EU)**
Glyphosat	0,5 mg/kg KG/d	0,1 mg/kg KG/d	0,5 mg/kg KG

8.2.2 Die möglicherweise vorhandene Kanzerogenität des Glyphosats und die Unterschiede in den Gutachten von IARC und EFSA/BfR

Man muss festhalten, dass es zwar eine Fülle an Studien zu den Glyphosat-Wirkungen beim Menschen gibt, dass diese aber oftmals wenig ausssagekräftig sind (vgl. Kapitel 6). Bei der Untersuchung von Farmerfamilien im Bundesstaat Iowa lagen die gemessenen Werte selbst bei den unmittelbar mit dem Herbizid arbeitenden Farmern mit einem Mittelwert von 1,6 µg/l knapp oberhalb der Bestimmungsgrenze, niedriger als im Mittel bei ihren Kindern (1,9 µg/l) und nur wenig höher als die der Mütter (1,1 µg/l) ([1]Curwin et al. 2007, Gillezeau et al. 2019). Die maximale Dosis des Glyphosats ohne bemerkbare Wirkung (NOEL) beträgt 175 mg/kg (ist nur ein Annäherungswert!) oder entsprechend

175.000 µg/kg (Farmer et al. 2010). Der europäische AOEL für den Farmer liegt bei 0,1 mg/kg KG und Tag bzw. 100 µg/kg Kg und Tag. Der NOEL-Wert für Glyphosat liegt somit um den Faktor 1.750 höher als der europaspezifische AOEL-Wert. Tatsächlich wird der NOEL-Wert niemals überschritten von den Farmern (im Mittel 1,6 µg/l) und von deren Kindern und Ehefrauen (1,9 µg/l (Kinder) und 1,1 µg/l (Ehefrauen) ([1]Curmin et al. 2007, Gillezeau et al. 2019). Die Dichte einer durchschnittlichen Glyphosat-Formulierung beträgt 1,3 - 1,4 g/cm^3 (Sicherheitsadatenblatt Roundup® PowerFlex 2010).

Da stellen sich trotz der geringen inhalativen und perkutanen Resorption des Glyphosats die Fragen: wurde ausreichend oft gemessen oder wurde etwa eine Expositionsspitze verpasst? Hat man zu den richtigen Zeitpunkten gemessen? Hat man nicht nur oft genug, sondern auch lang genug gemessen? Über eine landwirtschaftliche Saison hinweg? Gillezeau und Mitarbeiter haben in ihrer Auswertung der zur Verfügung stehenden und akzeptablen Studien bereits festgehalten, dass die meisten Studien jeweils nur einen Urin-Wert direkt nach der Anwendung des Glyphosats beinhalten. (Gillezeau et al. 2019). Trotz der Fülle an Studien zur Glyphosat-Exposition existieren nur wenige Studien, die eine statistisch signifikante Auswertung ermöglichen.

Tatsächlich gibt es sie, die vereinzelt hohen Werte, wahrscheinlich Zufallsbefunde, aber immer Einzelfallberichte, beispielsweise in Lebensmitteln die 200.000 µ/l in Pfefferminze bzw. Pfefferminzölen und die 100 µg/l in Tomaten oder die 75 µg/l in Trinkwasser (Poiger et al. 2017) (vgl. Kapitel 7). Da gibt es die werdende Mutter mit einer Glyphosat-Konzentration im Urin von 189 µg/l (Kongtip et al. 2017). Wie kommt es zu so hohen Messergebnissen? Warum treten diese in anderen Studien nicht auf? Warum geben Monsanto bzw. Bayer nicht alle firmenintern durchgeführten Studien für die Öffentlichkeit frei? Natürlich drängt sich da auch der Verdacht einer Einflussnahme auf. Hat etwa der Farmer einen Schutzanzug getragen? Sollte expilizit nur zu einem bestimmten Zeitpunkt gemessen werden? Die Einflussnahme durch den Geldgeber der Studie kann durchaus das Ergebnis mitbestimmen. Die zufällig erscheinende Variabilität der Messergebnisse und damit verbunden der exakte und optimale Zeitpunkt der Messung sind aber sicherlich das größere Problem.

Für Glyphosat steht nach wie vor der Verdacht der Kanzerogenität im Raum, auch wenn EFSA, BfR, ECHA und JMPR die Substanz als wahrscheinlich nicht krebserregend und genotoxisch klassifizieren. Insbesondere die ECHA befindet in Europa über die Gefährdungsmerkmale eines Gefahrenstoffs. Durch das ECHA-Gutachten vom März 2017 ist Glyphosat gesetzlich als nicht krebserregend eingestuft worden. Das IARC hat in seiner Risikoanalyse aus 2015 Glyphosat in die Gruppe 2A "probably carcinogenic to humans" eingeordnet (IARC 2016). Nach der IARC-Einteilung gibt es fünf verschiedene Gruppen: 1, 2a, 2b, 3, 4, 5 (Tabelle 8.5): Der Gruppe 1 werden Substanzen zugeordnet, für die ausreichend Evidenz gegeben ist, dass sie humankarzinogen wirken. Dann folgt schon die Kategorie 2a, in die Glyphosat eingeordnet worden ist. Substanzen der Kategorie 2a sind wahrscheinlich humankarzinogen. Es liegen keine ausdrücklichen Beweise für die Karzinogenität der Substanz vor, aber es gibt genügend

Indikatoren, die dies andeuten. Außerdem ist in der Kategorie 2a die Evidenzlage für eine karzinogene Wirkung im Tierversuch ausreichend. Nach EU-Re-Evaluierung erfolgt keine Einstufung als Karzinogen (Tarazona et al. 2017). In Tabelle 8.5 sind die einzelnen Gruppen der IARC-Klassifizierung und ihre entsprechenden Kategorien der UN-GHS-Klassifizierung (Globally Harmonized System of Classification and Labeling of Chemicals) nach Tarazona et al. 2017 gegenübergestellt.

Tabelle 8.4:

IARC-Klassifikation der Kanzerogenität von Chemikalien und vermeintliche äquivalente Kategorien der UN-GHS (nach Tarazona et al. 2017).

UN-GHS: Globally Harmonized System of Classification and Labeling of Chemicals.

IARC-Gruppe	1	2a	2b	3	4
Glyphosat →	**The agent is a carcinogen for humans.** This category is only used when sufficient indications of carcinogenity for humans are available.	**The agent ist probably carcinogenic for humans.** The classification of an agent in this category is recommended if there is no formal evidence of carcinogenicity in humans, but corroborating indicators of its carcinogenicity for humans and sufficient evidence of carcinogenicity in experimental animals.	**The agent is possibly carcinogenic for humans.** There is limited evidence of carcinogenicity in humans and evidence for animals, or insufficient evidence for human beings but sufficient evidence of carcinogenicity in experimental animals.	**Agent not classifiable as to its carcinogenicity** to humans. (Insufficient evidence for human beings and insufficient or limited for animals)	**Agent probably not carcinogenic for humans.** (Evidence suggesting lack of carcinogenicity in humans and in experimental animals)
UN-GHS-Kategorie	**1A**	**1B**	**2**	**keine Klassifizierung**	
	Substances known to hace carcinogenic potential for humans. Largely based on human evidence.	Substances presumed to have carcinogenic potential for humans. Largely based on animal evidence.	Substances suspected to have carcinogenic potential for humans. Evidence obtained from human and/or animal studies but not sufficiently convincing to place the	No sufficient evidence for classifying the substance as carcinogenic. ↑ Glyphosat	

			substance in Category 1A or 1B.	

Die unterschiedlichen Ergebnisse, die das IARC und die EU-Re-Evaluierung durch die EFSA hinsichtlich der Kanzerogenität des Glyphosats lieferten, lassen sich teilweise auf das unterschiedliche Aufgabenspektrum von IARC und EFSA zurückzuführen. Beim der WHO zugeordneten IARC sitzen Experten, die sich mit nichts anderem als der Kanzerogenität von Substanzen beschäftigen, Top- Experten auf diesem Gebiet. Während das IARC sich innerhalb der WHO ausschließlich mit der karzinogenen Wirkung von Substanzen beschäftigt und seine Klassifikation in den Gruppen 1 – 5 ein erster Schritt bei der Charakterisierung einer Substanz darstellt, muss die EFSA eine rechtsverbindliche Einteilung nach UN-GHS vornehmen, ist für das Labelling, die Anforderung an die Verpackung, Gebauchseinschränkungen u v. m. verantwortlich und muss ein komplettes Risiko-Assessment einer Substanz vornehmen. Vor diesem Hintergrund sind die oftmals konservativen Gutachten der EFSA verständlich. Bezüglich der unterschiedlichen Gutachen und Klassifikationen des Glyphosats von IARC und EFSA bzw. BfR kann man einige wesentliche Punkte ausmachen, die zur Divergenz führten: die Beweislage beim Menschen, die zur Verfügung stehenden Informationsquellen und das Ziel des jeweiligen Gutachtens.

Die Definitionen einer "limitierten Evidenz" und einer "ausreichenden Evidenz" bei den epidemiologischen Studien am Menschen und den tierexperimentellen Studien sind bei IARC und EFSA identisch. Differenzen gibt es hinsichtlich des Abwägens und des Bewertens einzelner Kriterien und methodologischer Aspekte (Tarazona et al. 2017).

Die epidemiologischen Studien am Menschen, die beiden zur Verfügung standen, wurden unterschiedlich interpretiert. Insbesondere der Zusammenhang zwischen einer Glyphosat-Exposition und dem Auftreten von Non-Hodgkin-Lymphomen ist unterschiedlich bewertet worden. Für das IARC war eine begrenzte Evidenz gegeben ("limited evidence in humans"), während die Evidenz für die EFSA nicht ausreichend war, um eine Klassifizierung vorzunehmen ("very limited evidence") (Portier et al. 2016, Tarazona et al. 2017). Das IARC sah die berenzte Evidenzlage beim Menschen durch eine ausreichende Evidenz bei experimentellen Tierversuchen und durch plausible Mechanismen, Genotoxizität und oxidativer Stress, ausreichend gestützt.

Die tierexperimentellen Studien, auf die das IARC zurückgreifen konnte, decken sich nicht mit denen der EFSA. Da die Re-Evaluierung zum Zeitpunkt der Erstellung der Gutachten weiterlief, konnte das IARC laut EFSA nur auf einen vorläufigen Entwurf zurückgreifen. Mit dieser Draft-Version war eine Prüfung der Konsistenz der Studien für das IARC laut EFSA erschwert. Nichtpublizierte industriegesponserte Studien gelten für das IARC als Sekundärstudien. Als Behörde hat die EFSA Zugang zu allen Studien, das IARC ist hier anscheinend auf Zusammenfassungen vorheriger Assessments angewiesen (Tarazona et al, 2017).

Für die EFSA entscheidend sind auch Unterschiede in der Beurteilung sekundärer karzinogener und genotoxischer Effekte hervorgerufen durch extrem hohe Dosen in den Tierversuchen. Diese sind für ein Risiko-Assessment, wie es die EFSA durchzuführen hat, nicht ausschlaggebend. Hier fokussiert man sich nicht auf praxisferne Hochdosiseffekte, sondern auf die Fähigkeit einer Substanz, bei niedrigeren Dosen, die Tumorentsstehung zu induzieren.

Für die Reaktionsmechanismen, die eine Genotoxizität und Mutagenität bedingen, nutzte das IARC anscheinend zusätzlich zur reinen Glyphosatsäure auch glyphosatbasierte Formulierungen. Das IARC führt als zusätzliche die Beweislage unterstützende Wirkmechanismen die Genotoxizität und den oxidativen Stress an. Hierfür wird kein Schwellenwert beim IARC diskutiert, während gerade für ein regulatorisches Assessment der EFSA die Identifizierung eines Nichtschwellenwertes ein Schlüsselparameter bei der Risikoeinschätzung darstellt (Tarazona et al. 2017).

Eine verlässliche Beurteilung des Glyphosats setzt verwertbare Daten voraus. Während bei Arzneimitteln zum Nachweis der Wirksamkeit die klinisch-pharmakologischen Studien in der Regel die notwendige Güte haben und verlässliche Daten liefern, gibt es nur wenige Studien zur Ermittlung toxikologischer Wirkungen, die an die Güte der klinisch-pharmakologischen Studien heranreichen. Eine epidemiologische Studie kann nur eine Hypothese liefern, die möglichst in unabhängigen Studien verifiziert werden sollte. Eine doppelt-blinde, Placebo-kontrollierte Studie mit mehreren quantifizierbaren Glyphosat-Dosen und wenigen, eindeutigen Endpunkten wird es nicht geben. Prospektive, kontrollierte Kohortenstudien mit definierter bzw. quantifizierbarer Glyphosat-Exposition und wenigen, eindeutigen Endpunkten sind möglich, aber aufwändig und teuer. Wer hat das Geld – außer der Industrie –, eine solche Studie zu finanzieren?

Für Glyphosat ist die einzige verfügbare und anscheinend kaum zu kritisierende Kohorten-Studie, die Informationen über einen Zusammenhang zwischen der Karzinogenität und einer Glyphosat-Exposition liefert, "The Agricultural Health Study" (AHS) (De Roos et al. 2006). Die Studie liefert ein "Null-finding" für Non-Hodgkin-Lymphome (NHL) (relatives Risiko RR 1,1). Trotz der Vorteile von Kohorten gegenüber meist retrospektiven Fallkontrollstudien, hat die AHS nur 92 NHL-Fälle in der Analyse, was verglichen mit einer retrospektiven Fallkontrollstudie aus den USA aus 2003 mit 650 NHL-Fällen, deutlich weniger ist (De Roos et al. 2003). Zusätzlich beträgt die mediane Follow-up-Zeit in der Agricultural Health Study nur 6,7 Jahre, was kaum lang genug ist, um die Latenzzeit beim Krebs zu berücksichtigen (Weisenburger 1992, (Portier et al. 2016).

Eine neue Auswertung der Agricultural Health Study aus dem Jahr 2018 konnte keine Assoziation zwischen einer Glyphosat-Exposition und irgendeinem soliden Tumor bzw. lymphoiden malignen Erkrankungen – eingeschlossen das Non-Hodgkin-Syndrom und alle seine Unterarten – gefunden werden. Einzig ein leicht erhöhtes Risiko für das Auftreten einer akuten myeloischen Leukämie (AML) konnte ausgemacht werden. Dies bedarf sicherlich einer weiteren Abklärung (Andreotti et al. 2018).

Für das RAR waren alle (retrospektiven) Fallkontrollstudien nicht verlässlich. Dabei können auch diese bei einer guten Ausführung zu einer ausreichenden Aussagekraft beitragen. Sie werden routinemäßig in der Gefahrenevaluierung genutzt (Checkoway et al. 2004, Rothman et al. 2008). Eine sorgfältige Evaluierung aller epidemiologischer Daten ist unabdingbar, um die Stärken und Schwächen jeder Studie zu erarbeiten. Das ist der Schlüssel, damit die positive Korrelation Glyphosat-Exposition und Auftreten von Non-Hodgkin-Lymphomen in den Fallkontrollstudien als zuverlässig bewertet werden kann und keinen Zufallsbefund aufgrund methodologischer Fehler darstellt (Portier et al. 2016). Für eine Evaluierung ist ebenso wichtig, sorgsam jede einzelne Studie im Zusammenhang auf Konsistenz, Bedeutung und Qualität zu überprüfen und nicht einfach nur positive Korrelationen aufzuaddieren. Dazu dienen die beiden hervorragend durchgeführten Metaanalysen, die im IARC-Gutachten zitiert werden. Sie sind Beispiele für objektive Evaluierungen und zeigen aus der Summe der einzelnen Studien eine konsistente positive Korrelation zwischen einer Glyphosat-Exposition und dem Auftreten von NHL (Schinasi und Leon 2014, IARC 2016).

In den tierexperimentellen Studien konnte das IARC eine signifikante Erhöhung für Nierentumore und für Hämangiosarkome bei männlichen CD-1-Mäusen nachweisen. Zusätzlich machte das IARC einen Anstieg der Inzidenz für Inselzelladenome des Pankreas in zwei Studien an Sprague-Dawley-Ratten aus. In einer dieser Studien kam es zusätzlich zu einem Anstieg von Adenomen der Schilddrüse bei weiblichen Tieren und von Leberadenomen bei männlichen Tieren (Portier et al. 2016). Diese Publikationen standen dem IARC in voller Länge zur Verfügung, sodass eine unabhängige wissenschaftliche Evaluierung möglich war, wie es die IARC-Präambel verlangt (IARC 2006, Pontier et al. 2016).

Wie man aus den Nachträgen von BfR und EFSA erkennt, existierten fünf zusätzliche nichtveröffentlichte tierexperimentelle Studien, drei an Mäusen und zwei an Ratten, die nur der EFSA und dem BfR zugänglich waren. Zwei der zusätzlichen Studien zeigten eine signifikante Inzidenz bei männlichen CD1-Mäusen bzw. in Swiss-Webster-Mäusen für renale Tumoren, eine davon, die an CD-1-Mäusen durchgeführte, ließ auch eine signifikante Inzidenz für Hämangiosarkome erkennen (Portier et al. 2016). Im RAR werden auch zwei Studien an CD-1-Mäusen erwähnt, die einen signifikanten Anstieg maligner Lymphome aufzeigten (Portier et al. 2016).

Im RAR werden diese Studien abgelehnt, weil es keine individuellen, behandelten Gruppen gab, die signifikant von den Kontrollgruppen abwichen. Zudem lag die maximal zu beobachtender Response innerhalb des Bereiches der historischen Kontrolldaten (Pontier et al 2016). Die Verwendung historischer Kontrolldaten für die Evaluierung einer kanzerogenen Wirkung sollte – so steht es in Leitlinien - bei wissenschaftlichen Publikationen und in den EU-Regularien, die im RAR zitiert werden, vermieden werden (IARC 2006, OECD 2012, EPA 2015). Wenn historische Kontrolldaten verwendet werden, sollten sie möglichst aus demselben Jahr kommen, vom selben Tierstamm, vorzugsweise aus demselben Labor und vom selben Zulieferer kommen und möglichst auch vom selben Pathologen begutachtet werden (OECD 2012, EPA 2015). Nur eine der Mäuse-Studien nutzte denselben Mausstamm, wie er in den historischen Kontrolldaten zitiert wird - allerdings erst 10 Jahre, nachdem die historischen Kontrolldaten angelegt wurden (Portier et al. 2016). Zudem lehnt die EFSA die leicht erhöhten Inzidenzen für eine Tumorentstehung ab, da sie nur in Dosen auftreten, die an oder über der maximal tolerierten Dosis (MTD) liegen. Zudem wird das Fehlen von präneoplastischen Läsionen bemängelt (Portier et al. 2016). Allerdings wurden für die Studien an Mäusen keine ernsthaften Effekte bei der höchsten verabreichten Dosis im RAR beschrieben. Man könnte argumentieren, diese Hochdosen führten zu einer Zelldisruption mit der Folge einer Tumorigenese, jedoch wird in keiner dieser Studien davon berichtet. Das Fehlen präneoplastischer Läsionen ist für die EFSA anscheinend ein Grund, eine signifikante neoplastische und maligne Wirkung zu ignorieren. Hier ist die Abwägung gegeneinander nicht objektiv, denn Studien, die signifikante Erhöhungen der Tumorinzidenz beweisen, werden wegen eines unzureichenden Grundes nicht berücksichtigt (Portier et al. 2016).

8.2.3 Evidenzlage für eine Kanzerogenität des Glyphosats beim Menschen

Bei genauem Betrachten findet sich im IARC-Gutachten in den aufgeführten humanen Studien nur eine begrenzte Evidenz für eine Kanzerogenität des Glyphosats, in tierexperimentellen Studien hingegen eine ausreichene Evidenz.

Im IARC-Gutachten wurden zahlreiche Studien am Menschen ausgewertet, u. a. die Agricultural Health Study (AHS), also die große Kohortenstudie, sowie mehrere große Fallkontrollstudien, die humane Daten hinsichtlich einer möglichen Glyphosat-Kanzerogenität lieferten.

Für das Auftreten von Non-Hodgkin-Lymphomen liegen zwei große Fallkontrollstudien aus den USA und Kanada sowie zwei weitere aus Schweden vor, die alle ein signifikant erhöhtes Risiko für das Auftreten von NHL im Zusammenhang mit einer Glyphosat-Exposition feststellen (Brown et al. 1993, Nordström et al. 1998, Hardell und Eriksson 1999, McDuffie et al. 2001, De Roos et al. 2003, Lee et al. 2004, Eriksson et al. 2008, Karunanayake et al. 2012, Kachuri et al. 2013). Bis auf die kanadische Studie haben alle Studien die Ergebnisse hinsichtlich einer Exposition anderer Pestizide korrigiert, dennoch blieb das erhöhte Risiko bestehen (IARC 2015). Die anderen drei Studien zeigten eine deutliche Assoziation zwischen dem Auftreten von NHL und einer Glyphosat-Exposition nach Anpassung der Ergebnisse auf Expositionen anderer Pestizide. Die Odds Ratios liegen bei 2,1 (95 % confidence interval; 1,1 – 4,0), 1,85 (95 % CI; 0,55 – 6,2) und 1,51 (95 % CI; 0,77 – 2,94) (IARC 2015). Die AHS-Kohortenstudie zeigt kein erhöhtes Auftreten von Non-Hodgkin-Lymphomen (IARC 2015). Allerdings deuten neuere Auswertungen eine Erhöhung von AML-Fällen an (Andreotti et al. 2018). Drei weitere Studien, die vom IARC begutachtet wurden, zeigten eine Erhöhung für Multiple Myelome. Allerdings waren zum einen die Erhöhungen statistisch nicht signifikant, zum anderen wurden die Ergebnisse nicht für andere Pestizide korrigiert (IARC 2015). Ein erhöhtes Risiko mit einem Odds Ratio von 3,1 (95 % CI; 0,6 – 17,1) ließ sich auch innerhalb einer europäischen Studie für das Auftreten von B-Zell-Lymphomen bestimmen.

Eine Krankenhaus-Studie aus Frankreich konnte allerdings die Assoziation zwischen dem Auftreten von NHL und einer Glyphosat-Exposition nicht bestätigen. Hier liegt die Odds Ratio bei 1,0 (95 % CI, 0,5 – 2,2).

Eine Meta-Analyse von Schinaski und Leon bereitete eine systematische Ausarbeitung bezüglich des Auftretens von NHL und der Glyphosat-Exposition sowie weiterer landwirtschaftlich genutzter Pestizide (Schinasi und Leon 2014, IARC2015). Die Meta-Analyse schloss insgesamt sechs Studien ein: Mc Duffie et al. 2001, Hardell et al. 2002, De Roos et al. 2003, De Roos et als. 2005, Eriksson et al. 2008, Orsi et al. 2009. Es wurde eine Meta-Risk-Ratio von 1,5 (95 % CI; 1,1 – 2,0) ermittelt. Die am besten angepassten Studien bezüglich einer Glyphosat-Exposition fehlten aber in dieser Analyse: Hardell et al. 2002 und Eriksson et al. 2008. Das IARC hat diese Studien eigenhändig miteingearbeitet und erhielt ein Meta-Risk-Ratio von 1,3 (95 %CI; 1,03 – 1,65) (IARC 2015).

Für alle anderen Krebsarten, für die Studien vorlagen, seien es Speiseröhren- und Magentumore, kolorektale Tumore, Pankreastumore, Nierentumore, Blasentumore, Brusttumore, Prostatatumore, Gehirntumore und maligne Melanome, konnte das IARC in seinem Gutachten kein erhöhtes Risiko nach einer Glyphosat-Exposition erkennen (IARC 2015).

8.2.4 Tierexperimentelle Evidenzlage zur Kanzerogenität des Glyphosats

Anders als die Studien am Menschen liefern die tierexperimentellen Studien eine ausreichende Evidenz für die Kanzerogenität des Glyphosats. Auf Kanzerogenität wurde an männlichen und weiblichen Mäusen und Ratten getestet, wobei das Glyphosat über die Nahrung appliziert wurde. Hier liegen zwei gut druchgeführte, akzeptable Studien vor ([1]EPA 1985, [2]EPA 1985, EPA 1986, EPA1991, JMPR 2006, Greim et al. 2013).

50 männlichen und 50 weiblichen CD-1-Mäusen wurde Glyphosat mit einer Reinheit von 99,7 % in einer Konzentration 0, 1.000, 5.000 oder 30.000 ppm für 24 Monate mit der Nahrung verabreicht ([1]EPA 1991, [2]EPA 1991, [3]EPA 1991, [4]EPA 1991). Kein glyphosatbedingter Effekt für beide Geschlechter bezüglich des Körpergewichts ist bis zur 5.000-ppm-Dosis registriert worden. Das Überleben war für die Tiere bei den drei Dosierungen ähnlich wie in der Kontrollgruppe. Allerdings verzeichnete man in der Gruppe, die die Höchstdosis bekam, eine konsistente, geschlechtsunabhängige Abnahme des Körpergewichts. Das Überleben der Mäuse, die die Höchstdosis bekamen, war ähnlich wie das Überleben derer, die in der Kontrollgruppe waren. Man konnte einen leichten positiven Trend für die Inzidenz eines Nierenadenoms bei den mit Glyphosat behandelten männlichen Mäusen ausmachen (p = 0,016, linearer Trend-Test; 0/49; 0/49, 1/50 (2 %), 3/50 (6 %)) ([2]EPA 1985). Es muss festgehalten werden, dass das Nierentubulusadenom äußerst selten bei CD-1-Mäusen auftritt (IARC 2015). Andere Tumorarten konnten nicht identifiziert werden ([1]EPA 1985, IARC 2015). Von der EPA wurden von allen

männlichen Tieren der behandelten und der Kontrollgruppen zusätzliche Schnitte angeordnet ([2]EPA 1985, IARC 2015). Aber hier zeigte sich kein Unterschied zwischen Kontroll- und Glyphosatgruppe. Die EPA ordnete ebenfalls an, die registrierten Tumore zu bewerten (EPA 1986). Heraus kam eine Inzidenz für das Nierentubulusadenom von 1/49 (2 %); 0/49; 0/50; 1/50 (2%), was statistisch nicht signifikant ist. Allerdings lag die Inzidenz für ein Nierentubuluskarzinom bei 0/49; 0/49; 1/50 (2 %), 2/50 (4 %) mit p = 0,037 im linearen Trend-Test und für die Kombination aus Adenom und Karzinom bei p = 0,034. Diese zweite Evaluierung zeigte eine deutliche dosisabhängige Zunahme der Inzidenz für äußerst seltene Tumore, die dem Glyphosat zugeschrieben werden n (IARC 2015). Das IARC berichtet in seinem Gutachten, dass nur eine von 725 CD-1-Mäusen einen Nierentumor entwickelt hatte (Chandra und Frith 1994, IARC 2015).

In einer anderen Studie mit je 50 männlichen und 50 weiblichen CD-1-Mäusen, bei der die Dosis Glyphosat (Reinheit: 98,6 %) mit der Nahrung innerhalb der ersten 13 Wochen wöchentlich angepasst wurde. Danach wurden 0, 100, 300 oder 1.000 mg Glyphosat pro Kilogramm Körpergewicht alle vier Wochen mit der Nahrung verabreicht (JMPR 2006, IARC 2015). Effekte auf das Körpergewicht oder das Überleben konnte hier bei keiner Gruppe ausgemacht werden. Allerdings beobachtete man eine Zunahme der Inzidenz bei männlichen Tieren für Hämangiosarkome: 0/50; 0/50; 0/50; 4/50 (8 %). Mit dem Cochrane Armitage Trend Test erhielt man p < 0,001. Für weibliche Tiere war die Zunahme der Inzidenz statistisch nicht signifikant. Zusätzlich registrierte man bei männlichen und weiblichen Tieren eine Inzidenzzunahme für histiozytische Sarkome, was allerdings bei beiden Geschlechtern statistisch nicht signifikant war (JMPR 2006, IARC 2015).

Zur Untersuchung der perkutanen Toxizität und Kanzerogenität wurde Gruppen von je 20 Schweizer Mäusen eine glyphosatbasierte ethanolische Lösung, bestehend aus 41 % Glyphosat und ca. 15 % POEA, kutan appliziert. Beide Substanzen wurden Ethanol 50 % gelöst und auf die rasierte Haut des Hinterteils aufgetragen (George et al. 2010, IARC 2015). Die Studie war sehr kurz angelegt (nach 32 Wochen wurden alle Mäuse getötet), die Glyphosat-Behandlung nur kurzzeitig, eine Lösungsmittel-Kontrolle erfolgte nicht und insgesamt waren es zu wenig Tiere pro Gruppe. Ferner erfolgte keine histopathologische Untersuchung der nur in zwei von acht Gruppen aufgetretenen Tumore.

Weiterhin wurde die Kanzerogenität des Glyphosats in zwei Studien an Ratten (Wistar-Ratten bzw. Sprague-Dawley-Ratten) untersucht, indem das Glyphosat über das Trinkwasser als Lösung verabreicht wurde (Chruscielska et al. 2000, Séralini et al. 2014). Es konnte keine erhöhte Inzidenz für eine Tumorart festgestellt werden, allerdings ließen sich die Studien wegen fehlender experimenteller Daten, zu geringer Tieranzahl, begrenzt zugänglicher Informationen, fehlender histopathologischer Untersuchungen nicht adäquat auswerten (IARC2015). Allerdings konnte anhand der Studie gezeigt werden, dass die verwendete glyphosatbasierte Formulierung ein Hauttumor-Promotor darstellt.

In einem Review wird über neun Langzeit-Fütterungsstudien an Ratten berichtet (Grein et al. 2013). Zwei davon sind zur EPA geschickt worden ([1]EPA 1991, [2]EPA 1991, [3]EPA 1991, [4]EPA1991) und zwei davon zum JMPR (JMPR 2006). Und eine weitere war über die offen zugängliche wissenschaftliche Literatur veröffentlicht worden (Chruscielska et al. 2000). Diese Studien waren allesamt bekannt. Der Review berichtet aber über weitere vier unveröffentlichte Langzeitstudien an Ratten, die aber an verschiedene behördliche Institutionen zwecks einer Registrierung geschickt worden sind (IARC 2015). In dem Review von Grein et al. wird eine kurze Zusammenfassung jeder Studie geliefert (Greim et al. 2015). Zusätzlich wird auf ein Online-Supplement verwiesen, das die Originaldaten aus den Studienreporten enthält. In einer Study, in denen 50 männlichen und 50 weiblichen Ratten über 24 Monate Glyphosate über die Nahrung gegeben wurde – in Konzentrationen von 0, 100, 1.000 oder 10.000 ppm - wurde über eine erhöhte Inzidenz für geschlechtsunabhängige hepatozelluläre Adenome und Karzinome berichtet, die allerdings nicht statistisch signifikant war. Eine weitere Studie an Ratten über 24 Monaten mit Diäten von 3.000, 5.000 und 25.000 ppm konnte aufgrund fehlender experimenteller Daten nicht ausgewertet werden. Zwei weitere Studien an Sprague-Dawley und Wistar-Ratten werden noch erwähnt. In einer davon an männlichen und weiblichen Wistar-Ratten konnte eine nichtsignifikante Zunahme der Inzidenz für Adenokarzinome der weiblichen Brustdrüsen gezeigt werden in der höchsten verabreichten Dosis von 24.000 ppm (6/51 vs. 2/51 Kontrollgruppe. Das IARC konnte aufgrund fehlender experimenteller Daten im Review und im Supplementary-Teil diese Studie nicht bewerten (IARC 2015).

8.2.5 Effekte auf den Menschen

In der wissenschaftlichen Community finden sich extreme Positionen über die Toxizität des Glyphosats. Das führt in der Konsequenz zu einer konfusionsartigen Hysterie, die dringender Aufklärung bedarf. Leider verbreiten sich immer häufiger extreme Positionen in kürzester Zeit im Internet. Die Autoren Samsel und Seneff haben in insgesamt fünf Reviews versucht, einen Zusammenhang zwischen der Glyphosat-Exposition und der Entstehung diverser chronischer Erkrankngen herzustellen (u. a. Samsel und Seneff 2013, Samsel und Seneff 2015). In ihrem ersten Kommentar stellen sie direkt eine Verbindung zwischen der Glyphosataufnahme durch den Menschen und “most of the diseases and conditions associated by a Western diet” her, hervorgerufen durch eine Hemmung der Aktivität der kompletten Cytochrom-P-450-Enzymklasse sowie der Aminosäure-Biosynthese durch das Mikrobiom im Darm (Samsel und Seneff 2013). Auch wenn einige Studien eine Inhibition von CYP-Enzymen durch hohe Glyphosat-Konzentrationen, wie sie in der Landwirtschaft vorkommen (typischerweise 10 g/l Glyphosat), beweisen, sind sie nicht auf die Bevölkerung übertragbar, deren Exposition durch Glyphosat ungefähr 0,1 – 1 µg/kg Körpergewicht und Tag beträgt (Mesnage et al. 2015). Zusätzlich unterschlagen die Autoren Studien, die mit umweltrelevanten Expositionen des Roundups® durchgeführt wurden (Séralini et al. 2016) sowie Studien an humanen Zellkulturen, die tatsächlich nicht eine Hemmung, sondern eine Induktion der Cytochrom-P-450-Aktivität andeuten (Grasnier et al. 2010). Eine weitere Behauptung besteht darin, die Biosynthese aromatischer Aminosäuren durch die Darmbakterien werde durch Glyphosat beim Menschen unterbrochen. Natürlich kann man darüber spekulieren, ob das Mikrobiom des Darms beim Menschen durch Glyphosat gestört wird, da viele der Bakterien die EPSP-Synthase innerhalb des Shikimat-Biosyntheseweges besitzen, und auf diese Weise die Synthese aromatischer Aminosäuren beeinflusst wird. Allerdings ist so etwas bislang noch nie in einem kontrollierten Labortest oder in einer tierexperimentellen Studie untersucht worden (Mesnage und Sntoniou 2017). Bis zum heutigen Tag ist nicht eindeutig bestimmbar, ob Glyphosat in normalen Konzentrationen einen Effekt auf die Darmbakterien und deren Zusammensetzung bewirkt. Einige Studien deuten z. B. an, dass Glyphosat und seine bekannteste Formulierung Roundup® *in vitro* die Bakterienpopulation im Darm beeinflussen kann (Kurenbach et al. 2015). Daher ist Stand heute noch einiges an Forschungsarbeit nötig, um sicherzustellen, dass Glyphosat oder eine seiner Formulierungen in Konzentrationen, die im Essen oder der Umwelt vorherrschen, die Zusammensetzung der Darmbakterien durcheinanderbringen können (Mesnage und Antoniou 2017).

Die eigene Hypothese hat die Autoren Samsel und Seneff dazu verleitet, in ihrem zweiten Review zu behaupten, dass Glyphosat heutzutage der wichtigste Faktor für die Ausbildung einer Nichtzöliakie-Nichtweizenallergie-Weizensensitivität (non-celiac gluten sensitivity, NCGS) darstelle. Weitergespannt wird die Hypothese, dass NCGS-Patienten ein erhöhtes Risiko für die Entwicklung eines Non-Hodgkin-Lymphoms haben, häufig unfruchtbar sind, eine höhere Inzidenz für eine Fehlgeburt besitzen, Geburtsdefekte aufweisen und schließlich, dass der Anstieg dieser Krankheiten durch Glyphosat erklärt werden kann (Samsel und Seneff 2013). Unstrittig haben Studien einen Zusammenhang zwischen einer Glyphosat-Exposition und dem Auftreten von Non-Hodgkin-Lymphomen plausibel dargelegt, eine Verbindung zwischen typischen Konzentrationen, denen Menschen ausgesetzt sind, und dieser Erkrankung, ist jedoch experimentell noch nicht bewiesen. Genauso ist ein kausaler Zusammenhang zwischen der Glyphosat-Exposition und Mikrobiom-assoziierten intestinalen Erkrankungen, wie z. B. dem Morbus Crohn, nach wie vor nicht bewiesen (Mesnage und Antoniou 2017).

Weiterhin werden zahlreiche Behauptungen aufgestellt, die mit den chelatisierenden Eigenschaften des Glyphosats zusammenhängen (Samsel und Seneff 2015). Glyphosat kann Mangan-Kationen chelatisieren. Hieraus konstruieren die beiden Autoren eine komplette Dysregulation der Mangan-Homöostase, was zur Osteoporose und Osteomalazie (da die Knochenmineralisation von Mangan abhängt), zu Anfällen aufgrund der verminderten Serum-Mangan-Spiegel und zu Prionen-Erkrankungen führen könne, da das Prionen-Protein durch den Einbau von Mn^{2+} anstelle von Cu^{2+} konformative Änderungen erfährt, die zur Fehlfaltung und Wirkungslosigkeit führen.

Die Evidenzlage für Glyphosat und seine Formulierungen bezüglich der Beeeinflussung von Zellproliferation bzw. Zelltod ist schwach. Einige Studien am Menschen oder an Nagetieren berichteten über eine Zytotoxizität und einen Caspase-vermittelten apoptotischen Zelltod.

8.2.5.1 Glyphosat und Glyphosat-basierte Formulierungen als endokrine Disruptoren

Dem Glyphosat wird von den meisten Experten eine Endokrin-disruptive Wirkung zugeschrieben, auch wenn sich teils widersprechende Publikationen existieren. Endokrine Wirkungen von Substanzen im alltäglichen Leben sollten die Ausnahme sein. Doch tatsächlich entfalten eine Reihe von Chemikalien Wirkungen auf das Hormonsystem. Bis heute sind einige hundert Stoffe bekannt, deren Einflussnahme insbesondere auf das Geschlechtshormonsystem oder die Schilddrüsenhormone *in vitro* und *in vivo* ausreichend belegt ist (Fent 2013). Endokrine Disruptoren konnen an Steroidhormon-Rezeptoren binden, z. B. Estrogen-Rezeptoren, Androgen-Rezeptoren, Glucocorticoid-Rezeptoren, und ähnlich den physiologischen Substraten als Agonist wirken, oder ohne intrinsische Aktivität als Antagonist fungieren. Genauso können endokrine Disruptoren mit der Biosynthese, dem Transport, dem Metabolismus, der Elimination bzw. Proteinen innerhalb der Signaltransduktionskaskaden der Steroide interagieren und folglich die Konzentrationen an Steroidhormonen erhöhen bzw. erniedrigen. Auf diese Weise ist auch eine Ligand-unabhängige Aktivierung von Rezeptoren möglich. Die Disruptoren brauchen selber keine Affinität für den betreffenden Steroid-Rezeptor zu besitzen, denn durch Beeinflussung vorangeschalteter oder nachfolgender Prozesse bzw. Proteine innerhalb einer Signaltransduktionskaskade kann ein endokriner Disruptor für eine Aktivierung des jeweiligen Rezeptors sorgen (Mnif et al. 2011).

Die Tierwelt, hier v. a. Reptilien, Fische, Vögel und Säugetiere, ist extrem vulnerabel gegen endokrin-disruptive Effekte (Mnif et al. 2007). In den meisten Fällen sind es Organochlor-Pestizide, die die Reproduktion drastisch negativ beeinflussen. Auch beim Menschen werden Reproduktion und Sexualentwicklung in Abhängigkeit vom Alter, dem Geschlecht, der Ernährung beeinflusst. Besonders das Alter ist ein sensitiver Faktor. Neugeborene, Kleinkinder und Kinder reagieren stärker auf endokrine Disruptoren als Erwachsene (Birnbaum et al. 2003, Goldman et al. 2004). Der größte Schaden durch endokrine Disruptoren wird während der Gametogenese und der frühen Entwicklung des Fötus verursacht. Allerdings können die Schäden im Verborgenen bleiben und erst im Erwachsenenalter zum Vorschein treten (Sultan et al. 2001, Sharpe 2006). Zudem ist durch die Mobilisierung mütterlicher Fettreserven während der Schwangerschaft und durch das Stillen die Exposition bei Föten und Neugeborenen größer als bei Erwachsenen (Anderson und Wolff 2000, Przyrembel et al. 2000, Hardell et al. 2006). Die Schäden, die sich ergeben, sind breit gefächert, aber insbesondere die Langzeitauswirkungen auf den Intellekt und die gesamte Funktionsfähigkeit des ZNS scheinen gehäuft aufzutreten (Mnif et al. 2011). Die Nähe des Wohnorts zu intensiv betriebenen landwirtschaftlichen Flächen wird in epidemiologischen Studien oft als ein Faktor angegeben, um Entwicklungsstörungen, wie z. B. ein zu geringes Geburtsgewicht, eine höhere Inzidenz für Kryptorchismen und Hypospadien oder Krebserkrankungen im Kindesalter zu erklären (Xiang et al. 2000, Reynolds et al. 2002).

Die epidemiologischen Studien seit 2000 deuten an, dass allgemein eine Pestizid-Exposition die Spermatogenese negativ beeinflusst und zu einer verringerten Zeugungsfähigkeit des Mannes führt. Zusätzlich gibt es immer mehr epidemiologische Studien, die eine Pestizid-Exposition mit einem erhöhten Risiko für das Auftreten Hormonabhängig wachsender Tumoren in Verbindung bringen. Verschiedene Studien haben ein höheres Risiko für das Auftreten eines Prostatakarzinoms bei der landwirtschaftlich tätigen Bevölkerung gegenüber der normalen, städtischen Bevölkerung gezeigt (Dich und Wiklund 1998, Alvanja et al. 2003, Mnif et al. 2011). Außergewöhnlich hohe Konzentrationen an polychlorierten Biphenylen (PCBs) und Dichlordiphenyltrichlorethan (DDT) konnten in Fettgewebeproben von Frauen mit Brustkrebs festgestellt werden (Akhtar et al. 1996). Eine epidemiologische Studie aus Spanien aus dem Zeitraum 1999 – 2009 zeigt, dass von den insgesamt 2.661 Brustkrebserkrankungen 2.173, also 81 %, in Gegenden mit hoher Pestizid-Kontamination aufgetreten sind (Parron et al. 2010).

Folglich stellt sich hier die Frage, ob die beängstigende selektive Zunahme an hormonabhängig wachsenden Tumoren über die letzten 25 Jahre hinweg zumindest teilweise auf die ubuquitär in unserer Umwelt vorhandenen endokrinen Disruptoren zurückzuführen ist. Zahlreiche Studien kommen zu dem Ergebnis, dass eine Pestizid-Exposition, das Risiko an Brustkrebs zu erkranken, signifikant beeinflusst. Allerdings sind viele dieser Studien inkonsistent bezüglich der Daten und damit als nicht schlüssig zu bewerten (Mnif et al. 2011).

Eine bemerkenswerte Arbeit kommt aus Frankreich. Rochefort hat in seiner Auswertung zahlreicher experimenteller *In-vitro*-Zellkultur-Studien, tierexperimenteller *In-vivo*-Studien, epidemiologischer Studien und Kohortenstudien über mehrere Jahrzehnte die Fragestellung auf das Mammakarzinom und drei endokrine Disruptoren begrenzt: E/Z-Diethylstilbestrol, Bisphenol A und Dichlordiphenyltrichlorethan (DDT) (Abbildung 8.2) (Rochefort 2017). Alle drei Substanzen binden an Estrogen-Rezeptoren, wenn auch mit sehr verschiedenen Affinitäten, wenn auch auf unterschiedlichste Weise. Die zahlreichen Auswertungen, die Rochefort vorgenommen hat, legen den Verdacht nah, dass eine positive Korrelation zwischen der Exposition endokriner Disruptoren und präkanzeröser Läsionen besteht (Rochefort 2017). Bis auf das Diethylstilbestrol sind die Mechanismen und molekularen Targets für die endokrinen Effekte weitestgehend unklar, was die Suche nach ebenso effizienten, dafür aber weniger toxischen Alternativen erschwert.

Die drei Substanzen binden an Estrogen-Rezeptoren. Ihre Affinitäten weichen jedoch stark voneinander ab. Zumindest eine Gemeinsamkeit ist den Strukturformeln zu entnehmen. Die zwei Hydroxyl-Gruppen ungefähr im selben Abstand und derselben Lage wie im physiologischen Liganden Estradiol. Beim Diethylstilbestrol, das früher einmal u. a. beim Prostatakrebs eingesetzt wurde, stellt sich in Lösung ein Gleichgewicht zwischen 75 % der estrogen-agonistisch wirkenden E-Form und 25 % der unwirksamen Z-Form ein (Abbildung 8.6) (Droz et al. 1993, Roth et al. 1998). Diethylstilbestrol ist ein hochpotenter Estrogen-Rezeptor-Agonist beider Subtypen, des Estrogen-Rezeptors-α und des Estrogen-Rezeptors-β. Die Bndungsaffinität ist wesentlich höher als für Estradiol (Jordan und Furr 2002).

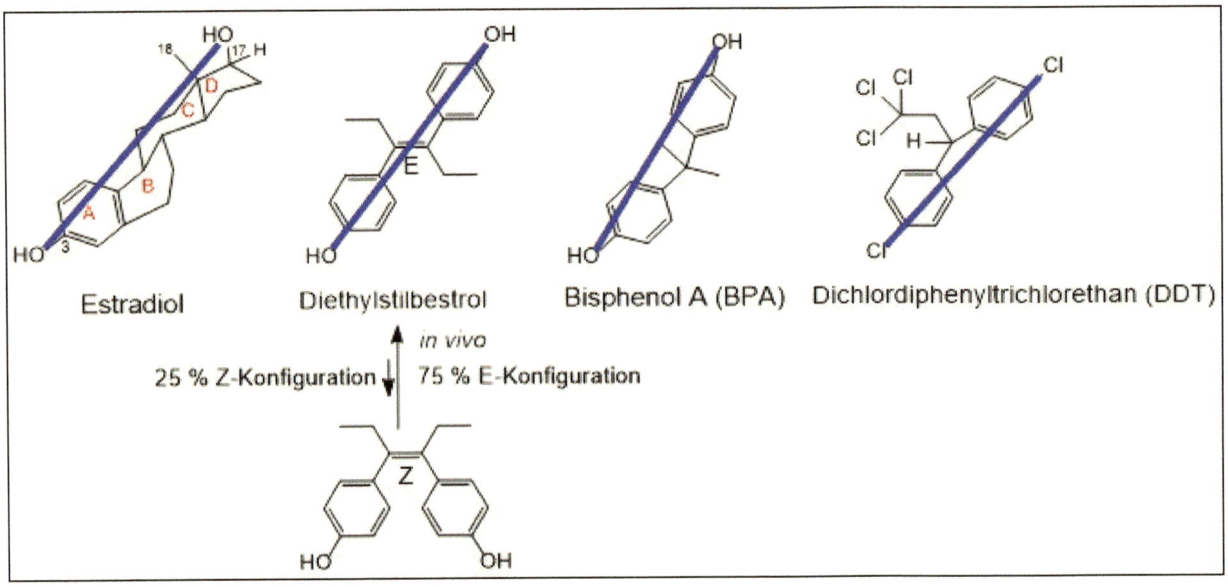

Abbildung 8.2:

Die Strukturformeln des Estrogens Estradiol und der drei endokrinen Disruptoren mit estrogenen Wirkungen Diethylstilbestrol, Bisphenol A und Dichlordiphenyltrichlorethan.

Das Diphenylmethan-Derivat Bisphenol A (BPA), das Monomer der weit verbreiteten Polycarbonate (Abbildung 8.8), wird mit schwerwiegenden endrokrin-disruptiven Effekten beim Menschen und bei Tieren in Zusammenhang gebracht. Es liegen hinreichend Beweise vor, dass BPA das Krebsrisiko erhöht, zu Entwicklungsstörungen und Übergewicht führt, eine Diabetes auslösen genauso wie ein metabolisches Syndrom und wahrscheinlich auch zur Unfruchtbarkeit führen kann (Carwile und Michels 2011, Rochester 2013). Die molekularen Mechanismen, die zu diesen zahlreichen Effekten führen, sind anscheinend ebenso zahlreich. Der Bindungsmodus an den Estrogen-Rezeptoren weicht von dem des physiologischen Liganden Estradiol ab (Gould et al. 1998, Acconcia et al. 2015, Li et al. 2015). Zusätzlich bindet Bisphenol A an eine Reihe weiterer nukleärer und nichtnukleärer Rezeptoren, führt zu Veränderungen der Biosynthese und im Metabolismus der Hormone sowie zu epigentischen Veränderungen und Deregulationen (Acconcia et al. 2015, Chianese et al. 2018). Ferner kommt es unter Bispohenol A zu einer Downregulation der Aromatase-Aktivität in JEG-3-Zellen und damit zu einer verminderten Estrogen-Produktion (Huang und Leung 2009). *In vitro* wird Bisphenol A zu reaktiven elektronenarmen Metaboliten "bioaktiviert". Einer davon ist das Bisphenol-o-chinon, das kovalente Addukte mit den nukleophilen Partialstrukturen der DNS formt (Atkinson und Roy 1995, Mokra et al. 2017).

Beim Organochlorpestizid Dichlordiphenyltrichlorethan (DDT) fehlen die charakteristischen OH-Gruppen des Estradiols - die phenolische an Position 3 von Ring A und die β-ständige, sekundäre alkoholische OH-Gruppe an C16 von Ring D (Abbildung 8.6). Stattdessen befinden sich Chlor-Atome, ungefähr da, wo die OH-Gruppen des Estradiols positioniert sind. Die Chlor-Atome können nicht als H-Donatoren, sondern nur noch als H-Akzeptoren für H-Brücken-Bindungen fungieren. DDT wurde zunächst innnerhalb eines WHO-Programms als Insektizid zur Bekämpfung der Malaria eingesetzt (Harada et al. 2016). Dabei wurden die Wände der Häuser mit einer DDT-Suspension besprüht. Diese Vorgehensweise war in den meisten Ländern (u. a. Indien, Paraguay, Venezuela, Mexiko) sehr erfolgreich. Mit der Zeit entwickelten die Anopheles-Mücken aber Resistenzen gegen DDT, das schließlich immer mehr an Wirksamkeit verlor. Heute muss jeder Einsatz - etwa zur Seuchenbekämpfung - der WHO angezeigt werden. Nur noch wenige Länder, wie z. B. Indien, verwenden DDT. Die neurotoxischen Symptome bei einer akuten Exposition sind nicht das Problem. Diese treten erst bei sehr hohen Dosen auf (LD_{50} (Ratte, oral) ca. 300 mg/kg KG). Das Problem beim DDT ist vielmehr, dass vermutlich ein Zusammenhang zwischen einer DDT-Exposition beim Menschen und verschiedenen Krebsarten besteht. Bei Nagetieren konnte die Kanzerogenität zweifelsfrei bewiesen werden. Es ist aber noch unklar, inwieweit diese Ergebnisse auf den Menschen übertragbar sind. Wahrscheinlich ist die Kanzerogenität auf die hormonelle Wirkung des DDT zurückzuführen (Harada et al. 2016). Die IARC stufte DDT in 2015 – übrigens genauso wie Glyphosat - als "wahrscheinlich krebserregend beim Menschen" (Gruppe 2a) ein (http://www.iarc.fr/en/media-centre/pr/2015/pdfs/pr236_E.pdf).

lair und Mitarbeiter haben in einem kompetitiven Estrogen-Rezeptor-Bindungs-Assay 188 verschiedene natürliche Substanzen und Xenochemikalien auf ihre Bindungsaffinitäten untersucht (Blair et al. 2000). Ein weit verbreiteter Mechanismus endokriner Disruptoren ist die Bindung an den Estrogen-Rezeptor. Entweder blockieren sie den Rezeptor als Antagonist ohne intrinsische Aktivität zu besitzen, oder aber sie wirken als Agonist entsprechend zum physiologischen Estradiol. Tabelle 8.7 gibt einen Vergleich-hinsichtlich der Bindungsaffinitäten der natürliche Estrogene und der hier größtenteils erwähnten endokrinen Disruptoren. Leider ist Glyphosat in diesem Testsystem nicht untersucht worden (Blair et al. 2000).

Die physiologischen Estrogene 17β-Estradiol, Estron und Estriol besitzen Bindungsaffinitäten im niedrigen nanomolaren Bereich. Bei dem Androgen Testosteron kann bis 1 mM keine Affinität für den Estrogen-Rezeptor festgestellt werden. Diethylstilbestrol besitzt eine außerordentlich hohe Bindungsaffinität als nichtsteroidales vollagonistisch wirksames Stilben-Derivat. Die relative Bindungsaffinität liegt bei fast 400 %, der IC_{50}-Wert im subnanomolaren Bereich (Tabelle 8.7).

Tabelle 8.5:

Vergleich der Bindungsaffinitäten der nätürlichen Estrogene und endokriner Disruptoren am Estrogen-Rezeptor (nach Blair et al. 2000).

17β-Estradiol wird bei der relativen Bindungsaffinität mit 100 % als Referenzsubstanz ausgewählt.

Substanz	IC_{50}	Relative Bindungsaffinität (RBA)
17β-Estradiol	0,9 nM	100,00 %
Estriol	9,3 nM	9,72 %
Estron	12,3 nM	7,31 %
Testosteron	> 1 mM	--------
Diethylsilbestrol	0,23 nM	399,56 %
Bisphenol A	11,7 µM (11.700 nM)	0,008 %
p,p'-DDT	64,3 µM (64.300 nM)	0,001 %
Lindan	> 10 mM	--------
2,4-Dichlorphenoxyessigsäure (2,4-D)	> 10 mM	--------
Benzylbutylphthalat	> 1 mM	--------
Bis(2-ethylhexyl)phthalat	> 1 mM	--------

Alle anderen endokrinen Disruptoren, deren estrogene bzw. antiestrogene Wirkungen bewiesen sind, binden wesentlich schwächer oder gar nicht an den Estrogen-Rezeptor. Bisphenol A und das DDT-Isomer p,p'-DDT (Strukturformel vgl. Abbildung 8.6) zeigen moderate bis schwache Bindungsaffinitäten im mikromolaren Bereich. Dabei scheinen die OH-Gruppen an den Positionen 3 und 17 des Estradiols für eine Bindung am Rezeptor nicht unbedingt notwendig zu sein, wie das DDT-Isomer p,p'-DDT beweist. Die Pestizide Lindan und 2,4-D zeigen bis 10 mM keine Affinitäten genauso wie die Phthalate Benzylbutylphthalat und Bis(2-ethylhexyl)phthalat bis 1 mM (Tabelle 8.7). Phthalate werden ubiquitär als Weichmacher eingesetzt. Da sie nicht kovalent innerhalb des Plastiks gebunden sind, können die Phthalate in die Umgebung freigesetzt werden (Thomas und Thomas 1984). Weil Phthalate Auswirkungen auf die durch Estrogene regulierte Reproduktion bei Ratten haben (Wine et al. 1997, Ema et al. 1998), muss daher der Estrogen-disruptive Effekt der Phthalate durch einen anderen Wirkmechanismus und -ort als durch die Bindung an Estrogen-Rezeptoren zustandekommen (Blair et al. 2000). Phthalate binden jedoch stärker an den Androgen-Rezeptor, was wahrscheinlich wichtiger als die marginale Bindung an Estrogen-Rezeptoren ist. An Androgen-Rezeptoren besitzen sie keine intrinsische Aktivität, sodass sie als Androgen-Antagonisten bezeichnet werden können (Fent 2013).

Ein weiteres Beispiel einer Stoffklasse mit Estrogen-disruptiven Wirkungen, die im täglichen Leben häufig vorkommen, sind die Styrene. Das monomere Styren wird auch als Styrol, Vinylbenzol oder Phenylethen bezeichnet. Nach Polymerisation werden Styrene als Polystyrene u. a. in Lebensmittelbehältnissen gefunden und besitzen ähnliche Estrogen-agonistische Effekte wie Bisphenol A (Abbildung 8.8) (Fent 2013, Brahm 2016).

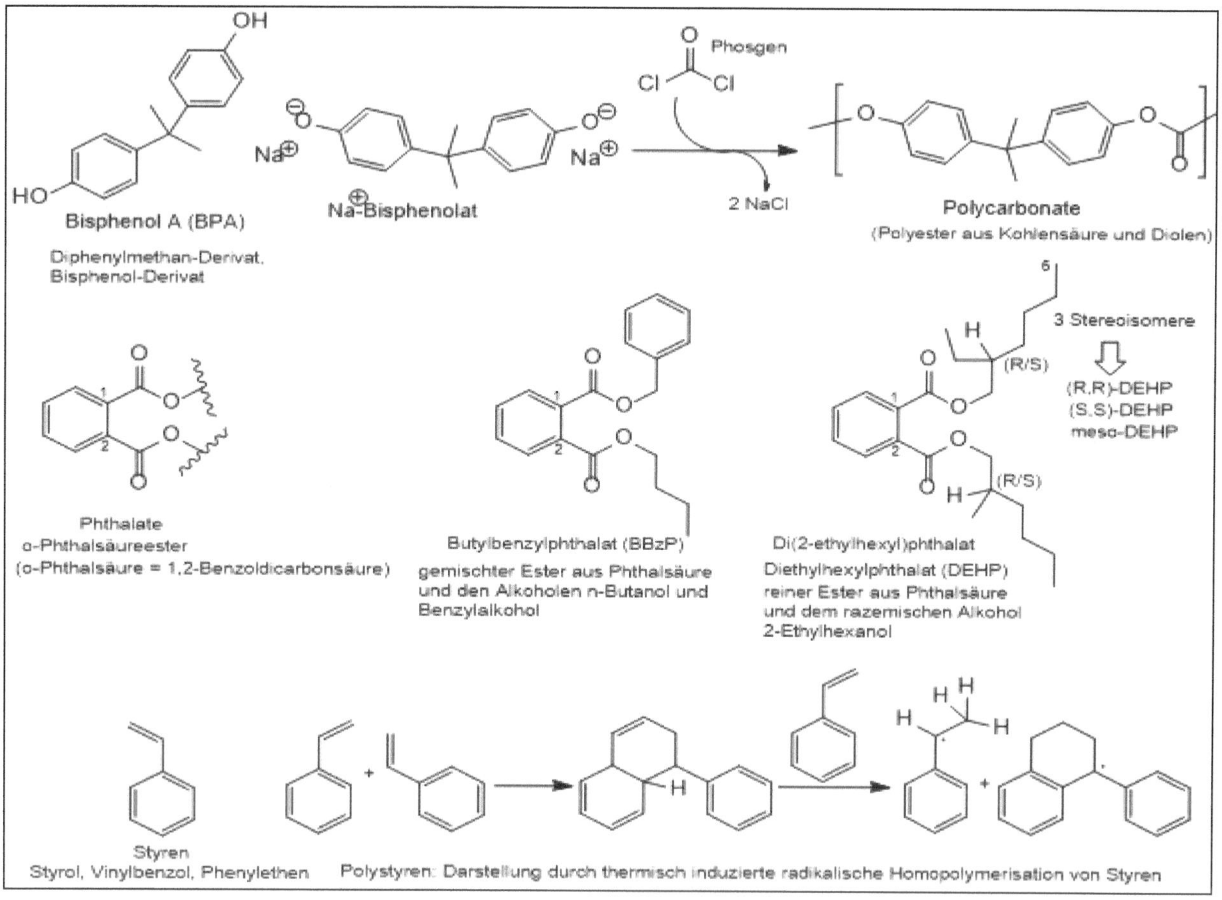

Abbildung 8.2:

Organische Moleküle in Kunststoffen mit Estrogen-disruptiven Eigenschaften (nach Fent 2013 und Brahm 2016)

Das Diphenylmethan-Derivat mit zwei phenolischen OH-Gruppen, Bisphenol A, wird als Monomer zur Herstellung z. B. von Polycarbonaten verwendet. Technisch werden Polycarbonate auf der Basis des Bisphenols A durch Grenzflächenpolymerisation gewonnen. In Natronlauge und Chlorkohlenwasserstoffen liegt das Natrium-Salz des Bisphenols A emulgiert vor. Durch Einleiten von Phosgen, dem Dichlorid der Kohlensäure, wird über die Stufe des Chlorkohlensäureesters das Polycarbonat aufgebaut. Bispohenol A zeigt sowohl *in vitro* als auch *in vivo* Estrogen-agonistische Wirkungen.

Ortho-Phthalsäureester, die o-Phthalate, werden als Weichmacher eingesetzt. Entweder werden gemischte Ester wie Butylbenzylphthalat mit zwei verschiedenen Alkoholen (n-Butanol, Benzylakohol) oder aber reine Ester mit einer gemeinsamen Alkoholkomponente eingesetzt. Dies ist der Fall beim Di(2-ethylhexyl)phthalate, einem wichtigen Weichmacher auf Phthalatbasis, dessen Alkohoholkomponente jeweils ein razemisches(R,S)-2-Ethylhexanol ist. Bei zwei chiralen C-Atomen müsste es eigentlich 2^2 = 4 Diastereomere des DEHP geben. Aber es gibt nur drei: (R,R)-DEHP und (S,S)-DEHP und eine meso-Form, da (R/S)- und (S,R)-DEHP identische Moleküle sind. Phthalate zeigen wie Bisphenol A estrogene Wirkungen. Allerdings besitzt die antiandrogene Wirkkomponente der Phthalate noch eine größere Bedeutung. Sie kommt durch Bindung als Antagonist an den Androgen-Rezeptor zustande.

Styren, das auch als Styrol, Vinylbenzol oder Phenylethen bezeichnet wird, dient als monomere Ausgangssubstanz für die thermisch induzierte radikalische Homopolymerisation zum Polystyren. Polystyren ist in vielen Lebensmittelbehältnissen enthalten. Styren bindet an den Estrogen-Rezeptor ähnlich zum Bisphenol A mit agonistischer Aktivität.

Wenn man nach alternativen Angriffspunkten der estrogenen Disruptoren sucht, stößt man schnell auf die sogenannte Aromatase, das Enzym, das hauptverantwortlich für die Bildung von Estrogenen aus Androgenen ist.

Auffällig ist die hohe Anzahl an Pestiziden, die sich hinter den endokrinen Disruptoren befinden (Vinggaard et al. 2000, Andersen et al. 2002). In einem Review haben Mnif und seine Mitarbeiter in 2011 Pestizide, die gleichzeitig endokrine Disruptoren sind, zusammengetragen. Sie sind auf 105 Pestizide gekommen, davon fast die Hälfte Insektizide (46 %), etwa ein Viertel Herbizide (21 %) und ein knappes Drittel (31 %) Fungizide (Mnif et al. 2011). Glyphosat wird in dieser Liste als Pestizid geführt, dass die Armatase-Aktivität und damit die Synthesse von Estrogen. Daher wäre die endokrin disruptive Wirkung des Glyphosats eine antiestrogene Wirkung.

Die Aromatase (p450aro, CYP19A1) ist ein Multienzymkomplex, der beim Menschen die oxidative Abspaltung der angulären 19-Methyl-Gruppe und die Aromatisierung des Ringes A der männlichen Geschlechtshormone Androst-4-en-3,17-dion und Testosteron katalysiert. Die Aromatisierung ist der letzte und entscheidende Schritt bei der Synthese der C18-Estrogene ausgehend von den C19-Androgenen. Damit kommt der Aromatase eine Schlüsselfunktion innerhalb der Regulation und Verfügbarkeit von Androgenen wie Androstendion und Testosteron auf der einen Seite und den Estrogenen wie Estradiol und Estron auf der anderen Seite zu.

8.2.5.1.1 Estrogen-Biosynthese

Von den Estrogenen sind Estradiol und Estron die genuinen Hormone. Estradiol weist die höchste Konzentration im Blut auf (Abbildung 8.3). Estriol ist ein gemeinsames Biotransformationsprodukt. Estron besitzt etwa 30 %, Estriol nur noch 10 % der estrogenen Wirkung des Estradiols (Auterhoff et al. 1999). Estriol besitzt an Position 16α eine zusätzliche Hydroxyl-Gruppe und damit an Ring D zwei zueinander transständige OH-Gruppen (Abbildung 8.9). Die Estrogene Estradiol und Estron sind wie die Androgene Andostendion und Testosteron metabolisch ineineinander konvertierbar. Bei den Estrogenen wird die Reaktion durch die Estradiol-Dehydrogenase (17β-Hydroxysteroid-Dehydrogenase 1, 17βHSD1), bei den Androgenen durch die 17β-Hydroxysteroid-Dehydrogenase 3 (17βHSD3) katalysiert. Für die 17β-Hydroxysteroid-Dehydrogenase 3 ist auch der Name Aldo-Ketoreduktase 1C3 bzw. das Kürzel AKR1C3 geläufig (Baulieu et al. 1963, Rosner et al. 1964, Lemke et al. 2013).

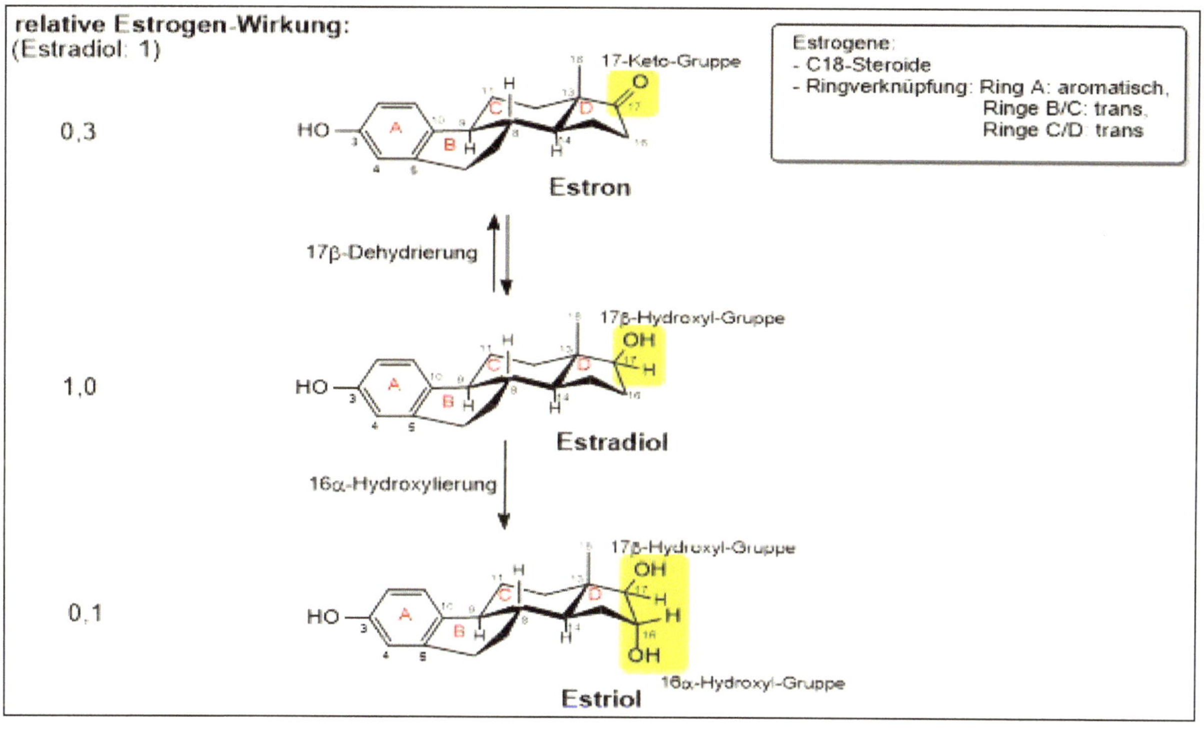

Abbildung 8.3:

Die drei physiologisch vorkommenden Estrogene: die genuinen Estradiol und das 17-Oxidationsprodukt Estron sowie Estriol, das Abbauprodukt des Estradiols und des Estrons (nach Auterhoff et al. 1999)

Gemeinsame Strukturmerkmale der Estrogene sind das C18-Steran-Grundgerüst, die C19-Methyl-Gruppe ist durch Aromatase-Aktivität oxidativ entfernt worden. Der Ring A ist aromatisch und trägt eine 3-Hydroxyl-Funktion, womit Ring A eine Phenol-Struktur bekommt. Die Ringverknüpfungen B/C und C/D sind jeweils trans.

Estradiol besitzt die größte Estrogen-Wirkung, die als 1 gesetzt wird. Estron ist deutlich schwächer wirksam (0,3) und das Abbauprodukt des Estradiols und des Estrons, das Estriol, besitzt kaum noch estrogene Wirkungen (0,1) (Auterhoff et al. 1999).

Ausgangspunkt für die Synthese der Androgene und Estrogene ist der 27 C-Atome zählende steroidale Alkohol Cholesterol (Abbildung 8.4). Dieses Sterol kommt in tierischen Zellen am häufigsten vor und ist in fast allen Zellen ubiquitär zu finden. Stimulation der entsprechenden Zellen durch ein gonadotropines Hormon setzt das als Ester gebundene Cholesterol frei und löst die Biosyntese von Androgenen, Estrogenen oder Progesteron aus. In den Mitochondrien wird das freie Cholesterol dann in der Seitenkette verkürzt zum C21-Steroid Pregnenolon, der Vorstufe des Gelbkörperhormons Progesteron (Norman und Henry 2015).

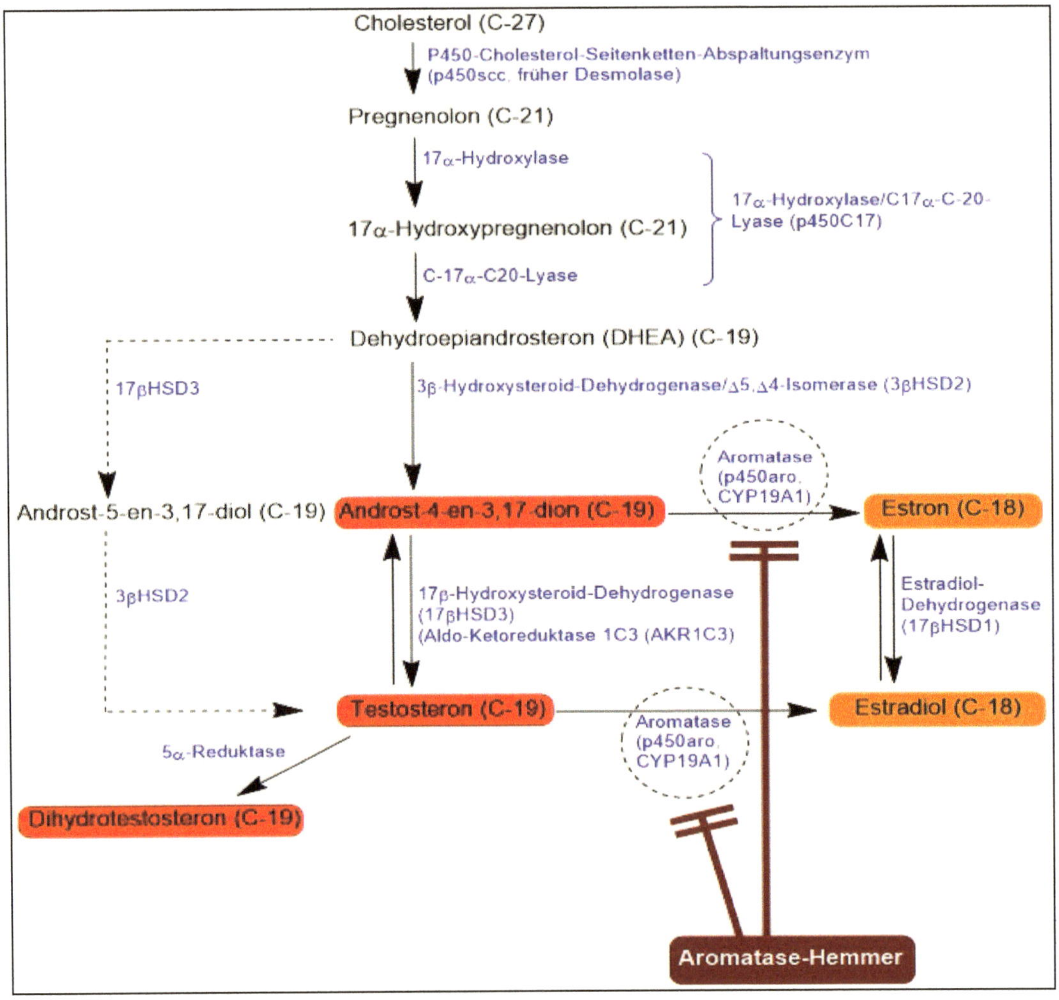

Abbildung 8.4:

Biosynthese der Estrogene ausgehend vom Cholesterol über die Androgene mittels des Aromatase-Enzymkomplexes (nach Norman und Henry 2015)

Androgene sind rot unterlegt, Estrogene orangefarben und die beteiligten Enzyme sind in blauer Schrift angegeben.

Der Aromatase-Enzymkomplex lässt sich mit Arzneistoffen hemmen, den sogenannten Aromateshemmern (dunkelrot).

Für die Synthese der Androgene in den testikulären Leydigschen Zwischenzellen wird Pregnenolon jedoch durch die 17α-Hydroxylase zum 17α-Hydroxypregnenolon hydroxyliert. Das Enzym C-17α-C-20-Lyase katalysiert anschließend die Reaktion zum Dehydroepiandrosteron (DHEA), das nun bereits die 19 C-Atome eines Androgens besitzt. 17αHydroxylase und C-17α-C20-Lyase werden häufig als Enzymkomplex zusammengefasst und als p450c17 (17α-Hydroxylase/C-17α-C20-Lyase-Komplex) bezeichnet (Abbildungen 8.9 und 8.10) (Norman und Henry 2015). Für diese Reaktion ist die Spaltung der C-C-Bindung zwischen C17 des Ringes D und C20 der 17β-Acetyl-Seitenkette und der anschließende Verlust der Acetyl-Gruppe nötig (Nakijn et al. 1981).

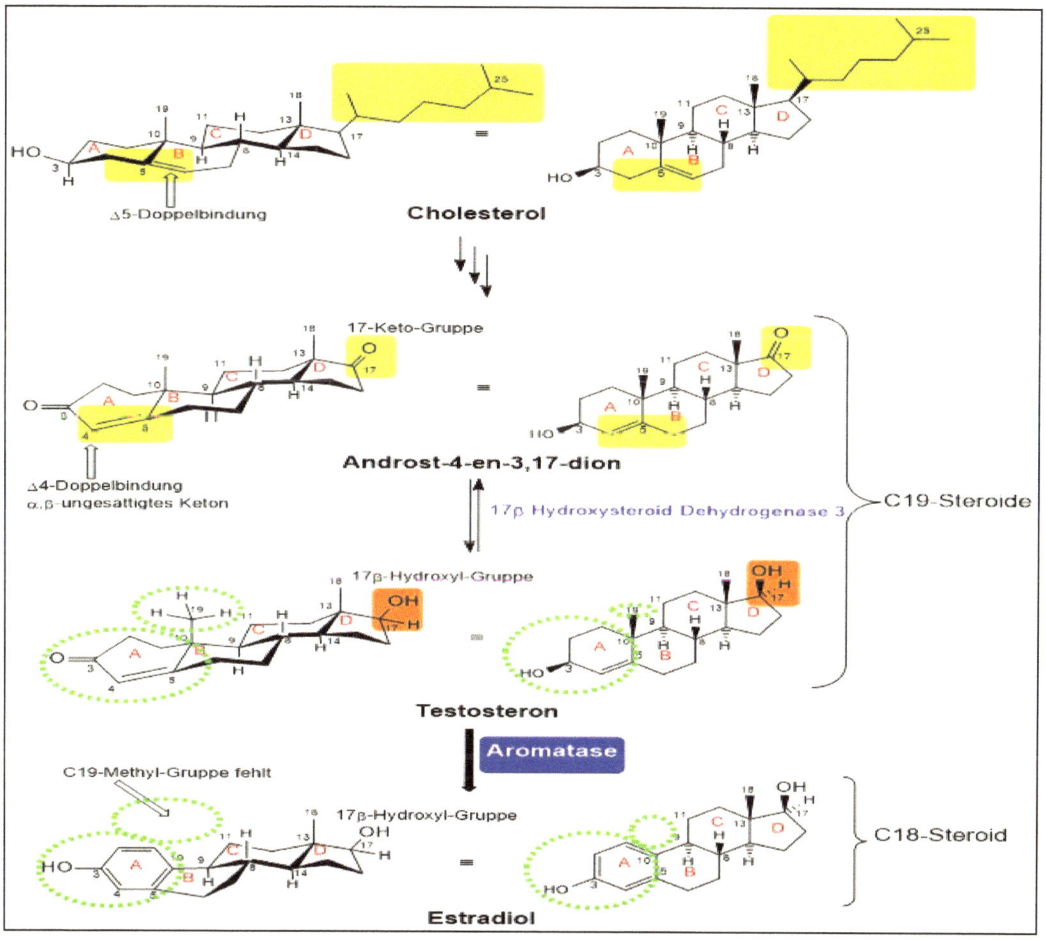

Abbildung 8.5:

Strukturformeln des Cholesterols, der C19-Androgene Androst-4-en-3,17-dion und Testosteron und des C18-Estrogens Estradiol.

Ausgehend vom C19-Steroid DHEA wird durch ein Enzym, das sowohl Dehydrogenase als auch Isomerase ist, die 3β-OH-Gruppe des DHEA zur 3-Carbonyl-Gruppe oxidiert und die Δ5-Doppelbindung in Ring B isomerisiert unter Einfluss der Isomerase-Aktivität zur Δ4-Doppelbindung, sodass mit Androst-4-en-3,17-dion das erste biologisch wirksame C19-Androgen mit α,β-ungesättigter 3-Carbonyl-Gruppe gebildet wird (Abbildung 8.6) (Norman und Henry 2015). Das Enzym, das sowohl Oxidation als auch Isomerisierung katalysiert, ist die 3β-Hydroxysterpoid-Dehydrogenase 2/Δ5,Δ4-Isomerase (3βHSD2). Androste-4-en-3,17-dion wird durch die 17β-Hydroxsteroid-Dehydrogenase 3 (17β-HSD3) zum Testosteron umgewandelt, das anstelle des Androstendions an Position 17 keine Carbonyl-Gruppe, sondern eine β-ständige OH-Gruppe aufweist. Die beiden Androgene Androstendion und Testosteron sind metabolisch über das Enzym 17βHSD3 ineienander konvertierbar (Abbildung 8.11) (Norman und Henry 2015).

Ein kleiner Teil des DHEA wird aber auch über einen zweiten Weg mittels der 17β-Hydroxysteroid-Dehydrogenase 3 (17βHSD3) zunächst zum Androst-5-en-3β,17β-diol umgewandelt (gestrichelter Weg in Abbildung 8.10) und anschließend unter Katalyse der 3βHSD2 zum Testosteron oxidiert (Norman und Henry 2015). Dieser Weg spielt aber nur eine marginale Rolle. Testosteron kann durch den Einfluss der 5α-Reduktase in Androgen-Target-Zellen wie dem Protsatagewebe, den Nebenhoden oder den Samenbläschen in das potentere Androgen, die eigentliche Wirkform, das Dihydrotestosteron (DHT) reduziert werden (Abbildung 8.5) (Norman und Henry 2015).

8.2.5.1.2 Aromatase und Aromatase-Hemmer

Wie in Abbildung 8.6 gezeigt, wird die oxidative Entfernung der C19-CH_3-Gruppe und die Ring-A-Aromatisierung entweder vom Androgen Testosteron zum Estrogen Estradiol oder vom Androgen Androst-4-en-3,17-dion zum Estrogen Estron durch den Aromatase-Enzymkomplex katalysiert (Kulendran et al. 2009, Norman und Henry 2015). Dieser Komplex ist vorwiegend bei prämenopausalen Frauen im endoplasmatischen Retikulum der Ovarien und in der Plazenta lokalisiert. Während der Schwangerschaft ist die Plazenta der wichtigste Ort für die Estrogen-Biosynthese. Dementsprechend hoch ist die Konzentrationen an Aromatase in der Plazenta während der Schwangerschaft. Geringere Aromatase-Konzentrationen finden sich im Gehirn, in den Knochen, in der Leber, in den Muskeln und im Fettgewebe (Norman und Henry 2015). Bei postmenopausalen Frauen kommt die ovarielle Biosynthese zum Erliegen. Daher bilden in der Postmenopause periphere Gewebe und Organe, wie z. B. Leber, Haut, Muskeln und das Fettgewebe die Hauptestrogenquelle (Brueggemeier et al. 2005, Santen et al. 2009).

Die chemischen Details zu einem vorgeschlagenen Mechanismus des komplexen Aromatisierungsprozesses sind in Abbildung 8.7 dargestellt (nach Miller und Auchus 2001). Die Aromatase gehört zur Superfamilie der Cytochrom-P-450-Enzyme. Deswegen wird sie auch als p450aro bzw. CYP19A1 bezeichnet. Sie arbeitet als Heterodimer, das aus zwei Proteinen aufgebaut ist: 1) das Protein Cytochrom-P450aro enthält eine Häm-Gruppe und die Steroid-Bindungsstelle; 2) ein ubiquitär vorkommendes Flavoprotein, das eine NADPH-abhängige Cytochrom-P450-Reduktase darstellt und reduzierende NADPH-Äquivalente zum Cytochrom-P450aro transferiert (Norman und Henry 2015).

Die Reaktion von Testosteron zum Estradiol erfordert ein Molekül Testosteron, drei Moleküle NADPH und drei Moleküle O_2. Der erste Schritt ist die Hydroxylierung der für die Aromatisierung störenden C19-Methyl-Gruppe, sofort gefolgt von einer zweiten stereospezifischen Hydroxylierung an C19, was zu einem geminalen Diol führt. Das geminale Diol ist das Hydrat eines Aldehyds. Es fragmentiert unter Dehydratation in den entsprechenden C19-Aldehyd. Der dritte oxydative Angriff des molekularen Sauerstoffs führt zur Bildung der Carboxyl-Gruppe aus dem Aldehyd. Die C19-Carbonyl-Gruppe wird direkt in Form von Ameisensäure abgespalten. Diese Eliminierung der C19-Säure komplettiert die Ring-A-Aromatisierung (Abbildung 8.12) (Miller und Auchus 2015). Zusätzliche Mechanismen, von dem hier vorgestellten Mechanismus abweichend, werden in der Literatur diskutiert (Miller 1996, Brueggemeier et al. 2005).

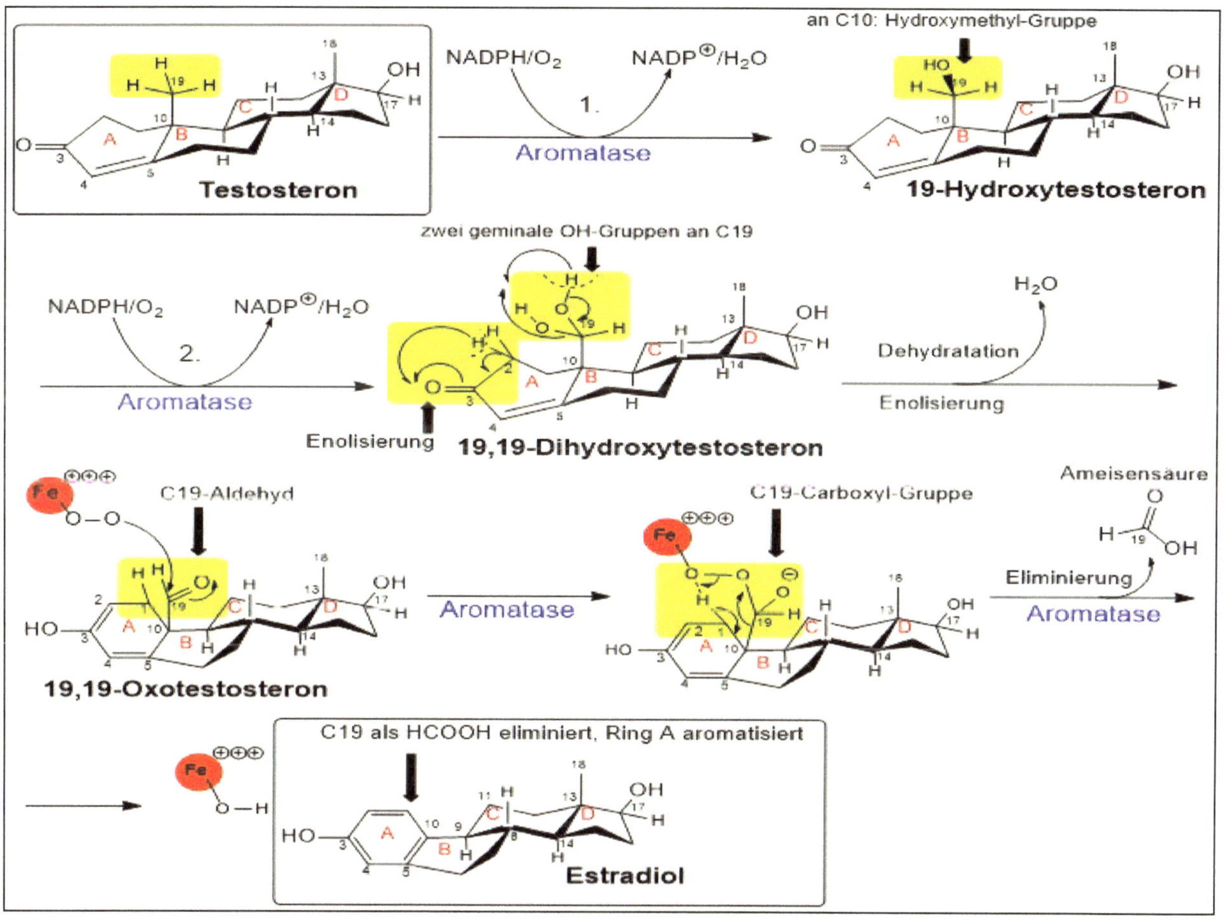

Abbildung 8.6:

Postulierter Mechanismus der Aromatase-katalysierten Aromatisierung von Testosteron zum Estradiol (nach Miller und Auchus 2001).

Arzneistoffe, die die Aromatase hemmen, die folglich Aromatase-Hemmer bzw. Aromatase-Inhibitoren heißen, blockieren die Biosynthese von Estradiol aus Testosteron und von Estron aus Androst-4-en-3,17-dion in peripheren Geweben wie Muskeln, Fettgewebe, Leber und im Brustgewebe einer Frau (Carpenter et al. 2005, Bruno und Njar 2007, Yadav et al. 2015). Die Estrogen-Produktion in den Ovarien wird von Aromatase-Hemmern nicht unterbunden. Somit können Aromatase-Hemmern nur postmenopausal eingesetzt werden oder aber nach operativer Resektion der Ovarien. Sie haben in der Regel keine Affinität für Estrogen-Rezeptoren. (Kulendran et al. 2009).

Hinsichtlich ihrer chemischen Struktur werden Aromatase-Hemmer traditionell in zwei Hauptgruppen eingeteilt: steroidale und nichtsteroidale Inhibitoren (Abbildung 8.11). Die steroidalen Inhibitoren werden auch als Androstendion-Derivate bezeichnet (Lemke et al. 2013). Anders als die steroidalen Aromatase-Hemmer haben ihre nichtsteroidalen, älteren Pendants häufig eine geringe Selektivität, da auch andere Cytochrom-P450-Enzyme gehemmt werden (Jordan und Furr 2002). Ihr Vorteil ist jedoch, dass in den meisten Fällen eine orale Applikation möglich ist. Außerdem besteht bei ihnen im Gegensatz zu den steroidalen Inhibitoren in der Regel keine Gefahr, dass sie agonistische oder antagonistische Effekte durch Bindung an Steroidhormon-Rezeptoren aufweisen (Jordan und Furr 2002).

Steroidale Inhibitoren der ersten Generation wie Testolacton binden mit moderater Affinität kompetitiv zu Androstendion bzw. Testosteron an die Substrat-Bindungsstelle der Aromatase (Abbildung 8.7). Testolacton besitzt in Ring A eine doppelt α,β-ungesättigte 3-Carbonyl-Gruppe. D. h. Doppelbindungen in Ring A finden sich bei $\Delta 4$ und $\Delta 1$. Zudem ist Ring D kein Cyclopentan mehr, sondern durch die Integration der Lacton-Struktur ins Ringsystem ein 6er-Ring mit δ-Lacton-Struktur. Der Lacton-Ring ist in Sessel-Konformation angeordnet. Allerdings ist weder Testolacton noch ein weiterer kompetitiv und reversibel bindender steroidaler Inhibitor der ersten Generation auf dem deutschen Arzneimittelmarkt verfügbar.

Die Zweitgenerationen-Hemmer mit steroidaler Struktur, wie z. B. das 4-Hydroxyandrostendion Formestan (Abbildung 8.13), weisen eine höhere Selektivität für die Aromatase und eine größere Wirkstärke auf. Formestan ist 60-mal stärker wirksam als Aminoglutethimid (s. u.) (Miller 2006). Zurückzuführen ist dies wahrscheinlich auf eine chemische Modifikation beim Formestan innerhalb der Substratbindungstasche, die zu einer kovalenten Interaktion mit dem Enzym führt (Miller 2006). Allerdings muss Formestan wegen eines hohen First-pass-Effektes, der zur Glucuronidierung der essenziellen 4-OH-Gruppe führt, parenteral als intramuskuläre Injektion verabreicht werden (Brodie und Njar 2000). Formestan unterscheidet sich vom Androstendion lediglich durch die zusätzliche 4-OH-Gruppe, die zusammen mit der $\Delta 4$-Doppelbindung eine Enol-Partialstruktur bildet. Formestan wurde früher zur Behandlung des Mammakarzinoms bei postmenopausalen Frauen angewendet, ist mittlerweile aber wieder vom Markt genommen worden.

Derzeit ist die dritte Generation der Aromatase-Hemmer der Goldstandard. Mit dem peroral bioverfügbaren steroidalen Exemestan (Aromasin® und Generka) ist ein irreversibel bindender Suizid-Inhibitor ("mechanism-based inhibitor") verfügbar, dessen kovalente Bindung an die Substratbindungsstelle eine *De-novo*-Synthese der Aromatase erfordert (Abbildung 8.7) (Chumsri et al. 2011, Yadav et al. 2015, Kang et al. 2018). Exemestan besitzt eine enorme Wirkstärke im niedrignanomolaren Bereich und eine gute Selektivität für die Aromatase (Kang et al. 2018).

Aminoglutethimid, das 4-Amino-Derivat des Schlafmittels Glutethimid, einem Piperidin-2,6-dion-Derivat, war der erste nichtsteroidale Aromatase-Hemmer, der bereits 1958 als Antiepileptikum auf dem Arzneimittelmarkt verfügbar war (Abbildung 8.7) (Hughss und Burley 1970). Allerdings ist die Bindungsaffinität sehr gering. Sie liegt im niedrigen mikromolaren Bereich. Obwohl nur das (R)-Aminoglutethimid wirksam ist, wurde das Razemat eingesetzt. Zudem besitzt Aminoglutethimid nur eine geringe Selektivität für die Aromatase. Die Substanz greift an verschiedenen Stellen hemmend in die Biosynthese von Steroidhormonen ein. Dem Erstgenerationen-Hemmer fehlt die Selektivität (Demers et al. 1987). Auch andere Cytochrom-P450-Enzyme, die an der Steroidsynthese beteiligt sind, werden gehemmt (Santen et al. 1980). Der Estrogenspiegel wird unter Aminoglutethimid nur unzureichend gesenkt. Die Biosynthese von Glucocorticoiden und Mineralocorticoiden wird in therapeutischen Dosen signifikant gehemmt. Nicht nur aus diesem Grund wird Aminoglutethimid heute nicht mehr eingesetzt. Schwere hämatologische Nebenwirkungen (u. a. Agranulozytose) und Nierenversagen führten zur Marktrücknahme

Ein nichtsteroidaler Zweitgenerationen-Inhibitor wie das Imidazol-Derivat Fadrozol hemmt die Aromatase *in vitro* etwa 200- bis 400-mal starker als Aminoglutethimid. Der IC_{50}-Wert liegt im niedrigen nanomolaren Bereich (Abbildung 8.13) (Schieweck et al. 1988, Browne et al. 1991, Gunson et al. 1995). Obwohl Fadrozol eine hohe Potenz *in vitro* aufweist, ist seine Wirkstärke *in vivo* durch eine relativ kurze Halbwertszeit limitiert (Browne et al. 1991, Lønning et al. 1991, Varela 2013). Außerdem ist Fadrozol nicht komplett selektiv wirksam hinsichtlich der Aromatase. Supprimierende Effekte auf die Synthese von Glucocorticoiden und Aldosteron sind beobachtet worden (Jordan und Furr 2002). Der Imidazol-Ring des Fadrozols ist in ein bizyklisches System integriert: 5,6,7,8-Tetrahydroimidazo[1,5-a]pyridin. Der sp^3-hybridisierte Brückenkopf-Stickstoff besitzt in etwa die Basizität eines unsubstituierten Imidazols. Der pK_s-Wert der korrespondierenden Säure des Fadrozols liegt bei 7,16 (vgl. pk_s Imidazol) = 7,0) (ChEMBL-Database). Fadrozohydrochlorid wird anscheinend in Japan noch eingesetzt. Wahrscheinlich ist es das Razemat, das eingesetzt wird.

Neuere nichtsteroidale Aromatase-Hemmer der dritten Generation, wie Letrozol (Femara® und Generika) und Anastrozol (Arimidex® und Generika) hemmen den Enzymkomplex reversibel im niedrignanomolaren Bereich und ihr Selektivitätsindex ist wesentlich größer als der des Aminoglutethimids (IC_{50} (Letrozol) = 2,5 nM; IC_{50} (Anastrozol) = 10 nM) (Steinhilber et al. 2010, Chumsri et al. 2011). Da sie in unbedeutendem Ausmaß mit anderen Cytochrom-P450-Enzymen interagieren, ist keine substanzielle Erniedrigung der Cortisol-, Aldosteron- und Progesteron-Konzentrationen zu erwarten. Sie werden peroral appliziert und besitzen eine ausreichend lange Halbwertszeit, um eine einmal tägliche Gabe zu ermöglichen.

Letrozol scheint noch wirksamer als Anastrozol, dem ersten nichtsteroidalen Drittgenerationen-Aromatase-Hemmer, zu sein. Letrozol senkt die Estrogen-Spiegel unter die Nachweisgrenze. Eine Cross-over-Studie mit Letrozol und Anastrozol zeigte, dass in der Letrozol-Gruppe bei allen Patienten die *In-vivo*-Aromatisierung unterhalb der Detektionsgrenze des Assays lag, in der Anastrozol-Gruppe dagegen nur bei einem. Letrozol erzielt in seiner geringeren Dosis von 0,5 mg/d eine stärkere Aromatase-Hemmung als Anastrozol in seiner höheren Dosierung von 10 mg/d (Varela 2013). Bei beiden Triazolen erreicht man bei postmenopausalen Frauen eine 96-%ige Hemmung der Aromataseaktivität (Brueggemeier 2005).

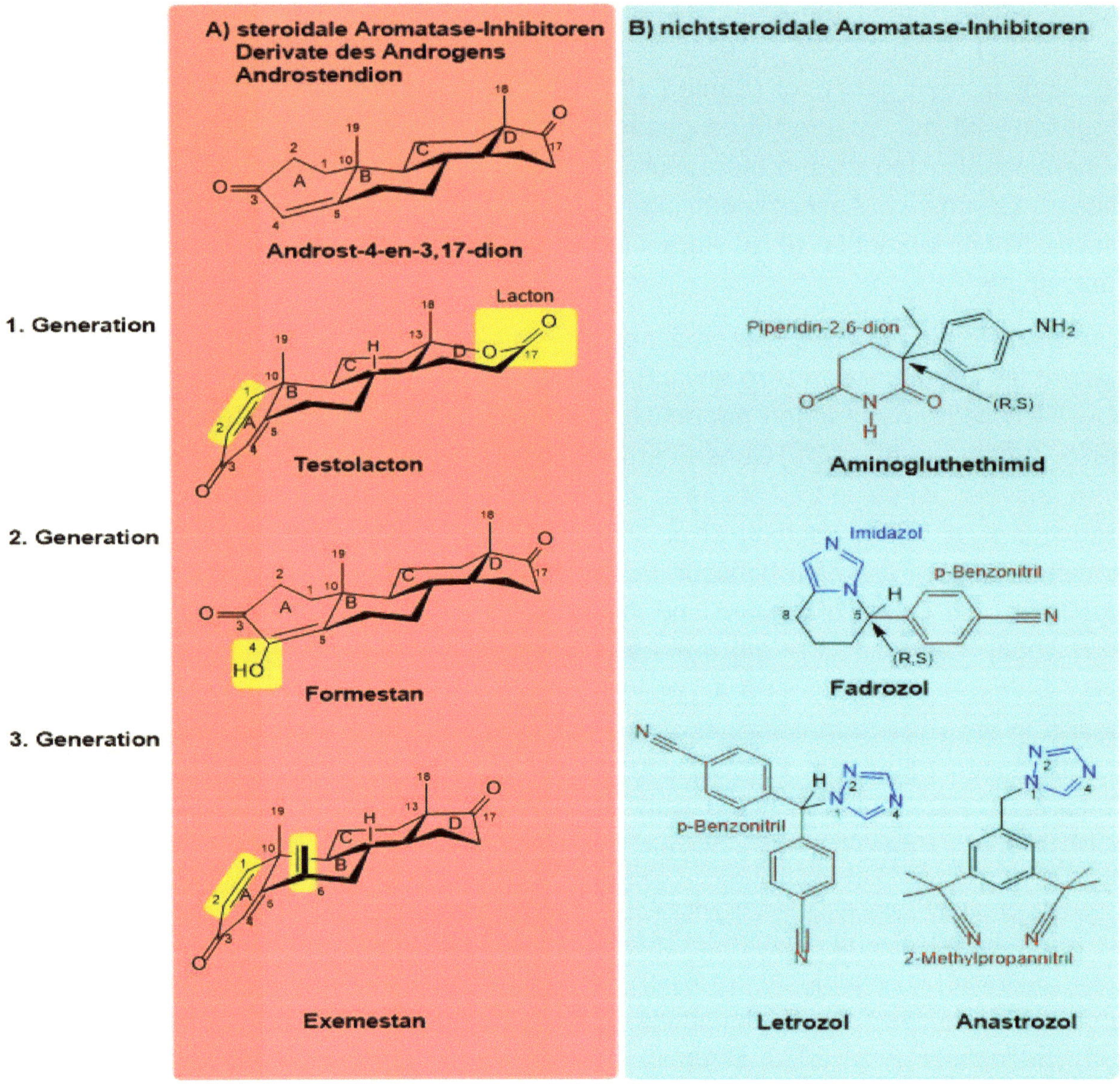

Abbildung 8.7:

Strukturformeln der wichtigsten steroidalen und nichtsteroidalen Aromatase-Inhibitoren der 1., 2. und 3. Generation.

Die Triazole sind indiziert bei postmenopausalen Frauen mit Hormonrezeptor-positivem primärem Mammakarzinom entweder in der adjuvanten Therapie, in der erweiterten adjuvanten Therapie nach Standardtherapie mit Tamoxifen für fünf Jahre oder als neoadjuvante Therapie bei Tumoren, die zusätzlich HER2-negativ sind und bei denen eine Chemotherapie nicht in Betracht kommt und ein sofortiger chirurgischer Eingriff nicht indiziert ist. Sie sind ebenso indiziert beim fortgeschrittenen hormonabhängigen Mammakarzinom bei Frauen, die sich physiologisch oder nach einem Eingriff in der Postmenopazuse befinden und die vorher mit einem Antiestrogen behandelt worden sind. Der immense Zuwachs an Bedeutung der Aromatase-Inhibitoren ist daran erkennbar, dass sie auch als First-line-Therapie beim Hormonrezeptor-positiven, fortgeschrittenen Mammakarzinom bei Frauen in der Postmenopause angezeigt sind (Fachinformation Letrozol Stada® 2017).

Der 1,2,4-Triazol-Ring bindet an das Eisen-Ion innerhalb des Häm b, das bei Cytochrom-P450-Enzymen als prosthetische Gruppe fungiert (Abbildung 8.14). Dagegen imitieren die doppelt vorhandene Cyanobenzyl-Gruppierung im Letrozol bzw. die doppelt vorhandene 2-Methylpropannitril-Gruppe im Anastrozol teilweise das Steroid-Grundgerüst des natürlichen Substrates Androst-4-en-3,17-dion (Bhatnagar 2007). Der "symmetrische" 1,2,4-Triazol-Ring ist wie sein Konstitutionsisomer 1,2,3-Triazol aromatisch. Das 1,2,4-Triazol enthält ein pyrrolartiges N-Atom (N1) und zwei Pyridin-artige N-Atome (N2 und N4). Das pyrrolartige N1 steuert zwei Elektronen zum Elektronensextett bei, die beiden pyridinartigen N-Atome 2 und 4 wie jedes C-Atom ein Elektron. Im Gegensatz zum Imidazol mit einem pk_S-Wert der korrespondierenden Säure von 7,00 ist das 1,2,4-Triazol eine schwache Base mit einem pk_S-Wert seiner protonierten Form von 2,19. Die Protonierung erfolgt am N4, dem Ort der höchsten Elektronendichte (Eicher und Hauptmann 1994). Die nichtsteroidalen Aromatase-Hemmer um Letrozol und Anastrozol hemmen selektiv und reversibel die Aromatase, indem sie das zentrale Eisen-Ion im Häm der Aromatase kompetitiv über das N4 der 1,2,4-Triazol-Partialstruktur (der elektronenreichsten Stelle im Triazol) koordinieren (Avenando und Menéndez 2008, Chellam und Deepa 2016, Mojaddami et al. 2017) (Abbildung 8.14).

Die steroidalen Aromatase-Hemmer um Exemestan binden innerhalb der Substratbindungsstelle für das natürliche Androst-4-en-3,17-dion. Zunächst ist die Bindung des Exemestans reversibel, es kommt jedoch schnell zur Ausbildung einer kovalenten Verknüpfung. Das Enzym ist dauerhaft ausgeschaltet und muss neu synthetisiert werden (Steinhilber et al. 2010). Der genaue Mechanismus ist aber noch nicht geklärt (Lombardi 2002). Es wird angenommen, dass die Δ1-Doppelbindung essenziell für die Wirkung als Suizid-Inhibitor ist. Die Oxidation der Δ1-Doppelbindung durch Verlust eines Elektrons würde zum Radikalkation führen, dass sich durch die Reaktion mit einem Nukleophil im aktiven Zentrum stabilisieren könnte (Abbildung 8.15). Die Bildung des Radikals wäre erleichtert, da eine Stabilisierung des ungepaarten Elektrons durch Delokalisierung über die angrenzende ungesättigte Carbonyl-Gruppe möglich ist (Avendano und Menéndez 2008, Hong et al. 2011, Ghosh et al. 2012). Allerdings scheint auch eine andere Möglichkeit plausibel: die exozyklische Methylen-Gruppe besitzt aufgrund der elektronenziehenden α,β-ungesättigten Carbonyl-Gruppe eine extrem hohe Elektrophilie (vgl. auch Reaktivität eines Chinonmethids), so dass es auch an dieser Stelle schnell zur Reaktion mit einem Nukleophil innerhalb des aktiven Zentrums kommen könnte (Abbildung 8.10).

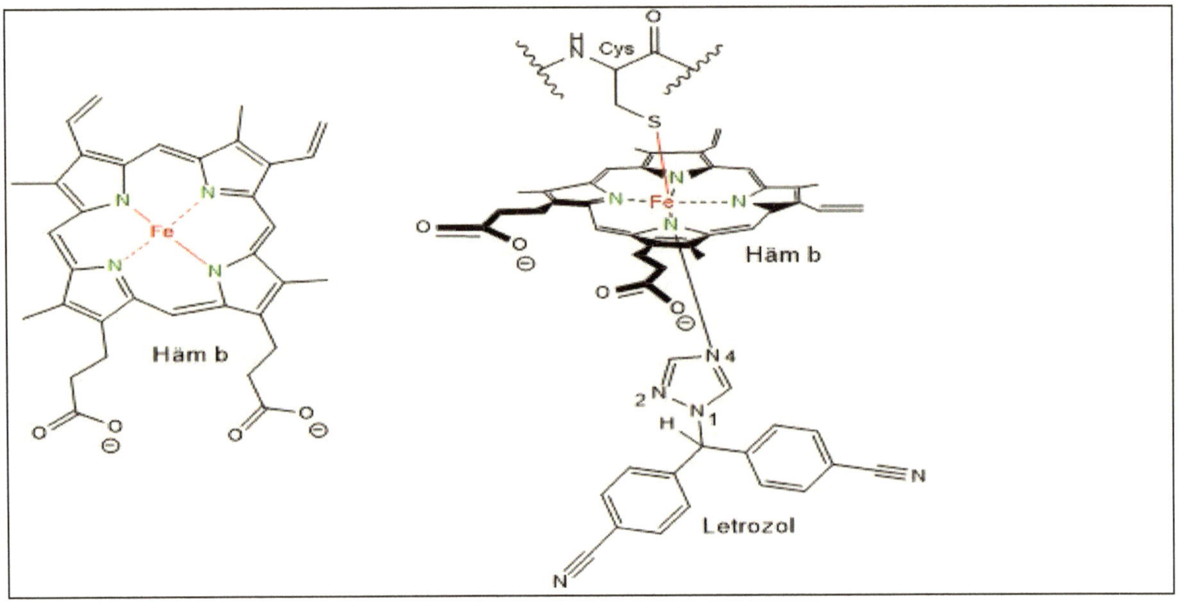

Abbildung 8.8: Wirkmechanismus nichtsteroidaler Aromatase-Inhibitoren.

Strukturformel der prosthetischen Häm-b-Einheit der Aromatase (links) und postulierte kompetitive, reversible Koordination des Letrozols an das zentrale Häm-Eisen-Ion (rechts).

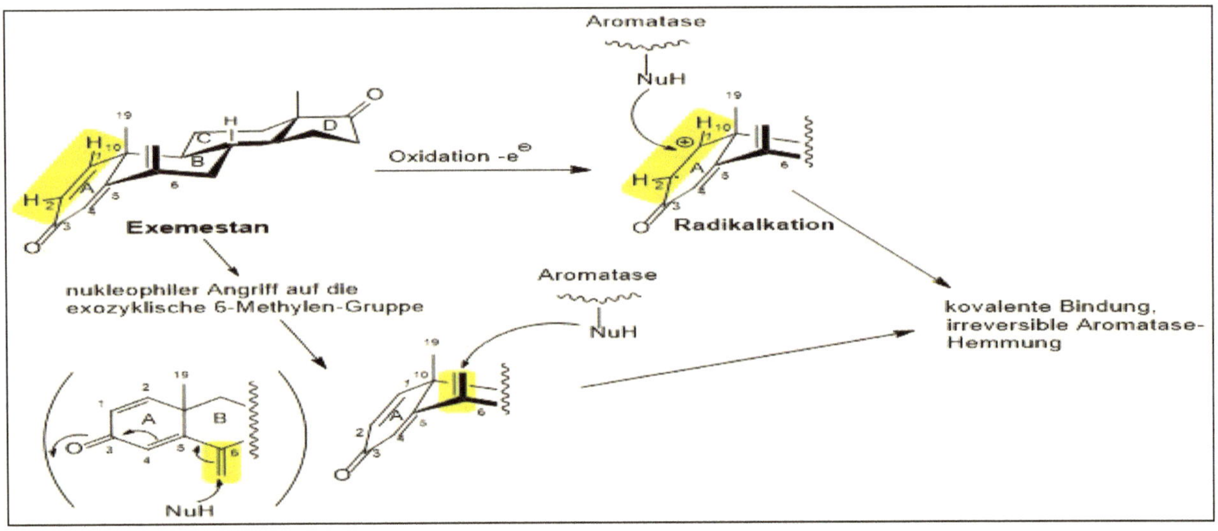

Abbildung 8.9: Wirkmechanismus steroidaler Aromatase-Inhibitoren.

> Steroidale Aromatase-Inhibitoren wie Exemestan wirken als Suizid-Inhibitoren, indem sie das Enzym durch eine kovalente Verknüpfung irrreversibel ausschalten. Dabei sind mehrere Szenarien möglich. Durch Oxidation der Δ1-Doppelbindung in Ring A entsteht ein stabilisiertes Radikalkation, das mit einer nukleophilen Gruppe der Aromatase reagiert. Allerdings besitzt auch die exozyklische 6-Methylen-Gruppe eine hohe Elektrophilie durch den Elektronenzug der konjugierten α,β-ungesättigten Carbonyl-Gruppe in Ring A. Hier ist ebenso der Angriff eines Nukleophils möglich.

Die verschiedenen Studien, die für Glyphosat oder für eine Glyphosat-basierte Formulierung vorliegen, sind widersprüchlich. Einige *In-vivo*-Studien zur Toxizität zeigten Auswirkungen von Glyphosat und seinen Formulierungen auf die Reproduktion und die Reproduktionsorgane wie den Uterus, die Ovarien oder die Testis (Mesnage et al. 2017). Allerdings ist nicht eindeutig, ob es generelle zytotoxische Wirkungen sind, die die beobachteten Effekte hervorrufen, oder ob diese Effekte durch eine endokrin-disruptive Wirkkomponente hervorgerufen werden. Die meisten Veröffentlichungen kommen jedoch zu dem Ergebnis, dass sowohl Glyphosat als auch seine Formulierungen endokrine Disruptoren sind. In 2000 wurden bei der Formulierung Roundup® keinerlei Effekte festgestellt, die eine endokrine Modulation beim Menschen vermuten ließen (Williams et al. 2000). Genauso konnten innerhalb des "Endocrine Disruptor Screening Program" (EDSP), das von der US-Behöde (EPA (US Environmental Protection Agency) durchgeführt wurde, keine Interaktionen mit Estrogenen, der Estrogen-Signaltransduktion und den Estrogenwirkungen festgestellt werden (EPA 2015).

Allerdings nimmt die Evidenz seit Mitte der 2000er Jahre immer mehr zu, dass Glyphosat und seine Formulierungen als endokrine Disruptoren wirken. Bei Glyphosat und seinen Formulierungen sind dies die weiblichen Geschlechtshormone (Estrogene). Eine Studie aus 2013 kommt zu dem Ergebnis, dass Glyphosat eine estrogen-agonistische Wirkung besitzt. Die Proliferation von MCF-7-Zellen (Michigan Cancer Foundation-7), einer Hormonrezeptor-positiven Brustkrebszelllinie, wurde durch Glyphosat gesteigert. Ferner konnte ein ERE-Luciferase-Reporter-Assay (ERE: estrogen response element) die Gen-Expressionin in den malignen Brusttumorzellen T47D-KBlue-Zellen in Konzentrationen induzieren, die denen des Estradiols entsprachen. Geblockt werden konnte dieser Effekt durch den Estrogen-Antagonisten ICI-182780 (Thongprakaisang et al. 2013). Mesnage und Mitarbeiter scheiterten bei dem Versuch, die Ergebnisse von Thonprakaisang und seiner Arbeitsgruppe zu reproduzieren (Mesnage et al. 2017). Sie zeigten dennoch, dass Glyphosat allein, nicht aber eines der POEA-Surfactants oder eine untersuchte Glyphosat-basierte Formulierung MCF-7-Zellen zur Proliferation anregen können. Und sie zeigten, dass nur Glyphosat in der Lage ist – nicht eines der Surfactants oder eine glyphosatbasierte Formulierung – den α-Subtyp des Estrogen-Rezeptors zu aktivieren (Mesnage et al. 2017). Daraufhin wurde untersucht, ob Glyphosat eventuell an die Estrogen-Bindungsstelle im Rezeptor-α-Subtyp binden könnte.

Allerdings fällt schon beim Betrachten der Strukturformeln auf, dass Glyphosat mit einer Nettoladung von -2 bei physiologischem pH-Wert und das Estradiol mit seinem C18-Steran-Gerüst, dem essenziellen aromatischen Ring A mit seiner phenolischen Hydroxyl-Gruppe keine gemeinsamen strukturellen Partialstrukturen in ihrer Molekülstruktur aufweisen. Estradiol mit einer phenolischen 3-OH-Gruppe und einem β-ständigen sekundären Alkohol an C16, die genau in die zwei hydrophoben Taschen des Estrogen-Rezeptors hineinreichen, eine OH-Gruppe interagiert dabei u.a mit Glu353, die andere mit His524 (Abbildung 8.16) (Tanenbaum et al. 1998, Li et al. 2015). Moleculardynamics-Simulationen und QM/MM-Kalkulationen zeigen, dass die Bindung des kleinen geladenen Moleküls sehr schwach und wenig stabil ist (Mesnage et al. 2017). Die Bindungsenergie für Glyphosat an den Estrogen-Rezeptor-α beträgt -4,1 kcal/mol, während Estradiol eine hohe Bindungsaffinität besitzt mit einer Bindungsenergie von -25,79 kcal/mol (Mesnage et al. 2017). Daher erscheint es in diesem Zusammenhang plausibel, dass Glyphosat den Rezeptor nicht direkt durch Bindung an die Substratbindungsstelle, sonder Ligand-unabhängig z. B. über den Proteinkinase-A-Signaltransduktionsweg und eine Erhöhung der cAMP-Konzentration aktiviert, wenn auch bei sehr hohen Konzentrationen. Die Ligand-unabhängige Aktivierung des Estrogen-Rezeptors-α wird durch das Ergebnis bekräftigt, dass eine direkte Aktivierung und eine Ligand-unabhängige Aktivierung unterschiedliche Estrogen-Rezeptor-abhängige transkriptionelle Antworten in MCF-7-Zellen hervorrufen (Dudek und Picard 2011).

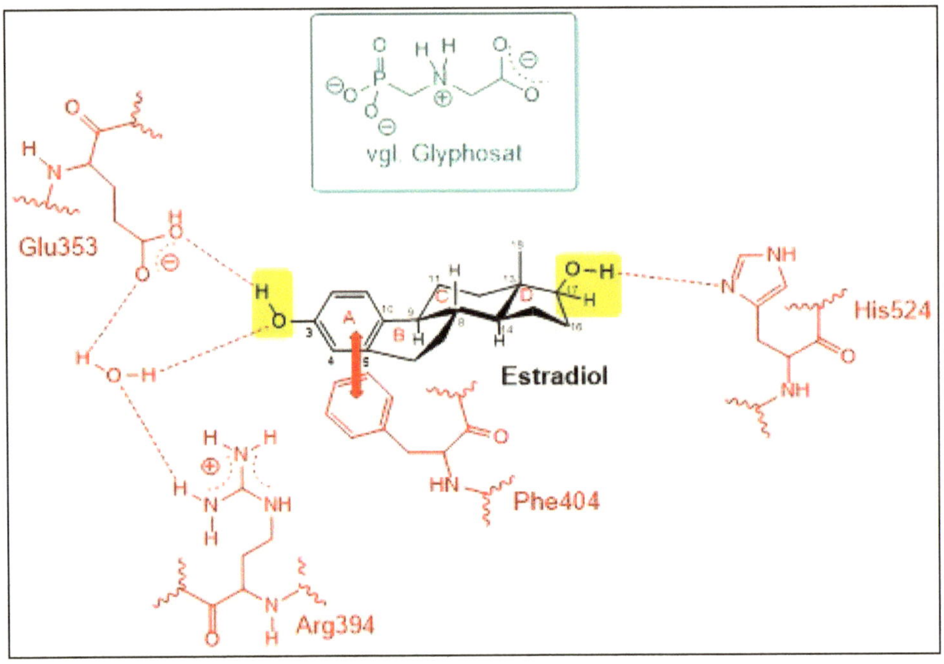

Abbildung 8.10:

Bindungsmodus des Estradiols in der Lianden-Bindungstasche des Estrogenrezeptors-α (nach Tanenbaum et al. 1998)

Die zwei Hydroxyl-Gruppen des Estradiols sind in der Liganden-Bindungstasche des Rezeptors durch ein Netzwerk von H-Brücken fixiert. Beide reichen in hydrophobe Tasche der Bindungsstelle hinein. Die phenolische 3-OH-Gruppe geht mit der Seitenketten-Carboxylat-Gruppe des Glu353 eine H-Brücke ein, wobei die Hydroxyl-Gruppe der H-Donor ist. Die Carboxylat-Funktion dieser Glutaminsäure interagiert zusätzlich über eine H-Brücke mit einem Wassermolekül, das selber als H-Donnor eine H-Brücke zum Sauerstoff der 3-OH-Gruppe des Estradiols ausbildet. Zusätzliche Fixierung für das Wassermolekül bietet eine H-Brücke zum Arg394 mit dessen Guanidinium-Gruppe in der Seitenkette. Der aromatische Ring A ist durch die H-Brücken in seiner Lahge fixiert. Dadurch stehen sich der Ring A und der Phenyl-Ring des Phe404 so gegenüber, dass hier zusätzlich eine starke π-π-Wechselwirkung möglich wird. Die 16β-OH-Gruppe bildet als Donor eine H-Brücke zum Pyridin-artigen Stickstoff des Imidazol-Ringes von His524 aus.

Durch die viel kleinere und völlig andere Struktur besitzt Glyphosat keine Affinität für den Estrogen-Rezetor-α.

Endokrin-disruptive Ergebnisse erhielten Gasnier und seine Mitarbeiter an humanen Leber-Zelllinien (HepG2) bereits in 2009 für vier verschiedene glyphosatbasierte Formulierungen und für Glyphosat allein (Gasnier et al. 2009). Die endokrin-disruptiven Effekte setzten bereits bei 0,5 ppm und damit unterhalb der in der Landwirtschaft gebräuchlichen Verdünnungen und unterhalb der in Nahrung oder Futter erlaubten Konzentration ein. Erstaunlicherweise konnten Gasnier und seine Kollegen tatsächlich bei den glyphosatbasierten Formulierungen Affinitäten für die Estrogen-Rezeptoren-α und -β sowie für den Androgen-Rezeptor im mikromolaren Bereich ausmachen. Da sollte doch eher eine Ligand-unabhängige Aktivierung wie von Mesnage und Mitarbeitern in Betracht gezogen werden. Heute kann mit einiger Sicherheit davon ausgegangen werden, dass Glyphosat keine Affinität für Steroid-Rezeptoren besitzt (Mesnage et al. 2017).

Interessant ist jedoch, dass die Ligand-unabhängige Aktivierung von Estrogen-Rezeptoren nicht die einzige estrogen-disruptive Wirkung von Glyphosat bzw. Glyphosat-basierten Formulierungen ist. Seit 2005 weiß man, dass Glyphosat bzw. seine Formulierungen die Aromatase-Aktivität in humanem Plazentagewebe und in humanen JEG3-Zellen der Plazenta inhibieren können (Richard et al. 2005, Gasnier et al. 2009). Gerade JEG3-Zellen scheinen ein validiertes, geeignetes Testsystem zu sein, um Toxizitäten von Pestiziden zu erfassen (Letcher et al. 1999, Defarge et al. 2016). Richard und seine Mitarbeiter konnten in 2005 zeigen, dass Glyphosat die Aromatase hemmt, also die Bildung von Estrogenen aus Androgenen. Die direkte Hemmung der Aromatase wurde sowohl in Mikrosomen von Pferden als auch von Menschen nachgewiesen. Zusätzlich zur direkten Aromatase-Hemmung kommt es zu einem Rückgang der Transkription des Gens, das für die Aromatase codiert und folglich zu einer Verringerung an Aromatase-mRNS (Richard et al. 2005). Die direkte Hemmung soll nach Richard et al. im katalytischen Zentrum kompetitiv zum natürlichen Substrat Androst-4-en-3,17-dion erfolgen. Glyphosat weist aufgrund seiner wenig an Steroide erinnernden chemischen Struktur keine Affinität für Steroid-Rezeptoren auf – davon geht man heutzutage aus (vgl. oben) – so wird das Herbizid nur schwerlich eine Affinität für die Substratbindungsstelle der Aromatase zeigen. Denn die ist konzipiert für das Androgen Androstendion. Auch ohne Molecular-Modeling- und Docking-Experimente erkennt man, dass Glyphosat dem Androstendion genauso wenig ähnelt wie dem Estradiol.

Eine charakteristische Eigenschaft, die das Glyphosat besitzt, könnte hier eine Rolle spielen: die Fähigkeit, Metall-Kationen zu chelatisieren. Ebenso wie die nichtsteroidalen Aromatase-Hemmer könnte Glyphosat das zentrale Eisen-Ion im Häm koordinativ binden und damit die katalytische Aktivität der Aromatase zum Erliegen bringen. Innerhalb der großen Gruppe der Pestizide gibt es zahlreiche Fungizide, die als endokrine Disruptoren beschrieben sind und deren antiestrogene Wirkung größtenteils auf eine Aromatase-Hemmung zurückzuführen ist (Abbildung 8.17) (Sanderson et al. 2002, Mnif et al. 2011).

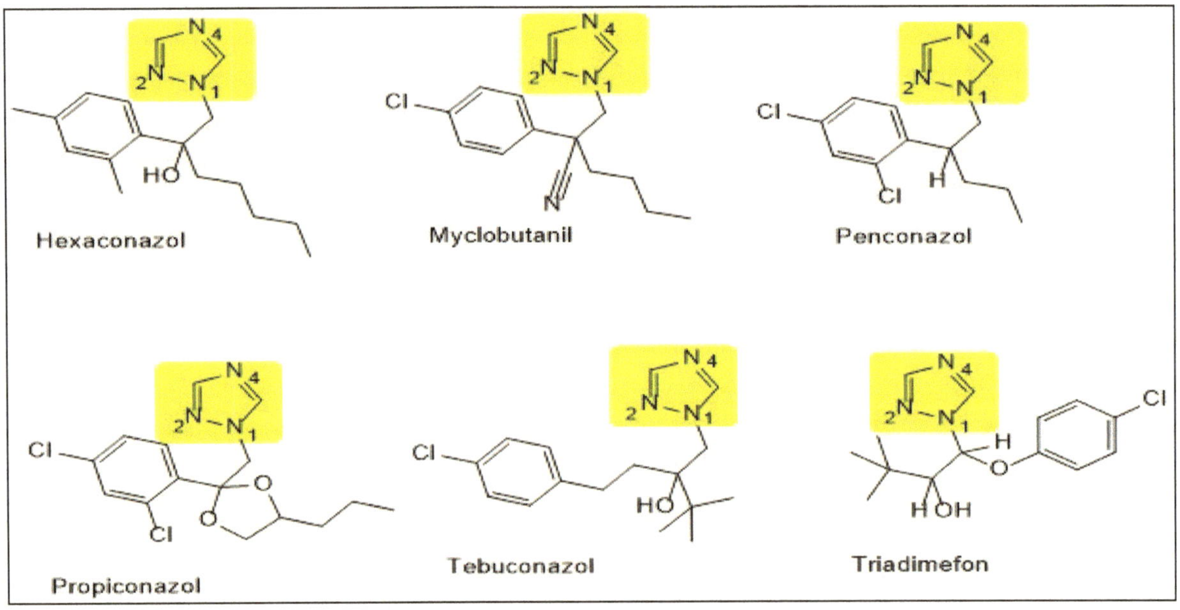

Abbildung 8.11:

Fungizide mit 1,2,4-Triazol-Partialstruktur und endokrin-disruptiven Nebenwirkungen durch Hemmung der Arómatase-Aktivität.

Gelb unterlegt: der das zentrale Fe^{3+}-Kazion koordinativ bindende 1,2,4-Triazol-Ring.

Die fungizide Wirkung ist auf die Hemmung der vorgeschalteten Lanosterol-14α-demethylase (CYP51) zurückzuführen, die eine Zwischenstufe auf dem Weg zum Cholesterol produziert (Yoshida 1998, Podust et al. 2001). Dieses Enzym ist eine weit verbreitete, hochkonservierte Cytochrom-P450-Monooxygenase, die in Mycobakterien, Pilzen, Pflanzen, Tierne und beim Menschen vorkommt (Lepesheva et al. 2003). Genauso wie bei der Aromatase besteht die Lanosterol-14α-Demethylase-Reaktion aus einer dreistufigen Reaktionsfolge, bei der unter Verbrauch von drei Molekülen Sauerstoff und drei Molekülen NADPH oxidativ die 14α-Methyl-Gruppe des Lanosterols entfernt wird. Die lipophilen Fungizide koordinieren das zentrale Häm-Fe^{3+}-Ion mit dem elektronenreichen N4 ihres Triazol-Ringes kompetitiv zu Lanosterol und reversibel (Abbildung 8.18). Die in der Regel sehr lipophilen Fungizide erreichen das Enzym im endoplasmatischen Retikulum über die Diffusion durch die Membranen. Diese Fungizide reagieren nicht spezifisch nur mit der Lanosterol-14α-demethylase, sondern auch mit anderen Cytochrom-P450-Enzymen, insbesondere mit der nachgeschalteten Aromatase, was deren endokrin-disruptiven Nebenwirkungen erklärt (Zarn et al. 2003). Das 1,2,4-Triazol-Pharmakophor hat sich für die koordinative Bindung als optimal herauskristallisiert. Auch möglich ist ein Imidatol-Ring. Ob nun die Phosphonat-, die Carboxylat- oder die sekundäre Amino-Gruppe des Glyphosats als achter Ligand in einer octahedralen Anordnung ebenso das zentrale Häm-Eisen koordinativ zu binden vermögen, ist eher ausgeschlossen.

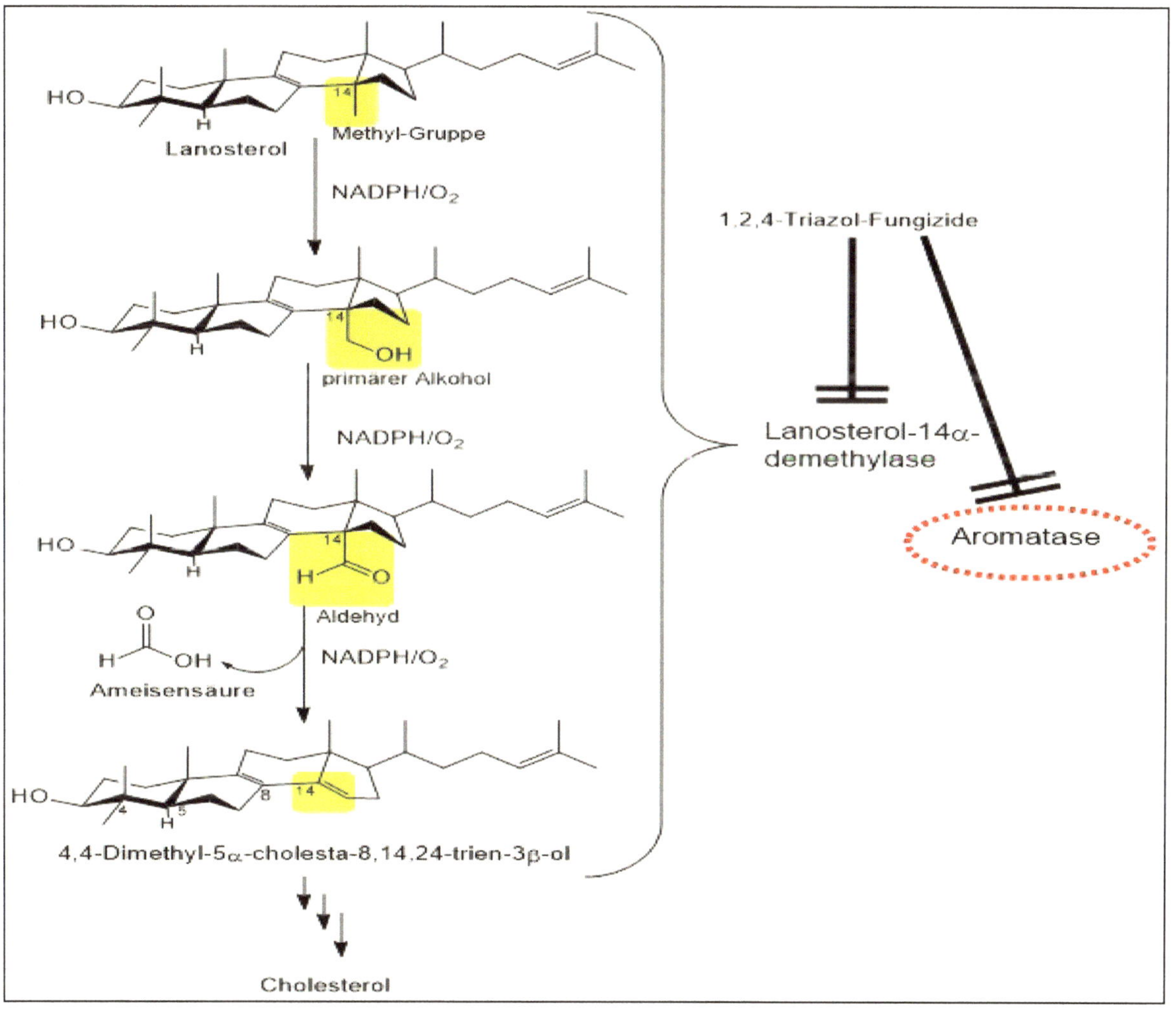

Abbildung 8.12: Die Lanosterol-14α-demthylase-Reaktion.

Fungizide mit 1,2,4-Triazol- bzw. Imidazol-Pharmakophor hemmen kompetitiv und reversibel dieses Enzym durch Bindung des zentralen Fe^{3+}-Ions im Häm. Durch die Ähnlichkeit zur Aromatase hemmen diese Triazole und Imidazole auch die Aromatase und führen zu endokrin-disruptiven Effekten.

Interessant in diesem Zusammmenhang ist, dass Zoledronsäure, ein zur Gruppe der geminalen Bisphosphonate zählendes Humanarzneimittel, dass hauptsächlich zur Prävention von Fakturen und Wirbelkompressionen bei Erwachsenen mit fortgeschrittenen, auf das Skelett ausgedehnten Tumorerkrankungen in Form einer intravenösen Infusion einmal monatlich appliziert wird (Fachinformation Zoledro-Denk® 4 mg/5 ml Konzentrat 2017), die Aromatase ebenfalls hemmt (Schech et al. 2012). Ursprünglich war auch die Zoledronsäure wie andere Bisphosphonate zur Therapie der Osteoporose indiziert.

Entdeckt wurde die Aromatase-Hemmung der Zoledronsäure bei Co-Applikation mit dem Aromatase-Hemmer Letrozol. Zoledronsäure und Letrozol ergänzen sich in ihren Effekten, was zu einer additiven Wirkung führt (Schech et al. 2012). Von der Kombination aus Letrozol und Zoledronsäure verspricht man sich eine deutliche Verlängerung des krankheitsfreien Intervalls für Brustkrebspatientinnen in der adjuvanten Therapie. Zoledronsäure hemmt tatsächlich die Aromatase, allerdings nur in intakten Zellen, nicht in enzymatischen Präparationen (Schech et al. 2012). Die durch Zoledronsäure ausgelöste Inhibition ist auch nicht kompetitiv zum Substrat der Aromatase, dem Androstendion.

Ein geminales Bisphosphonat ist formal betrachtet ein Pyrophosphat, bei dem der zentrale Sauerstoff durch ein Kohlenstoff-Atom ersetzt ist. Somit bildet sich ein P-C-P Rückgrat (Abbildung 8.19). Es bildet sich ein Molekül mit vier negativen Ladungen und zwei Phosphonsäureestern, die direkt über das Brücken-C-Atom miteinander verknüpft sind. Glyphosat besitzt nur eine Phosphonsäureester-Struktur. Die stickstoffhaltigen Bisphosphonate sind stärker wirksam als die stickstofffreien Bisphosphonate (vgl. relative Potenz in Abbildung 8.19) (Fleisch 2001, Nemec und Schubert-Zsilavecz 2001).

Es stellt sich somit die Frage, ob die Aromatase-Hemmung ein Klassen-Phänomen der Bisphosphonate allgemein ist oder ob diese Eigenschaft nur für Zoledronsäure zutrifft. Zoledronsäure besitzt von den Bisphosphonaten in Abbildung 8.19 die größte Potenz als stickstoffhaltiges Bisphosphonat. In der Seitenkette R_1 trägt Zoledronsäure als einziges Bisphosphonat einen Imidazol-Ring, der über eine Methylen-Brücke mit dem Kohlenstoff-Atom des P-C-P-Rückgrats verbunden ist. Der elektronenreiche pyridinartige Stickstoff des Imidazols könnte genauso wie bei den Triazol- und Imidazol-Fungizide (vgl. Abbildung 8.13) an das Häm-Fe^{3+}-Ion koordinativ binden und die Sauerstoff-Bindung an das Eisen verhindern. Diese Partialstrukturen besitzen weder die anderen Bisphosphonate noch Glyphosat, sodass die Aromatase-Hemmung wahrscheinlich kein Klassenphänomen, sondern eine für Zoledronsäure charakteristische Eigenschaft zu sein scheint.

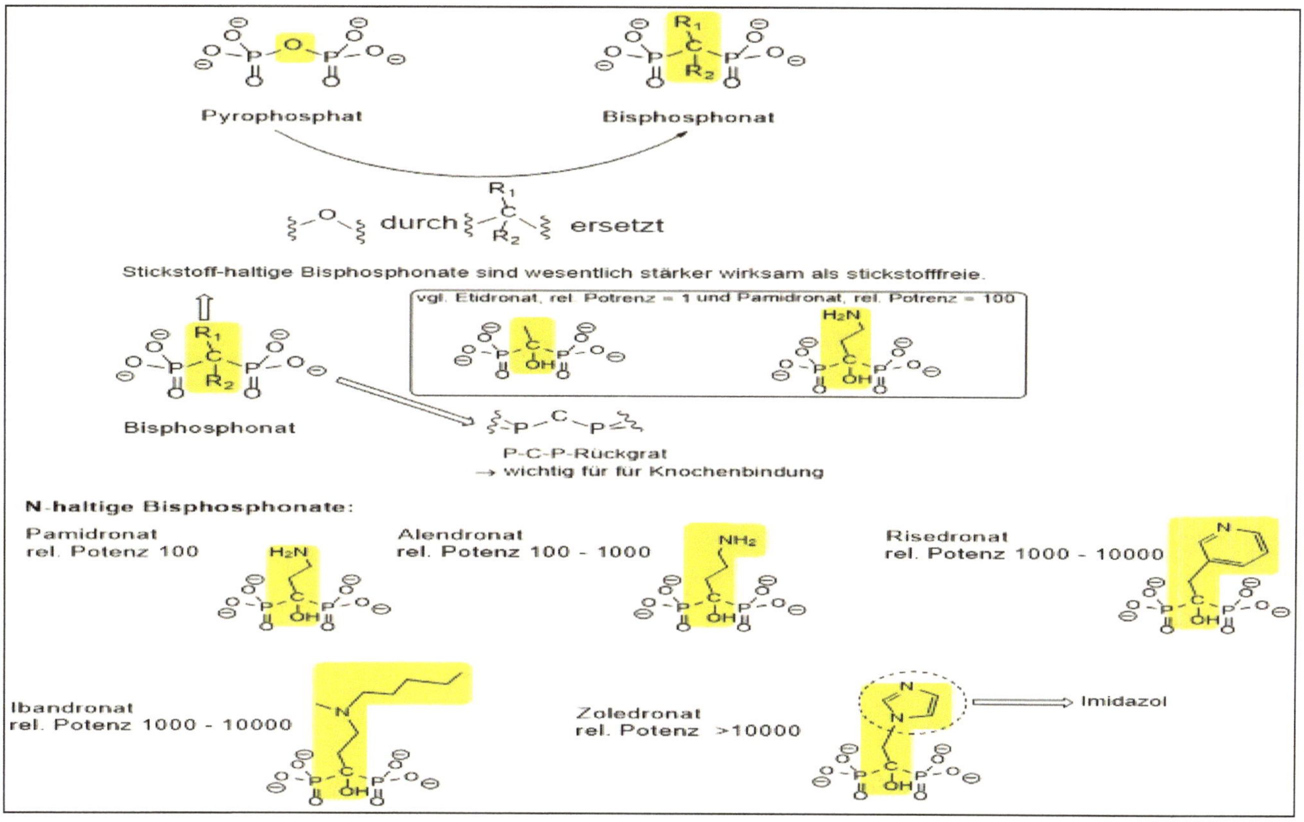

Abbildung 8.13:

Strukturformeln wichtiger Stickstoff-haltiger geminaler Bisphosphonate, deren struktureller Aufbau und die relativen Potenzen (nach Frisch 2001, Nemec und Schubert-Zsilavecz 2001).

> Die relative Potenz ddes Stickstoff-freien Bisphosphonats Etidronsäure wird 1 gesetzt.

Tatsächlich scheint aber auch die Zoledronsäure nicht an das Häm-Fe^{3+}-Eisen zu koordinieren, genauso wenig wie die anderen Bisphosphonate und genauso wenig wie Glyphosat trotz dessen komplexierender Eigenschaften. Einen ersten Hinweis hierfür gibt das Ergebnis von Schech und Mitarbeitern, dass Zoledronsäure nur in intakten Zellsystemen, nicht aber in enzymatischen Präparationen die Aromatase hemmt. Somit ist Zoledronsäure für seine inhibitorische Aktivität auf einen intakten Zellstoffwechsel angewiesen (Schech et al. 2013). Zoledronsäure hemmt eine posttranslationale Modifikation der Aromatase. Die posttranslationale Phosphorylierung eines Serin-Restes (Ser118) dient dazu, die Aktivität der Aromatase und damit der Estrogen-Konzentrationen schnell zu modulieren und den physiologischen Bedürfnissen anzupassen (Miller et al. 2008). Durch die Phosphorylierung an Ser118 kommt es zu einer entscheidenden Konformationsänderung der Aromatase. Die mutierte Ser118Ala-Aromatase kann nicht phosphoryliert und damit nicht in ihrer Aktivität moduliert, angepasst werden. Eine Ser118-Phosphorlierung führt zu einer nach Miller et al. sowie Yue et al. zu einer verminderten Aromatase-Aktivität (Yu et al. 2003, Miller et al. 2008., Schech 2013). Auf diese Weise hemmt Zoledronsäure die Aktivität der Aromatase (Abbildung 8.20). Auch für Glyphosat wäre dies ein plausibler Mechanismus zur Erklärung derAromatase-Hemmung.

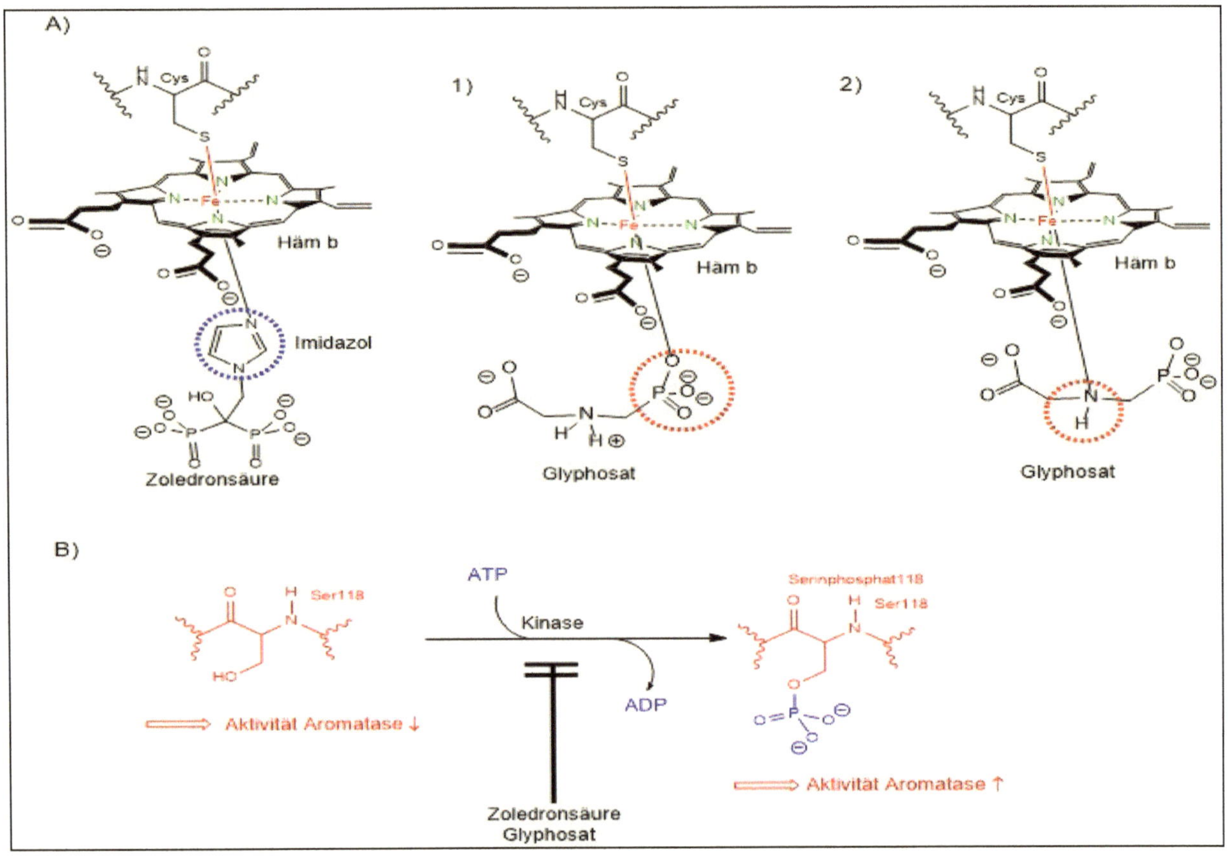

Abbildung 8.14:

Mögliche Mechanismen für eine Aromatase-Hemmung von Zoledronsäure und Glyphosat.

A) Zoledronsäure hemmt die Aromatase wahrscheinlich nicht, wie hier dargestellt und wie es für die als Arzneistoffe verwendeten Aromatase-Hemmer Letrozol und Anastrozol nachgewiesen ist, durch Koordination des Häm-Fe^{3+}-Ions. Glyphosat alleine und seine Formulierung Roundup® zeigen jedoch eine maximale Absorption im UV-Spektrum bei 420 nm und eine minimale Absorption bei 390 nm. Ein solches UV-Spektrum ist spezifisch für die Interaktion eines Stickstoffs mit dem Häm-Fe^{3+}-Ion von Cytochromen (Richard et al. 2005). Dazu muss das Stickstoff-Atom des Glyphosats deprotoniert vorliegen (2). Denkbar wäre natürlich auch eine Koordination des Häm-Fe^{3+}-Ions durch eine deprotonierte OH-Gruppe des Phosphonats. Dazu passt aber das UV-Spektrum von Richard et al. nicht.

B) Zoledronsäure hemmt die Aromatase durch Hemmung der Phosphorylierung des Ser118 der Aromatase. Dieser Mechanismus erscheint für Glyphosat genauso plausibel, ist aber bisher nicht nachgewiesen.

Die glyphosatbasierte Formulierung Roundup®* hemmt die Aromatase kompetitiv reversibel (Richard et al. 2005). Die UV-Spektren von Glyphosat alleine oder der Formulierung Roundup® zeigen in aufgereinigter Aromatase des Pferdes eine minimale Absorption bei 390 nm und maximale Absorption bei 420 nm. Ein solches Spektrum ist spezifisch für die Interaktion eines Stickstoffs mit dem Fe^{3+}-Ion des Häms von Cytochromen (Richard et al. 2005). In einer relativ neuen Studie haben Defarge und Mitarbeiter Glyphosat, die vorwiegend als Surfactants eingesetzten "Inertsubstanzen" und die kompletten Formulierungen von sechs Handelspräparaten hinsichtlich ihrer endokrin-disruptiven Eigenschaften untersucht (Defarge et al. 2016). Die Aromatase-Aktivität wird erstaunlicherweise am wenigsten durch den Wirkstoff Glyphosat selbst gehemmt. Unterhalb von 3000 ppm zeigt Glyphosat kaum inhibitorische Aktivitäten. Vor dieser Veröffentlichung ging man davon aus, dass Glyphosat allein für die Aromatase-Hemmung verantwortlich sei. Bei den Surfactants erweisen sich die POEAs und die eigentlich für so harmlos und unbedenklich gehaltenen Alkylpolyglycoside (APGs) als diejenigen, die die Aromatase-Aktivität am stärksten hemmen. Die Surfactants genauso wie die Glyphosat-basierten Formulierungen hemmen die Aromatase in Konzentrationen, die 800-fach niedriger liegen als die landwirtschaftlich genutzten Konzentrationen, wohingegen Glyphosat erst bei einem Drittel der landwirtschaftlich verwendeten Konzentrationen einen Effekt auf die Aromatase zeigt.

Defarge und seine Mitarbeiter haben mit dieser Studie zum ersten Mal gezeigt, dass die endokrin-disruptiven Eigenschaften des Glyphosats als Reinsubstanz gering ausgeprägt sind und dass es in Wahrheit die Inertsubstanzen sind, die zu einer drastischen Steigerung des estrogen-disruptiven Effektes entweder als Reinsubstanzen oder in den Formulierungen führen (Defarge et al. 2016). Bei höheren Konzentrationen hemmen alle "Inertsubstanzen" die Aromatase, unterbrechen die mitochondriale Atmungskette und die mitochondrialen Membranen. Die Alkylpolyglycoside sind 15- bis 18-mal, die POEAs 1.200- bis 2.000-mal zytotoxisch wirksamer als Glyphosat (Defarge et al. 2016). Alle "Inertsubstanzen" und alle Formulierungen erweisen sich als zytotoxisch wirksam weit unterhalb der empfohlenen landwirtschaftlichen Verdünnung von 1 % (18- bis 2.000-mal niedriger für die "Inertsubstanzen" und 8- bis 141-mal niedriger für die Formulierungen) und unterhalb irgendeines bemerkbaren toxischen Effektes. Alle "Inertsubstanzen" hemmen in dieser Studie die Aromatas-Aktivität bei Konzentrationen, die 27 % bis 67 % unterhalb der NOEC liegen. Ebenso hemmen alle glyphosatbasierten Formulierungen die Aromatase. Hier liegen die notwendigen Konzentrationen von 20 % bis 200 % unterhalb der NOEC (Defarge et al. 2016).

Die Aromatase ist als membrangebundenes Molekül im endoplasmatischen Retikulum zu finden. Gerade membranzerstörende Effekte der Surfactants sind gut dokumentiert (Mesnage et al. 2013, Mesnage et al. 2014). Eine Störung des Membranaufbaus durch Surfactants aus glyphosatbasierten Formulierungen führt beispielsweise in hCG-stimulierten MA-10-Leydig-Zellen zu einer konzentrationsabhängigen Abnahme der Bildung von Steroiden (Levine et al. 2007). Die Surfactants dringen in die Membran ein, zerstören dort den Aufbau. Es kommt zu einem Verlust des Membranpotentials, zu einer modifizierten Struktur und zu einer deutlich erhöhten Permeabilität (Cserhati 1995). Die intrazelluläre Ca^{2+}-Konzentraton nimmt zu und verändert die Struktur und Funktionalität des endoplasmatischen Retikulums (Defarge et al. 2016). Dieser unspezifische Mechanismus kann eine Erklärung für die Hemmung der Aromatase durch die Surfactants sein. Genauso kann eine erhöhte Membranpermeabilität aber auch dazu führen, dass vermehrt Glyphosat zur Aromatase befördert wird, wodurch Glyphosat in wesentlich höherer Konzentration in der unmittelbaren Umgebung der Aromatase vorliegt. Dadurch könnte die ohne Surfactants nur schwache inhibitorische Aktivität gegenüber dem Enzymkomplex deutlich ansteigen.

Glyphosat und seine Formulierungen wirken endokrin-disruptiv. Durch eine Ligand-unabhängige Aktivierung zeigen Glyphosat und seine Formulierungen estrogene Wirkungen (Mesnage et al. 2017). Das zeigt sich u. a. daran, dass sie das Wachstum humaner Brustrebszellen induzieren (Thongprakaisang et al. 2013). Durch die Hemmung der Aromatase von Glyphosat allein und stärker durch seine Formulierungen kommt aber auch eine antiestrogene Wirkkomponente hinzu. Letztlich wird es immer individuell von der verwendeten Formulierung und den zugrundeliegenden Konzentrationen der Komponenten abhängen, welche der Wirkungen, die estrogene Wirkung über die Aktivierung von Estrogen-Rezeptoren oder die antiestrogene Wirkung durch Hemmung der Aromatase, überwiegt.

Glyphosatbasierte Formulierungen wirken als endokrine Disruptoren v. a. auf die Organe, die während der fetalen/embryonalen Entwicklung unter estrogener oder androgener Kontrolle stehen. Das sind die weiblichen und männlichen reproduktiven Organe, das ZNS und das Immunsystem. Humane Daten zur Reproduktionstoxizität stammen in der Regel aus Testsystemen mit Diethylstilbestrol (Marquardt et al. 2013). Dieses synthetische Estrogen ist je nach Testsystem bis zu viermal stärker estrogen wirksam als das natürliche 17β-Estradiol, die biologische Halbwertszeit ist länger und die Affinität zu den Estrogen-Rzeptoren ist deutlich höher als bei allen anderen derzeit als endokrine Disruptoren gehandelten Verbindungen (Marquardt et al. 2013). Diese toxikokinetischen und toxikodynamischen Charakteristika sind bei der Übertragung von Daten auf andere Modulatoren des endokrinen Sstems zu beachten. In den 1950-er bis 1960-er Jahren wurde Diethylstilbestrol allein in den USA über 6 Millionen schwangeren Frauen verabreicht und das in extrem hohen Dosierungen von bis zu 150 ng/d (Marquardt et al. 2013). In Europa wurde den Frauen anstelle des Diethlstilbestrols das physiologische 17β-Estradiol verabreicht, ohne dabei die unten beschriebenen Nebenwirkungen zu erhalten. Die Indikation dafür lautete zur "Prävention von Schwangerschaftsabbrüchen" sowie zur "Therapie von Schwangerschaftskomplikationen" (Marquardt et al. 2013). Eine typische Therapie einer Schwangeren dauerte etwa 100 Tage und die Gesamtdosis an Diethylstilbestrol konnte bis zu 18 g für diesen Zeitraum betragen. Vergleicht man diese Mengen mit dem des etwa vergleichbar potenten Ethinylestradiol, das in oralen Kontrazeptiva verwendet wird, und dort in täglichen Dosierungen von 20 – 50 µg gegeben wird, erkennt man am deutlichsten die Unterschiede. In 1971 wurde in den USA die Zulassung für Diethylstilbestrol zunächst eingeschränkt, später dann komplett zurückgezogen. Der Grund hierfür war das vermehrte Auftreten vaginaler Adebnokarzinome bei jugendlichen Töchtern- in diesem Alter vorher extrem selten - deren Mütter mit Diethylstilbestrol behandelt wurden. Die Inzidenz hierfür lag bei etwa 1:1.000 (Marquardt et al. 2013). In der Nachsorge dieser Töchter wurden zahlreiche Fälle kongenitaler Missbildungen der inneren und äußeren Genitalien registriert. Bei etwa 50 % wurden tubulä-re/uterine Dysmorphien erkannt, die zu einer wesentlich erhöhten Rate an Infertilität und Aborten dieser Frauen führte. Töchter der mit Diethylstilbestrol behandelten Mütter weisen zudem ein signifikant erhöhtes Risiko auf, an einem Mammakarzinom zu erkranken (2,5fach erhöhtes Risiko) (Marquardt et al. 2013). Die Söhne der behandelten Mütter hatten gehäuft mit Veränderungen des Reproduktionstraktes zu kämpfen, darunter Mikrophallus, Kryptorchismus einhergehend mit erniedrigter Spermienzahl und -qualität. Allerdings wird keine Abnahme der Fertilität registriert. Statistisch nichtsignifikant ist die gering höhere Inzidenz für eine Hodentumorerkrankung bei Söhnen der behandelten Mütter (Marquardt et al. 2013). Die Behandlung mit Diethylstilestrol zeigt exemplarisch das mögliche Spektrum an Missbildungen, wenn hohe Dosen potenter Estrogene bzw. endokriner Disruptoren insbesondere während sensibler Phasen der Entwicklung aufgenommen werden. So schlimm die Situation für die Betroffenen war und ist, stelltedie Behandlung mit Diethylstilbestrol eine Sensibilisierung an das Handeln der Mediziner, , welche mögliche Gesundheitsgefährdung von einer Therapie mit hormonell aktiven Verbindungen ausgeht (Marquardt et al. 2013).

Glyphosat als Reinsubstanz reduziert die Spermienbeweglichkeit, eines der wichtigsten Kriterien für die Zeugungsfähigkeit, bei gesunden Männern nach einer Expositionzeit von einer Stunde um signifikante 11,4 % (Anifandis et al. 2018). Dieser Wert passt sehr gut zu den mit der glyphosatbasierten Formulierung Roundup® ermittelten 18,1-prozentigen Reduktion (Anifanidis et al. 2017). Daher kann man durchaus daraus schließen, dass Glyphosat den Haupteffekt zur Beeinträchtigung der Spermienqualität beiträgt und Roundup® diesen nur wenig verstärkt. Damit hat die Studie von Anifanidis und Mitarbeitern aber auch eindeutig gezeigt, dass Glyphosat tatsächlich eine toxische Wirkung auf die männlichen Gameten besitzt, anders als es das deutsche Bundesamt für Arbeitsschutz und Arbeitsmedizin sieht. Das BAuA hat keine Auswirkungen auf die Reproduktion an Ratten, die hohen Dosen Glyphosat ausgesetzt wurden, feststellen können (BAuA 2016).

In männlichen Ratten kommt es nach Roundup®-Exposition zu einer dosisabhängigen Abnahme der Plasma-Spiegel von Testosteron und Corticosteron, der ACTH-Spiegel (Adrenocorticotropes Hormon, Corticotropin) der getesteten Tiere ist erniedrigt ebenso wie der cAMP-PKA-Signaltransduktionsweg, der durch ACTH aktiviert werden kann. Exogene ACTH-Gaben sind in der Lage, den cAMP-PKA-Signalweg wieder zu normalisieren. Das lässt darauf schließen, dass Roundup® die endogenen ACTH-Spiegel erniedrigt und daraufhin der cAMP-PKA-Signalweg in den Nebennieren heruntergefahren wird. Der Umstand, dass exogenes ACTH regulatorisch wirkt, deutet daraufhin, dass Roundup® nicht in den Nebennieren, sondern in übergeordneten hormonellen Ebenen wirkt und wahrscheinlich die ACTH-Synthese und-Freisetzung im Hypophysenvorderlappen beeinflusst (Pandey und Rudraiah 2015). Die Effekte auf die die Konzentrationen der Steroidhormone treten schon bei Dosen von 10 mg/kg KG/d auf, bei denen keine anderen toxischen Effekte bemerkt werden können. Roundup® weist in den Nebennierenzellen in höheren Konzentrationen von 250 mg/kg KG/d einen apoptotischen Effekt auf (Pandey und Rudraiah 2015).

Roundup® hemmt nicht nur die Synthese und Freisetzung des Corticotropins aus der Adenohypophyse und auf diese Weise die Steroidsynthese in den Nebennieren, sondern das glyphosatbasierte Herbizid kann die Steroidsynthese auch in den Leydigschen-Zellen der Hoden hemmen (Walsh et al. 2000). Die Biosynthese aller Steroidhormone beginnt mit der Spaltung der Seitenkette zum Pregnenolon. Das Enzym, das diese Reaktion katalysiert, ist das P450-Cholesterol-Seitenketten-Abspaltungsenzym (p450scc) (vgl. Abbildung 8.10). Es ist auf der Matrixseite der inne-rern Mitochondrienmembran lokalisiert (Simpson und Boyd 1966). Die oftmals vernommene Aussage, dieses Enzym katalysiere den geschwindigkeitsbestimmenden Schritt der Steroidsynthese, ist nicht ganz korrekt. Geschwindigkeitsbestimmend ist in Wirklichkeit der intramitochondriale Transport des Cholesterols zur Mitochondrienmembran ab das Enzym (Simpson et al.1978). Die Diffusion des lipophilen Cholesterols in wässriger Lösung ist extrem langsam, sodass allein durch passive Diffusion die für die gesamten Steroide und ihre Synthese benötigte Menge an Cholesterol-Molekülen keineswegs rechtzeitig zum p450scc-Enzym allein diffundieren kann. Demzufolge wird der intramitochondriale Cholesterol-Transport durch ein Carrier-Protein unterstützt, das den Namen StAR (steroidogenic acute regulatory protein) trägt. Am besten wird die Funktion dieses Proteins durch eine äußerst seltene Erkrankung, das lipoide adrenogenitale Syndrom vom Typ I, beschrieben. Aufgrund einer Mutation im für StAR codierenden Gen wird ein defektes StAR-Protein gebildet, das kein Cholesterol transportieren kann. Bei den Neugeborenen akkumulieren Cholesterol und Cholesterolester in der Zelle, und sie sind nicht in der Lage, Steroidhormone zu synthetisieren (Caron et al. 1997). Da es noch keine kausale Behandlungsform gibt, ist die lebenslange Substitutionstherapie in Form der Steroidhormone die Therapie der Wahl.

Dieses StAR-Protein führt mit dem intramitochondrialen Cholesterol-Transport den eigentlichen geschwindigkeitsbestimmenden Schritt innerhalb der Steroidhormon-Synthese durch.

Für die volle steroidogene Wirkung des StAR-Proteins muss es posttranslationale Modifikationen erfahren: zunächst die Assoziation des StAR-Proteins mit der äußeren Mitochondrienmembran und anschließemd Phosporylierungen (Aarakane et al.1998). Ob Roundup® die Synthese des StAR-Proteins verringert, ob es die Assoziation mit der Mitochondrienmembran verhindert oder in die Phosphorylierungsreaktionen eingreift, kann durch die Studie von Walsh et al. nicht geklärt werden. Tatsache ist aber, dass Glyphosat allein für eine Hemmung nicht ausreicht. Erst Roundup® unterbricht die Steroidhormon-Synthese, indem entweder kein korrektes, voll funktionales Protein synthetisiert wird oder indem essenzielle posttranslationale Modifikationen nicht mehr stattfinden (Walsh et al. 2000).

9. Glyphosat als Genotoxin und Aktivator von Sauerstoff

Im IARC-Bericht werden dem Glyphosat ein genotoxisches Potenzial sowie die Bildung reaktiver Sauerstoffspezies (ROS), was man auch als oxidativen Stress für die Zelle bezeichnet, als nachgewiesene kanzerogene Wirkmechanismen zugesprochen (IARC 2016).

9.1 Genotoxizität

Genotoxine führen neben den endogenen jederzeit auftretenden DNS-Läsionen zu weiteren Schäden an der Doppelhelix. Die wichtigsten Targets der Genotoxine sind die DNS-Basen. Eine Basenmodifikation kommt durch Angriff an Sauerstoff- und Stickstoff-Atome der Basen durch Oxidation, Desaminierung bzw. nukleophiler Substitution zustande. Die Folge einer Basenmodifikation ist die Destabilisierung der N-glykosidischen Bindung, was zum Basenverlust führen kann. Zusätzlich wird die H-Brücken-Bildung der komplementären Basen zerstört. Steht der nächste Replikationszyklus an, kommt es dann unter Umständen zur Fehlpaarung von Basen, da die DNS-Polymerasen Basen falsch erkennen. In der Folge kann eine solche Basenfehlpaarung zu einer Mutation führen.

Einige bekannte Genotoxine sind in 9.1 mit ihrer Strukturformel dargestellt. Der im Steinkohlenteer vorkommende polyzyklische aromatische Kohlenwasserstoff (PAK) Benz[a]pyren entsteht bei Verbrennungs- und Schwelungsprozessen, u. a. wird er bei 300 °C in der Tabakbrennzone beim Rauchen einer Zigarette gebildet. Es findet sich auch an Rußpartikeln in der Luft. Über Los Angeles wurden 1.400 Tonnen Benz[a]pyren pro Tag gemessen. Daraus resultiert eine humane Aufnahme des PAKs pro Tag je Einwohner, was ungefähr dem Rauch einer Zigarette entspricht (Marquardt et al. 2013). PAKs wie Benz[a]pyren waren die ersten reinen Chemikalien, bei denen eine genotoxische und damit in der Folge kanzerogene Wirkung experimentell bewiesen werden konnte (Marquardt et al. 2013). Benzol verursacht Leukämien. Seine knochenmarkschädigende Wirkung ist seit mehr als 100 Jahren bekannt. Beide Wirkungen kommen durch hochreaktive Metaboliten zustande, die in der Leber teils über Cytochrom-P450-abhängige Isoenzyme gebildet werden. Zu den ultimativen genotoxischen Metaboliten gehören die starken Elektrophile Muconaldehyd und das Semichinonradikalanion, die kovalent an DNS, RNS und Proteine binden (Whysner et al. 2004). 1,3-Butadien kommt wie Benz[a]pyren ebenfalls im Zigarettenrauch vor. Durch die zwei konjugierten Doppelbindungen sind alle vier C-Atome sp^2-hybridisiert, das Molekül ist planar. Als Biselektrophil kann das auch als Vinylethen bezeichnete Butadien die beiden komplementären DNS-Stränge quervernetzen (Wickramaratne et al. 2016, Groehler 4th et al. 2017). Aflatoxine werden von einigen Aspergillus-Arten gebildet. Etwa 20 Aflatoxine aus Schimmelpilzen sind bekannt, zahlreiche weitere der Difuranopentanolidocumarin-Derivate entstehen nur oder auch durch Biotransformation im menschlichen Körper. Afaltoxin B_1, das wohl bekannteste Aflatoxin, wird in der Leber "gegiftet", d. h. es wird in der Leber zum hochreaktiven Afaltoxin B_1-8,9-exo-epoxid "bioaktiviert". Erst das Epoxid kann als Elektrophil mit der elektronenreichen DNS kovalente Addukte bilden (Choy 1993, Teuscher und Lindequist 2010).

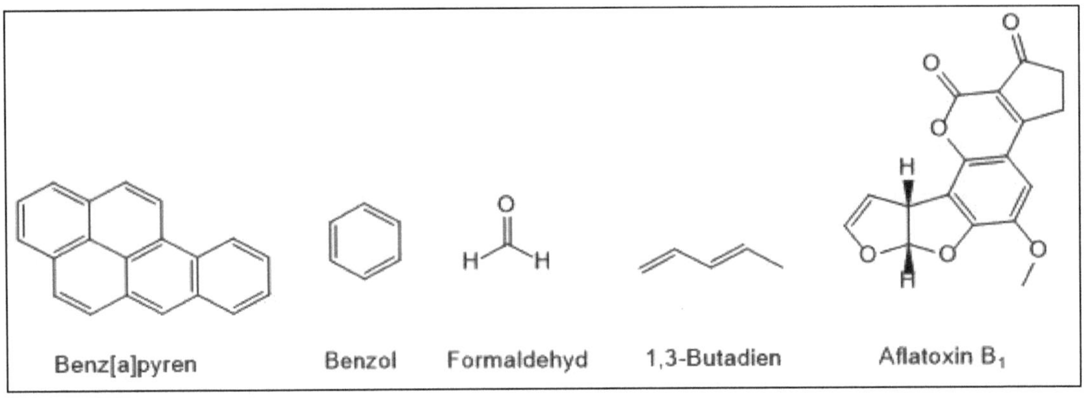

Abbildung 9.1:

Strukturformeln einiger bekannter genotoxischer und damit auch kanzerogener organischer Moleküle.

Besonders häufig findet man diesen Wirkmechanismus bei DNS-alkylierenden Substanzen. Paradoxerweise werden viele dieser elektrophilen Substanzen als nichtselektive Zytostatika im Rahmen einer zytotoxischen Chemotherapie bei Krebs eingesetzt, obwohl sie selbst genotoxisch und kanzerogen sind. Gemeinsames Strukturmerkmal dieser heterogenen Strukturklasse ist mindestens ein elektrophiles Zentrum innerhalb ihres Moleküls, mit dem sie in der Lage sind, nukleophile, elektronenreiche Atome oder Atomgruppen in den Biomolekülen anzugreifen. Die Alkylanzien führen u. a. zu einer kovalenten Modifikation der DNS. Kleinvolumige Modifikationen wie eine Methylierung oder Ethylierung haben oftmals eine Basenfehlpaarung zur Folge. Größere, sterisch anspruchsvolle Reste können außerdem zu einem Replikations- und Transkriptionsstopp führen (Marquardt et al. 2013).

Methylierende Alkylanzien spielen eine besondere Rolle. Sie methylieren die DNS und führen damit zu epigenetischen Veränderungen, Änderungen im Verhältnis des DNS-Methylierungsgrades zum DNS-Demethylierungsgrad. Normalerweise sind Methylierung und Demethylierung exakt zueinander austariert. Physiologisch wird die Methyl-Gruppe vom Donor S-Adenosylmethionin bereitgestellt und katalysiert durch DNS-Methyltransferasen vornehmlich auf Cytosin-Reste übertragen: Die DNS-Methylierung reguliert z. B. die Transkription, die Chromatin-Struktur und die Integrität der Chromosomen (Chappell et all. 2016). Epigenetische Veränderungen stellen nichtgenotoxische Mechanismen der Karzinogenese dar, die unabhängig oder zusammen mit genotoxischen DNS-Läsionen auftreten. Ein epigenetischer Wirkmechanismus konnte beim Glyphosat bis 2016 nicht nachgewiesen werden (IARC 2016). Einige Studien sind veröffentlicht worden, die jedoch von einer DNS-Methylierung durch Glyphosat beim Menschen ausgehen (Kwiatkowska et al. 2017, Kubsad et al. 2019).

Nardemir und seine Mitarbeiter konnten zuerst eine DNS-Methylierung im Weizen feststellen (Nardemir et al. 2015). Stress-induzierte epigenetische Veränderungen, wie z. B. Änderungen der DNS-Methylierung, stellen zusätzliche adaptive Mechanismen für eine Herbizid-Resistenz dar. In einer Studie wurde eine Methyl-Cytosin-Sequenzierung der Blätter von *Arabidopsis thaliana* nach zwei subletalen Dosen des Glyphosats durchgeführt (Kim et al. 2017). Die Glyphosat-Gabe verursachte insgesamt 9.205 verschiedene methylierte Regionen (DMRs) über das gesamte Genom verteilt. 5.914 dieser DMRs wurden dosisabhängig induziert, worin die Methylierungshäufigkeit positiv mit der Schwere der durch Glyphosat verursachten Verletzung korrelierte. Das lässt vermuten, dass Pflanzen das Ausmaß der Methylierung durchaus an die Schwere des Stresses, dem sie ausgesetzt sind, anpassen können (Kim et al. 2017). Von den 3.680 Genen, die mit den glyphosatinduzierten DMRs assoziert wurden, waren nur 7 % auch in Methylierungen involviert, die nach biotischem Stress oder Stress bezüglich des Salzgehalts auftreten. Kim und seine Mitarbeiter konnten damit zumindest bei Pflanzen zeigen, dass diese auf einen Herbizid-Stress wie beim Glyphosat über Methylierungsmuster reagieren, die dosissensitiv und zumindst teilweise stresssensitiv sind (Kim et al. 2017).

Bifunktionelle Alkylanzien können die zwei komplementären DNS-Stränge kovalent miteinander verknüpfen und sogenannte Cross-links ausbilden. Genauso sind aber auch kovalente Verknüpfungen mit DNS-assoziierten Proteinen und einem DNS-Strang oder aber eine kovalente Verknüpfung zweier Basen desselben Stranges möglich. Die erstgenannten DNS-Cross-links gehören zu den besonders toxischen und mutagenen DNS-Schäden, da eine Reparatur aufgrund der fehlenden Matrize äußerst schwierig ist. Zusätzlich reagieren die meisten DNS-alkylierenden Substanzen mit den Phosphat-Gruppen des Zucker-Phosphat-Rückgrats der DNS. Dadurch werden die Phosphordiester-Bindungen zerstört, und die Folge ist ein DNS-Strangbruch (Marquardt et al. 2013).

Erster Vertreter dieser Substanzklasse ist Bis(2-chlorethyl)sulfid, das als Senfgas und "chemischer Kampfstoff" im ersten Weltkrieg erstmals menschenverachtend eingesetzt wurde (Abbildung 31). Tauscht man das weniger nukleophile zentrale Schwefel-Atom gegen ein nukleophileres N-Atom, gelang man zu den Stickstoff-Lost-Derivaten wie z. B. Melphalan, das immer noch in Form einer intravenösen Injektion bei einigen Krebsarten verwendet wird. Hervorzuheben ist hier das Multiple Myelom (Fachinformation Melphalan-ratiopharm® Pulver und Lösungsmittel zur Herstellung einer Injektions-/Infusionslösung 2019). Die Reaktivität lässt sich durch die Nukleophilie des Stickstoffs steuern. Protonierte Stickstoffe reagieren gar nicht mehr, auch Anilin-Stickstoff-Atome, wie beim Melphalan, sind durch den elektronenziehenden Benzen-Ring nicht so reaktionsfreudig wie die Leitsubstanz Stickstoff-Lost. Ähnlich wie die Lost-Substanzen sind die Aziridin-Derivate um Thiotepa zu sehen. Thiotepa wird als Zytostatikum unter dem Handelsnamen Tepadina® u. a. meist in Kombination mit einer Strahlentherapie zur Konditionierung vor einer autologen hämatopoetischen Stammzelltransplantation (HSZT) eingesetzt (Fachinformation Tepadina® 2017). Carmustin, ein N-Nitrosoharnstoff-Derivat, wird *in vivo* nichtenzymatisch durch eine kurze Reaktionsfolge zum eigentlich alkylierenden Agens, einem β-Chlorethyl-Carbenium-Ion, aktiviert. Nebenbei entsteht auch noch ein Isocyanat, das als acylierendes Agens wirken kann. Durch ihre Lipophilie können sie leicht die Blut-Hirn-Schranke überwinden und lassen sich damit im Gegensatz zu den meisten anderen Zytostatika bei Hirntumoren eingesetzen (Fachinformation Carmustin Obvius® 2018). Die Methansulfonsäureester wie z. B. Busulfan sind doppelte Ester der Methansulfonsäure. Die beiden funktionellen Gruppen sind nur durch eine Alkylkette getrennt, sodass diese Zytostatika bifunktionelle Alkylanzien sind. Busulfan wird wie Thiotepa zur Konditionierung vor einer autologen Stammzelltransplantation eingesetzt (Fachinformation Busulfan Fesenius Kabi® 6 mg/ml Konzentrat zur Herstellung einer Infusionslösung 2018). Bei den Hydrazin-Derivaten um Dacarbazin wird angenommen, dass das alkylierende Agens einer Diazomethan-Partialstruktur entspricht. Dacarbazin wird u. a. eingesetzt zur Therapie des fortgeschrittenen malignen Melanoms oder in Kombination mit anderen Zytostatika zur Therapie eines fortgeschrittenen Morbus Hodgkin (Fachinformatuion Dacarbazin Lipomed® Pulver zur Herstellung einer Infusionslösung 2018). Die Strukturen der alkylierenden Zytostatika sind in Abbildung 9.2 wiedergegeben.

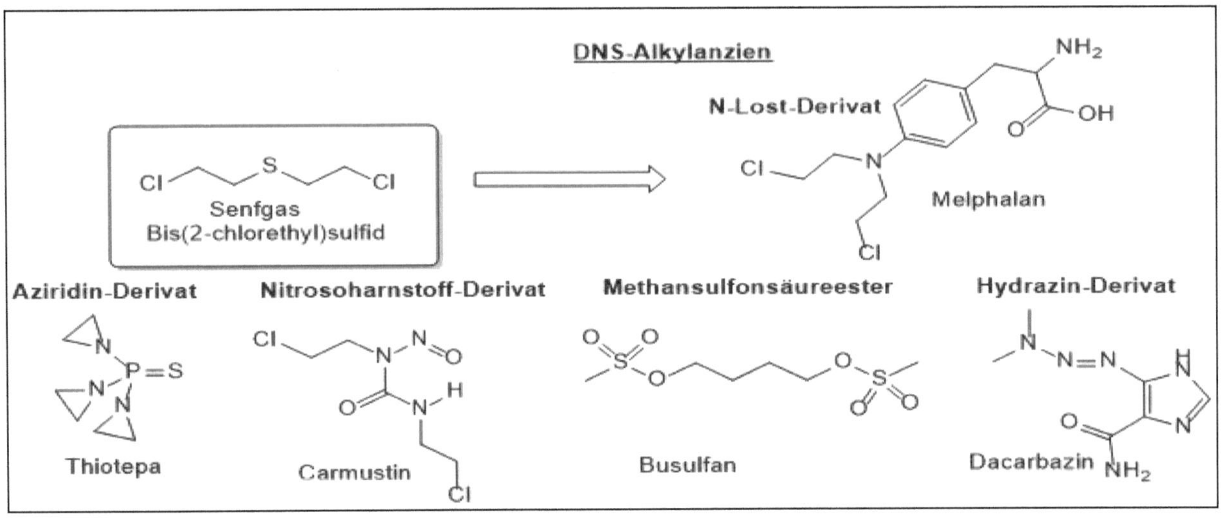

Abbildung 9.2:

Genotoxische, DNS-alkylierende Substanzen, die als Zytostatika eingesetzt werden.

Neben alkylierenden Genotoxinen gibt es auch solche, die keine chemische Reaktion benötigen, um die DNS zu schädigen. DNS-Interkalatoren besitzen in der Regel ein planares tri- oder tetrazyklisches, meist aromatisches Ringsystem, mit dem sie in der Lage sind, sich zwischen zwei benachbarte Basenpaare zu drängen. Amsacrin, ein

Acridin-Derivat, ist der Prototyp eines DNS-Interkalators (Abbildung 9.3). Eingesetzt wird Amsacrin zur Induktions- und Erhaltungstherapie bei akuter myeloischer Leukämie sowie akuter lymphatischer Leukämie, wenn andere Therapien versagt haben (Fachinformation Amsidyl® 2018). Vielfach besitzen sie innerhalb des polyzklischen Ringsystems wie die Anthrazykline zusätzlich eine elektronenarme chinoide Partialstruktur, die es durch die Ausbildung von sogenannten Charge-Transfer-Komplexen mit den elektronenreichen DNS-Basen erleichtert, sich zwischen die Basenpaare zu drängen. Diese Interkalation verändert den Abstand zwischen den benachbarten Basenpaaren, was zu Replikationsfehlern und Leserastermutationen führen kann. Außerdem ist durch den ellktronendefizitären Benzochinon-Ring die Fähigkeit zur Bildung reaktiver Sauerstoff-Spezies (ROS) gegeben. Ähnlich wie die Interkalatoren weisen auch die Topoisomerase-Hemmer, die als indirekte Genotoxine bezeichnet werden, meist ein polyzyklisches planares aromatisches Ringsystem auf.

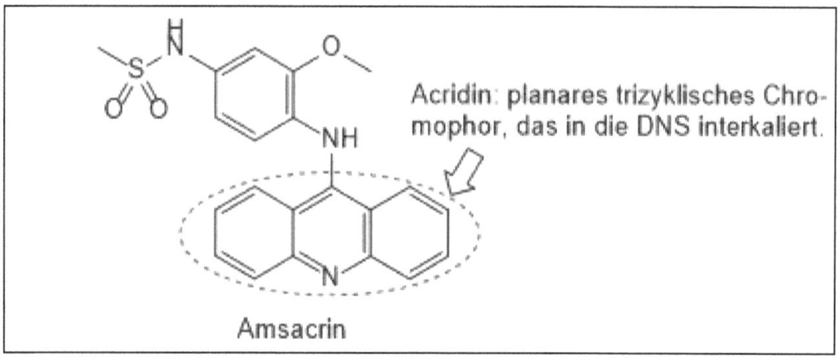

Abbildung 9.3:

Der DNS-Interkalator und Topoisomerase-II-Inhibitor Amsacrin.

Topoisomerasen sind verantwortlich für die Topologie der DNS. Die superhelikale Struktur der DNS wird durch diese Proteine aufgelöst, die DNS wird “entknäuelt” durch das kontrollierte Einfügen von DNS-Strangbrüchen, die aber im selben Replikationszyklus wieder geschlossen werden. Die Hemmung der Topoisomerasen nach Einschneiden in die DNS erfolgt durch Bildung eines ternären Inhibitor-Topoisomerase-DNS-Komplexes und führt zu unkontrollierten DNS-Einzel- und Doppelstrangbrüchen.

Für die Bewertung einer chemischen Substanz hinsichtlich ihrer Genotoxizität gibt es einheitliche, publizierte Richtlinien von Institutionen wie z. B. der OECD (Organization for Economic Cooperation and Development). Die OECD-Richtlinien beschreiben im Detail die Durchführung der einzelnen Tests. In der Regel kann nicht anhand eines einzelnen Assays auf das genotoxische Potenzial einer Substanz geschlussfolgert werden. Aufgrund der Vielzahl der Mechanismen, die zu einer Mutation führen können, werden Testbatterien eingesetzt. Die Mindestanforderung für eine solche Testbatterie beinhaltet einen Test auf Genmutationen in Bakterien, einen *In-vitro*-Test auf Gen-/Chromosomen-Mutationen in Säugetieren und einen *In-vivo*-Test auf Mutationen in Säugetieren. Für die Beurteilung sollte dann das Ergebnis jedes einzelnen Assays (positiv oder negativ) genauso wie das Gesamtergebnis der Testbatterie hernagezogen werden. Ergebnisse, die über einen Assay an Säugetieren ermittelt worden sind, werden im Allgemeinen stärker gewichtet als Ergebnisse aus einem Prokaryoten-Assay. Ergebnisse aus *In-vivo*-Testverfahren besitzen im Allgemeinen eine größere Bedeutung als Egebnisse aus *In-vitro*-Tests. Entscheidungen für Arzneimittel oder Chemikalien werden meistens auf Basis des Gesamtergebnisses der Testbatterie getroffen.

Was aus den bisherigen Ausführungen deutlich wird, ist der missliche Umstand, dass allein Glyphosat bewertet wird, nicht jedoch die entsprechende, wesentlich toxischere Formulierung, wie z. B. Roundup®. Glyphosat ist extensiv auf eine genotoxische Wirkung mittels verschiedener Assays untersucht worden. Dazu kommen zahlreiche Studien mit teils widersprüchlichen Ergebnissen. Somit ist eine Fülle von Daten unterschiedlichster Qualität bezüglich der Glyphosat-Genotoxizität, aber auch bezüglich der Genotoxizität einzelner glyphosatbasierter Formulierungen verfügbar.

Um ein möglicherweise vorhandenes genotoxisches Potenzial des Glyphosats zu verifizieren, wurden eine Reihe von Assays durchgeführt. Studien, die Menschen mit Glyphosat-Exposition einschlossen, *In-vitro*-Studien an humanen Zelllinien, *In-vitro*- und *In-vivo*-Studien an anderen Säugetieren sowie *In-vitro*- und *In-vivo*-Studien an Nichtsäugern. Die Ergebnisse sind zusammengefasst in der IARC-Monographie zu Glyphosat aus dem Jahr 2015 in den Tabellen 4.1 bis 4.5 (IARC 2015). Ein Review von Kier und Kirkland aus dem Jahr 2013 (Kier und Kirkland 2013) wurde nicht für die IARC-Monographie berücksichtigt. Der Review enthält zwar im Anhang 66 bislang unveröffentlichte, regulatorische Studien enthält, die Informationen dieser zugänglichen Studien sind hinsichtlich statistischer Methoden, Auswahl der höchsten getesten Dosis oder Verifizierung der Exposition des Target-Gewebes, jedoch vollkommen unzureichend (IARC 2015).

Studien an Menschen, die Glyphosat bzw. einer glyphosatbasierten Formulierung ausgesetzt waren, zeigten eine signifikante Zunahme an DNS-Schäden, wie z. B. DNS-Strangbrüche. Bei 24 Menschen mit Glyphosat-Exposition im Norden Ecuadors war in Blutzellen, die zwei Wochen bis zwei Monate nach dem Versprühen entnommen worden sind, eine derartige Zunahme an Strangbrüchen zu beobachten (Paz-y-Miňo et al. 2007).

Dieselben Autoren untersuchten Blutzellen von 92 Menschen aus zehn Dörfern an der nördlichen Grenze Ecuadors, zwei Jahre nach dem letzten Versprühen einer Herbizid-Mixtur, die u. a. Glyphosat enthielt. Die Karyotypen waren normal und entsprachen denen einer Kontrollgruppe (Paz-y-Miňo et al. 2011).

In fünf Regionen des Bundesstaates Columbia wurden die Bewohner auf Genom-Schäden untersucht – insgesamt 137 Frauen und deren Männer. In drei der fünf Regionen kam es durch Versprühung einer glyphosatbasierten Formulierung zu einer Exposition. Hier wurden Blutproben vor dem Sprühen, fünf Tage danach und vier Monate später genommen, um die Häufigkeit einer Mikrokernbildung in den Lymphozyten zu bestimmen (Bolognesi et al. 2009). Die Lymphozyten weisen eine gegenüber anderen Zellen hohe genomische Stabilität auf und sind deshalb besonders gut für einen Mikrokern-Assay geeignet. Mikrokerne treten auf, wenn während der Zellteilung ein Chromosom oder Teile eines Chromosoms nicht im Schwester-Nukleus eingebaut sind, sondern einen eigenen, aber wesentlich kleineren Nuklus bilden. Es ist ein Zeichen für chromosomale Instabilität und genotoxische Schäden durch DNS-Strangbrüche. So bestehen etwa die Hälfte der Mikrokerne aus azentrischen, durch DNS-Strangbrüche hervorgerufene Chromosomenfragmenten (Marquardt et al. 2013). Im Vergleich zur ersten Blutprobe kam es in den drei Regionen, in denen eine Glyphosat-Formulierung versprüht wurde zu einer signifikanten Zunahme der Mikrokernbildung in den peripheren Lymphozyten des Blutes (Bolognesi et al. 2009).

9.2 Oxidativer Stress

Insbesondere die unter dem Begriff "Oxidativer Stress" stehende übermäßige Bildung sogenannter reaktiver Sauerstoff-Spezies (ROS) kann beim Glyphposat für die gentoxische Wirkung verantwortlich gemacht werden. Reaktive Sauerstoff-Spezies sind von molekularem Sauerstoff O_2 abgeleitete reaktive Verbindungen, meistens freie Radikale, z. B. das Superoxid-Radikalanion $O_2^{\bullet-}$ oder das Hydroxidradikal $HO^{\bullet}$, aber auch Wasserstoffperoxid (H_2O_2), die als Nebenprodukte verschiedenener Stoffwechselwege, besonders innerhalb der Atmungskette in den Mitochondrien, jederzeit im menschlichen Körper unter aeroben Bedingungen gebildet werden. Zusätzlich zur Generierung von ROS durch den normalen intrezellulären Metabolismus tragen exogene Quellen, wie z. B. ionisierende Strahlung, UV-Strahlung, Redox-zyklisierende Substanzen, wie z. B. das Chinon-Hyrochinon-System, Karzinogene, wie z. B. das Benzol, oder Zytostatika wie die Anthrazykline oder Bleomycin zur Bildung von ROS im menschlicher Körper dazu bei (Dizdaroglu und Jaruga 2012).

Nicht nur Verbindungen mit nicht aufgefüllter, ungerader Anzahl an Elektronen in der äußeren Elektronenschale, sondern auch solche mit vollständig besetzter Valenzelektronenschale können im Einzelfall zu den ROS gezählt werden. Ein Beispiel hierfür ist der energetisch angeregte Singulett-Sauerstoff ($^1O_2$), der zu den reaktiven Sauerstoff-Spezies zählt. Er liegt energetisch 94 kJ/mol höher als der Triplett-Grundzustand. Im Singulett-Sauerstoff besitzen die beiden ungepaarten Elektronen der O-Atome im O_2-Molekül entgegengesetzten Spin, was nach Hundscher Regel verboten ist und damit einen energiereicheren Zustand beschreibt als er im stabilen Triplett-Sauerstoff ($^3O_2$) vorliegt. Der diamagnetische Singulett-Zustand des Sauerstoff-Moleküls ist reaktionsfähiger als der Triplett-Grundzusand. $^1O_2$ wird häufig als starkes und selektives Oxidationsmittel eingesetzt (Mortimer 1986). In Abbildung 9.4 ist eine Übersicht einiger der von molekularem Sauerstoff abgeleiteten reaktiven Sauerstoff-Spezies gegeben.

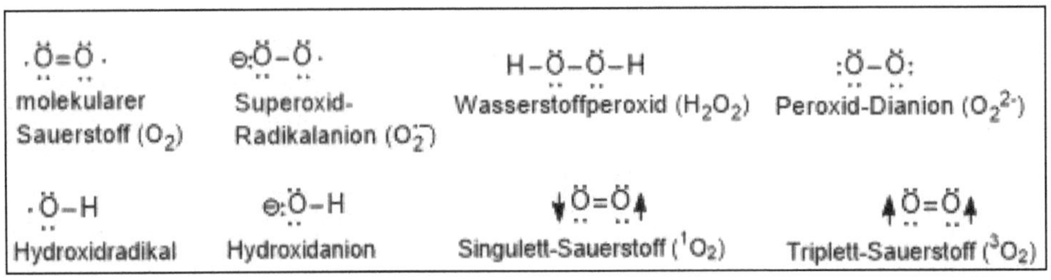

Abbildung 9.4:

Wichtige reaktive Sauerstoff-Spezies (ROS), die von molekularem Sauerstoff abegleitet sind.

Ein normales Maß an freien Radikalen ist für den Organismus wichtig, da diese im Rahmen der Immunabwehr leicht Bakterien und Viren abtöten können. Radikale enthalten ein ungepaartes Elektron und sind deshalb chemisch instabil, kurzlebig und hochreaktiv. Sie sind extrem starke Oxidationsmittel, sie oxidieren andere Moleküle, d. h. sie führen dazu, dass andere Moleküle Elektronen abgeben, damit sie selber reduziert werden, Elektronen aufnehmen und in einen stabilen Zustand übergehen können. Dabei greifen die Radikale bevorzugt solche Strukturen an, die elektronenreich und leicht oxidierbar sind. Körpereigene elektronenreiche Strukturen sind insbesondere die Nukleinsäuren RNS und DNS mit ihren stickstoffhaltigen, elektronenreichen Basen, Proteinen sowie Membranlipiden mit ungesättigten, d. h. C=C-Doppelbindungen enthaltenden, Fettsäureanteilen.

Aus diesen ROS sticht das Hydroxidradikal (•OH) noch einmal heraus. Hydroxidradikale weisen ein Redox-Potenzial von etwa +2000 mV auf und reagieren sehr schnell mit fast jedem organischen Molekül nahezu unter diffusionskontrollierter Geschwindigkeit (Herzberg und Dervan 1984, De Vleeschouwer et al. 2007, Marquardt et al. 2013). Sie sind in der Gruppe der ROS diejenigen, die den meisten Schaden an der DNS verursachen (Balasubramanian et al. 1998). Demgegenüber reagieren Superoxid-Radikalanionen ($O_2^{\bullet-}$) und Wasserstoffperoxid (H_2O_2) nicht mit den meisten Biomolekülen. Ebenso reagieren Superoxid-Radikalanionen und Wasserstoffperoxid nicht miteinander. Übergangsmetalle wie Eisen oder Kupfer katalysieren allerdings die Reaktion, die die hochreaktiven Hydroxidradikale liefert und als Haber-Weiss-Reaktion bezeichnet wird (Abbildung 9.5) (Halliwell und Gutteridge 2007, Dizdaroglu und Jaruga 2012).

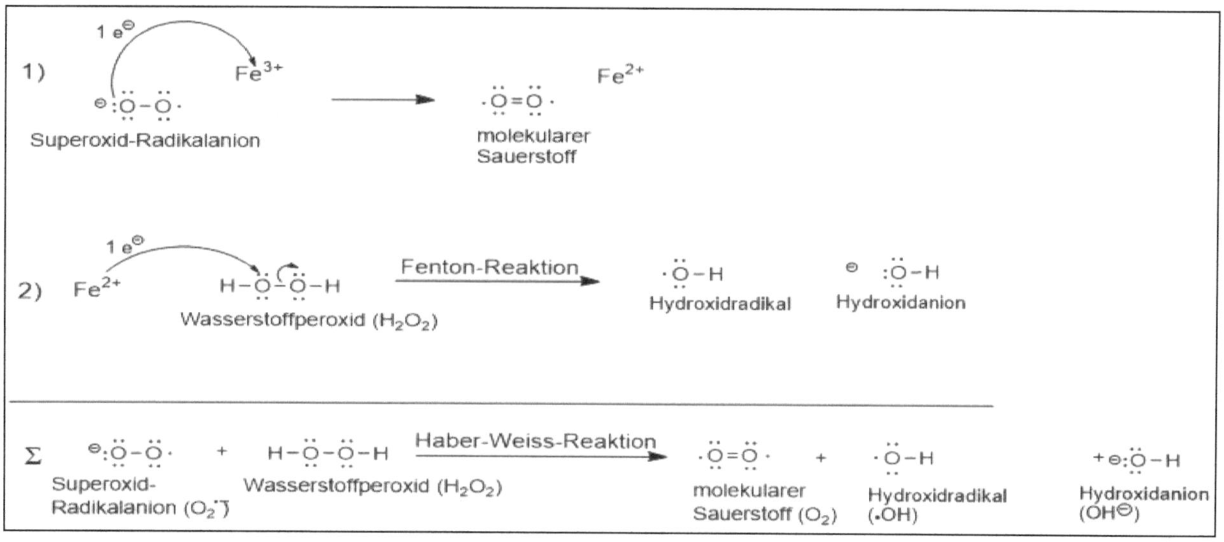

Abbildung 9.5:

Haber-Weiss-Reaktion zur Bildung der hochreaktiven Hydoxidradikale.

Normalerweise reagieren Superoxid-Radikalanionen und Wasserstoffperoxid nicht miteinander. Durch Zusatz von Übergangsmetallen als Katalysatoren, hier das Fe^{3+}-Ion, findet diese als Haber-Weiss-Reaktion benannte Reaktionsfolge in guten Ausbeuten statt. Die Haber-Weiss-Gesamtreaktion (Σ) kann in zwei Teilschritte aufgeteilt werden. 1) Zunächst die Oxidation des Fe^{3+} zum Fe^{2+} durch das Superoxid-Radikalanion unter Bildung molekularen Sauerstoffs. 2) Die Oxidation der Fe^{2+}-Ionen durch Wasserstoffperoxid (diese Reaktion ist auch als Fenton-Reaktion bekannt) zum Fe^{3+} unter gleichzeitiger Reduktion und Spaltung des Wasserstoffperoxids zum Hydroxidradikal sowie zum Hydroxidion.

Das Hydroxidradikal ist eine schwache Säure. Bei sehr hohen pH-Werten wird es deprotoniert ($-H^+$) (Abbildung 9.6). Mit einem pk_s-Wert von etwa 11,54 (Poskrebyshev et al. 2002). Das Oxid-Radikalanion wird aber erst bei pH-Werten über 12 in bedeutender Konzentration vorliegen und damit für die physiologischen Vorgänge bei pH = 7,4 keine Rolle spielen (Poskrabyshev et al. 2002).

Über die Reduktion des Distickstoffmonoxids durch Aufnahme eines Elektrons und Abspaltung molekularen Stickstoffd (N_2) kann das Oxid-Radikalanion auch in neutraler Lösung gebildet werden ($e^- + N_2O \rightarrow N_2 + O^{\bullet-}$). Allerdings wird es extrem schnell zum Hydroxidradikal protoniert, sodass seine Reaktionen mit potenziellen Substraten vernachlässigt werden können (von Sonntag 2006).

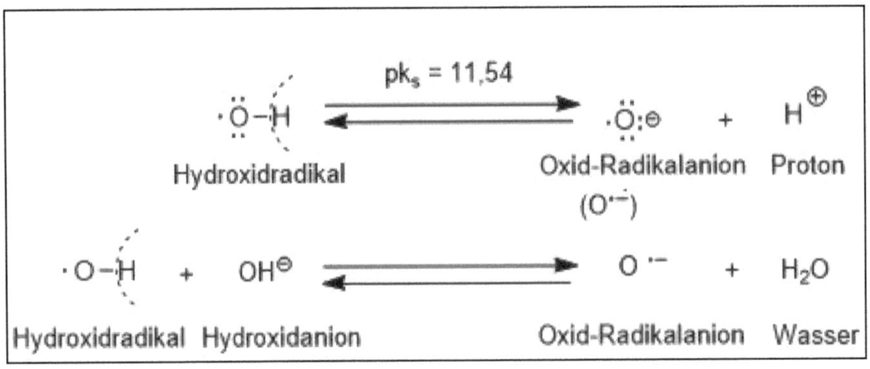

Abbildung 9.6:

Das korrespondiere Säure-Base-Paar: Hydroxid-Radikal – Oid-Radikalanion.

Das nukleophile Oxid-Radikalanion ist immer noch in der Lage, H-Abstraktionen an Molekülen vorzunehmen, wohingegen die Fähigkeit des elektrophilen Hydroxidradikals, sich an C=C-/C=N-Doppelbindungen zu addieren, beim Oxid-Radikalanion aufgrund seiner fehlenden elektrophilen Eigenschaften fehlt. Ein wichtiger Unterschied zwischen der elektrophilen Säure, dem Hydroxidradikal, und seiner korrespondierenden, nukleophilen Base, dem Oxid-Radikalanion, ist die Reaktivität gegenüber molekularem Sauerstoff (O_2). Während das Hydroxidradikal nicht mit O_2 reagiert, kommt es beim Oxid-Radikalanion zu einer Reaktion mit Sauerstoff. O_2 addiert sich schnell an das elektronenreiche Oxid-Radikalanion, und es bildet sich das Ozonid-Radikalanion ($O_3^{\bullet-}$) (Abbildung 9.7) (von Sonntag 2006).

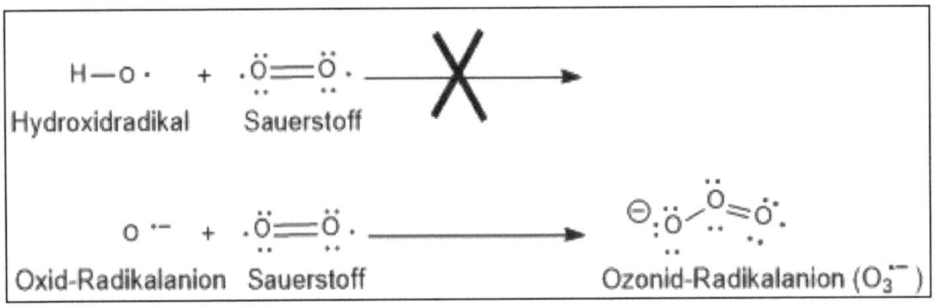

Abbildung 9.7:

Reaktion des nukleophilen Oxid-Radikalanions mit molekularem Sauerstoff zum Ozonid-Radikalanion.

Das Hydroxidradikal stabilisiert sich hauptsächlich über drei verschiedene Reaktionstypen: 1) durch Addition an C=C- und C=N-Doppelbindungen (aber nicht an C=O-Doppelbindungen, die am C-Atom einen Elektronenmangel aufweisen) (Abbildung 9.8); 2) durch H-Abstraktion (-H•) und 3) durch Elektronentransfer. Damit stehen dem Hydroxidradikal verschiedene Angriffspunkte innerhalb der DNS zur Verfügung. Es ist eine

Addition an die π-Elektronen von Doppelbindungen in den Basen möglich. Hier sind v. a. die Δ5-Doppelbindung der Pyrimidine (an C5) und die Δ7-Doppelbindung in Purinen (an C8) zu nennen (Abbildung 9.8). Außerdem können sie mit verschiedenen nukleophilen Heteroatomen der DNS-Basen reagieren (Blackburn et al. 2006).

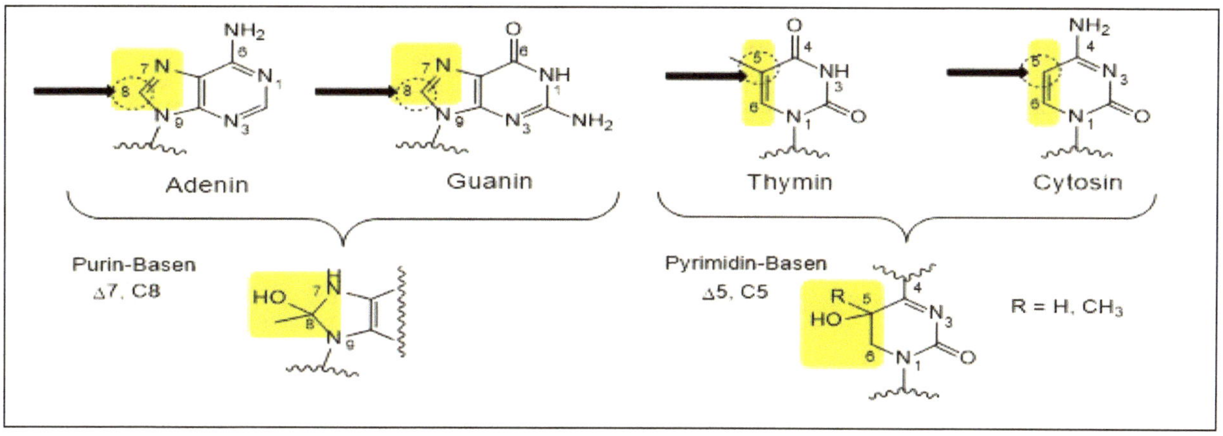

Abbildung 9.8:

Bevorzugte Angriffspunkte des Hydroxidradikals an den Purin- und Pyrimidinbasen der DNS.

Bei den Purinbasen Adenin und Guanin addiert sich das Hydroxidradikal vorzugsweise an C8 der Δ7-Doppelbindung. Bei den Pyrimidinbasen Thymin und Cytosin ist es C5 der Δ5-Doppelbindung.

Für die gefürchteten DNS-Strangbrüche, die oftmals mutagenes Ausmaß besitzen, sind sie ebenfalls verantwortlich. Dabei besitzt das Hydroxidradikal keine spezielle Basen- oder Sequenzpräferenz (Balasubramanian et al. 1998). Es leitet die Reaktion durch einen Angriff am 2'-Desoxyribose-Zucker ein, indem ein H-Atom abstrahiert wird. Es wird bevorzugt das H5' abgespalten, gefolgt von H4', und zuletzt H3', H2' und H1' etwa mit derselben Präferenz (Abbildung 9.9) (Balasubramanian et al. 1998).

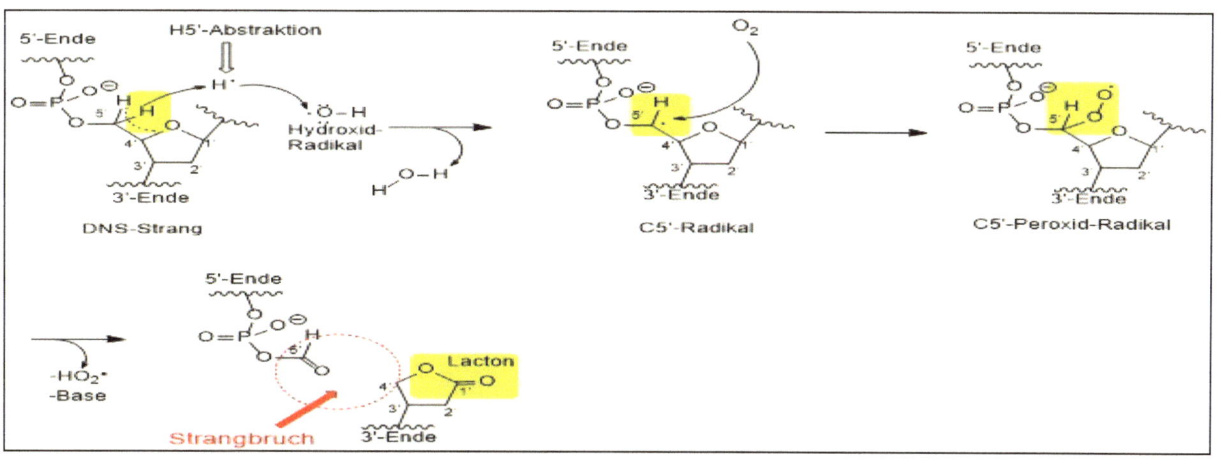

Abbildung 9.9:

DNS-Strangbruch durch Angriff des Hydroxidradikals an C5' der 2'-Desoxyriboseeinheit der DNS (nach Blackburn et al. 2006).

Der Angriff des Hydroxidradikals erfolgt an allen 5 C-Atomen des Zuckers, bevorzugt an C5' und C4'. Bei Angriff an C5' kommt es zur Abstraktion des Wasserstoffatoms H5' ($H^{\bullet}$). Aus dem Hydroxidradikal und dem H-Atom bildet sich Wasser. Das C5'-Radikal innerhalb des Zucker-Phosphat-Ruckgrates der DNS wird von molekularem Sauerstoff (O_2) angegriffen unter Bildung des C5'-Peroxid-Radikals, das dann unter Abspaltung der Base und Strangbruch reagiert. Es verbleibt vom Zucker ein γ-Lacton, das unter hydrolytischer Öffnung des Lactons weiterreagieren kann. Das 5'-Ende trägt eine Ameisensäure verestert mit dem ehemaligen 5'-Phosphat-Rest. Auch hier sind weitere Reaktionen möglich.

Ein Beispiel einer Arzneistoffklasse, die unter Bildung von ROS die DNS schädigt, sind die Anthrazykline. Die Anthrazyklin-Zytostatika wirken nicht nur durch DNS-Interkalation und Topoisomerase-II-Hemmung, sondern sie verursachen auch durch ihre Chinon-Partialstruktur sauerstoffabhängige DNS-Schäden (Lown et al. 1977). Der Mechanismus ist noch nicht völlig geklärt, aber wahrscheinlich kommt es zunächst zu einer Ein-Elektronen-Reduktion, die katalysiert wird durch Flavoenzyme, wie z. B. die NADPH-abhängige Cytochrom-P450-Reduktase (Abbildung 9.10) (Pan et al. 1981). Das so gebildete Anthrazyklin-Semichinon-Radikalanion kann ein Elektron auf ein Molekül O_2 unter Regenerierung des Anthrazyklin-Moleküls und der Bildung des Superoxid-Radikalanions ($O_2^{\bullet-}$) übertragen. Sowohl das Superoxid-Radikalanion als auch die Semichinon-Radikalanion-Partialstruktur der Anthrazykline können das hochreaktive Hydroxidradikal ($HO^{\bullet}$) generieren (Abbildung 9.10 A). Hydroxidradikale weisen ein Redox-Potenzial von etwa +2000 mV auf und reagieren sehr schnell mit fast jedem organischen Molekül (Herzberg und Dervan 1984, Marquardt et al. 2013). An der DNS sind sie es, die aus der Gruppe der ROS die DNS-Strangbrüche verursachen (Herzberg und Dervan 1984). Eine weitere Möglichkeit der DNS-Schädigung durch Anthrazykline besteht über die sogenannte Fenton-Reaktion (Abbildung 9.10 B). Abweichend von der normalen DNS-Interkalation der Anthrazykline kann durch die Bildung eines Anthrazyklin-Fe^{3+}-Komplexes ein wesentlich stabilerer Anthrazyklin-Fe^{3+}-DNS-Komplex gebildet werden als durch Interkalation ohne Fe^{3+} (Beretta und Zunino 2008). Möglicherweise reagiert dieser Fe^{3+}-Komplex mit einem Superoxid-Radikalanion zu dem entsprechenden Anthrazyklin-Fe^{2+}-Komplex und O_2 ab. Die Reaktion von Fe^{2+} mit Wasserstoffperoxid (H_2O_2) unter Bildung des Hydroxidradikals $HO^{\bullet}$ ist als Fenton-Reaktion bekannt und stellt eine Standardmethode dar, um Hydroxidradikale zu erzeugen und die DNS nichtselektiv zu spalten, um eventuelle DNS-Protein-Interaktionen zu bestimmen (Walling 1975, Tullius et al. 1987). Besonders reaktiv ist das Anthrazyklin Doxorubicin, da seine Hydroxymethylketon-Seitenkette spontan mit Fe^{3+} reagiert und Fe^{2+}, ein Hydroxidradikal und H_2O_2 entstehen (Abbildung 9.10 B) (Gianni et al. 1988).

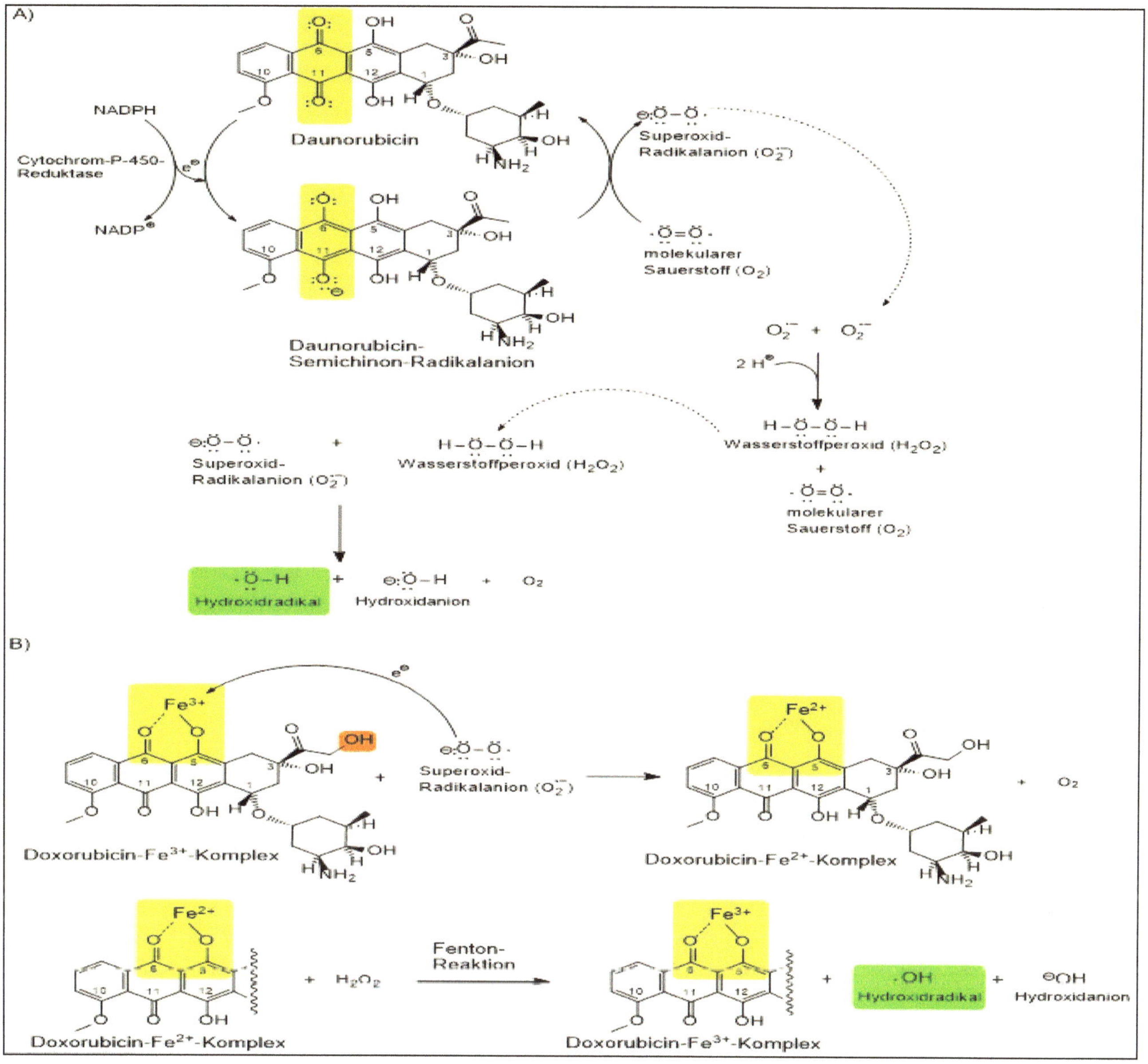

Abbildung 9.10:

Geno- und zytotoxische Wirkungen der Anthrazyklin-Antibiotika durch Bildung von ROS und insbesondere des Hydroxidradikals, das für die DNS-Strangbrüche verantwortlich ist (nach Silverman 1996).

Mehrere Möglichkeiten existieren, die gefürchteten Hydroxidradikale (grün unterlegt) zu produzieren.

A) Daunorubicin, neben Docxorubicin das meistverwendete Anthrazyklin, kann über die elektronendefizitäre p-Chinon-Partialstruktur (gelb unterlegt) in einer Ein-Elektron-Reduktion, katalysiert durch Flavoenzyme wie Cytochrom-P450-Reduktase, ein Elektron aufnehmen und zum hochreaktiven Daunorubicin-Semichinon-Radikalanion reduziert werden. Das semichinoide Radikalanion stabilisiert sich durch Abgabe eines Elektrons auf molekularen Sauerstoff (O_2) zum chinoiden Daunorubicin. O_2 wird reduziert, indem es ein Elektron aufnimmt und das Superoxid-Radikalanion bildet. Zwei dieser Superoxid-Radikalanionen disproportionieren unter Aufnahme zweier Protonen zu Wasserstoffperoxid (H_2O_2) und molekularem Sauerstoff (O_2). Ein weiteres Superoxid-Radikalanion reagiert nun mit dem gebildeten ROS Wasserstoffperoxid unter Bildung des Hydroxidions (OH^-) und dem gefährlichsten ROS, dem Hydroxidradikal (•OH). Zusätzlich wird molekularer Sauerstoff gebildet.

B) Eine weitere Möglichkeit, insbesondere des Anthrazyklin-Derivats Doxorubicin, das sich vom Daunorubicin lediglich durch die endständige Hydroxyl-Gruppe in der Seitenkette an Position 3 des Tetrazyklus unterscheidet, besteht in der direkten Reaktion des für Doxorubicin äußerst stabilen Doxorubicin-Fe^{3+}-Komplex mit Superoxid-Radikalaninonen. Der Doxorubicin-Fe^{3+}-Komplex nimmt ein Elektron von $O_2^{\bullet -}$ auf, wird reduziert zum Doxorubicin-Fe^{2+}-Komplex, während das $O_2^{\bullet -}$ zum molekularen Sauerstoff O_2 oxidiert wird. Der auf diese Weise gebildete Doxorubicin-Fe^{2+}-Komplex reagiert direkt mit H_2O_2 zu O_2, einem Hydroxid-Ion und dem gefürchteten “Strangbrecher”, dem Hydroxidradikal. Diese Reaktion ist als Fenton-Reaktion bekannt.

Die Zellen schützen sich vor einer Selbstschädigung durch Radikale u. a. durch sogenannte Radikalfänger. Dies sind starke Reduktionsmittel, die selber leicht Elektronen abgeben und oxidiert werden, die aber ihre Elektronen auf die Radikale übertragen, sie somit reduzieren und ihnen die chemische Reaktivität nehmen. Die oxidierten Radikalfänger regenerieren sich in einem Kreislauf von Reaktionen und stehen der Zelle anschließend wieder als Abwehrmechanismus zur Verfügung. Bekannte Radikalfänger sind beispielsweise die antioxidativen Vitamine Vitamin C (Ascorbinsäure), Vitamin E (u. a. Tocopherole) und Vitamin A (u. a. Retinal, Retinol und Retinsäuren). Wichtiger für den Schutz der Zelle als diese Vitamine sind die antioxidativen Enzyme. Antioxidativ wirksame Enzyme des Organismus sind die Superoxid-Dismutase, die Katalase und die Glutathionperoxidase. Als Cofaktoren benötigen sie Metall-Kationen wie Mn^{2+}, Fe^{2+}, Cu^+ oder das essenzielle Spurenelement Selen in Form der Aminosäure Selenocystein (Marquardt et al. 2013). Besonders oxidationsempfindliche Zellen, wie z.B. die Erythrozyten mit ihrem hohen Gehalt an Sauerstoff in Form des Oxyhämoglobins und ihrer langen Lebensdauer von ca. 120 Tagen, haben im Laufe der Evolution einen besonderen Schutz vor Oxidationsreaktionen entwickelt. Das Eisen-Ion, das den molekularen

Sauerstoff bindet, ist komplexiert durch ein Porphyrin-Gerüst, das nochmals abgeschirmt wird durch eine Proteinmatrix. Dieses Hämoprotein ist in der Lage, den Elektronenfluss vom Eisen zum Sauerstoff fast vollständig zu verhindern. Dennoch findet laufend eine Autoxidation statt, bei der unter Normalbedingungen pro Stunde ca. 1 % des Hämoglobins mit reduziertem Fe^{2+} zu Methämoglobin (Ferrihämoglobin) mit einem zentralen Fe^{3+}-Ion oxidiert wird (Marquardt et al. 2013). Hat das Hämoglobin seine Transportfunktion für den molekularen Sauerstoff erfüllt, dissoziiert O_2 aus dem Hämoglobin-Sauerstoff-Komplex. Es bildet sich normalerweise Desoxyhämoglobin mit einem zentralen Fe^{2+}-Ion und molekularem Sauerstoff (O_2). Der in der Eisenbindung polarisierte Sauerstoff kann dem Eisen-Ion aber auch ein Elektron entreißen, es oxidieren zu Fe^{3+}, und vom Hämoglobin selber als Superoxid-Radikalanion ($O_2^{\bullet -}$) dissoziieren. Durch eine Disproportionierung zweier Superoxid-Radikalanionen entstehen molekularer Sauerstoff und Wassserstoffperoxid (H_2O_2), das ein starker Methämoglobinbildner ist (Chang und Delzell 2016). Der Initialprozess der Autoxidation ist thermodynamisch eigentlich ungünstig, da Methämoglobin mit einem Redopotenzial von ca. +130 mV ($HbFe^{3+}/HbFe^{2+}$) durch das Superoxid-Radikalanion mit einem Redoxpotenzial von etwa -179 mV ($O_2^{\bullet -}/O_2$) unter physiologischen Bedingungen leicht reduziert wird. Die Autoxidation kann aber durch viele Xenobiotika enorm gesteigert werden, wobei das Fe^{2+}-Ion und das Reduktionsmittel, das Superoxid-Radikalanion, quasi in einer "Co-Oxidation" oxidiert werden und der Sauerstoff zu Wasserstoffperoxid reduziert wird. Dieser Prozess läuft meistens über radikalische und überaus reaktive Zwischenstufen ab und setzt die Erythrozyten einem erheblichen oxidativen Stress aus (Marquardt et al. 2013).

Oxidativer Stress bedingt bei den Erythrozyten nicht nur die Methämoglobin-Bildung, sondern kann bis zur Hämolyse führen. Ähnliches geschieht am Ende der Lebensdauer nach etwa 120 Tagen, sofern die roten Blutkörperchen nicht vorher an den Checkpoints Milz, Leber und Knochenmark durch retikuloendotheliale Zellen aus dem Blut entfernt werden. Die direkte Lipidperoxidation durch ROS an der Zellmembran führt zu einer Quervernetzung durch Disulfid-Brückenbildung und einer Abnahme der Verformbarkeit der Erythrozyten, und es kann spontan zu einer intravasalen Hämolyse kommen. Ebenso können ROS das Porphyrin-Gerüst und die globuläre Matrix angreifen und fragmentieren. Dabei entstehen schwerlösliche grüne Pigmente, die präzipitieren und sich in Form sogenannter Heinz-Körper an der Zellwand anlagern (Marquardt et al. 2013). Die Fluidität der Erythrozyten ist dadurch extrem beeinträchtigt und kann jederzeit zur Hämolyse führen. Ist der Vorrat an Abwehrmechanismen der Erythrozyten limitiert, tritt die Heinz-Körper-Bildung bereits bei sehr niedrigen Konzentrationen potenziell schädigender Xenobiotika auf, die von gesunden Erythrozyten mit ausreichender Enzymausstattung und adäquaten Möglichkeiten der Reparatur problem- und symptomlos vertragen werden (Marquardt et al. 2013).

Besser und effektiver als die Radikalfänger sind die ROS-protektiven Enzymsysteme Superoxid-Dismutase, Katalase und Glutathioperoxidase (Abbildung 9.11), die nicht nur in den Erythrozyten, sondern ubiquitär in den meisten Geweben vorkommen. Die Superoxid-Dismutase und die Katalase "entgiften" die beiden ROS Superoxid-

Radikalanion und H_2O_2 unter Bildung von molekularem Sauerstoff bzw. molekularen Sauerstóff und Wasser. Die geschieht ohne Energieaufwand in einer konzertierten Aktion (Marquardt et al. 2013). Ein Beispiel ist die Generierung des hochreaktiven Hydroxylradikals und des nicht weniger reaktiven Singulett-Sauerstoffs, der bei spontaner Disproportionierung zweier Superoxid-Radikalanionen entsteht. Die Dismutase-Reaktion verhindert diese Reaktion. Zusätzlich besitzen Zellen ein weiteres Enzym, das ROS abfängt: die Glutathionperoxidase. Dieses Enzym reduziert H_2O_2 in Gegenwart von Glutathion (GSH) zu Wasser, wobei aus zwei Molekülen des reduzierten Glutathions ein Molekül oxidiertes Glutathiondisulfid gebildet wird (GSSG) (Marquardt et al. 2013). Die Glutathionperoxidase-Reaktion ist wesentlich aufwändiger und energiefordernder als die Katalase-Reaktion. Allerdings ist die Glutathionperoxidase auch wesentlich effektiver selbst bei sehr niedrigen H_2O_2-Konzentrationen. Das dabei anfallende oxidierte GSSG mit einer interzellulären Disulfid-Brücke wird unter Zuhilfenahme von NADPH durch die Glutathionreduktase wieder zu zweimal GSH regeneriert (Abbildung 9.11) (Marquart etal 2013).

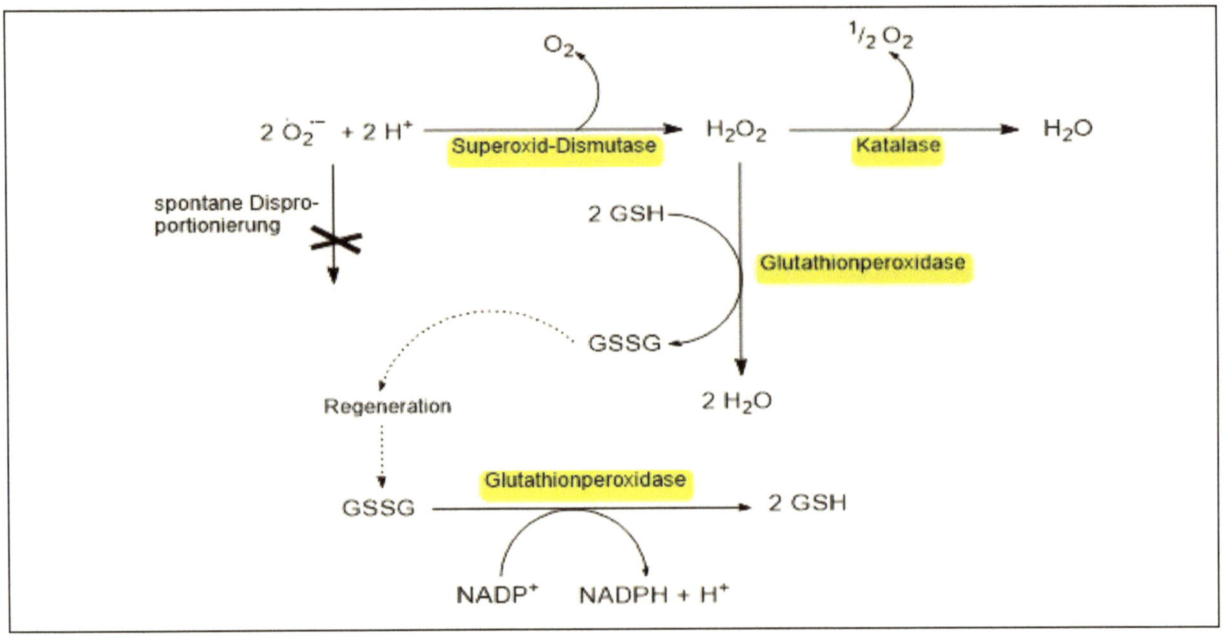

Abbildung 9.11:

Die drei wichtigsten Enzyme, Superoxid-Dismutase, Katalase und Glutathionperoxidase, die die Zellen vor hohen ROS-Konzentrationen schützen (nach Marquardt et al. 2013).

Die Induktion oxidativen Stresses durch Glyphosat wurde in einigen Studien an HaCaT-Keratinozyten-Zelllinien untersucht. So konnte gezeigt werden, dass eine glyphosatbasierte Formulierung zytotoxisch auf HaCaT-Zellen wirkt, dass der Zusatz von Antioxidantien diese Zytotoxizität jedoch reduziert (Gehin et al. 2005). Mittels eines Dichlordihydrofluoresceindiacetat-Assays konnte die gesteigerte Produktion von H_2O_2 in HaCaT-Zellen nachgewiesen werden, wenn diese für 18 Stunden mit 21 mM Glyphosat inkubiert werden (Elie-Caille et al. 2010). Goerge und Shukla setzten die HaCaT-Zellen einer glyphosatbasierten Formulierung aus, die 41 % Glyphosat entsprechend bis zu 0,1 mM enthielt (Goerge und Shukla 2013). Die Formulierung (0,1 mM) erhöhte die Bildung oxidierend wirkender Substanzen um 90 %, ein Effekt der dem einer 100-mM-H_2O_2-Lösung entspricht. Gibt man vorher das Antioxidans N-Acetylcystein hinzu, wird die Bildung oxidierend wirksamer Substanzen sowohl bei der glyphosatbasierten Formulierung als auch bei einer Wasserstoffperoxid-Lösung verhindert. Auch bei dieser Studie wurde zur Bestimmung des oxidativen Stresses der Dichlordihydrofluorescein-diacetat-Assay eingesetzt. Das IARC weist in seinem Gutachten selbst daraufhin, dass dieser Test als Marker für oxidativen Stress eine deutlich limitierte Aussagekraft besitzt (Bonini et al. 2006, IARC 2015). N-Acetylcystein hemmt zusätzlich die unter der 0,1-mM-Glyphosat-Formulierung beobachtete Zellproliferation.

Humane HepG2-Zellen, Leberzellen, die erstmals aus einem hepatozellulären Karzinoms eines 15-Jährigen isoliert wurden, sind gut differenziert und weisen das biosynthetische Potenzial normaler Leberparenchymzellen auf (Knowles et al. 1980). Chaufan und seine Mitarbeiter haben die Auswirkungen von Glyphosat, seinem Hauptmetaboliten AMPA sowie einer glyphosatbasierten Formulierung auf den oxidativen Stress, dem die HepG2-Zellen ausgesetzt sind, untersucht (Chaufan et al. 2014). Insbesondere die Formulierung führt zu höheren ROS-Konzentrationen, zur Bildung von Nitrotyrosin, einer erhöhten Superoxid-Dismutase-Aktivität und einer erhöhten Konzentration an Glutathion. Allerdings wird keine erhöhte Aktivität für die Katalase und die Glutathion-S-transferase gemessen. Für Glyphosat und AMPA als Einzelsubstanzen konnten keine Effekte bzgl. des oxidativen Stresses registriert werden (Chaufan et al. 2014). Ein ähnlicher Ansatz mit einer glyphosatbasierten Formulierung (und Glyphosat als Isopropylamin-Salz in einer Konzentration in der Formulierung von 48 %) zeigte vergleichbare Ergebnisse. HepG2-Zellen wurden der Formulierung 24 Stunden ausgesetzt, wobei die Konzentration des LC_{20}-Wertes verwendet wurde. Allerdings ist der LC_{20}-Wert nicht näher spezifiziert worden. Nach 24 Stunden zeigen sich bei den HepG2-Zellen eine erhöhte Aktivität der Katalase und erhöhte Glutathion-Konzentration. Die Aktivität der Superoxid-Dismutase und der Glutathion-S-transferase werden jedoch nicht beeinflusst (Coalova et al. 2014).

Die meisten tierexperimentellen Studien bezüglich der Glyphosat-Induktion von oxidativem Stress wurden an Nagern (Ratten und Mäusen) durchgeführt mit einer Fülle unterschiedlichster Daten. Neben den differierenden Formulierungen sind auch Dosierung, Dauer der Exposition, Applikationsart und die untersuchten Gewebetypen von Studie zu Studie abweichend. Es konnte gezeigt werden, dass Glyphosat bei Nagern durch die Änderung der Aktivität antioxidativ wirksamer Enzyme, die Reduzierung des Glutathions und durch einen Anstieg der Lipidperoxidation ROS produziert (IARC 2015). Anstiege relevanter Biomarker für oxidativen Stress nach Glyphosat-Exposition wurden *in vivo* im Blutplasma (Astiz et al. 2009), in der Haut (George et al. 2010), in der Leber (Astiz et al. 2009), in den Nieren (Bolognesi et al. 1997, Astiz et al. 2009) und im Gehirn (Astiz et al. 2009) registriert. Ähnliche Effekte wurden mit glyphosatbasierten Formulierungen in der Leber (Bolognesi et al. 1997, Jasper et al. 2012), in den Nieren (Bolognesi et al. 1997) und im Gehirn (Cattani et al. 2014) oder mit einer Mischung verschiedener Herbizide – darunter Glyphosat – in den Tests (Astiz et al. 2013) nachgewiesen.

Alvarez-Moya und Mitarbeiter konnten mit dem Comet-Assay nachweisen, dass Glyphosat *in vitro* bei 7 nM und *in vivo* bei 0,7 mM DNS-Schäden in den Blutzellen des Nilbuntbarsches verursacht (Alvarez-Moya et al. 2014). Bei Manas und Mitarbeitern konnte die Genotoxizität des Glyphosats nachgewiesen werden (Manas et al. 2009). Nach Inkubation von Hep-2-Zellinien mit 3-mM-Glyphosat-Lösung tritt ein statistisch signifikanter Anstieg an DNS-Schäden auf. In PBMC-Zellen (peripheral blood mononuclear cells), einkernige Zellen des Blutes wie z. B. Lympho- und Monozyten, verursacht Glyphosat DNS-Schäden im Konzentrationsbereich on 0,5 mM bis 10 mM (Kwiatkowska et al. 2016). Innerhalb dieser Studie von Kwiatkowska et al. zeigte sich auch, das PBMCs die durch Glyphosat induzierten DNS-Schäden reparieren. Allerings sind sie nicht in der Lage, DNS-Strangbrüche zu reparieren (bis 120 Minuten nach Inkubation).

Eine Studie an buccalen Epithelzellen (TR146) lieferte weitere Nachweise der zytotoxischen und DNS-schädigenden Effekte von Glyphosat und einer glyphosatbasierten Formulierung (UltraMax®) (Koller et al. 2012). Die TR-146-Zelle wurde verwendet, weil Arbeiter größtenteils per Inhalation dem Glyphosat ausgesetzt sind. Die Formulierung führt bei Konzentrationen über 40 mg/l nach einer Inkubationszeit von 20 Minuten zu zytotoxischen Effekten. Ursächlich hierfür ist eine Membranschädigung, die den Surfactants der Formulierung zuzuschreiben sein dürfte sowie ein Verlust mitochondrialer Funktionen, was in der Regel ein Zeichen hohen oxidativen Stresses ist. Mit Glyphosat allein wird eine erhöhte Freisetzung extrazellulärer Lactatdehydrogenase – ein Biomarker für Membranschädigungen – erst bei Konzentrationen über 80 mg/l erreicht. Sowohl Glyphosat als auch seine Formulierung induzieren bei der Einzelzell-Gelelektrophorese (Comet-Assay) eine Migrationsbewegung ab Konzentrationen über 20 mg/l. Weiterhin kommt es zu nukleären, chromosomalen Aberrationen, die einen entstandenden DNS-Schaden widergeben. Die Häufigkeit von Mikronuklein und nukleären Knospen ist bei Konzentrationen von 10 – 20 mg/l erhöht, ein Anstieg nukleoplasmatischer Brücken-Bildungen kann nur bei der höchsten Konzentration der glyphosatbasierten Formulierung (20 mg/l) beobachtet werden. Auch diese Studie kommt zu dem Ergebnis, dass die Formulierung UltrMax® unter allen Versuchsbedingungen aktiver als die Einzelsubstanz Glyphosat ist. Darüberhinaus lässt sich im Vergleich zu früheren Studien feststellen, dass buccale Zellen sensitiver auf die DNS-schädigenden und zytotoxischen Effekte des Herbizids und seiner Formulierung reagieren. Da bereits genotoxische Effekte in Konzentrationen nachweisbar sind, die einer 450fachen Dilution der in der Landwirtschaft versprühten Formulierung entsprechen, kann davon ausgegangen werden, dass eine Exposition durch Inhalation zu DNS-Schäden führt (Koller et al. 2012).

Weitere Untersuchungen zum genotoxischen Mechanismus schlossen neben Glyphosat und seiner Formulierung Roundup® 360 Plus auch den Hauptmetaboliten AMPA mit ein (Woźniak et al. 2018). Im Konzentrationsbereich von 1 – 1000 µMund einer Inkubationszeit von 24 Stunden verursachen die Einzelsubstanzen Glyphosat und AMPA und die Formulierung DNS-Einzel- und Doppelstrangbrüche sowie Oxidationen an Purin-

und Pyrimidinbasen. Keine der Substanzen bzw. der Formulierung ist in der Lage kovalente DNS-Addukte auszubilden. Stattdessen erhöhten alle die ROS-Konzentrationen (inklusive des Hydroxidradikals) in den verwendeten PMBC-Zellen. Roundup® 360 Plus verursacht bereits ab einer Konzentration von 5 μM DNS-Läsionen, während Glyphosat und besonders AMPA erst bei höheren Konzentrationen von 250 μM bzw. 500 μM diese Läsionen induzierten. Demnach steigt die DNS-schädigende Wirkung in der Reihenfolge AMPA < Glyohosat < Roundup® 360 plus. Aus dieser Studie kann man schlussfolgern, dass die Glyphosat, sein Metabolit AMPA und die entsprechende Formulierung die registrierten DNS-Läsionen, Einzel- und Doppelstrangbrüche nicht durch direkte Interaktion mit der DNS, sondern durch ROS-vermittelte indirekte Interaktion verursachen (Woźniak et al. 2018).

Bailey und Mitarbeiter nutzten für ihre Studie die glyphosatbasierte Formulierung Touchdown® (Bailey et al. 2018). In dem *In-vivo*-Experiment wurde der Fadenwurm *Caenorhadditis elegans* verschiedenen Touchdown®-Konzentrationen für 24 Stunden ausgesetzt. Mittels Tetramethylrhodaminethylester – und ATP-Assays konnte eine mitochondriale Hemmung für die mittleren und hohen Touchdown®-Konzentrationen ausgemacht werden. Es resultieren Rückgänge im Protonengradienten und in die ATP-Konzentrationen. Um eine ROS-Produktion nachzuweisen wurden weitere Experimente durchgeführt. Erstaunlicherweise kann hier lediglich eine signifikante spezifische Erhöhung des ROS Wasserstoffperoxid nachgewiesen werden, nicht jedoch des Superoxid-Radikalanions oder des Hydroxylradikals (Bailey et al. 2018).

Bolognesi und Mitarbeiter haben explizit die DNS-schädigende Wirkung von Glyphosat als Einzelsubstanz und von Glyphosat als Bestandteil seiner Formulierung Roundup® untersucht (Bolognesi et al. 1997). Für die Studie wurden CD1-Mäuse verwendet, denen intraperitoneal die Testsubstanzen bzw. -formulierungen appliziert wurden. Die Quantifizierung erfolgte mittels alkalischer Elutionstechnik und 8-Hydroxy-2'-desoxyguanosin-Quantifizierung in Leber und Nieren. Zusätzlich wurde der chromosomale Schaden durch Glyphosat und seine Formulierung in Form der Häufigkeit des Auftretens von Mikrokernen u. a. *in vivo* im Knochenmark der Mäuse untersucht. Beide, sowohl die Reinsubstanz Glyphosat als auch die Formulierung, zeigen bei den Versuchsreihen eine DNS-schädigende Wirkung, die sich durch DNS-Einzelstrangbrüche und am C8 hydroxyliertes bzw. oxidiertes 2'-Desoxyguanin (dG) zum 8-Hydroxy-2'-desoxyguanosin (8OHdG) bemerkbar macht. Außerdem führen beide *in vitro* und *in vivo* zu chromosomalen Veränderungen (Bolognesi et al. 1997).

8-Hydroxy-2'-desoxyguanosin (8-OHdG), ein an C8 hydroxyliertes Nukleosidanalogon des 2'-Desoxyguanosins, ist die häufigste oxidative DNS-Läsion in mitochondrialer und nukleärer DNS. Durch Erkennung der Läsion und anschließender Reparatur wird 8-OHdG mit dem Urin ausgeschieden. Erfolgt keine Reparatur, kommt es zu einer Fehlbasenpaarung mit Adenin, sodass eine G:C→T:A-Transversion resultiert. Einerseits ist 8-OHdG ein exzellenter Biomarker für oxidativen Stress und eine Karzinogenität, andererseits scheint 8-OHdG aber auch ein prognostischer Risikofaktor für das Auftreten einer Atherosklerose und eines Diabetes zu sein (Abbildung 9.12) (Wu et al. 2004, Valavanidis et al. 2009).

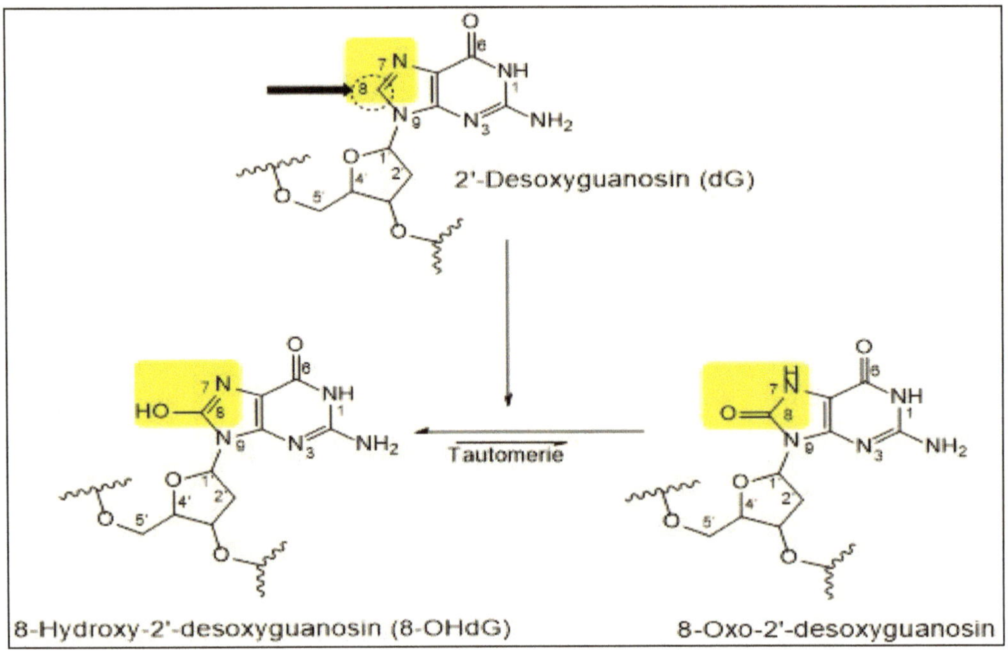

Abbildung 9.12:

8-Hydroxy-2'-desoxyguanosin als häufigste oxidative Läsion in mitochondrialer und nukleärer DNS.

8-Hydroxy-2'-desoxyguanosin ist das Resultat des Angriffs von ROS an nukleophile Stellen der DNS. Die DNS-Läsion ist ein Biomarker für oxidativen Stress und Karzinogenität. Zusätzlich soll 8-OHdG als prädikativer Biomarker für Atherosklerose und Diabetes dienen.

Die 8-Hydroxyl-Form liegt im tautomeren Gleichgewicht mit der 8-Carbonyl-Form vor, wobei die 8-Hydroxyl-Form aufgrund des konservierten aromatischen Charakters des Imidazol-Rings des Guanins bevorzugt vorliegen sollte.

Der erste sichtbare Effekt an der Pflanze nach dem Versprühen des Glyphosats ist eine Chlorose. Die Chlorophyll-Akkumulation ist verringert. Zusätzlich findet bei Sonnenlicht ein glyphostinduzierter Chlorophyll-Abbau statt, nicht jedoch im Dunkeln (Lee 1981, Troev 2006). Durch die starke Komplexbildung des Eisens durch Glyphosat wäre hier beispielsweise eine Fe^{2+}-Komplexierung analog zu den Anthrazyklinen (vgl. Abbildung 9.10) vorstellbar. Das könnte sowohl in der Pflanze als auch im menschlichen Körper stattfinden. Durch Lichteinstrahlung kann es einerseits durch die Lichtenergie zur Abspaltung eines Elektrons aus dem Fe^{2+}-(Glyphosat)-Komplex kommen, das mit Sauerstoff zum Superoxid-Radikalanion wird und über eine Disproportionierung H_2O_2 bildet, das anschließend mit molekularem Sauerstoff zum Hydroxidradikal reagiert (Abbildung 9.13 A). Andererseits ist durch die Lichteinstrahlung auch eine direkte Reaktion mit stetig vorhandenem H_2O_2 über die Fenton-Reaktion zum Hydroxyl-Radikal unter Bildung des Fe^{3+}-(Glyphosat)-Komplexes denkbar (Abbildung 9.13 B).

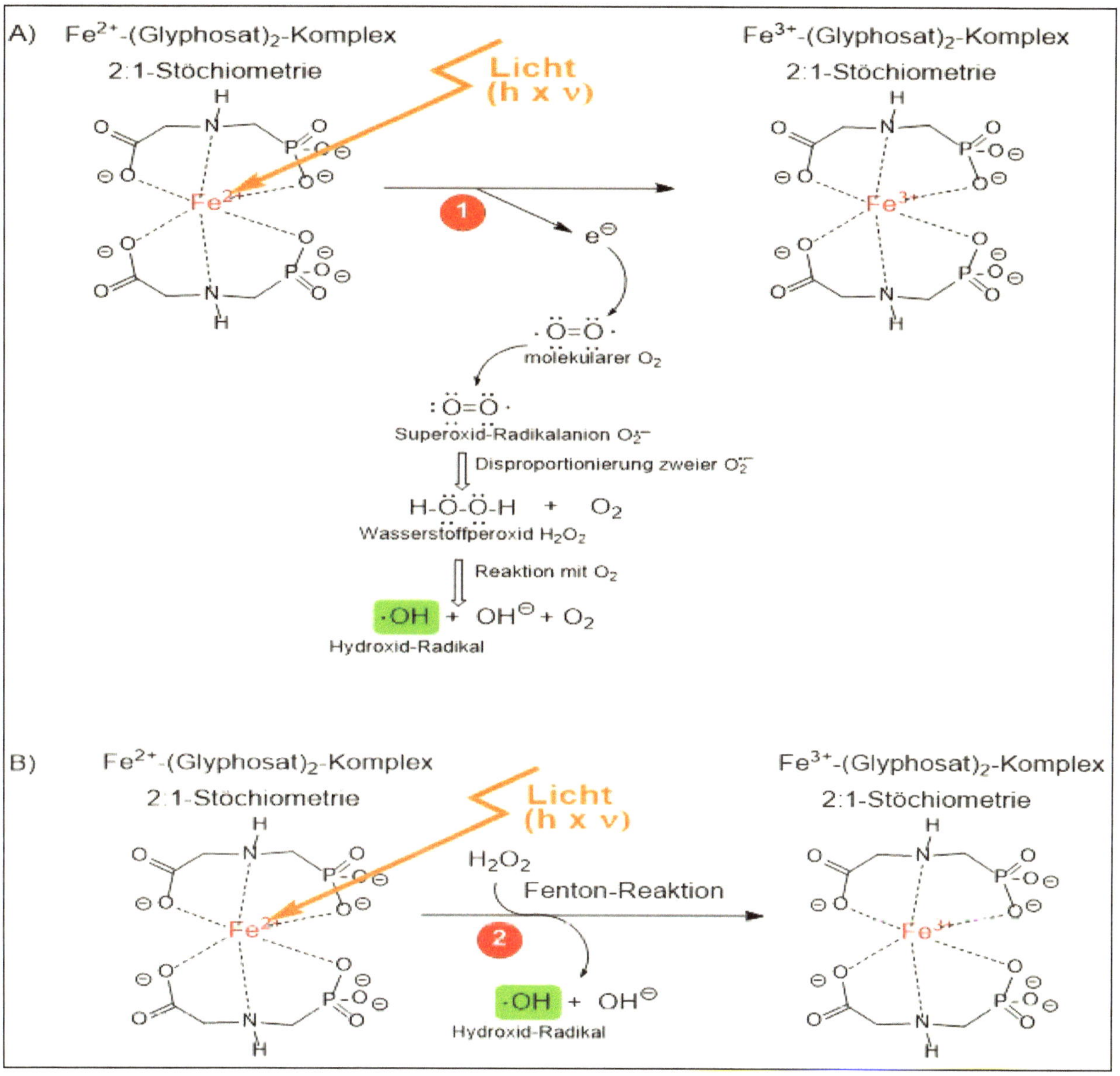

Abbildung 9.13:

Denkbare Entstehung des oxidativen Stresses und Bildung des Hydroxidradikals beim Glyphosat durch lichtinduzierte Oxidation des Fe^{2+}-(Glyphosat)$_2$-Komplexes.

Sukhmanpreet und Mitarbeiter haben die hohe Stabilität solcher Komplexe mit Metall-Ionen im Boden nachgewiesen (Sukhmanpreet et al. 2017). Auch der Aufbau und die Struktur der Me^{3+}-Glyphosat-Komplexe ist u. a. von Heineke und Mitarbeitern spektroskopisch aufgeklärt worden (Heineke et al. 1994).

Nicht nur die DNS und die Mitochondrien nehmen durch den glyphosatinduzierten oxidativen Stress Schaden, sondern insbesondere auch die Membranen (Abbildung 9.14).

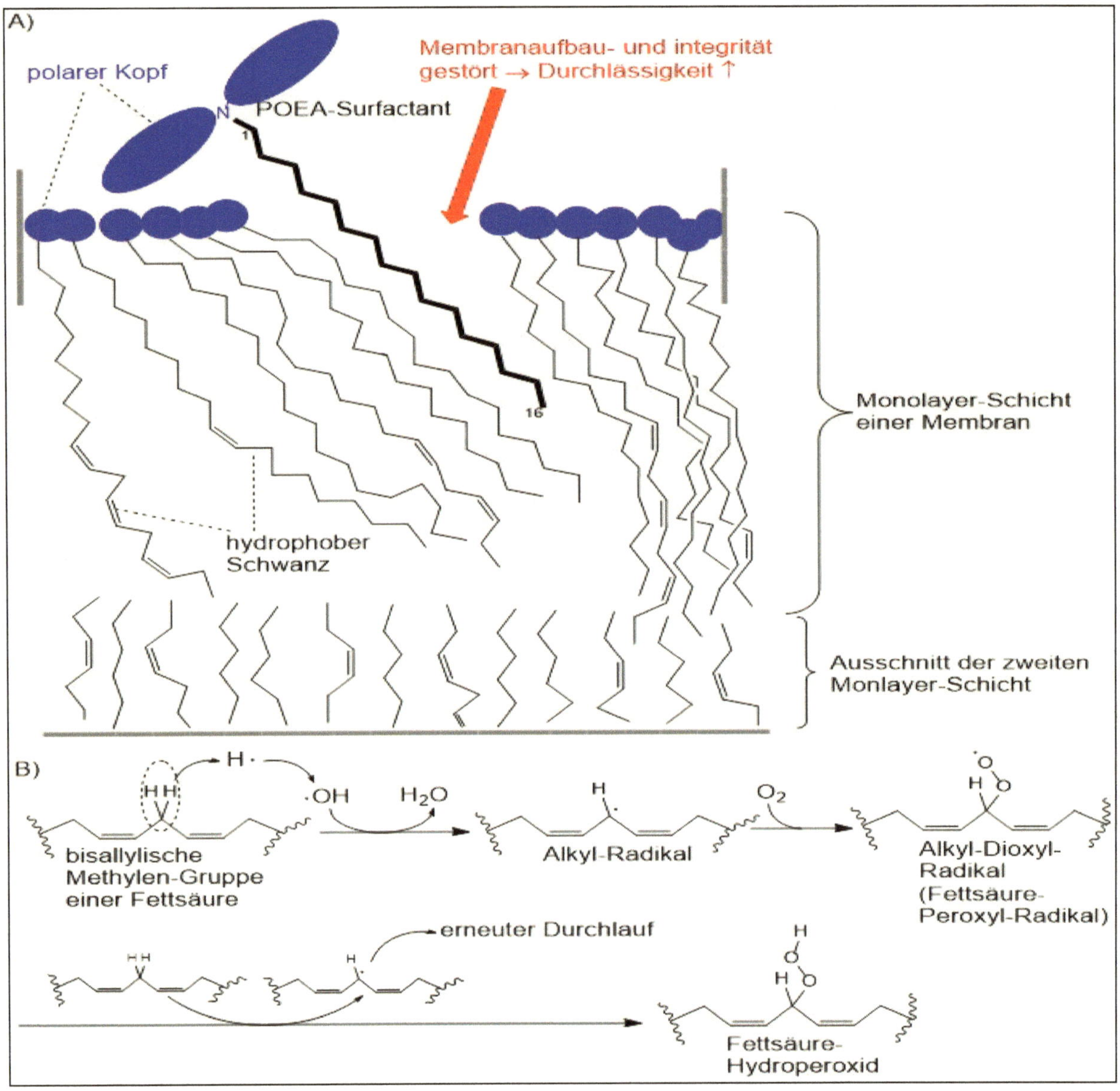

Abbildung 9.14:

Membranschädigung durch A) Surfactants wie POEAs und B) die durch den Glyphosat-induzierten oxidativen Stress induzierte Lipidperoxidation.

Sie werden größtenteils bereits durch die Surfactants in ihrem Aufbau und ihrer Integrität gestört und dadurch durchlässiger. Die Surfactants interagieren explizit mit ihrem lipophilen Molekülteil und penetrieren in die Membranen. Zusätzlich schädigen die ROS die Membranlipide. Hier sind es besonders die mehrfach ungesättigten Fettsäuren, die in einer radikalischen Reaktionskaskade, die als Lipidperoxidation bezeichnet wird, beschädigt werden. Eingeleitet wird die Lipidperoxidation durch H-Abstraktion. Besonders leicht wird ein H-Atom einer Methylen-Gruppe abgespalten, die angrenzend zwischen zwei Doppelbindungen liegt. Die Startreaktion ist demzufolge die Abspaltung eines H-Atoms, das bekanntlich auch ein Radikal ist, durch ein ROS wie das Hydroxidradikal, das sich auf diese Weise zum Wassermolekül stabilisiert. Zurück bleibt ein Fettsäureradikal, das im nächsten Schritt molekularen Sauerstoff addiert und so ein Fettsäureperoxyl-Radikal generiert (Alkyldioxyl-Radikal). Dieses Peroxyl-Radikal katalysiert die H-Abstraktion einer weiteren Fettsäure, wodurch ein Lipidperoxid und das nächste Fettsäureradikal entstehen. Auf diese Weise kommt es in einer Art Kettenreaktion autokatalytisch zur Bildung von immer mehr Lipidperoxiden. Die Peroxide können weitere Reaktionen eingehen, wobei Aldehyde, Dialdehyde, Dicarbonyl-Verbindungen und ungesättigte Ketone entstehen sowie Hydroxy- und Ketosäuren und weitere Umlagerungs- und Folgeprodukte. Durch derartige chemische Modifikationen werden die Eigenschaften der ursprünglichen Membranlipide deutlich verändert (Löffler und Petrides 1997). Auch die bei der Lipiperoxidation entstehenden Produkte tragen zur Genotoxizität bei (Singh et al. 2011).

9.3 Neurotoxizität

Insofern wird auch verständlich, weshalb glyphosatbasierte Formulierungen im Verdacht stehen, die Inzidenz für das Auftreten neurodegenerativer Erkrankungen zu erhöhen (Kirby et al. 2001, Barlow et al. 2005, Patel et al. 2006). Glyphosat besitzt bei physiologischem pH-Wert eine Nettoladung von -2, d. h. die zwei Hydroxyl-Gruppen des Phosphonats sind deprotoniert genauso wie die Carboxyl-Gruppe. Das sekundäre Amin wird erst bei sehr viel höheren pH-Werten in signifikantem Ausmaß deprotoniert vorliegen, sodass die drei negativen Ladungen einer positiven Ladung des Amins gegenüberstehen. Abgesehen von der permanenten Nettoladung, die Glyphosat besitzt, sind polarisierte Bindungen im Molekül vorhanden, die ihm einen hydrophilen, polaren Charakter verleihen. Normalerweise ist es schwer vorstellbar, dass ein Molekül mit diesen physiko-chemischen Eigenschaften die Blut-Hirn-Schranke überwindet, aber Glyphosat wird nach oraler Applikation auch aus dem Gastrointestinaltrakt resorbiert und das als Reinsubstanz ohne Begleitsubstanzen. Die orale Bioverfügbarkeit liegt bei ca. 20 % und ist auf die Affinität des Glyphosats zu den Aminosäure-Transportern LAT1 und LAT2 zurückzuführen (Xu et al. 2016). Dementsprechend kann man davon ausgehen, dass Glyphosat auch die Blut-Hirn-Schranke aufgrund seiner strukturellen Ähnlichkeit zu α-Aminosäuren und im Speziellen zum Glycin durch solche Transporter überwindet.

Die orale Bioverfügbarkeit wurde an der Ratte für die Reinsubstanz bestimmt und auf den Menschen extrapoliert. Rechnet man nun die Surfactants dazu, die die Membranintegrität stören und es dem Glyphosat erleichtern, durch Membranen auch ohne spezielle Transportsysteme zu diffundieren, kann man sicherlich davon ausgehen, dass Glyphosat in nicht unerheblichem Ausmaß die Blut-Hirn-Schranke überwinden kann.

Glyphosatbasierte Formulierungen induzieren oxidativen Stress in bestimmten Gehirnregionen wie der Substantia nigra, dem zerebralen Cortex und dem Hippocampus (Cattani et al. 2014). Hier sind sicherlich ebenso weitere Studien nötig, um zu erfahren, ob dies ein Effekt der gesamten Formulierung oder der Reinsubstanz ist. Das Risiko für eine Parkinson-Erkrankung sowie für eine Demenz vom Alzheimer-Typ ist bei dauerhafter Glyphosat-Exposition erhöht. Die altersbedingte Neurodegeneration schreitet schneller voran (Wang et al. 2006, Peng et al. 2007, Hayden et al. 2010). Allerdings ist auch bei diesen Erkrankungen und pathophysiologischen Prozessen unklar, durch welche Mechanismen die Neurodegeneration getriggert wird. Einzelfallberichte liegen vor, nach denen sowohl eine akute als auch eine chronische Exposition einen Parkinsonismus, ein sekundäres Parkinson-Syndrom mit Parkinson-ähnlicher Symptomatik, auslösen können (Barbosa et al. 2001, Wang et al. 2011). Barbosa und Mitarbeiter berichteten in 2001 über einen 54-Jährigen, der aus Versehen sich selber mit einer glyphosatbasierten Formulierung eingesprüht hatte. Einen Monat nach diesem Unfall entwickelte der Mann einen Parkinsonismus. Ein Jahr später zeigte der Patient immer noch einen bestehenden, langsamen Tremor in der linken Hand und im linken Arm, begleitet von einer Beeinträchtigung des Kurzzeitgedächtnisses (Barbosa et al. 2001). Wang und Mitarbeiter berichteten über eine 44-jährige Frau, die drei Jahre in einer chemischen Fabrik in einer Abteilung, die ausschließlich Glyphosat herstellt, arbeitete. Die glyphosatinduzierte Neurotoxizität machte sich bei ihr durch eine Rigidität, eine Langsamkeit in den Bewegungsabläufen, und einen dauerhaften Tremor in allen vier Gliedmaßen bemerkbar. Allerdings war das Kurzzeitgedächtnis nicht betroffen (Wang et al. 2011, Cattani et al. 2014).

Vor einigen Jahren konnte nachgewiesen werden, dass Glyphosat in der Lage ist, sowohl einen apoptotischen als auch einen durch Autophagozytose herbeigeführten Zelltod in neuronal differenzierten PC12-Zellen zu induzieren (Gui et al. 2012). Das erlaubt zumindest eine Verbindung zwischen einer Glyphosat-Exposition und dem Auftreten eines Morbus Parkinson herzustellen (Gui et al. 2012). Zusätzlich konnte gezeigt werden, dass Glyphosat eine signifikante Zytotoxizität gegenüber neuronalen SH-SY5Y-Zellen aufweist. Die Zytotoxizität wurde mittels eines MTT-Assays bestimmt. Der IC_{50}-Wert für Glyphosat beträgt 9 μM (Chorfa et al. 2013). Negga und Mitarbeiter konnten zudem zeigen, dass *Caeorhabditis elegans* sensitiv gegenüber Umwelt-relevanten Glyphosat-Konzentrationen ist (Negga et al. 2011). Der Fadenwurm *C. elegans* dient als simples Modelsystem zum Studium der Toxizität von Pestiziden (Negga et al. 2011). Dieselbe Arbeitsgruppe zeigte zudem, dass ein glyphosatbasiertes Pestizid zur Degeneration dopaminerger und GABA-erger (γ-Aminobuttersäure) Neuronen führt (Negga et al. 2012). Die Exposition der glyphosatbasierten Formulierung Touchdown® kann das adulte Nervensystem schädigen. Touchdown® kann bei frühzeitiger Exposition im Modelsystem *C. elegans* die Entwicklung des Nervensystems nachteilig beeinflussen (McVey et al. 2016). Eine Glyphasat-Exposition während der Schwangerschaft von Wistar-Ratten verändert die Expression von Genen, die mit der antioxidativen Abwehr, der Entzündungsreaktion und dem Lipidmetabolismus zu tun haben, und es ist durchaus vorstellbar, dass die frühzeitige Exposition mit Glyphosat zu langfristigen neuronalen Effekten beitragen kann (de Souza et al. 2019). Fasst man die Ergebnisse dieser Studien zusammen, kommt man zu dem Ergebnis, dass Glyphosat neuronale Zellen durch

ROS angreift und dadurch den neuronalen Zelltod bzw. eine neuronale Degeneration hervorruft (Cattani et al. 2014).

Die neurodegenerativen Verhältnisse unter Glyphosat im ZNS werden häufig mit einer glutamatergen Excitotoxizität und dem oxidativen Stress in Verbindung gebracht (Pessoa-Pureur und Wajner 2007). Eine Excitotoxizität ist ein schweres, die Neuronen betreffendes Ereignis. Durch eine Überaktivierung insbesondere des NMDA-Rezeptors (N-Methyl-D-aspartat) kann die normalerweise im Vergleich zur extrazellulären Konzentration niedrige intrazelluläre Ca^{2+}-Konzentration massiv ansteigen, sodass in den Mitochondrien ein Ca^{2+}-Overload entsteht und in den Neuronen der apoptotische Zelltod eingeleitet wird (Dong et al. 2009). Eine solche Excitotoxizität scheint bei neurodegenerativen Erkrankungen des ZNS involviert zu sein. Insbesondere wird der Überaktivierung von Glutamat-Rezeptoren eine gewichtige Rolle bei der Entstehung des Morbus Parkinson, des Morbus Alzheimer, der multiplen Sklerose und der Amyotrophen Lateralsklerose eingeräumt (Dong et al. 2009).

Das ZNS präsentiert sich höchst angreifbar gegen ROS aufgrund seiner erhöhten oxidativen metabolischen Umsetzung, einem erhöhten Anteil ungesättigter Lipide und der erhöhten Bildung freier Radikale aufgrund des Metabolismus der Neurotransmitter. Beispielsweise sind die o-Hydrochinon-Derivate Adrenalin und Noradrenalin prädestiniert für ein redox-zyklisierendes System über das Semichinon-Radikalanion und das entsprechende o-Chinon. Hinzu kommen vergleichsweise moderat ausgestattete Abwehrmechanismen in Form der antiooxidativen Vitamine und Radikalfänger und den entsprechenden Enzymen (z. B. Superoxid-Dismutase, Glutathioperoxidase oder Katalase) (Chong et al. 2005).

Die ersten wissenschaftlichen Ergebnisse, dass Glyphosat die Ca^{2+}-Homöostase beeinflusst, datieren von 1990 (Olorunsogo 1990). Damals konnte durch Glyphosat eine gesteigerte mitochondriale Membranpermeabilität für Ca^{2+} und Protonen nachgewiesen werden. Cattani und Mitarbeiter konnten nachweisen, dass die glyphosat-basierte Formulierung Roundup® die Glutamat-Aufnahme ins ZNS, die Freisetzung und die Metabolisierung innerhalb der neuronalen Zellen beeinflusst. Es kommt zu einem Ca^{2+}-Einstrom durch Aktivierung von NMDA-Rezeptoren, die im inaktivierten Zustand durch ein Mg^{2+}-Ion verschlossen sind und Öffnung bestimmter Ca^{2+}-Kanäle, der L-VDCC im Hippocampus (L-type voltage gated calcium channel), im Tierversuch bei nicht geschlechtsreifen Ratten (Cattani et al. 2014). Diese Ergebnisse lassen eine Beteiligung nicht nur für die Bildung von ROS, sondern auch für die glutamaterge Excitotoxizität bei der neurodegenerativen Wirkung des Roundups® vermuten. Dabei führt sowohl eine akute als auch eine chronische Herbizid-Exposition zu einem Ca^{2+}-Influx in die Zellen des Hippocampus. Der Ca^{2+}-Einstrom in die Zelle korreliert bei einer Roundup®-Konzentration von 0,01 % mit der Anzahl der Zellen, die absterben. Änderungen des Ca^{2+}-Einstroms in die eine oder andere Richtung haben ebensolche Auswirkungen auf das Überleben der Zellen. Bei einer höheren Roundup®-Konzentration von 0,1 % - entsprechend 0,36 g/l Glyphosat – kommt es zu einem überproportionalen Absterben der Zellen, während der Ca^{2+}-Einstrom wieder zurückgeht. Das deutet daraufhin, dass hohe

Roundup®-Konzentrationen zu nekrotischen Ereignissen und letztlich zum nekrotischen Zelltod führen (Cattani et al. 2014).

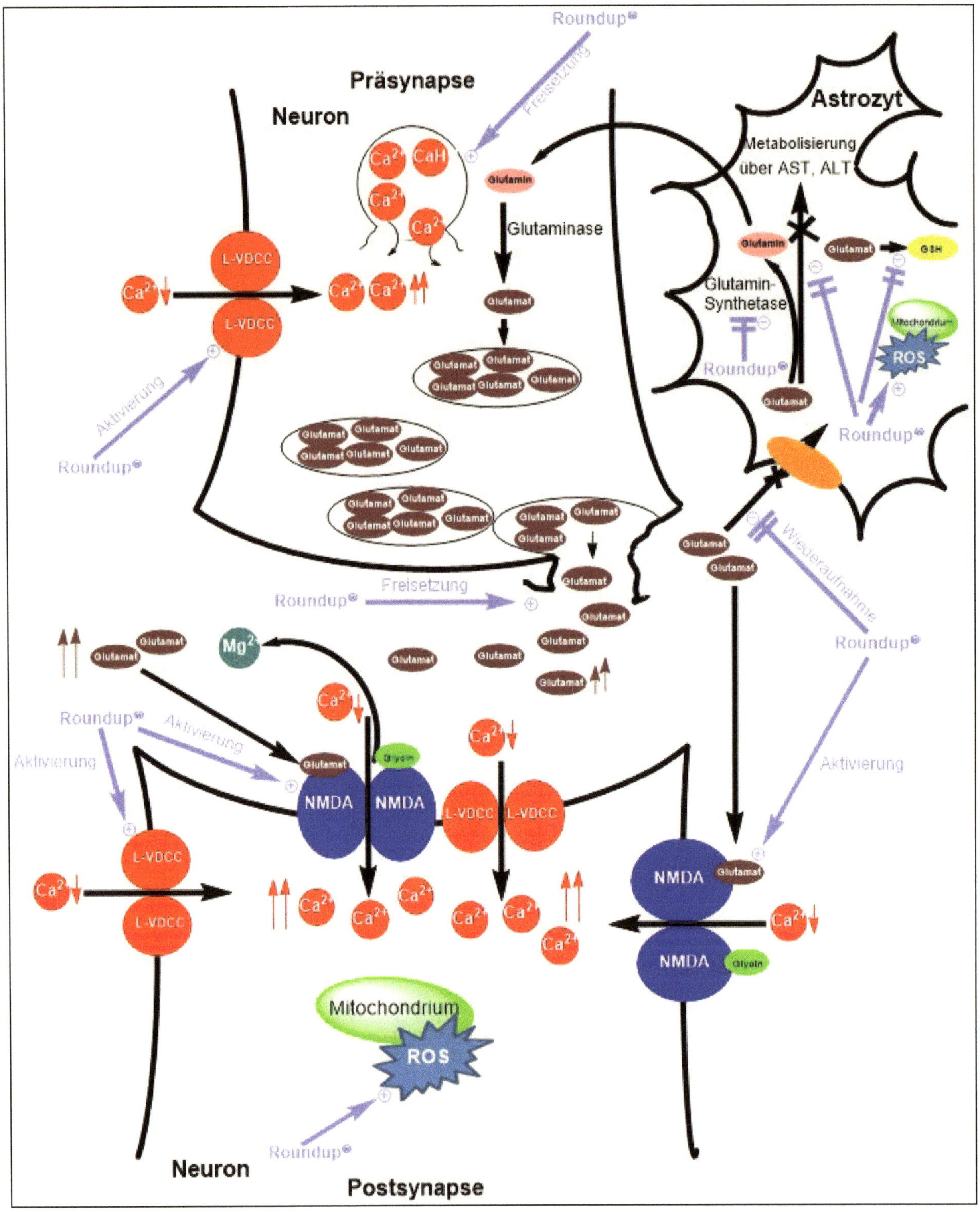

Abbildung 9.15:

Vorgeschlagene hippocampale Neurotoxizität der Glyphosat-basierten Formulierung Roundup® (nach Cattani et al. 2014).

Roundup® induziert einen Ca^{2+}-Einstrom in die zentralen Zellen. Das geschieht durch Aktivierung des N-Methyl-D-aspartat-Rezeptors (NMDA-Rezeptor) (1.) und des L-Typ-spannungsabhängigen Ca^{2+}-Kanals (L-VDCC) (2.). Normalerweise versperrt ein Mg^{2+}-Kation den Kanal des NMDA-Rezeptors. Dieser Mg^{2+}-Block wird aufgehoben (3.). Außerdem fördert Roundup® die Freisetzung von Ca^{2+}-Kationen aus intrazellulären Speichern. Um den NMDA-Rezeptor zu aktivieren braucht es Glutamat als physiologischen Liganden (4.) und Glycin als Cofaktor (5.). Der massive Ca^{2+}-Einstrom löst die Bildung reaktiver Sauerstoff-Spezies (ROS) aus (6.). Astrozyten spielen eine wichtige Rolle, um Glutamat aus dem synaptischen Spalt in den Astrozyten wiederaufzunehmen (7.) und sie zum Glutamin mittels Glutamin-Synthetase zu metabolisieren (8.). Das Glutamin dient als Präkursor für Glutamat in den Neuronen (9.). Der Reuptake (7.) wird durch Roundup® gehemmt. Außerdem wird die Glutamin-Synthetase-Reaktion in den Astrozyten (8.) durch Roundup® inhibiert. Auch die Aspartat-Aminotransferase-Reaktion (AST-Reaktion) (8a.) sowie die Alanin-Amino-Transferase-Reaktion (ALT-Reaktion) (8b.) werden durch Roundup® gehemmt. Damit sind in den hippocampalen Astrozyten sowohl die Aufnahme als auch der Abbau des Glutamats durch das Herbizid gehemmt. Zusätzlich fördert Roundup® die Freisetzung des Glutamats in den synaptischen Spalt (10.). Dadurch erhöht sich die Glutamat-Konzentration im synaptischen Spalt deutlich (11.). Roundup® reduziert die GSH-Konzentration, was als ein Zeichen für oxidativen Stress gedeutet werden kann. Eine Roundup®-Exposition verringert auch die Aktivität der γ-Glutamyl-Transferasesowie der Glucose-6-phosphat-Dehydrogenase, was zu einer weiteren Reduzierung des Radikalfängers Glutathion (GSH) führt. ZUsammengenommen führt Roundup® zu einer exzessiven Erhöhung der extrazellulären Glutamat-Konzentrationen, was einen excitotoxischen Zustand im Hippocampus von Nagern nach sich zieht (Catttani et al. 2014).

Die Roundup®-induzierte Excitotoxizität im Hippocampus der Nager kommt durch einen Ca^{2+}-Einstrom durch die Aktivierung von NMDA-Rezeptoren zustande, wodurch es zu einer Öffnung L-Typ-spannungsabhängiger Ca^{2+}-Kanäle kommt. Die Excitotoxizität beinhaltet zusätzlich die Inanspruchnahme von Signaltransduktionskaskaden, was zur Aktivierung von Kinase-Kaskaden wie ERK führt (Almeida et al. 2005). Astrozyten nehmen Glutamat aus dem synaptischen Spalt auf. Im Innern des Astrozyten wird Glutamat zu Glutamin metabolisiert. Anschließend wird das Glutamin aus den Astrozyten freigesetzt und von Neuronen aufgenommen, wo es als Präkursor für Glutamat dient (Danbolt et al. 2001). Cattani und seine Mitarbeiter haben durch ihre Studie bewiesen, dass eine Roundup®-Exposition einerseits zu einer deutlich reduzierten Glutamat-Aufnahme aus dem synaptischen Spalt und andererseits auch zu einer verringerten Metabolisierung des Glutamats zum Glutamin führt (Cattani et al. 2014). Somit verbleibt eine erhöhte Glutamat-Konzentration im synaptischen Spalt. Außerdem werden durch eine Roundup®-Exposition die Glutamin-Synthetase, sowie die Transaminasen Aspartat-Aminotransferase (AST) und Alanin-Aminotransferase (ALT) gehemmt, was bestätigt, dass entweder der Glutamat-Reuptake in die Astrozyten oder aber dessen Metabolismus in den hippocampalen Astrozyten durch eine Roundup®-Exposition beeinträchtigt ist. Zusammengefasst kann Roundup® zu exzessiven extrazellulären Glutamat-Spiegeln im Hippocampus der Ratte und damit zum Zustand der glutamatergen Excitotoxizität führen.

9.3.1. Autismus-spektrum-Störungen, Amyotrophe Lateralsklerose und andere neurodegernararive Erkrankungen sowie das chronische Nierenleiden (CKD) unklarer Ätiologie

9.3.1.1 Autismus-Spektrum-Störungen

In der jüngeren Vergangenheit wurden die Stimmen immer lauter, die eine Verbindung zwischen der steigenden Zahl an Autismus-Spektrum-Störungen und dem steigenden Einsatz des Glyphosats herzustellen versuchten. Die akute Toxizität des Glyphosats ist geringer als die anderer Herbizide, was ein Vorteil des Glyphosats ist. Die chronische Toxizität mag aber nicht nur wegen der genotoxischen und ROS-induzierenden Wirkungen, sondern auch wegen seiner strukturellen Ähnlichkeit zur proteinogenen Aminosäure Glycin ein Problem sein. Durch diese Ähnlichkeit in der Struktur sollte das Glyphosat in der Lage, das Glycin zu imitieren (Abbildung 9.16).

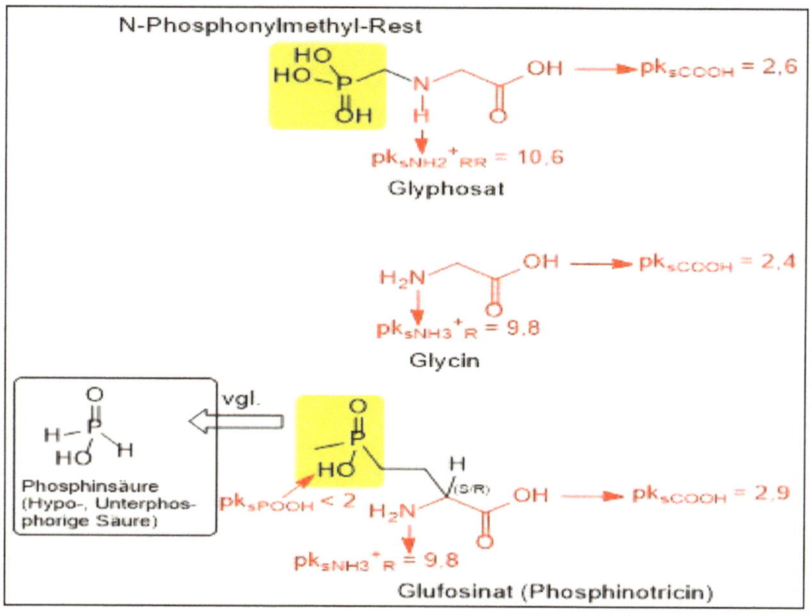

Abbildung 9.16:

Glyphosat als Glycin-Analogon und auch als Glycin-Mimetikum.

Das Totalherbizid Glyphosat und die nichtessenzielle proteinogene Aminosäure Glycin sind strukturell miteinander nah verwandt. Glyphosat weist am Stickstoff der Glycin-Struktur (rot) zusätzlich noch einen Methylphosphonat-Substituenten auf (gelb unterlegt). Die pk_S-Werte für die α-Carboxyl-Gruppe am sind nahezu identisch, während beim Glycin das Amin um fast eine Zehnerpotenz schwächer basisch ist. Außerdem ist noch das Totalherbizid Glufosinat (Phosphinotricin), ein Phosphinsäure-Derivat (gelb) zum Vergleich mit seinen drei pk_S-Werten angegeben. Glufsinat ist ein Glutamin-Synthetase-Hemmer (Hock et al. 1995).

Autismus-Spektrum-Störungen sind neurologische Entwicklungsstörungen, die Störungen der Informations- und Wahrnehmungsverarbeitung beinhalten und sich auf soziale Interaktionen, die Kommunikation und das Verhalten auswirken. Früher wurde zwischen dem frühkindlichen Autismus, dem Asperger-Syndrom und dem atypischen Autismus unterschieden. Da aber eine klare Zuordnung in der Regel schwerfällt, verzichtet man heutzutage in der Regel auf eine Suptypen-Klassifizierung.

Seit 1980 hat die Anzahl an Kindern, bei denen eine Autismus-Spektrum-Störung diagnostiziert wurde, stark zugenommen. Zumindest teilweise ist der Anstieg auf eine grundlegend veränderte, frühere und verbesserte Diagnostik zurückzuführen (Newschaffer et al. 2007). Es spricht aber vieles dafür, dass die Fallzahlen tatsächlich in den letzten 30 Jahren immens gestiegen sind. Das Risiko an dieser kindlichen, neurologischen Entwicklungsstörung zu erkranken, steigt mit zunehmendem Alter der Eltern. Beispielsweise besitzt das Kind eines über 50-jährigen Vaters ein 10fach höheres Risiko als das Kind eines Vaters, der unter 25 Jahre alt ist. Vermutet wird hier ein epigenetischer Mechanismus (AWMF-Leitlinie 2016). Auch wenn die Mutter während der Schwangerschaft an einer Gestationsdiabetes litt, ist das Risiko für das Kind erhöht (Gardener et al. 2009). Eine Röteln-Infektion der Mutter in der Schwangerschaft genauso wie Geburtskomplikationen erhöhen das Autismus-Risko (AWMF-Leitlinie 2016). Natürlich können auch Medikamente während der Schwangerschaft, wie z. B. Valproinsäure, andere Antiepileptika, die als Antidepressiva eingesetzten selektiven Serotonin-Wiederaufnahmehemmer (SSRI), einen Autismus induzieren (AWMF-Letlinie). Erstaunlicherweise scheint auch der Migrationshintergrund der Eltern eine Rolle zu spielen. Eltern, die ihr Kind nicht in ihrem Heimatland zur Welt bringen, erhöhen das Risiko des Kindes, an einer Autismus-Spektrum-Störung zu erkranken (AWMF-Leitlinie 2016).

Es scheint so zu sein, dass Jungen häufiger erkranken als Mädchen (Verhältnis ca. 2:1 bis 3:1), was daraufhin deutet, dass Autismus vererbt wird. Auch Zwillingsstudien deuten dies an. Genetische Risikofaktoren sind laut S3-AWMF-Leitlinie "Autismus-Spektrum-Störungen im Kindes-, Jugend- und Erwachsenenalter" wissenschaftlich mit ausreichender Evidenz belegt (AWMF-Letlinie 2016). Die Mehrheit der an Autismus leidenden Zwillinge (69 %) zeigten äußerst geringe bis keine überlappenden DNS-Sequenz-Variationen, von denen man annimmt, dass sie zum Autismus beitragen (Yuen et al. 2015). Bis heute ist keine einzige Veränderung einer einzelnen DNS-Sequenz identifiziert worden, die die Erkrankung allein erklären könnte (Beecham und Seneff 2015). Die genetische Situation bei Autisten stellt sich hochkomplex und vielschichtig dar. Betancur hat in 2011 mehr als 100 Gene und mehr als 40 Genloci zusammengestellt, die in Verbindung mit einer Autismus-Spektrum-Störung stehen (Betancur 2011). Sicherlich werden diese Zahlen in Zukunft weiter steigen. Darunter sind vererbte oder neu aufgetretene Mutationen in einzelnen Genen (monogene Formen) oder vererbte oder neu aufgetrene Mikrodeletionen bzw. -duplikationen einzelner oder mehrerer Gene, sowie neu aufgetretene Chromosomenaberrationen und vorwiegend vererbte häufige Varianten. Teilweise entstehen diese DNS-Modifikationen also neu durch Keimbahnmutationen, teilweise sind sie von den Eltern vererbt. Es scheint die große Kombinationsmöglichkeit der zahlreichen Gen-Variationen zu sein, die zur großen Bandbreite und Heterogenität autistischer Erkrankungen beiträgt (De Rubels und Buxbaum 2011). Man spricht von einer genetischen Heterogenität, was bedeutet, dass zahlreiche unterschiedliche genetische Risikofaktoren für das Auftreten einer Autismus-Spektrum-Störung existieren (AWMF-Leitlinie 2016).

Zusätzlich gibt es ausreichend Evidenz, dass eine frühzeitige Exposition gegenüber Umweltrisikofaktoren, insbesondere im Rahmen der Schwangerschaft, die Entwicklung des Nervensystems beeinflussen (AWNF-Leitlinie 2016).

Ausgeschlossene Risikofaktoren für Autismus-Spektrum-Störungen sind Alkoholkonsum der Mutter während der Schwangerschaft, gastrointestinale Erkrankungen einschließlich der diversen Nahrungsmittelunverträglichkeiten sowie Impfungen mit den Zusatzstoffen Thiomersal und Quecksilber (AWMF-Leitlinie 2016). In Tabelle 9.17 sind evidenzbasierte Risikofaktoren sowie ausgeschlossene Risikofaktoren aufgeführt.

Tabelle 9.1

Risikofaktoren und ausgeschlossene Risikofaktoren für das Auftreten von Autismus-Spektrum-Störungen (nach AWMF-Leitlinie 2016).

Evidenzbasierte Risikofaktoren	ausgeschlossene Risikofaktoren
Genetik (Spontan-)mUtationen, Mikrodeletionen, -duplikationen, Chromosomenaberrationen, häufige genetische Varianten.	Impfungen jeglicher Art (auch Thiomersal- oder Hg-enthaltend).
psychische und somatische Erkrankungen der Eltern.	Alkoholkonsum der Mutter während der Schwangerschaft.
Schwangerschafts- und Geburtskomplikationen (z. B. Gestationsdiabetes).	Gastrointestinale Erkrankungen einschließlich der Nahrungsmittelunverträglichkeiten)
hohes Alter von Mutter und Vater bei der Geburt (epigenetischer Mechanismus?).	
Medikamentenexposition während der Schwangerscjhaft (valproinsäure, Antiepileptika, SSRIs).	
Röteln-Infektion der Mutter während der Schwangerschaft.	
Migrationshintergrund und sozialer Status der Eltern.	

Nicht ausgeschlossen werden können natürlich bestimmte Umweltgifte wie Feinstaub oder Schwermetalle (Rutter 2005). In 2016 taucht der Name Glyphosat nicht in der AWMF-Leitline zu den Autismus-Spektrum-Störungen auf. Mittlerweile aber wird in immer mehr Publikationen das Herbizid Glyphosat bzw. seine Formulierungen für die steigende Anzahl an Autismus-Fällen verantwortlich gemacht. Die Theorie ist, dass Glyphosat als Glycin-Mimetikum die fetale neuronale Entwicklung – an der Glycin maßgeblich beteiligt ist – verändert (Beecham und Seneff 2015). Auch andere Herbizide, nicht nur Glyphosat und die Gruppe der Organophosphate allgemein sowie die der Organochlor-Verbindungen stehen im Verdacht, als Umweltgifte neurotoxisch in der frühen fetalen und embryonalen prä- und postnatalen Entwicklungsphase des Gehirns zu wirken (Roberts et al. 2007, Shelton et al. 2014, Lyall et al. 2017).

In einer der bislang größten Studien mit 2.961 autistischen Probanden in Kalifornien konnten von Ehrenstein und Mitarbeiter eine Erhöhung des Risikos für eine autistische

Erkrankung bei pränataler und postnataler Exposition innerhalb von 2.000 m Umgebung für Organophosphate – inklusive Glyphosat – und Orgonochlor-Verbindungen nachweisen (von Ehrenstein et al. 2019). Die Strukturformeln der hier erwähnten Pestizide sind in Abbildung 9.18 erläutert. Es wurden die letzten drei Monate vor der Schwangerschaft, die neun Monate während und ein Jahr nach der Schwangerschaft als Beobachtungszeiträume gewählt. Die Odds Ratios sind für eine Exposition während der Schwangerschaft bei fast allen Substanzen leicht erhöht. Am stärksten sind die Korrelationen beim insektiziden Acetylcholinesterase-Inhibitor Chlorpyrifos, einem Thiophosphorsäureester, (1,15; 1,02 – 1,29 bei 95 % CI (confidential interval)), dem nichtsystemischen insektizid und akarizid wirksamen Thiophosphorsäureester Diazinon (1,14; 1,02 – 1,28 bei 95 % CI) und dem aus *Streptomyces avermitilis* isolierten Naturstoff Avermectin, einem 16-gliedrigen makrozyklischen Lacton mit integrierter Spiroketal-Struktur, der als Neurotoxin wirkt (1,14; 1,03 – 1,26 bei 95 % CI). Glyphosat liegt leicht darunter mit einem Odds ratio von 1,11 (0,96 -1,26 bei 95 % CI). Bezogen auf das erste Lebensjahr der Neugeborenen liegen die meisten Odds ratios ganz nah beieinander und zeigen kein erhöhtes Autismus-Risiko, lediglich die des Glyphosts mit 1,60 (1,09 – 2,34 bei 95 % CI), des Diazinons mit 1,45 (1,11 – 1,89 bei 95 % CI), des Dithiophosphorsäureesters Malathion mit 1,29 (1,00 – 1,65 bei 95 % CI) und des Bifenthrins, das zur Gruppe der Pyrethroide gehört, mit 1,33 (1,03 – 1,72 bei 95 % CI) lassen ein signifikant erhöhtes Risiko erkennen (von Ehrenstein et al. 2019).

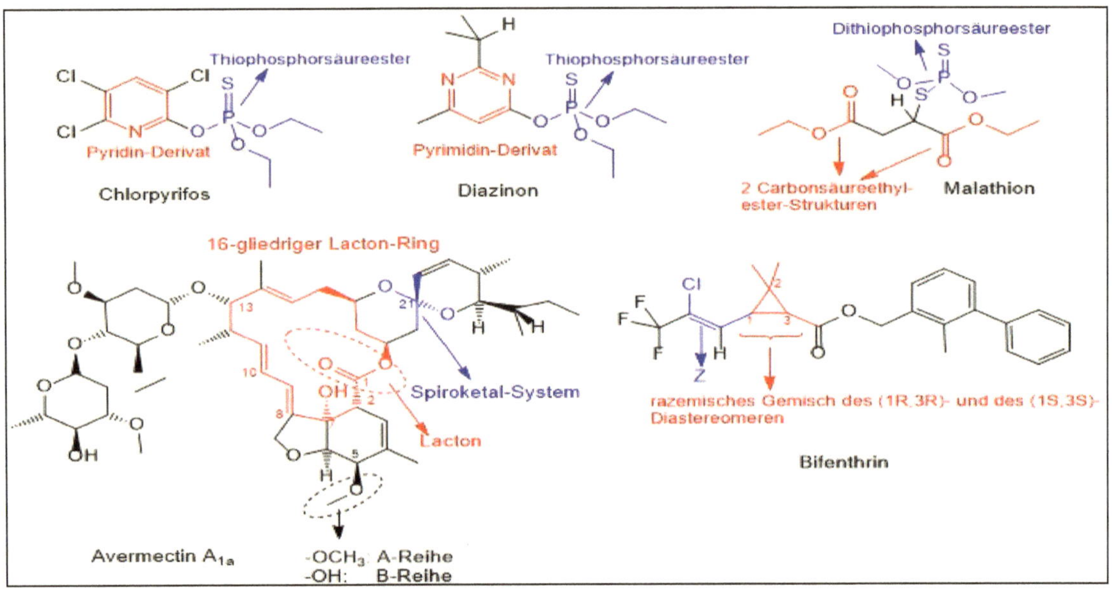

Abbildung 9.17:

Pestizide aus der Studie von von Ehrenstein und Mitarbeitern (von Ehrenstein et al. 2019).

Eine Exposition in den drei Monaten vor der Schwangerschaft hat weniger Einfluss als eine Exposition während der Schwangerschaft bzw. im ersten Lebensjahr. Für Glyphosat ergibt sich beim Vergleich einer Exposition unmittelbar vor der Schwangerschaft und einer Exposition während der Schwangerschaft eine Erhöhung des Odds ratios um 10 % (von Ehrenstein et al. 2019).

Glycin ist eine nichtessenzielle proteinogene Aminosäure, die insbesondere bei der frühen neuronalen Entwicklung eine wichtige Rolle spielt (Stoner et al. 2013). Zusätzlich ist Glycin im zentralen Nervensystem ein wichtiger inhibitorischer Neurotransmitter über seinen in der postsynaptischen Membran von inhibitorischen glycinergen Neuronen sitzenden “Strychnin-sensitiven” Glycin-Rezeptor A (GlyA) (Dutertre et al 2012). Zusätzlich wirkt Glycin aber auch über den “Strychnin-insensitiven” Rezeptor B (Gly B), der assoziiert mit dem exzitatorischen N-Methyl-D-Aspartat-Rezeptor (NMDA-Rezeptor) vorliegt. Daher ist Glycin im ZNS nicht nur inhibitorisch wirksam, sondern aufgrund der Vergesellschaftung seines Glycin-B-Rezeptors mit dem NMDA-Rezeptor auch in der Lage, exzitatorisch zu wirken (Betz et al. 1999, Webb und Lynch 2007, Waxham 2014).

Tatsächlich ließe sich die steigende Anzahl der Autismus-Fälle durch ein ubiquitär vorhandenes Umweltgift erklären, das als Glycin-Mimetikum anstelle der natürlichen Aminosäure an den Gylcin-Rezeptor und den NMDA-Rezeptor bindet. Beecham und Seneff haben einen exzellenten auf wissenschaftlichen Ergebnissen aufbauenden Artikel veröffentlicht, der – wenn auch spekulativ - in sich schlüssig, für die Autismus-Fälle ein solches Glycin-Mimetikum in ihrer Argumentationskette als die plausibelste Erklärung erscheinen lässt. Und warum nicht Glyphosat als Glycin-Mimetikum: aufgrund seiner strukturellen Ähnlichkeit zum Glycin und seines ubiquitären Vorkommens in der Umwelt, in der Nahrungskette, im Grundwasser ist Glyphosat sicherlich ein potenzieller Kandidat für ein solches Glycin-Mimetikum (Beecham und Seneff 2015).

Viele Autisten weisen eine konstitutive Aktivierung der Serin/Threonin-Kinase mTOR (mammalian targets of rapamycin) auf (Johnson et al. 2013). Die Kinase mTOR gehört zu den Phosphatidylinositol-3-kinase-verwandten Kinasen, die den zellulären Metabolismus, das Wachstum und die Proliferation reguliert (Beecham und Seneff 2015). Tang und Mitarbeiter entwickelten ein Autismus-Maus-Modell mit konstitutiv aktivierter mTOR-Kinase, mit dem sie zeigten, dass die Autophagozytose für neuronale Zellen deutlich eingeschränkt ist (Tang et al. 2014). Eine aberrante mTOR-Aktivierung liegt bei vielen Autisten mit genetischen Defekten vor (Neves-Pereira et al.2009, Ehninger und Silbva 2011). Es ist aber durchaus auch denkbar, dass die mTOR-Überaktivierung bei Autisten vorkommt, bei denen keine genetische Alteration vorliegt. Diese Art der konstitutiven mTor-Aktivierung sollte dann innerhalb von Neuronen auftreten, die intermittierend aber ständig einem Umwelt- bzw. Nahrungstoxin wie Glyophosat ausgesetzt sind, das Ca^{2+}-Einstrom in unreifen Neuronen verändert und damit die Autophagozytose hemmt. Eine solche Überaktivität der mTOR-Kinase konnte experimentell nachvollzogen werden (Gulati et al. 2008). Erstaunlicherweise ist das Ausmaß der mTOR-Aktivierung abhängig von der Konzentration an Aminosäuren in den verwendeten HELA-Zellen. Érhöhte Konzentrationen im Zellkulturmedium an Aminosäuren führen in den HELA-Zellen zu einem erhöhten intrazellulären Ca^{2+}-Spiegel. Dadurch bindet das Ca^{2+} in der Zelle verstärkt an Calmodulin mit nachfolgender gesteigerter Aktivierung des mTOR-Signaltransduktionsweges (Gulati et al. 2009). Da Glycin eine Aminosäure ist, die im ZNS in hohen Konzentrationen vorkommt und insbesondere während der neuronalen Entwicklung sehr präsent ist, könnte ein Glycin-Mimetikum wie Glyphosat ähnliche Effekte in Zellkultur, wie von Gulati und Mitarbeitern beschrieben, hervorrufen, zu einer mTor-Überaktivierung führen, die Autophagozytose herunterregulieren und die neuronalen Spikes ungestutzt lassen (Beecham und Senef 2015). Die Mosaiksteinchen, die die Verbindung zum verstärkten Ca^{2+}-Einstrom herstellen, sind die Aminosäure Glycin und der Glycin-Rezeptor (Avila et al. 2013). Gerade die Glycin-Rezeptoren sollen für die corticale interneuronale Entwicklung und für die Migration eine dominierende Rolle einnehmen (Avila et al. 2013). Eine Unterbrechung der neuronalen Migration könnte somit durch Hemmung der Glycin-Rezeptor-Aktivierung erreicht werden. Stoner und Mitarbeiter haben in den Gehirnen von Autisten ungeordnete Zellcluster vorgefunden, was die Annahme rechtfertigt, dass die neuronale Migration bei vielen Autisten fehlerhaft ist (Stoner et al. 2014).

9.3.1.2. Der Glycin-Rezeptor

Der inhibitorische Glycin-Rezeptor ist ein homo- oder heteropentamerer Proteinkomplex, der in der postsynaptischen neuronalen Zellmembran durch die Bindung an das Protein Gephyrin verankert ist (Cascio 2004, Lynxh 2004). Hier erfüllt er die Aufgabe eines Chlorid-Kanals. Seine physiologische Funktion besteht v. a. darin, die Regulation der Motorfunktionen anzupassen. Die fünf Untereinheiten – meist zwei α-Untereinheiten und drei β-Untereinheiten bzw. drei α-Untereinheiten und zwei β-Untereinheiten - lagern sich derart transmembranär zusammen, dass zentral eine Pore durch die Membran gebildet wird. Die β-Untereinheit verankert den Rezeptor mit dem Zytoskelett mittels seiner Bindung an das Gephyrin, ein Tubulin-bindendes Protein. Dadurch wird die Mobilität des Glycin-Rezeptors in der Membran eingeschränkt. Die Untereinheit α enthält die Glycin-Bindungsstelle. Der neonatale Glycin-Rezeptor scheint ein α_2-Homopentamer zu sein, während erst der adulte Rezeptor eine heteropentamere Struktur aufweist (Waxham 2014).

Die Topologie des Glycin-Rezeptors und die Aminosäure-Komposition klassifizieren den Glycin-Rezeptor als Mitglied der sogenannten Cys-loop-Rezeptoren (Schmieden und Betz 1995, Waxham 2014, Kasaragott und Schindelin 2018). Der Name Cys-loop-Rezeptor ist zurückzuführen auf die extrazellulären Domänen jeder der fünf Untereinheiten. Diese besitzen eine charakteristische 13 Aminosäuren umfassende Schleife, die durch eine Disulfid-Brücke zwischen zwei Cystein-Resten gebildet wird (Abbildung 9.19) (Webb und Lynch 2007). Die aminoterminale Domäne enthält die Liganden-Bindungsstelle. Sowohl das aminoterminale Ende als auch das carboxyterminale Ende sind im extrazellulären Raum lokalisiert, d. h. in der synaptischen Spalte. Das Glycin-Rezeptor-Protein durchzieht die postsynaptische Zellmembran viermal. Jede Untereinheit besteht demnach aus vier hydrophoben transmembranären Regionen (TM1 – TM4). Verbunden sind sie durch ein kleines Verbindungsstück zwischen TM1 und TM2 sowie eine große Schleife zwischen TM3 und TM4 (Abbildung 9.19) (Webb und Lynch 2007, Waxham 2014). Die transmembranären Regionen ordnen sich nach einem bestimmten Arrangement, sodass die zweite transmembranäre Region (TM2) jeder Untereinheit auf die Kanalpore des Rezeptors ausgerichtet ist (Abbildungen 9.20 und 9.21) (Waxham 2014, Kasaragod und Schindelin 2018).

Die Glycin-Bindungsstelle befindet sich in den aminoterminalen Domänen der Untereinheiten, wohingegen die transmembranären Regionen der Untereinheiten die Kanalpore bilden (Abbildungen 9. 18 und 9.19) (Waxham 2014, Kasaragod und Schindelin 2018).

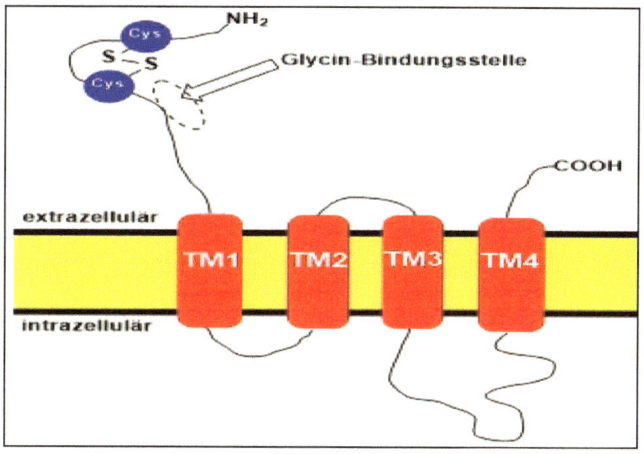

Abbildung 9.18: Schematische Darstellung einer Glycin-Rezeptor-Untereinheit.

N-terminales und C-terminales Ende liegen im extrazellulären Raum. Das aminoterminale Ende jeder Untereinheit ist sehr lang und enthält die charakteristische Cys-loop-Struktur bestehend aus 13 Aminosäure-Resten, der durch eine intramolekulare Disulfid-Brücke zwischen zwei Cystein-Resten gebildet wird. Die Liganden-Bindungsstelle liegt innerhalb dr exztrazellulären aminoterminalen Domäne. Vier hydrophobe transmembranäre Regionen (TM1 – TM4) durchziehen die Membran. Verbunden sind sie mittels einer kleinen Schleife zwischen TM1 und TM2 und einer großen Schleife zwischen TM3 und TM4.

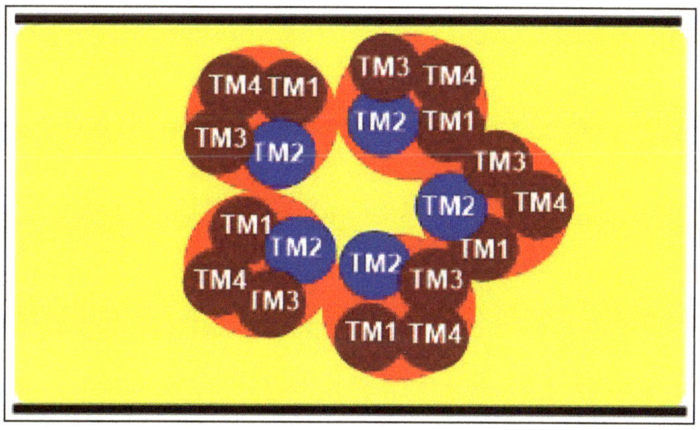

Abbildung 9.19:

Arrangement der vier transmembranären Domänen innerhalb einer α-/β-Untereinheit.

Aufsicht auf die Membran von der gegenüberliegenden Präsynapse aus betrachtet.

Die transmembranären Domänen TM2 der fünf Untereinheiten zeigen in Richtung der Kanalpore.

Fachtermini: TM1 – 4: transmembranäre Regionen 1 - 4

In Abbildung 9.19. ist analog zur schematischen Darstellung in Abbildung 9.19 die Anordnung der TM2-Regionen innerhalb des Arrangements der fünf α_1-Untereinheiten eines homopentameren inhibitorischen Glycin-Rezeptors dargestellt, aufgenommen mittels Elektronen-Kryomikroskopie in einer Auflösung von 3,9 Å (Du et al. 2015).

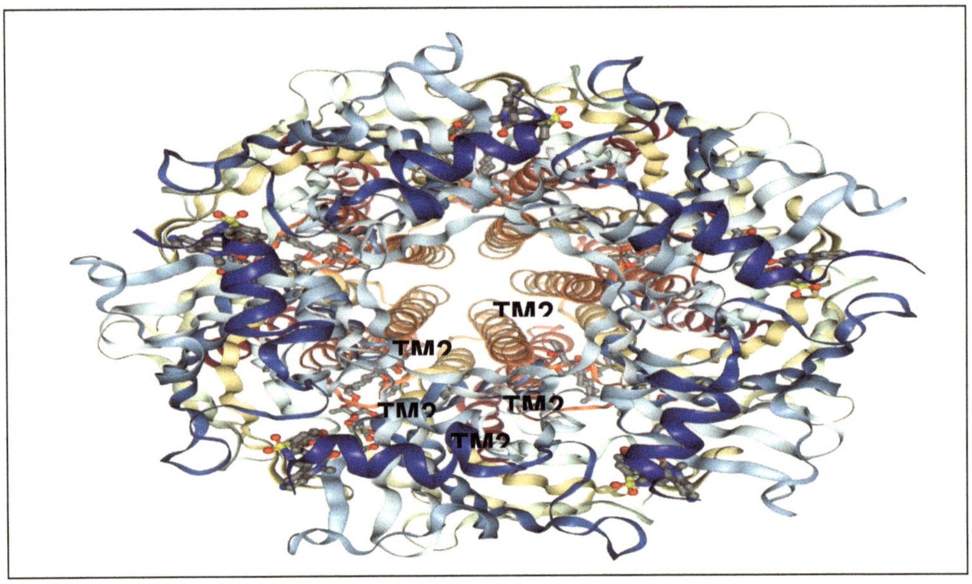

Abbildung 9.20:

Ein-Elektron-Kryomikroskopische Aufnahme der Kanalpore des homopentameren α_1-Glycin-Rezeotprs A (nach Du et al. 2015, PDB-ID: 3JAE). Die fünf α_1-Subuntereinheiten bilden die Pore. Die TM2-Regionen der Untereinheiten sind jeweils zur Innenseite der Pore gerichtet.

Die Bindungsstelle befindet sich genau an der Schnittstelle zweier angrenzender Untereeinheiten und ist umgeben von Schleife C der (+)-Untereinheit zwischen den β-Strängen 9 und 10 und Schleife B der komplementären (-)-Untereinheit zwischen den Strängen β7 und β8. Die Bindungstasche ist strukturell aufgeklärt (Abbildung 9.22).

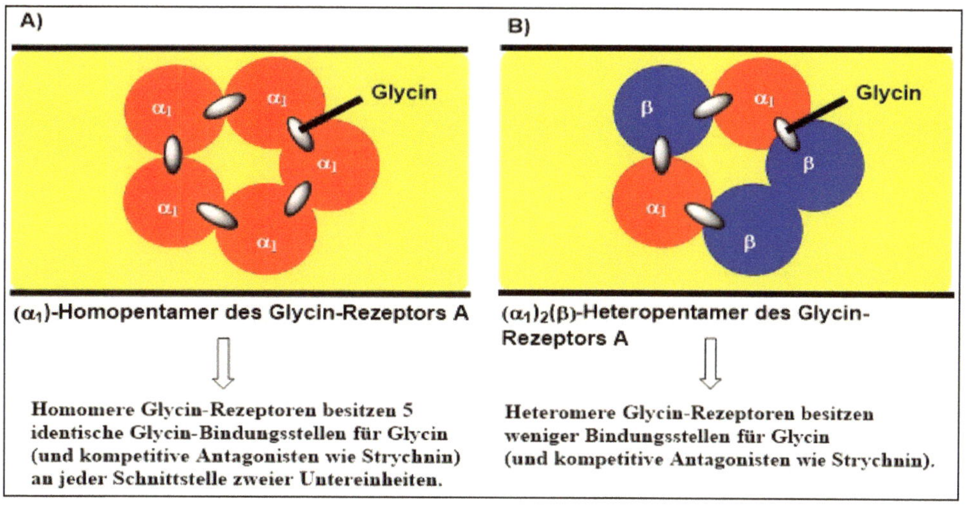

Abbildung 9.21:

Die Lokalisation der Glycin-Bindungsstellen innerhalb der aminoterminalen Domäne des Glycin-Rezeptors.

Drei Aminosäure-Reste befinden sich nahe TM1 der α_1-Rezeptor-Untereinheit: Lys 200, Tyr202und Thr 204. Ebenso sind die Aminosäurereste Gly160 und Tyr161 Teil der Glycin-Bindungstasche. Weitere Reste, die an der Architektur der Bindungstasche involviert sind, sind Ala101, Asn102, und Lys193 (Waxham 2014, Kasaragod und Schindelin 2018). Die Arginin-Reste (Arg65 von α_1 und Arg86 von β), die an der Schnittstelle zwischen der α- und der β-Untereinheit bilden starke ionische Interaktionen mit der α-Carboxyl-Gruppe von Glycin aus. Zusätzlich interagieren saure Aminosäuren (Glu157 von α_1 und Glu180 von β) mit der α-Amino-Gruppe dieses Glycins (Waxham 2014, Kasaragod und Schindelin 2018).

Die homopentameren und vorwiegend neonatalen Glycin-Rezeptoren besitzen fünf identische Bindungsstellen für Agonisten und Antagonisten an jeder der Untereinheiten-Schnittstellen. Radioligand-Bindungsstudien lassen die Vermutung zu, dass der physiologische Ligand Glycin als voller Agonist sowie der volle Antagonist (-)-Strychnin an sich überlappenden Bindungsstellen kompetitiv andocken (Abbildungen 9.21) (Waxham 2014, Kasaragod und Schindelin 2018).

Betrachtet man die Agonist-Bindungsstelle genauer, so stellt man fest, dass Glycin durch eine ganze Reihe von H-Brücken fixiert wird. Glycin wird hauptsächlich stabilisiert durch Thr204 im Cys-Loop in der (+)-Untereinheit. Zusätzlich stabilisieren H-Brücken von Ser158 mit seiner Seitenketten-OH-Gruppe durch eine H_2O-überbrückte H-Brückenbindung und Glu157 das Glycin. Vom komplementären (-)-Strang sind es Arg65 und Ser129, die über H-Brücken mit dem Carboxylat des Glycins für eine feste Bindung sorgen Abbildung 9.22 (Kasaragod und Schindelin 2018).

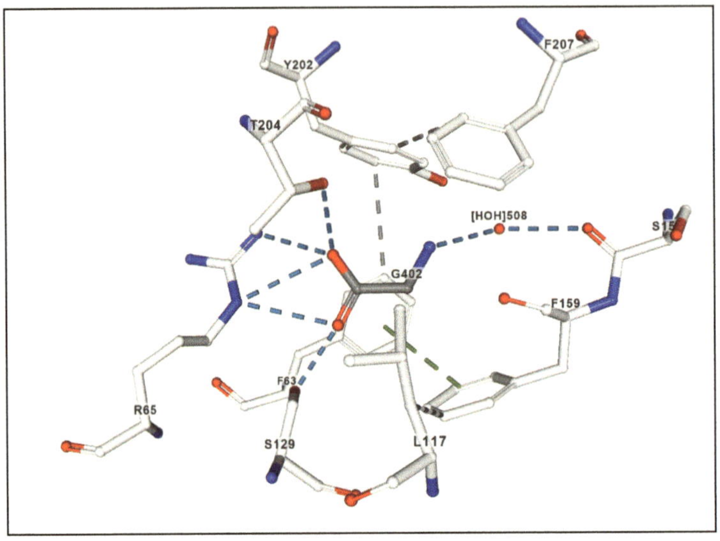

Abbildung 9.22:Interaktionen des Glycins in seiner Bindungsstelle im inhibitorischen Glycin-Rezeptor (nach Hunag et al. 2017, PDB-ID: 5TIN).

Der Ligand Glycin führt zur Aktivierung des Rezeptors und zur Reduzierung der Erregbarkeit von Zellen durch einen Einstrom von Chlorid-Ionen in die reifen Neuronen. Das Membranpotenzial wird durch die Hyperpolarisation negativer (Beecham und Seneff 2015). In unreifen, noch in der Entwicklung befindlichen Neuronen kommt ein Chlorid-Ausstrom aus der Zelle zustande. Außer Glycin können einige andere Moleküle an den Glycin-Rezeptor binden und dessen Aktivierung verändern. Das polyzyklische Indol-Alkaloid (-)-Strychnin (Abbildung 9.24 B, 2,3-Dihydroindol-Struktur in rot), ein monoterpenoides Hexahydrocarbazol (Abbildung 9.24 B, 2,3-Dihydroindol + blauer Ring: Hexahydrocarbazol), aus den Samen der Brechnuss *Srtrychnos nux vomica* ist ein Glycin-Rezeptor-Antagonist genauso wie das in den “Kaffeebohnen”, den Samen des Strauches *Coffea arabica*, enthaltene Trimethyl-9H-Purin-Stimulans Coffein (Abbildung 9.24 B).

Weitere endogene Substanzen mit agonistischer Aktivität sind mittlerweile bekannt. Taurin (2-Aminoethansulfonsäure), eine β-Aminosäure, die sich vom Glycin durch die Sulfonsäure-Gruppe und eine zusätzliche Methylen-Gruppe zwischen Amin-Funktion und Säure-Funktion unterscheidet (gelb unterlegt in Abbildung 9.24 A), bindet ebenfalls an den Glycin-Rezeptor (Abbildung 9.24 A). Durch die Bindung des Taurins öffnet analog zum Glycin die Pore des Chlorid-Kanals, und es kommt zu einem vom Konzentrationsgradienten abhängigen Cl^--Fluss durch den Kanal. Allerdings vermag Taurin nur etwa die Hälfte des Chlorid-Stroms zu erzeugen wie Glycin. Taurin bindet deshalb auch als partieller Agonist am Glycin-Rezeptor und scheint die Wirkung von Glycin zu modulieren (Abbildung 9.24) (Beecham und Seneff 2015).

In Gegenwart von Taurin und Glycin kommt es zu einer Kompetition um die Bindungsstelle am Rezeptor. Dieser kompetitive Wettstreit hat eine geringere Membrandepolarisation zur Folge und bedeutet damit während der neuronalen Entwicklungsphase ein

“Ausbremsen” des Glycin-induzierten Ca^{2+}-Einstroms und neuronalen Ca^{2+}-Boosts. Das hat insofern Auswirkungen auf die neuronale Migration während der Entwicklungsphase (Beeecham und Seneff 2015). Die Menge an Taurin nimmt während der Embryogenese stetig zu. Der Glycin-Rezeptor kann aus vier verschiedenen α- und einer β-Untereinheit aufgebaut sein. Diese unterschiedlich zusammmengesetzten Glycin-Rezeptoren variieren in ihrer Sensitivität gegenüber Taurin. Beispielsweise ist der homopentamere α_2-Glycin-Rezeptor, der also aus fünf α_2-Untereinheiten aufgebaut ist, 10-mal weniger sensitiv gegenüber Taurin als die sensitivste Glycin-Rezeptor-Komposition (Lynch 2004). Für Taurin konnte zudem ein neuroprotektiver Effekt nachgewiesen werden durch dessen Fähigkeit den Ca^{2+}-Influx zu modulieren (Leon et al. 2009, Kilb und Fukuda 2017).

Agonisten, die an der Glycin-Bindungsstelle kompetitiv zu Glycin andocken, sind die beiden α-Aminosäuren L-Alanin und dessen Enantiomer, das nichtproteinogene D-Alanin sowie L-Serin und das enantiomere nichtproteinogene D-Serin. Auch β-Alanin, wie Taurin eine β-Aminosäure und ein Konstitutionsisomer des proteinogenen L-α-Alanins ist ein Glycin-Rezeptor-Agonist (Webb und Lynch 2007). Hinsichtlich ihrer Affinität und Aktivität am Glycin-Rezeptor werden sie wie folgt klassifiziert:

Glyin > β-Alanin > Taurin > L- und D-Alanin > L- und D-Serin (nach Tokutomi et al. 1997, Webb und Lynch 2007).

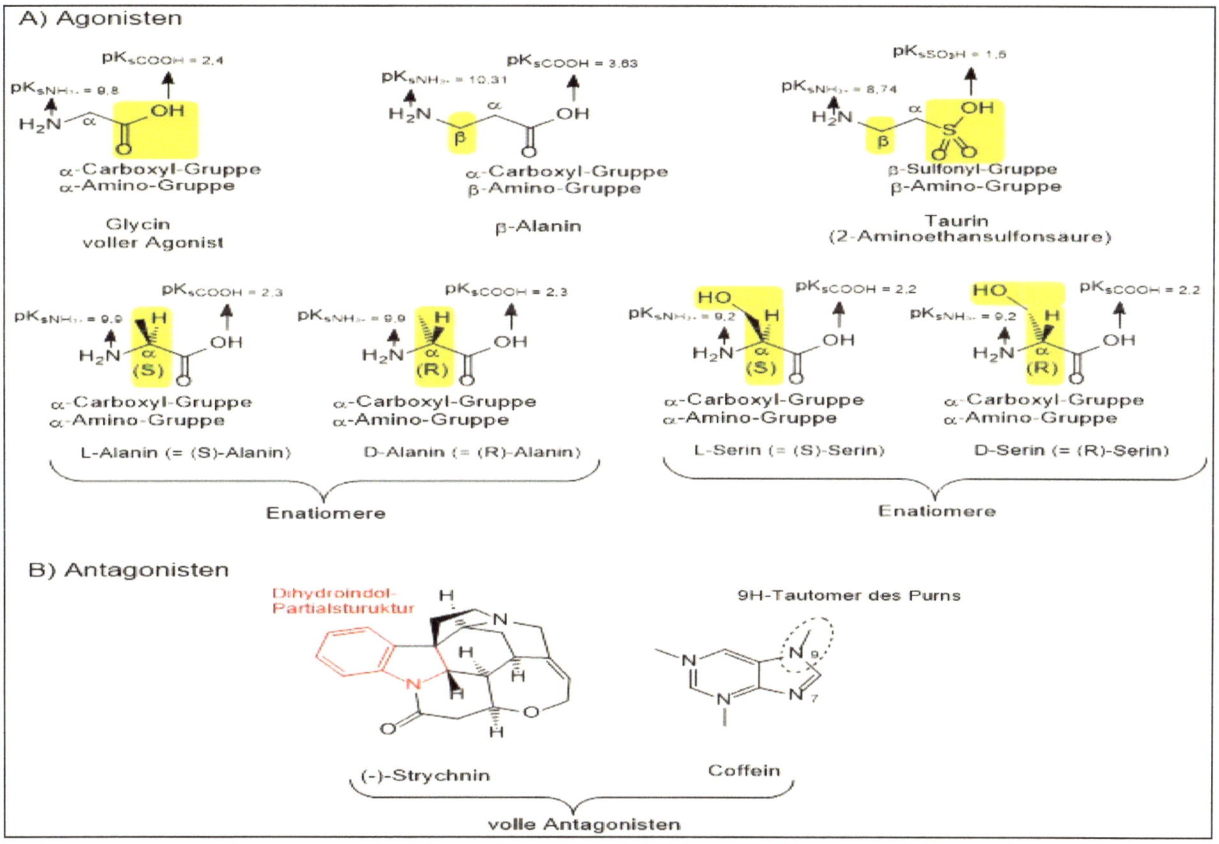

Abbildung 9.23:

Der physiologische Ligand und volle Agonist am inhibitorischen Glycin-Rezeptor, das Glycin, sowie weitere Agonisten und die vollen Antagonisten (-)-Strychnin und Coffein.

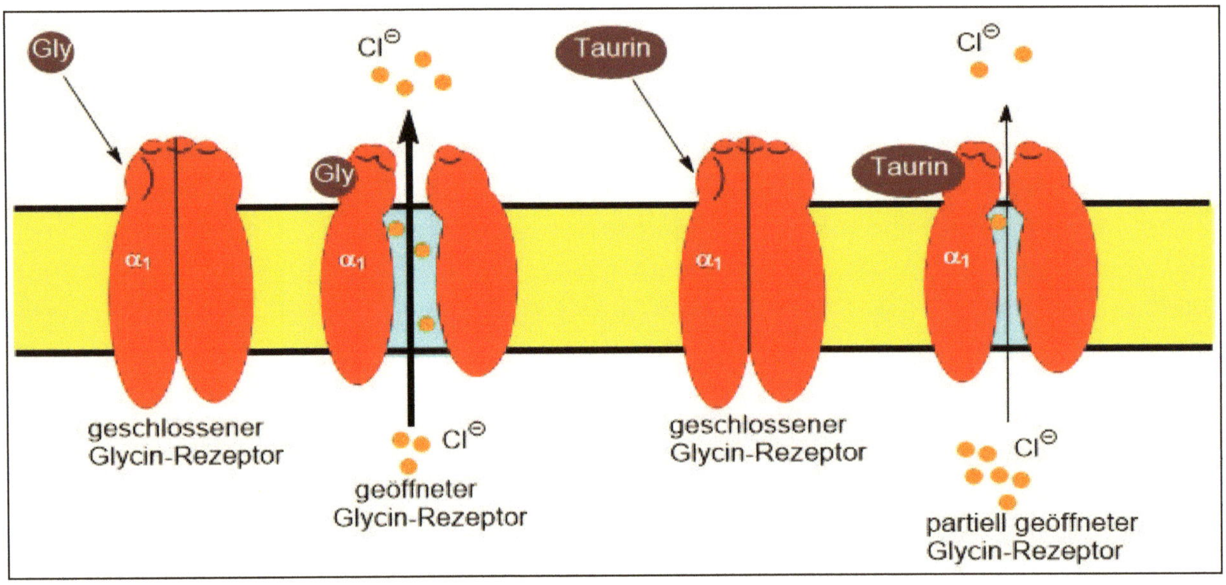

Abbildung 9.24:Glycin und Taurin als Agonist und partieller Agonist des Glycin-Rezeptors.

Beide Aminosäuren binden an dieselbe Bindungsstelle des Glycin-Rezeptors. Durch die Bindung des Glycins erfolgt eine vollständige Öffnung des geschlossenen Chlorid-Kanals und ein maximaler Chlorid-Ausstrom (links). Durch die zum Glycin kompetitive Bindung des Taurins an den Glycin-Rezeptor kommt es zur partiellen Öffnung des Chlorid-Kanals und im Vergleich zum Glycin nur zu einem halbmaximalen Chlorid-Ausstrom. Aufgrund dieser Eigenschaften ist Taurin in der Lage, die Wirkungen des Glycins zu modulieren.

Glycin bindet an den inhibitorischen Glycin-Rezeptor in HEK293-Zellen mit einem EC_{50}-Wert von 20 – 50 μM (Bormann et al. 1993, Lynch et al. 1997). In HEK293-Zellen verhalten sich Glycin, β-Alanin, Taurin, L-/D-Alanin und L-/D-Serin wie volle Agonisten. In Oozyten des Xenopus sind die maximalen Effekte im Vergleich zum physiologischen Liganden Glycin bei allen anderen Agonisten absättigbar, d. h. nur Glycin verhält sich wie ein voller Agonist, die anderen Agonisten verhalten sich wie partielle Agonisten (Laube et al. 1995). Von Zelle zu Zelle variieren die EC_{50}-variieren um die Größenordnung einer Zehnerpotenz (De Saint et al. 2001). Der Grund für diese Schwankungen, die in HEK293-Zellen nicht beobachtet werden, ist unklar.

Zahlreiche Struktur-Wirkungs-Analysen wurden an glycinergen Agonisten vorgenommen, eine der prägnantesten davon ist sicherlich immer noch die von Schmieden und Betz (Abbildung 9.26) (Schmieden und Betz 1995). Innerhalb dieser Studie sind die agonistischen bzw. antagonistischen Effekte vieler α- und β-Aminosäuren untersucht worden. Agonistische Aktivitäten weisen nur die Aminosäuren auf, bei denen die Amino-Gruppe und die azide Gruppe (meist Carboxyl-Gruppe) in einer cis-Konformation vorliegen (Abbildung 9.26). Nipecotinsäure, die 3-Piperidincarbonsäure, bei der die trans-Konformation durch den Piperidin-Ring vorgegeben ist, zeigt antagonistische Wirkungen ausschließlich am Glycin-Rezeptor (Abbildung 9.26). Alle anderen β-Aminosäuren, wie z. B. Taurin, bei denen ein Gleichgewicht zwischen cis- und trans-Konformation vorliegt, bei denen also beide Konformationen zu finden sind, zeigen sowohl agonistische als auch antagonistische Aktivitäten. Innerhalb der Liganden-Bindungstasche existiert demnach eine spezifische Antagonisten-Bindungsstelle, die nur zugänglich über die trans-Konformation ist. Durch die Bindung in der trans-Konformation können Aminosäuren entweder den geschlossenen Zustand des Kanals stabilisieren und/oder sterisch eine Glycin-Bindung verhindern. Dieses Modell sagt außerdem aus, dass der partielle Agonismus des Taurins dadurch zustande kommt, dass Taurin-Moleküle sowohl in der agonistischen cis-Konformation als auch in der antagonistischen trans-Konformation an den Rezeptor binden. Obwohl bislang eine mutmaßliche Antagonisten-Bindungsstelle innerhalb der Liganden-Bindungsstelle noch nicht identifiziert worden ist, ist dieses Modell eines der am weitsten verbreiteten und anerkanntesten (Lynch 2004).

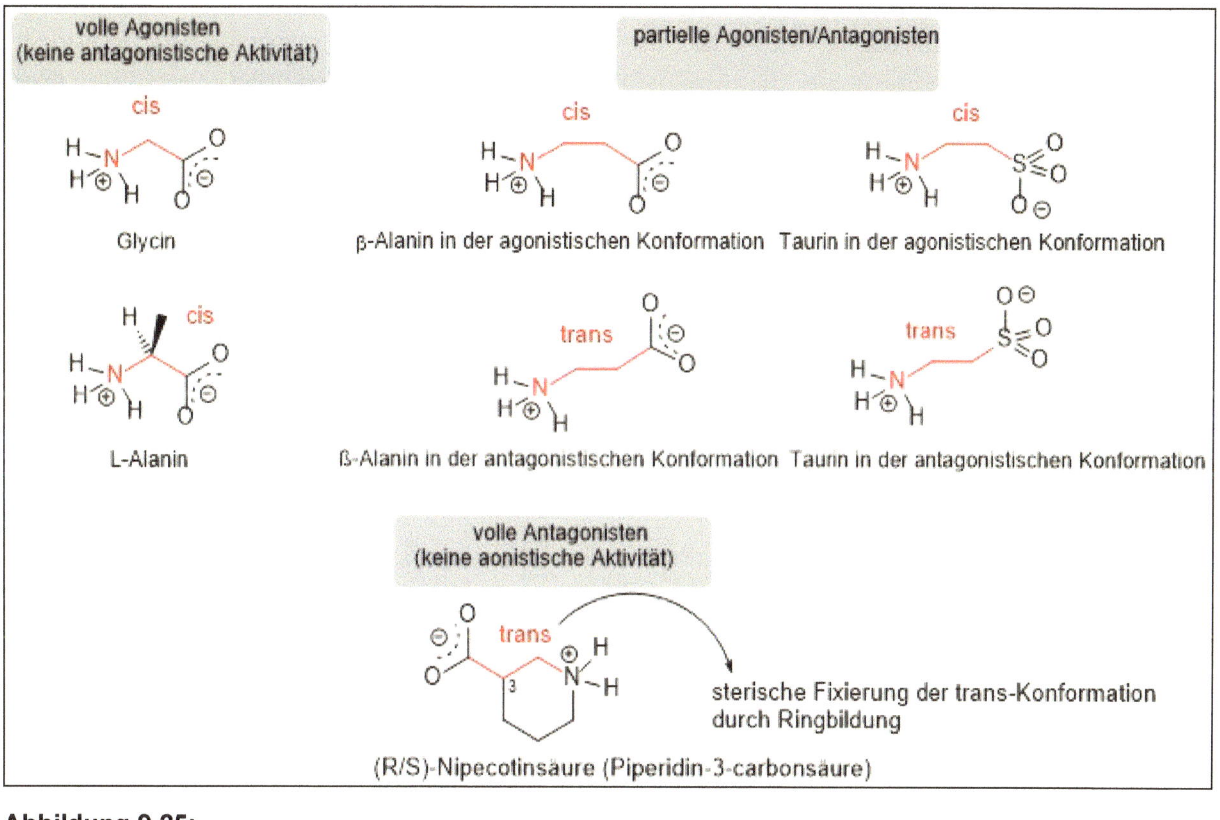

Abbildung 9.25:

Vergleich der Konformationen, die am Glycin-Rezeptor eine volle agonistische, eine partielle agonistische bzw. eine volle antagonistische Wirkung hervorrufen (nach Lynch 2004).

Auch für Glyphosat ist dieses Modell anwendbar, auch wenn nach ausgiebiger Recherche bislang keine Bindungsaffinitäten für den Glycin-Rezeptor vorliegen (Abbildung

9.27). Da Glyphosate in Glycin-Analogon ist, ist im Glycin-Part genauso wie beim Glycin einzig eine agonistische cis-Konformation möglich. Genauso ist aber auch die Aminomethylphosphonat-Partialstruktur eine α-Aminosäure, die nur in der cis-Anordnung einem Agonisten entsprechend vorliegen kann (Abbildung 9.27).

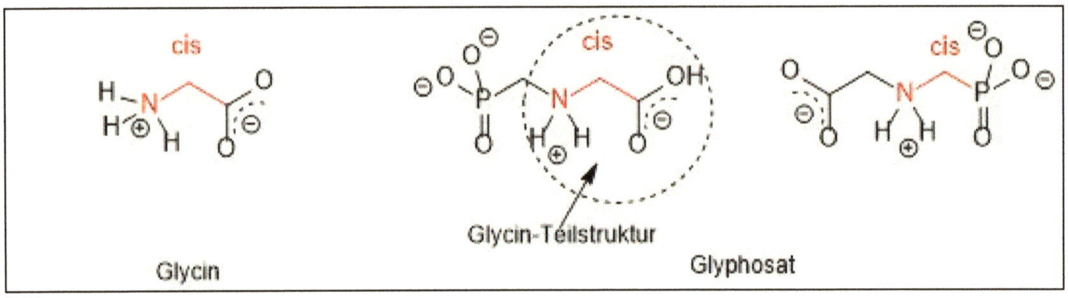

Abbildung 9.26:

Das Glycin-Analogon Glyphosat in einer "doppelten" cis-Konformation, wobei die cis-Konformation von Amino- und Säurefunktion für eine agonistische Aktivitäz in der Glycin-Bindungsstelle benötigt wird.

9.3.1.3 Der N-Methyl-D-aspartat-Rezeptor

Zusätzlich zu seinem eigenen Rezeptor bindet Glycin, wie bereits erwähnt, auch an den NMDA-Rezeptor (Abbildung 9.28). Der NMDA-Rezeptor besitzt damit mindestens zwei Bindungsstellen, eine für Glutamat und eine für Glycin, wobei auch D-Serin anstelle des Glycins binden kann. Nur wenn beide Bindungsstellen durch Agonisten besetzt sind und gleichzeitig das den Kanal versperrende Mg^{2+}-Kation entfernt wird, kann Ca^{2+} über den NMDA-Rezeptor in das Neuron einströmen. Diese Feinjustierung, die zusätzlich noch durch den pH-Wert und Zn^{2+}-Ionen moduliert werden kann, ist extrem wichtig für die neuronale Entwicklung. Bindet ein Glycin-Mimetikum mit höherer Affinität als Glycin an dessen NMDA-Bindungsstelle, würde der Ca^{2+}-Einstrom zunehmen, da durch die höhere Affinität, die Zeitspanne für ein gleichzeitiges Andocken von Glutamat und dem Glycin-Mimetikum und das Entfernen des Magnesium-Ions verlängert wird (Beecham und Seneff 2015).

NMDA-Rezeptoren liegen obligatorisch als Hetero-Tetramere vor. Sie können zusammengesetzt sein aus den acht Splicing-Varianten der Untereinheit GluN1 (1 – 4 und a oder b) und den vier Varianten der Untereinheit GluN2 (A – D) und/oder zweier Varianten der Untereinheit GluN3 (A – B). Die Untereinheiten Glu1 und Glu3 binden Glycin, die Untereinheit Glu2 bindet L-Glutamat und N-Methyl-D-Aspartat (Benveniste und Mayer 1991, Clements und Westbrook 1991). Jespersen und Mitarbeiter haben in 2014 Kristallstrukturen der Ligandenbindungsdomänen des GluN1/GluN2-Dimers des NMDA-Rezeptors gebunden mit Glycin und Glutamat in sehr guter Auflösung erhalten (Abbildung 9.28 und 9.29) (Jespersen et al. 2014). Glycin (G1001) stellt zu den Aminosäure-Resten in der Ligandenbindungstasche von GluN1 zahlreiche H-Brücken her (Abbildung 9.28). Die Amino-Gruppe wird durch H-Brücken mit der Seitenketten-Carboxyl-Gruppe von Asp224 (D224) sowie der OH-Gruppe in der Seitenkette von Thr126 (T126). Die Carboxylat-Gruppe des Liganden wird vornehmlich durch elektrostatische Interaktionen und H-Brücken zwischen der Guanidinium-Gruppe von Arg131 (R131) stabilisiert (Abbildung 9.27). Dazu kommen zahlreiche hydrophobe Interaktionen, die zur Stabilisierung beitragen. Ähnlich sieht es für die Bindung des Glutamats innerhalb der GluN2-Ligandenbindungsstelle aus. Die Seitenketten-δ-Carboxyl-Gruppe bildet stabilisierende H-Brücken zu den Backbone-NH- und C=O-Gruppen des Thr174 aus, die α-Caroxyl-Gruppe ist durch elektrostatische Wechselwirkungen und H-Brücken mit der Seitenketten-Guanidinium-Gruppe des Arg 121 fest fixiert. Die α-Amino-Gruppe des Glutamats bildet eine H-Brücke zum Sauerstoff der Seitenketten-Hydroxyl-Gruppe des Thr116 aus. Zu diesen polaren Interaktionen kommen wie bei der Glycin-Bindung hydrophobe Interaktionen.

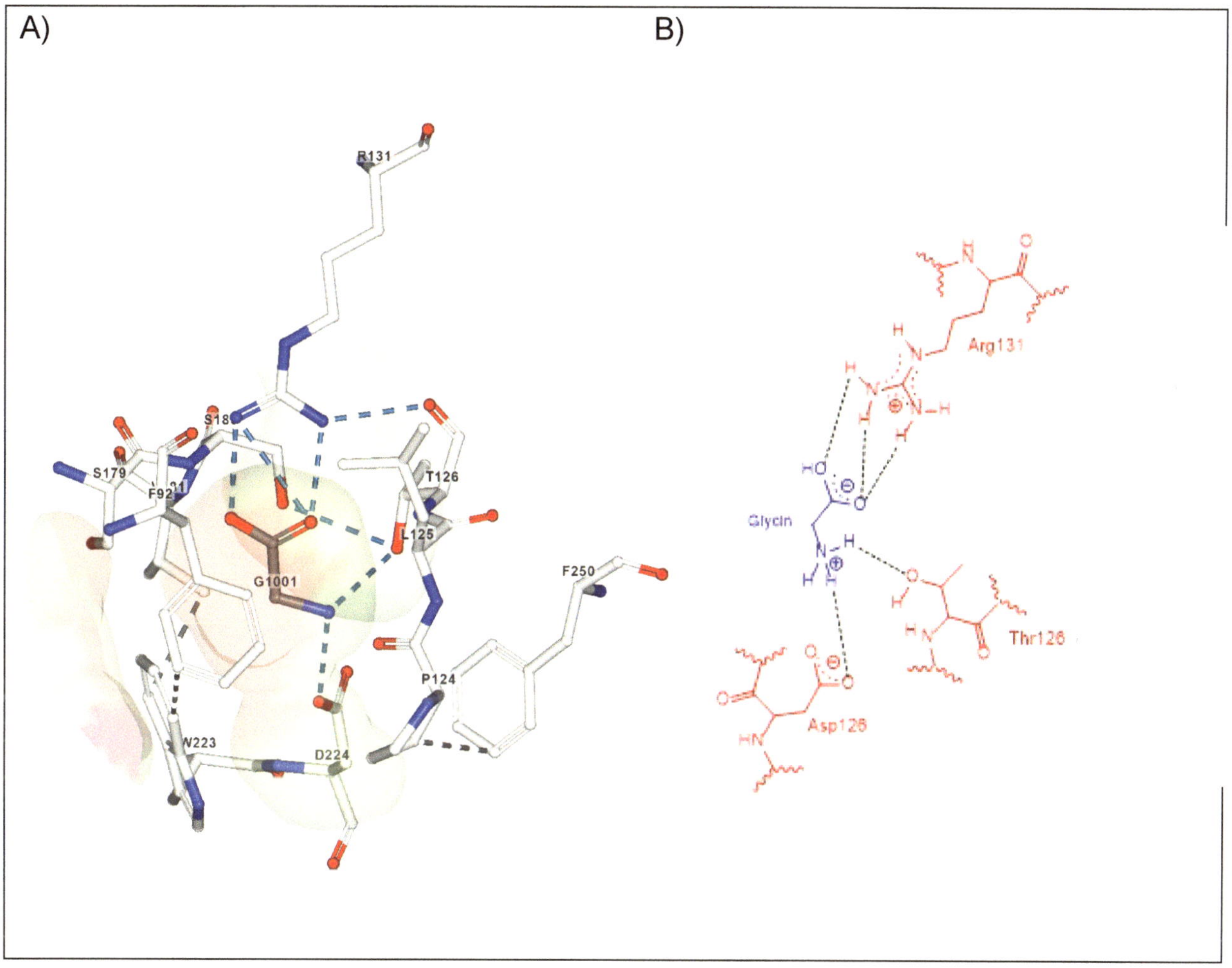

Abbildung 9.27:

Bindungsverhalten des Glycins in der Ligandenbindungsstelle der GluN1-Untereinheit des NMDA-Rezeptors (A) PDB-ID: 4NF8) (nach Jespersen et al. 2014).

A) Kristallstruktur des GluN1-GluN2-Dimers der Ligandenbindungsstellen mit dem Liganden Glycin und Glutamat. Dargestellt ist die Ligandenbindungsstelle des Glycin innerhalb von GluN1.

B) Schematische Darstellung der wichtigsten Interaktionen des Glycins in der Ligandenbindungsstelle anhand der Kristallstruktur PDB-ID 4NF8.

In der Ligandenbindungstasche der GluN1-Untereinheit wird der physiologische Ligand mittels seiner polaren funktionellen Gruppen durch H-Brücken über Aminosäurereste innerhalb der Bindungsstelle fixiert. Asp120 bildet über seine γ-Carboxylat-Gruppe eine elektrostatische Interaktion zum protonierten Amin des Glycins aus. Zusätzlich wird das Amin als H-Donor durch eine H-Brücke mit dem Sauerstoff der Seitenketten-OH-Gruppe des Thr126 fixiert. Die α-Carboxylat-Gruppe wird hauptsächlich durch elektrostatische Interaktionen und H-Brücken der Seitenketten-Guanidino-Gruppe des Arg131 fest gebunden.

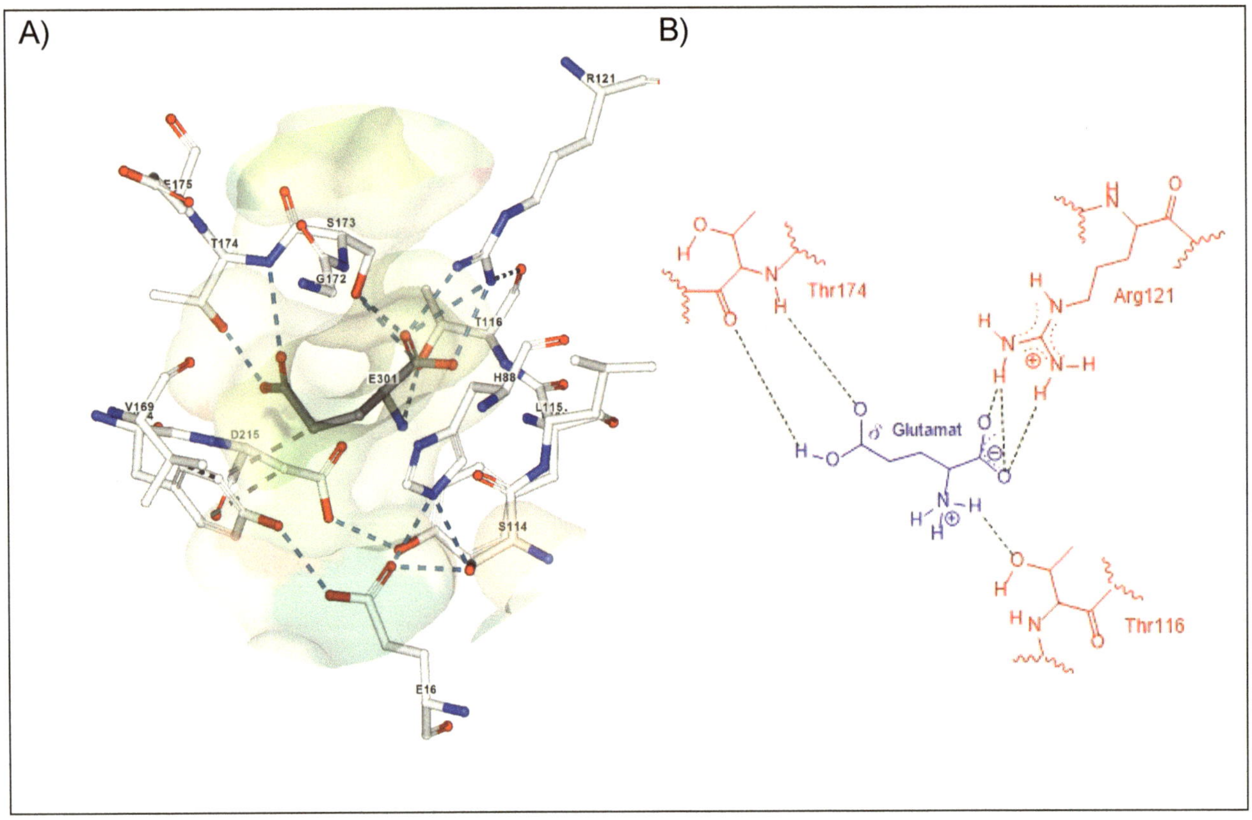

Abbildung 9.28:

Bindungsverhalten des Glutamats in der Ligandenbindungsstelle der GluN2-Untereinheit des NMDA-Rezeptors (A) PDB-ID: 4NF8) (nach Jespersen et al. 2014).

A) Kristallstruktur des GluN1-GluN2-Dimers der Ligandenbindungsstellen mit den Liganden Glycin und Glutamat. Dargestellt ist die Ligandenbindungsstelle des Glutamats innerhalb von GluN2.

B) Schematische Darstellung der wichtigsten Interaktionen des Glutamats in der Ligandenbindungsstelle anhand der Kristallstruktur PDB-ID 4NF8).

Die negativ geladene Seitenketten-Carboxylat-Gruppe des Liganden Glutamat wird durch zwei H-Brücken der Backbone-NH- bzw. C=O-Gruppen von Thr174 innerhalb der Ligandenbindungstasche fixiert. Die α-Amino-Gruppe des Glutamats bildet als H-Donor eine stabilisierende H-Brücke zum Sauerstoff der Seitenketten-OH-Gruppe von Thr116 aus. Und die α-Carboxyl-Gruppe des Glutamats ist durch zahlreiche elektrostatische Interaktionen und H-Brücken mit der Guanidinium-Gruppe in der Seitenkettte des Arg121 gebunden.

Ausgehend von diesen Ergebnissen und den Kristallstrukturen (PDB-ID: 4FN8) haben Cattani und Mitarbeiter erstmals Molecular-Docking-Simulationen mit Glyphosat durchgeführt (Cattani et al. 2017). Die Glycin- und Glutamat-Bindungskavitäten des NMDA-Rezeptors wurden dahingegehend untersucht, ob Glyphosat kompetitiv zu Glycin (oder Glutamat) an den NMDA-Rezeptor binden und sie genauso aktivieren kann wie die physiologischen Liganden. Im Tierexperiment ist bereits an Ratten nachgewiesen, dass ein verstärkter Glyphosat-induzierter Ca^{2+}-Einstrom in den Neuronen des Hippocampus durch Überstimulierung von NMDA-Rezeptoren hervorgerufen wird (Cattani et al. 2014).

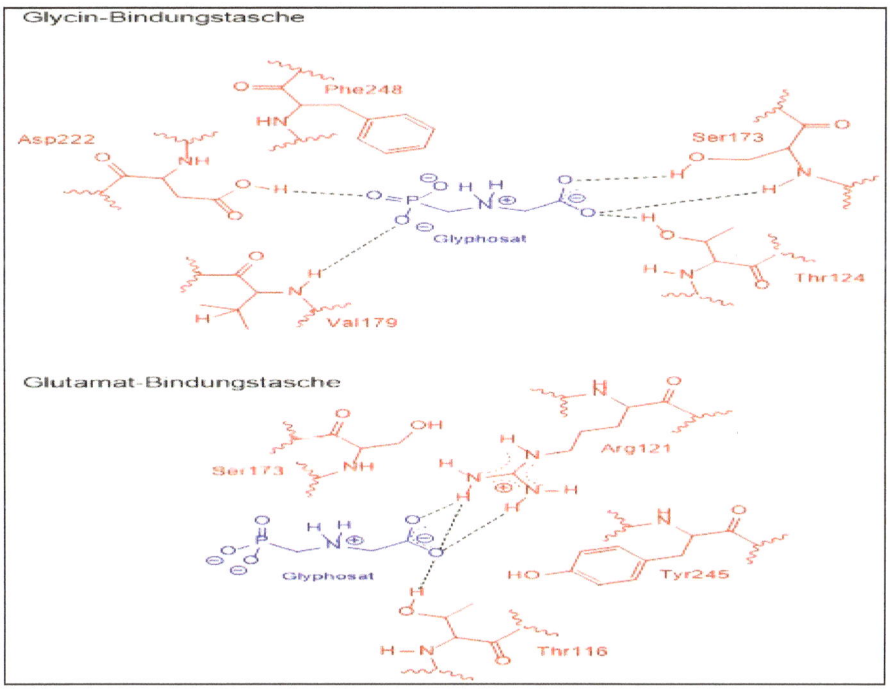

Abbildung 9.29:

Postulierte Bindung von Glyphosat an den NMDA-Rezeptor nach Cattani et al. 2017.

In der Glycin Bindungstasche interagiert Glyphosat über hydropbe Wechselwirkungen mit Phe248. Serin178 und Thr124 stabilisieren über H-Brücken das Carboxylat-Anion des Glyphosats. Val179 und

Asp222 bilden polare Wechselwirkungen (H-Brücken) mit der Phosphonat-Gruppe.

In der Glutamat-Bindungstasche interagieren Ser173 und Phe245 über hydrophobe Wechselwirkungen mit Glyphosat. Arg121 mit seiner prädestinierten Guanidinium-Gruppe und Thr116 stabilisieren die Carboxyl-Funktion des Glyphosats über elektrostatische Wechselwirkungen und H-Brücken.

Tatsächlich können Cattani und Mitarbeiter durch plausible molekulardynamische Untersuchungen anschaulich erklären, dass Glyphosat sowohl in der GluN1-Bindungsstelle für Glycin als auch in der GluN2-Bindungsstelle des Glutamats zu binden vermag. In Abbildung 9.30 sind die wichtigsten polaren und hydrophoben Interaktionen des Glyphosats innerhalb der beiden Ligandenbindungsstellen dargestellt (Cattani et al. 2017). Die Bindungsenergien (gemessen während 12 ns) des Glyphosats an der Glutamat- bzw. an der Glycin-Bindungsstelle betragen -120 kJ/mol bzw. -15 kJ/mol. Die Resultate deuten zusätzlich eine geringere Stabilität des GluN1-Glyphosat-Komplexes als die des GluN2-Glyphosat-Komplexes an. D. h. Glyphosat bindet anscheinend mit höherer Affinität an die Glutamat-Ligandenbindungsstelle des NMDA-Rezeptors (Cattani et al. 2017). Allerdings sind dies nur Computersimulationen. Beispielsweise wird für die Amino-Gruppe des Glyphosats in beiden Kavitäten keine polare Interaktion in unmittelbarer Nähe registriert (Abbildung 9.29).

Interessanterweise zeigen Docking-Studien für die beiden Insektizide Lindan und Fipronil (Abbildung 9.30), dass sie $GABA_A$-Rezeptoren blockieren.

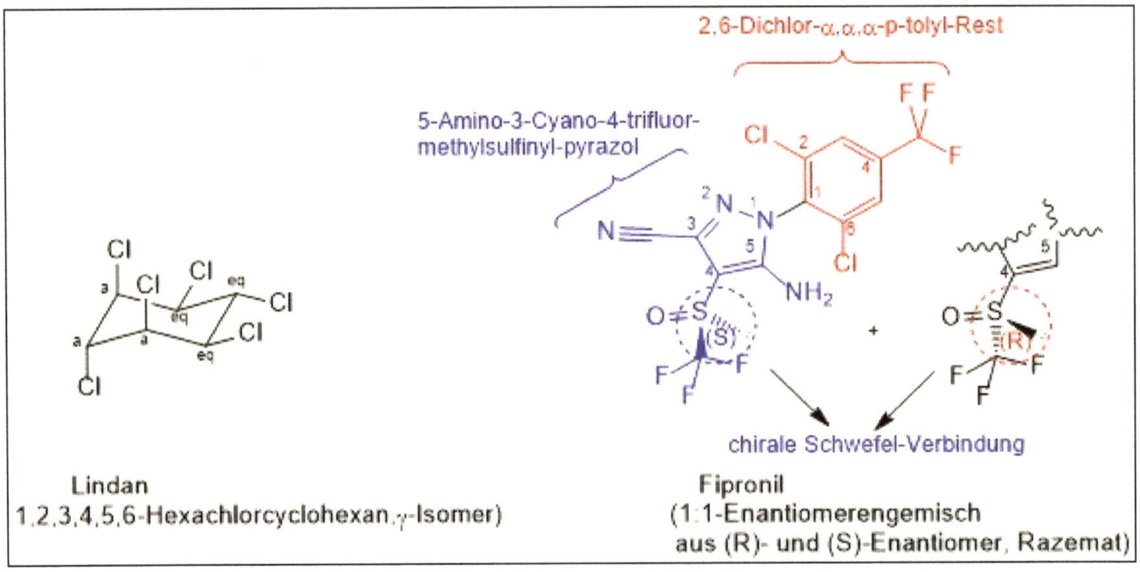

Abbildung 9.30:

Strukturformeln der beiden Glycin- und $GABA_A$-Rezeptor-Inhibitoren Lindan und Fipronil.

Die Organochlor-Verbindung Lindan ist ein 1,2,3,4,5,6-Hexachlorcyclohexan-Derivat (HCC). Von den acht möglichen Isomeren ist das γ-Isomer, das dem Lindan entspricht, das jeweils drei benachbarte äquatoriale (eq) und drei benachbarte axiale Chlorsubstituenten enthält, das wirksamste Insektizid.

Fipronil ist ein Insektizid aus der Reihe der Phenylpyrazole. Die beiden Zyklen sind jeweils über ihre N1- (Pyrazol) und C1-Atome über eine N-C-Einfach-Nindung miteinander verbunden. Neben der 3-Cyano- der 5-Amino-Gruppe enthält der Pyrazol-Ring an Position 4 einen chiralen Substituenten. Der Trifluormethylsulfinyl-Rest besitzt ein zentrales, chirales Schwefel-Atom. Fibronil wird als Razemat verwendet, also als 1:1-Enantiomerengemisch der (R)- und der (S-Form). Genauso wie Glyphosat steht Fipronil im Verdacht, krebserregend sowie ein endokriner Disruptor zu sein.

Allerdings ist dies niemals an einem Cys-loop-Rezeptor untersucht worden. Auch die neurotoxischen Wirkungen beider Insektizide sollen durch $GABA_A$-Rezeptoren vermittelt werden (Mohamed et al. 2004, Stehr et al. 2006, Li und Akk 2008). Beide Substanzen besitzen eine wesentlich höhere Affinität zu den insektiziden als zu den humanen $GABA_A$-Ionenkanälen. Neuerdings geht man davon aus, dass Lindan und Fipronil zusätzlich auch an Glycin-Rezeptoren binden kann und diese an den neurotoxischen Wirkungen beteiligt sind (Islam und Lynch 2012) Das Phenylpyrazol Fipronil hemmt die humanen α_1-, α_2-, α_3- und $\alpha_1\beta$-Glycin-Rezeptor-Untereinheiten im niedrigen mikromolaren Bereich mit IC_{50}-Werten von 0,4 – 2 μM. Die inhibitorische Potenz des Fipronils gegenüber den Glycin-Rezeptor-Untereinheiten liegt somit genau in der Größenordnung seiner inhibitorischen Potenz gegenüber Säugetier-$GABA_A$-Rezeptor-Isoformen (1 – 2 μM) (Li und Akk 2008). Auch das Hexachlorcyclohexan-Derivat Lindan weist gegenüber Glycin-RezeptorUntereinheiten ungefähr dieselbe inhibitorische Potenz auf wie gegenüber $GABA_A$-Rezeptoren, sodass im Fall des Lindans genauso wie beim Fipronil davon auszugehen ist, dass die neurotoxischen Effekte auch über glycinerge Rezeptoren vermittelt werden. Für Lindan erweist sich die α_2-Untereinheit mit einem IC_{50}-Wert von 0,2 μM am sensitivsten (Islam und Lynch 2012).

NMDA-Rezeptoren sind ungewöhnliche "ligand-gated" Ionenkanäle, da es zu ihrer Aktivierung nicht nur der Bindung zweier Agonisten, Glutamate und Glycin, bedarf, sondern zusätzlich der Aufhebung der Mg^{2+}-Blockade durch Membrandepolarisation (Abbildung 9.32). Furukawa und Mitarbeiter konnten in 2005 erstmals Kristallstrukturen der GluN2A-Untereinheit gebunden an Glutamat sowie des GluN1-GluN2a-Heterodimers gebunden an Glycin und Glutamat (Furukawa et al. 2005). Die Affinität des Glycins für die GluN1-Untereinheit hängt vom GluN2a-Subtyp im Heterodimer ab, was eine allosterische Beeinflussung zwischen GluN1 und GluN2 vermuten lässt. Für eine spezielle Kombination aus GluN1 und einer der vier GluN2-Untereinheiten zeigen die Liganden Glycin und Glutamat sogar eine negative Kooperativität (Cattani et al. 2014).

Die neuronale Entwicklung schreitet nach der Geburt voran. Auch zu diesem Zeitpunkt besteht nach wie vor die Gefahr neuronaler Schädigungen. Ein Beispiel hierfür könnte im Mikrobiom des Gastrointestinaltraktes, das bei Autisten durchaus Veränderungen im Vergleich zum Gesunden aufweisen kann, versteckt liegen (Bolte 1998, Finegold et al. 2002, Shetata et al. 2013). Einige der Veränderungen des gastrointestinalen Mikrobioms eines Autisten können sicherlich durch die häufige Antibiotika-Einnahme bedingt sein. Finegold und Mitarbeiter berichteten bereits in 2002 über Unterschiede der Mikrobiome von "late-onset" Autisten und Nichtautisten als Kontrolle (Finegold et al. 2002). Viele der Bakterien verfügen ebenso wie die Pflanzen über den Shikimat-Biosyntheseweg, der durch Glyphosat gehemmt wird. Das führt bei den glyphosatsensitiven Mikroorganismen zum Fehlen aromatischer Aminosäuren und zu einem Abbruch des Fructose-Metabolismus (Seneff et al. 2016). Innerhalb dieses abgestimmten, sehr präzise organisierten Ablaufes der neuronalen Entwicklung können kleinste Veränderungen des Mikrobioms – beispielsweise durch ein Biozid hervorgerufen – zu einem Überschuss an Glutamat im Blut und im ZNS durch einen Überschuss an Ammoniak führen. Die Veränderungen der gastrointestinalen Flora ist für Autism-Spektrum-Störungen gut dokumentiert, genauso wie ein Überschuss an Ammoniak (Bolte 1998, Finegold et al. 2002, Wang et al. 2012, Shehata et al. 2013, Beecham und Seneff 2015).

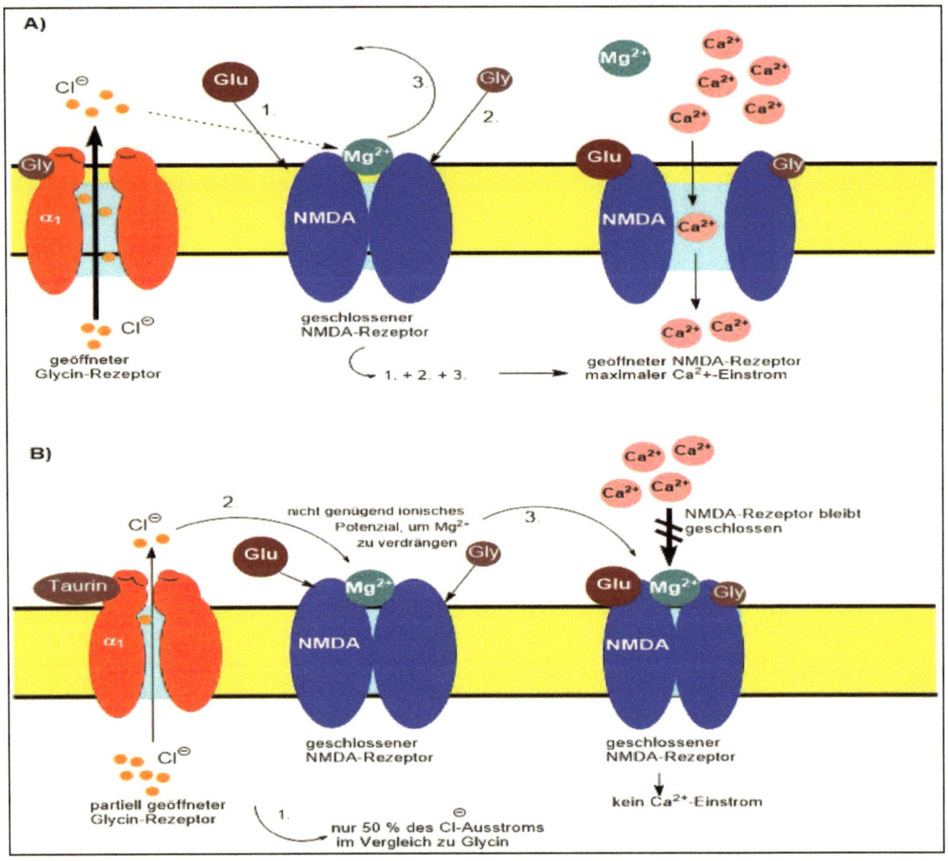

Abbildung 9.31:

Zusammenspiel zwischen dem Glycin- und dem NMDA-Rezeptor.

A) Durch die Glycin-Bindung an die α_2-Untereinheit seines Rezeptors kommt es zur vollständigen Öffnung der Kanalpore. Im embryonalen Stadium erfolgt ein Chlorid-Ausstrom in Abhängigkeit vom Konzentrationsgradienten. Durch die negative Ladung wird Mg^{2+} vom NMDA-Rezeptor elektrostatisch abgezogen. Gleichzeitig müssen der physiologische Ligand Glutamat und an einer allosterischen Bindungsstelle Glycin an den NMDA-Rezeptor binden, damit die Kanalpore des NMDA-Rezeptors sich öffnet. Ist dies geschehen erfolgt ein konzentrations-abhängiger maximaler Ca^{2+}-Einstrom ins Neuron.

B) Auch Taurin bindet an die Glycin-Bindungsstelle des Glycin-Rezeptors. Sind Taurin und Glycin beide vorhanden, erfolgt ein kompetitiver Wettstreit der beiden Aminosäuren um die Bindungsstelle. Taurin ist in der Lage, die Wirkung des Glycins zu modulieren bzw. abzuschwächen. Bindet Taurin an die α_2-Untereinheit wirkt er als partieller Agonist. Die Dosis-Wirkungs-Kurve des Taurins ist nur etwa halb so hoch wie die des Glycins. Durch die nur partielle Öffnung der Kanalpore, ist der Chlorid-Aussstrom etwa halb so groß wie bei einer Bindung des Glycins.Die negative Ladung reicht nicht aus, das Mg^{2+}-Kation vom Eingang der NMDA-Kanalpore zu entfernen. Der Kanal bleibt verschlossen, auch wenn Glutamat und Glycin gleichzeitig binden. Es erfolgt kein Ca^{2+}-Einstrom ins Neuron.

Durch tierexperimentelle *In-vivo*-Studien an Ratten konnten gezeigt werden, dass nach der Injektion von Ammoniak in Form des Salzes Ammoniumacetat NMDA-Rezeptoren im Gehirn aktiviert werden, es zu einem gesteigerten Ca^{2+}-Einatrom in die Neuronen und durch den erhöhten intrazellulären Ca^{2+}-Spiegel und die Ca^{2+}-Aufnahme ins die Mitochondrien zur Initiierung des neuronalen Zelluntergangs kommt (Kosenka et al. 2000). Eine andere Möglichkeit zeigt der Review von Krajmalnik-Brown und Mitarbeitern auf (Krajmalnik-Brown et al. 2015). Allgemein haben Veränderungen der Zusammensetzung des Mikrobioms in klinischen Studien häufig auch zerebrale Veränderungen bei Autisten zur Folge (Li und Zhou 2016). Veränderungen der gastrointestinalen Flora bei Autisten könnten durch charkateristische Aspekte des “Lifestyles” in unseren hochentwickelten Ländern zurückzuführen sein. Allerdings wird auch daraufhin gedeutet, das die Komplexität der Autismus-Spektrum-Störungen in einen Zusammenhang zu bringen ist mit der nicht weniger komplexen gastrointestinalen Flora und seiner Funktionen. Hieraus eine mathematisch signifikante Korrelation zu entwickeln, stellt die Wissenschaft vor extreme Anforderungen (Krajmalnik-Brown et al. 2015). Allerdings muss auch gesagt werden, dass eine Veränderung der Zusammensetzung der gastrointestinalen Flora, die in der Regel durch eine bakterielle Infektion beginnt und durch die notwendige Verabreichung von Antibiotika erfolgt, höchstwahrscheinlich als eine von mehreren Ursachen für das Auftreten des Autismus ist (Li und Zhou 2016). Die bidirektionelle Mikrobiom-Gehirn-Achse wird vornehmlich durch neuroendocrine, neruroimmune und autonome Nerven gesteuert. Modulatoren dieser Mikrobiom-Gehirn-Achse, wie z. B. Probiotika, spezielle Diäten, könnten eine vielversprechende Therapie von autistischen Störungen sein (Beecham und Seneff 2015, Li und Zhou 2016, Strati et al. 2017).

Die Neurodegeneration nach Exposition von Glyphosat soll zumindest einen Beitrag leisten zu Krankheiten wie dem Morbus Parkinson oder dem Morbus Alzheimer, der Multiplen Sklerose oder der Amyotrophen Lateralsklerose.

9.3.1.4 Amyotrophe Lateralsklerose

Die Amyotrophe Lateralsklerose (ALS) ist eine neurodegenerative Erkrankung, gekennzeichnet durch einen progressiven Verlauf und dem stetigen Verlust von Motorneuronen und einer zunehmenden Muskelatrophie. Die Krankheit manifestiert sich meist im Erwachsenenalter. Erste Symptome sind meist Muskelschwächen in den Gliedmaßen, die voranschreiten bis zur Lähmung und dem Tod durch Atemstillstand. Das Zeitintervall zwischen Diagnose und Tod übersteigt selten 5 Jahre (de Carvalho und Swash 2006, Hobson et al. 2016). Bei der ALS spielen einige Proteine eine Rolle, bei denen Punktmutationen in glycinreichen Regionen als Ursache gelten. Bis zum heutigen Tag ist keine kurative Therapie möglich (Seneff und Hadden 2016). 90 – 95 % der ALS-Fälle sind nicht auf eine Vererbung zurückzuführen. Epidemiologische Studien deuten auf ein signifikant erhöhtes Risiko bei Arbeitern, die stetig einer Glyphosat-Exposition ausgesetzt sind (Myers et al. 2016).

Wie erwähnt können nur 5 % der ALS-Fälle auf einen genetischen Defekt zurückgeführt werden, der Rest der Fälle ist idiopathischer Natur. Etwa 20 % der genetisch bedingten ALS Fälle sind auf Mutationen in der Superoxid-Dismutase-1 (SOD-1) zurückzuführen (Rosen et al. 1993). Ein ALS-Maus-Modell, das die Biosynthese einer mutanten SOD-1-Variante beinhaltet, bei der Gly93 durch Alanin ersetzt ist, zeigt, dass junge Mäuse, die diese Genvariante exprimieren, eine erhöhte Permeabilität der Darmwand besitzen (Wu et al. 2015). Der schädigende Effekt der Gly93Ala-Superoxid-Dismutase-1 ist nicht etwa auf einen Funktionsverlust zurückzuführen. Meist besitzen die mutierten Enzyme dieselbe oder sogar eine höhere Aktivität als das Wild-Typ-Enzym (Bruijn et al. 2004). Oftmals wird das mutierte SOD-1-Protein durch das Maus-Genom in weitaus höheren Konzentrationen synthetisiert als das nichtmutierte Protein (Bruijn et al. 1996). Die Substitution eines weiteren hochkonservierten Glycins an Position 10 der SOD-1 durch Arginin destabiliert allerdings die Sekundärstruktur des Gly10Arg-Proteins, was zu intrazellulären Aggregaten führt (Ricci et al. 2010).

Auch eine beeinträchtigte mitochondriale Funktion, insbesondere eine beeinträchtigte Cytochrom-c-Oxidase-Aktivität, wird ebenfalls mit ALS in Verbindung gebracht (Crugnola et al. 2010). Die Cytochrom-C-Oxidase (Cytochrom c: Sauerstoff-Oxidoreduktase, Komplex IV der Atmungskette) ist ein aus 13 Untereinheiten bestehender mitochondrialer Enzymkomplex, der die Oxidation von Cytochrom c katalysiert. Die dabei frei werdenden Elektronen werden genutzt, um molekularen Sauerstoff O_2 zu Wasser zu reduzieren. Eine mutierte Superoxiddismutase-1 ist in der Lage, die Cytochrom-c-Oxidase-Aktivität zu reduzieren. Interessanterweise hängt die katalytische Aktivität beider Enzyme, sowohl die der Cytochrom-c-Oxidase als auch die der Superoxid-Dismutase-1, von Kupfer-Ionen als Katalysatoren ab. Untersuchungen an Mäusen mit der Gly93Ala-Mutation haben gezeigt, dass die mitochondriale Respiration deutlich reduziert ist. Dieser Defekt wird auf eine nicht voll funktionsfähige Cytochrom-c-Oxidase zurückgeführt (Kirkinezos et al. 2005). Eine Erklärung hierfür könnte sein, dass die mutierte SOD-1 konformative Veränderungen erfährt, die es dem Kupfer-Ion erlauben, leichter mit Peroxynitrit oder Wasserstoffperoxid zu interagieren und so freie Radikale zu produzieren, die dann zelluläre Strukturen schädigen (Arciello et al. 2010). Eine neuere Studie zeigt deutlich, dass eine ungenügende Cu^{2+}-Zufuhr an die katalytischen Zentren der SOD-1 und der Cytochrom-c-Oxidaseein wesentlicher pathologischer Faktor bei der ALS ist (Williams et al. 2016).

Das in sich schlüssige Model der Amyotrophen Lateralsklerose geht von einer an einem konservierten Glycin-Rest mutierten Superoxiddismutase-1 aus. Eine Mutation, wie z. B. Gly10Arg, induziert zum einen die Fehlfaltung des SOD-1-Proteins und zum anderen reaktive Sauerstoffspezies, wahrscheinlich unter Beteiligung freier Cu^{2+}/Cu^{+}-Ionen. Dadurch kommt es zu einer mitochondrialen Dysfunktion und zu einer beeinträchtigten Signalweiterleitung entlang der Axone, was zur neuronalen Entzündung und schließlich zur Apoptose der Motorneuronen führt (Seneff und Hadden 2016).

Allerdings ist es bei der Amyotrophen Lateralsklerose nicht nur die SOD-1, die fehlgefaltet intrazellulär akkumuliert. Auch andere Proteine sind beeinträchtigt. Zwei nukleäre DNS- bzw. RNS-bindende Proteine: Fused in Sarkoma (FUS) und TDP-43 (TAR (trans-active response) DNA-binding protein 43). TDP-43 findet sichbei der ALS fast immer ubiquitiert zu Aggregaten zusammengeballt. Pathologisch veränderte Proteinvarianten von TDP-43 und FUS können bei einer nichtmutierten Wild-Typ-SOD-1 in einer Prionen-ähnlichen Weise eine zytotoxische Fehlfaltung induzieren (Pokrishevsky et al. 2016). Die u. a. aus ubiquitierten TDP-43-Aggregaten bestehenden Einschluskörper induzieren eine Immunreaktion, eine Verstärkung der Entzündung, was zu einer weiteren mitochondrialen Schädigung führt (Seneff und Hadden 2016). In Tabelle 9.33 sind Proteine, bei denen nachgewiesen ist, dass sie bei der ALS fehlerhaft gefaltet und/oder funktionsunfähig sind und die hochkonservierte essenzielle Glycin-Reste enthalten, aufgeführt (Seneff et al. 2016).

Tabelle 9.2:

Fehlerhaft gefaltete oder funktionsunfähige Proteine, die zum Krankheitsbild der Amyotrophen Lateralsklerose beitragen und die hochkonservierte für ihre Aktivität essenzielle Glycin-Reste enthalten (nach Seneff et al 2016).

Protein	Glycin-Reste	Literatur
Superoxid-Dismutase-1	Gly10, Gly37, Gly85,	Bruijn et al. 1996:

(SOD-1)	Gly93	Ricci et al. 2010:
TAR DNA-binding protein 43 (TDP-43)	C-terminale Glycin-reiche Region	Pesiridis et al. 2009
Fused in Sarkomaca (FUS)	Glycin-reiche Region essenziell für RNS-Bindung	Dhar et al. 2014
SLC351	Gly180, Gly198, Gly277	Zhang et al. 2012
Complex 1	Gly-x-(x)-Gly-x-x-Gly-Motiv	Baker et al. 1999
Cytochrom-c-Oxidase	Gly283	Salomonsson et al. 2004
Ubiquitin	C-terminales doppeltes Gly	Zuin et al. 2014
Myosin	Gly699	Kinose et al. 1996
Kinesin	Gly292	Grant et al. 2007

Hier setzt Glyphosat an. Natürlich sind viele der Darmbakterien auf einen Shikimat-Biosyntheseweg angewiesen. Wird dieser durch Glyphosat gehemmt, sterben diese Bakterien ab. Es kommt zu einer Umverteilung, und es überleben nur solche Bakterien im Darm, die nicht von diesem Syntheseweg abhängig sind. Glyphosat scheint in der Lage zu sein, die Zusammensetzung des Mikrobioms zu verändern. Shehata und Mitarbeiter testeten Bakterien gegen verschiedene Stärken einer glyphosatbasierten Formulierung (Shehata et al. 1999). Interessanterweise zeigen sich in dieser Studie die meisten der pathogenen Bakterien resistent gegen Glyphosat und die meisten der für die Darmflora nützlichen Bakterien erweisen sich als glyphosatsensitiv. Glyphosat besitzt laut dieser Studie anscheinend die Tendenz,nützliche Bakterien zu vernichten und damit vielleicht zu dem oftmals beschriebenen "Hyper-Westernized" Mikobiom beizutragen (Beecham und Seneff 2016). Einige Studien deuten klar unterschiedliche Bakterienbesiedlungen im Darm von Autisten im Vergleich zu Nichtautisten an (Finegold et al. 2002). Finegold und Mitarbeiter berichten in ihrer Studie von Autisten, deren Krankheit erst sehr spät anfing im Vergleich zur Kontrollgruppe ohne Autisten. Viele der Autisten hielten eine gluten-und caeinfreie Diät ein. Alle aus der Autistengruppe klagten über gastrointestinale Symptome, vorzugsweise Diarrhoen, aber auch über Verstopfung bzw. den ständigen Weschel zwischen Verstopfung und Diarrhoe. Alle Studienteilnehmer hatten für mindestens einen Monat kein Antibiotikum eingenommen. Die Ergebnisse der Stuhlproben zeigen deutliche Unterschiede in der Zusammensetzung des Darm-Mikrobioms zwischen Autisten und Nichtautisten. Beispielsweise konnten bei autistischen Kindern neun verschiedene Clostridien-Arten gefunden werden, die in der Kontrollgruppe der Nichtautisten gar nicht auftauchen, wohingegen die Kontrollgruppe der Nichtautisten lediglich drei Clostridien- Arten enthielten, die in der Autisten-Gruppe nicht vorkammen (Finegold et al. 2002). Zusammengefasst wurden in der Studie von Feingold 25 verschiedene Clostridien-Arten gefunden. Am auffälligsten ist sicherlich die völlige Abwesenheit von Nicht-Sporen-bildenden Anaerobiern und mikroaerophilen

Bakterien bei Kindern der nichtautistischen Kontrollgruppe und eine signifikante Anzahl solcher Keime bei Kindern mit Autismus (Finegold et al. 2002, Beecham und Seneff 2016).

9.1.3.5 Das chronische Nierenleiden unklarer Ätiologie

Ein weiteres wichtiges Charakteristikum des Glyphosats ist seine strukturelle Verwandtschaft zur proteinogenen Aminosäure Glycin. Dadurch soll Glyphosat in der Lage sein, Glycin nicht nur an seinem Rezeptor zu imitieren, sondern während der Proteinbiosynthese Glycin fehlerhaft zu substituieren (Samsel und Seneff 2016, Seneff et al. 2016). Ähnliches ist bereits für andere, eigentlich nichtproteinogene Aminosäuren beschrieben worden. Beispielsweise produzieren unter Stressbedingungen einige Cyanobakterien β-Methylamino-L-alanin (Abbildung 9.34). Diese nichtproteinogene Aminosäure wird anstelle von L-Serin in Proteine eingebaut und löst ein ALS-ähnliches Syndrom aus (Abbildung 9.29) (Spencer et al. 1987, Cox et al. 2002, Seneff et al. 2016). Eine ALS-Epidemie in Guam wird auf eine Kontamination der Samen von Cycad-Bäumen mit eben dieser β-Aminosäure zurückgeführt (Cox et al. 2002). Und eine extrem hohe ALS-Rate in Kii Peninsula, Japan, scheint eine ähnliche Ätiologie zu besitzen (Spencer et al. 1987). Eine Hypothese ist, dass von Cyanobakterien im Gastrointestinaltrakt synthetisiertes β-Methylamino-L-alanin eine Hauptrolle in der Pathogenese der Amyotrophen Lateralsklerose sowie des Morbus Parkinson spielt (Brenner 2013).

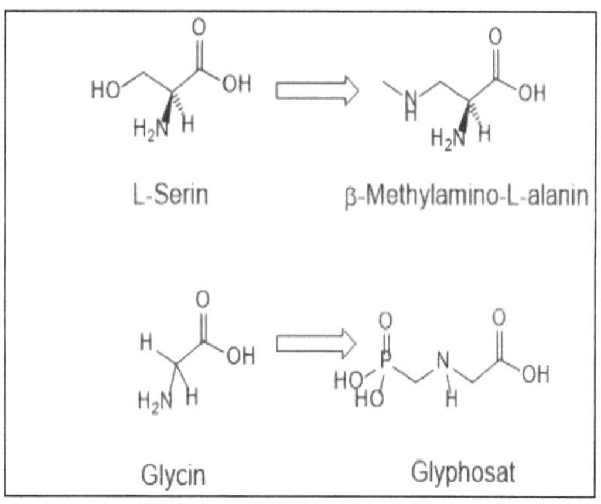

Abbildung 9.32:

Die nichtproteinogene Aminosäure β-Methylamino-L-alanin als L-Serin-Mimetikum und das nichtproteinogene Glycin-Analogon Glyphosat als Glycin-Mimetikum.

Anstelle der eigentlich vorgesehenen L-Serin und Glycin werden β-Methylamino-L-Alanin und Glyphosat während der Proteinbiosynthese in die wachsende Aminosäurekette eingebaut

Die Aktivierung von NMDA- und Glycin-Rezeptoren genauso wie die Substitution essenzieller Glycin-Reste während der Proteinbiosynthese scheinen zusätzlich für die im Zusammenhang mit einer Glyphosat-Exposition stehenden chronischen Nephropathien zu stehen. Gao und Mitarbeiter haben humane proximale Tubuluszellen (HK-2) für 24 Stunden vier verschiedenen Konzentrationen (0, 20, 40, 60 μM) ausgesetzt. Glyphosat reduziert signifikant die Lebensfähigkeit der HK-2-Zellen und induziert dosisabhängig den programmierten Zelltod, die Apoptose, sowie oxidativen Stress (Gao et al. 2019). Nach Glyphosat-Gabe steigt die Expression des Gens, das für den NMDA-Rezeptor codiert genauso wie die intrazellulären Spiegel an Ca^{2+}-Ionen und ROS. Durch eine Blockade des NMDA-Rezeptors verringert sich die Expression *NMDA*-Gens, die intrazelluläre Ca^{2+}-Konzentration sowie die Konzentration an reaktiven Sauerstoff-Spezies sinkt (Gao et al. 2019.

Insbesondere in Zentralamerika sind die chronischen Nephropathien unter landwirtschaftlichen Arbeitern weit verbreitet. Diese Nephropathien werden auch als "chronic kidney disease" (CKD), chronisches Nierenleiden unklarer Ätiologie, bezeichnet (Seneff und Orlando 2018). Alarmierend hoch ist die CKD unter jungen männlichen Zuckerrohr-Arbeitern in Nicaragua und El Salvador. Es konnten in der Vergangenheit keine Ursachen, wie beispielsweise Bluthochdruck oder Diabetes, für die massenhaften Fallzahlen ausgemacht werden. Glyphosat wird in Amerika routinemäßig auf Zuckerrohrpflanzen versprüht. Einige Proteine mit wichtigen Funktionen für die Niere und mit essenziellen Glycin-Resten könnten durch eine Glyphosat-Substitution der Glycin-Reste fehlerhaft gefaltet oder sogar funktionsunfähig werden, sodass über den Glyphosat-Glycin-Austausch die meisten Charakteristika der CKD erklärt werden könnten. Insbesondere der Austausch von Glycin durch Glyphosat in Aquaporin, in Chlorid-Kanälen, in der Cytochrom-c-Oxidase und im Kollagen kann zur Dehydratation, zur gesteigerten Azidifizierung, zur renalen Fibrose und Rhabdomyolyse sowie zur mitochondrialen Dysfunktion beitragen. Obwohl es längst nicht bewiesen ist, dass Glyphosat tatsächlich diese Rolle für die CKD in Mittelamerika spielt, ist es erstaunlich, wie gut diese Theorie viele Charakteristika einer CKD erklären kann (Seneff und Orlando 2018).

9.4 Zelladhäsionsmodulation durch Integrin-Targeting des Glyphosats

Integrine sind transmembranäre, heterodimere Glykoprotein-Rezeptoren, die für die Zelladhäsion von Bedeutung sind. Sie sind ubiquitär in der Membran aller Zellen verankert. Sie verbinden die extrazelluläre Matrix mit dem Zytoskelett und fungieren hauptsächlich als Rezeptoren für Proteine der extrazellulären Matrix, wie z. B. Kollagen und Fibronektin. Sie können aber auch als Zell-zu-Zell-Rezeptor fungieren, indem sie beispielsweise an Oberflächenrezeptoren der Immunglobuline (IgGs) binden. Eine weitere Möglichkeit ist das sogenannte Integrin-Doppel, bei dem zwei Integrin-Rezeptoren über ein Protein der extrazellulären Matrix miteinander verbunden sind. Die Integrine sind nur eines von insgesamt vier Zelladhäsionsmolekülen: die Immunglobuline, die Cadherine und die Selektine, wobei die Integrine als die wichtigsten Rezeptoren für eine Verbindung der extrazellulären Matrix zur Zelle gelten (Defilippi et al. 1997, Engelhardt 2007, Ziegler et al. 2007, Takada et al. 2007, Farndale et al. 2008).

Integrin-Rezeptoren bestehen aus einer größeren, etwa 1.050 Aminosäuren langen, stärker variierenden α-Kette und einer kleineren, etwa 780 Aminosäuren langen, Disulfid-Brücken-reichen β-Kette (Abbildung 9.35). 56 hochkonservierte Cystein-Reste enthält eine solche β-Kette. Eine Ausnahme bezüglich der Länge bildet die β_4-Kette mit insgesamt 1752 Aminosäuren. Wie erwähnt sind die Sequenzunterschiede verschiedener α-Ketten größer als die verschiedener β-Ketten. Beide Ketten besitzen eine pilzartige extrazelluläre N-terminale Region. Diese extrazellulären Regionen der α- und β-Ketten bilden zusammen die Bindungsstelle für den Liganden. Sie machen den Großteil der α- bzw. β-Kette aus.

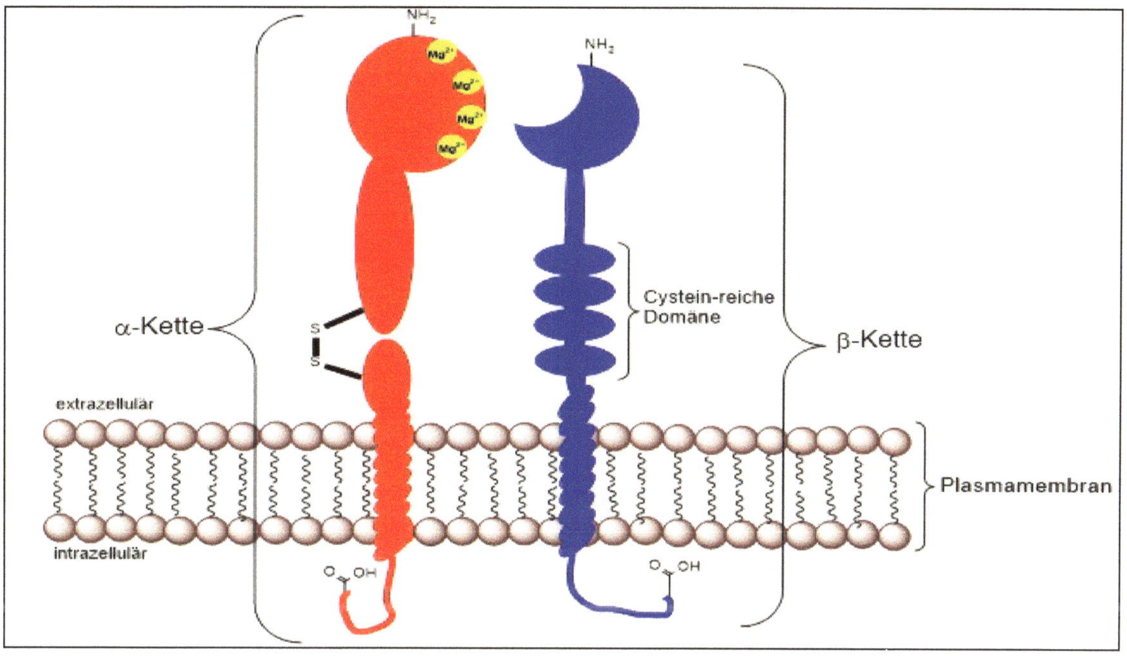

Abbildung 9.33: Schematische Darstellung eines Integrin-αβ-Heterodimers.

Nur etwa 15 – 50 Aminosäuren befinden sich bei den α-Ketten im Zytoplasma, bei den β-Ketten sind es 40 – 50 Aminosäuren. Auch hier bildet die β_4-Untereinheit eine Ausnahme. Von ihren 1.752 Aminosäuren befinden sich ungefähr 1.000 im Zytoplasma, wo sie sich an das Mikrofilamentsystem binden, welches sie regulieren (Defilippi et al. 1997).

Mittlerweile sind 18 verschiedene α-Untereinheiten und 8 verschiedene β-Untereinheiten identifiziert. Zusammen bilden sie mindestens 24 verschiedene Integrin-α-β-Heterodimere, die eine Vielzahl von Liganden binden können. Dazu kommt, dass ein und dasselbe Heterodimer auf verschiedenen Zellen unterschiedliche Liganden binden kann. Hierfür sind sicherlich zelltypspezifische Merkamle verantwortlich, die Einfluss auf die Bindungsstelle innerhalb der extrazellulären Domänen haben (Defilippi et al.1997).

Integrine zeigen gegenüber anderen Oberflächenproteinen die Besonderheit, dass sie mit niedrigen Affinitäten an ihre Liganden binden, dafür aber in hoher Konzentration auf den Zellen vorkommen. Die Konzentration kann bis zum 100fachen dessen betragen, was bei anderen Oberflächenproteinen möglich ist. Zusätzlich existieren verschiedene Aktivitätszustände. Der "Low-affinity"-Status ist der Normalzustand der Integrin-Rezeptoren. In diesem Zustand ist keine Bindung eines Liganden möglich. Nach Aktivierung zum "High-affinity"-Zustand der Integrine ist es ihnen möglich, Liganden zu binden. Ohne die Genexpression für die Integrin-Proteine zu verändern, modifiziert eine Affinitätsänderung am Protein selbst die Bindungseigenschaften. Alle Integrine, die als β-Kette eine β_1-, β_2- oder β_3-Untereinheit besitzen, zeigen die erwähnte Notwendigkeit der Aktivierung zur Bindung von Liganden. Die Aktivierung wird als "inside-out"-Signaling bezeichnet. Demgegenüber steht die "outside-in"-Signalübertragung, wo über den zustandegekommenen Integrin-Ligand-Komplex Signale ins Zellinnere übertragen werden. Diese integrinabhängigen Abläufe sind sehr schnell, hocheffizient und anpassungsfähig, was sie hervorragend für alle dynamischen Prozesse prädestiniert. Integrine spielen daher eine große Rolle bei der Zellmigration und dem Zellwachtum, der Organisation des Gewebes, der Entzündung, der Hämostasis, der Zielfindung von Lymphozyten und der Zelldifferenzierung (Philippi et al. 1997, Calderwod 2004, Takada et al. 2007, Ginsberg 2014).

Die kleinste Aminosäuresequenz, die nötig ist, um Integrine zu erkennen und zu binden, ist das Tripeptid Arg-Gly-Asp. Im Einbuchstabencode wird vom RGD-Motiv gesprochen, das zuerst im Fibronektin entdeckt wurde (Pierschbacher und Ruoslathi 1984). In der Folgezeit sind viele weitere Matrix-Proteine entdeckt worden, die dieses RGD-Motiv enthalten, so z. B. Fibrinogen, Kollagene, Vitronectin. Während Proteine mit dem RGD-Motiv grundsätzlich an jeden Integrin-Rezeptor binden können, behalten die Integrine ihre Liganden-Spezifität. Der $\alpha_5\beta_1$-Fibronectin-Rezeptor bindet an das RGD-Motiv des Fibronectins, jedoch nicht an das von Vibronectin (Philippi et al. 1997).

Divalente Kationen spielen bei der Integrin-Ligand-Interaktion eine bedeutende Rolle. Die zweiwertigen Metall-Kationen (Ca^{2+}, Mn^{2+} oder Mg^{2+}) binden an spezielle Unterdomänen der α-Kette. Eine generelle, vereinfachte Regel, die sich aus den Studien hierzu ableiten lässt, lautet, dass Ca^{2+}-Kationen in der Regel bis auf ganz wenige Ausnahmen inhibitorisch wirken, während Mg^{2+}-oder Mn^{2+}-Kationen normalerweise die Interaktion und die Bindung Ligand und Integrin-Rezeptor fördern (Philippi et al. 1997). Zusätzlich zu den zweiwertigen Kationen benötigen Integrin-Rezeptoren saure Aminosäuren, entweder Asparaginsäure oder Glutaminsäure zur Ligandenerkennung (Defilippi et al. 1997).

Die Integrin-Ligand-Bindung und deren Modifikation ist ein wichtiges Target in der Arzneistoffentwicklung geworden. Natalizumab (Tysabri®) ist ein humanisierter monoklonaler Antikörper vom IgG4-Subtyp, der zur Behandlung der schubförmig verlaufenden Multiplen Sklerose eingesetzt wird. Der Antikörper bindet spezifisch an die auf Leukozyten lokalisierten $\alpha_4\beta_1$-Integrine (= VLA4), blockiert den $\alpha_4\beta_1$-Integrin-Rezeptor und verhindert so das Einwandern der Leukozyten ins Entzündungsgebiet. Natalizumab bindet spezifisch an die α_4-Untereinheit (Bright et al. 2014, Wingerchuck und Weinshenker 2016).

Ein weiterer monoklonaler humanisierter Antikörper, Vedolizumab (Entyvio®), wird bei den chronisch-entzündlichen Darmerkrankungen Morbus Crohn und Colitis ulcerosa eingesetzt. Der Integrin-Antagonist Vedolizumab bindet spezifisch an das $\alpha_4\beta_7$-Integrin auf der Zelloberfläche aktivierter Lymphozyten, die so nicht an die MAdCAM-Rezeptoren binden können. Ohne diese Bindung können die Lymphozyten nicht in das Entzündungsgebiet einwandern, ein Voranschreiten des Entzündungsprozesses wird unterdrückt (Haddley 2014, Zundler et al. 2017).

Lifitegrast (Xiidra™) (Strukturformel Abbildung 9.36) ist ein in den USA zugelassener Arzneistoff, der in Form einer 5-%-igen Augentropflösung in der Behandlung des trockenen Auges angewendet wird. Tetrahydroisochinolin-Derivat ist ein Antagonist des Integrins LFA-1 (Leukozyten-Funktions-Antigen-1, $\alpha_L\beta_2$-Integrin) auf der Oberfläche von T-Zellen. Die Bindung des Lifitegrast an LFA-1 verhindert die Interaktion der T-Zellen mit ICAM-1 (intercellular adhesion molecule-1) und damit die Ausschüttung proinflammatorischer Interleukine aus den T-Zellen (Perez et al. 2016).

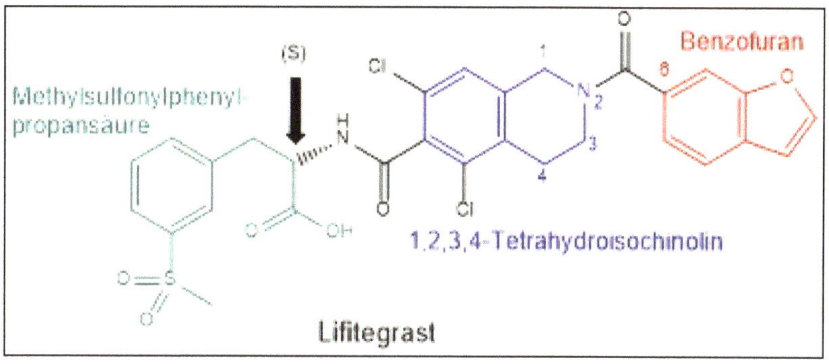

Abbildung 9.34:Strukturformel des $\alpha_L\beta_4$-Integrin-Antagonisten Lifitegrast.

Lifitegrast ist zentral mit einem mehrfach substituierten Tetrahydroisochinolin-Ring ausgestattet. Der Isochinolin-Stickstoff ist über eine Carbonyl-Gruppe mit dem C6 eines Benzofurans verbunden. Als Carbonsäureamid ist der Stickstoff nicht mehr basisch. An Position 6 des Tetrahydroisochinolin-Rings ist eine Carboxamid-Gruppe eingerahmt von zwei Chlor-Atomen an den Positionen 5 und 7. Der Stickstoff des Carbboxamids bindet an C2 einer Methylsulfonylphenylpropansäure, wodurch das C-Atom chiral wird. Lifitegrast ist das (S)-Enantiomer.

Eptifibatid (Integrilin®) bindet an den Plättchen-Rezeptor Glykoprotein IIa/IIIb (GPIIa/IIIb) – auch bekannt unter dem Namen $\alpha II\beta_3$-Integrin- humane Thrombozyten und hemmt dadurch die Thrombozytenaggregation. Leitstruktur für die Entwicklung war der GPIIa/IIIb-Antagonist Barbourin, der im Gift einer Klapperschlange enthalten ist (Scarborough 1999). Auf der Suche nach einem Nachfolger des ersten GPIIa/IIIb-

Antagonisten ABCiximab, einem chimären Fab-Fragment eines monoklonalen Antikörpers, mit langer Halbwertszeit, fehlender Rezeptor-Spezifität und hoher Antigenität, ist Eptifibatid als Nachfolger entwickelt worden. Eptifibatid ist ein synthetisches zyklisches Heptapeptid, das sechs L-konfigurierte Aminosäuren und einen Mercaptopropionyl-Rest (Desaminocysteinyl-Rest) enthält. Es enthält eine intrachenare Disulfid-Brücke (Scarborough 1999, Hook und Bennett 2012). Es gehört zur Klasse der Arg-Gly-Asp-Mimetika, die an Integrin-Rezeptoren binden (Scarborough 1999, Nguyen und Harrington 2003) (Abbildung 9.37). Eptifibatid bindet spezifisch an den $\alpha II\beta_3$-Integrin-Rezeptor (Kapp et al. 2017).

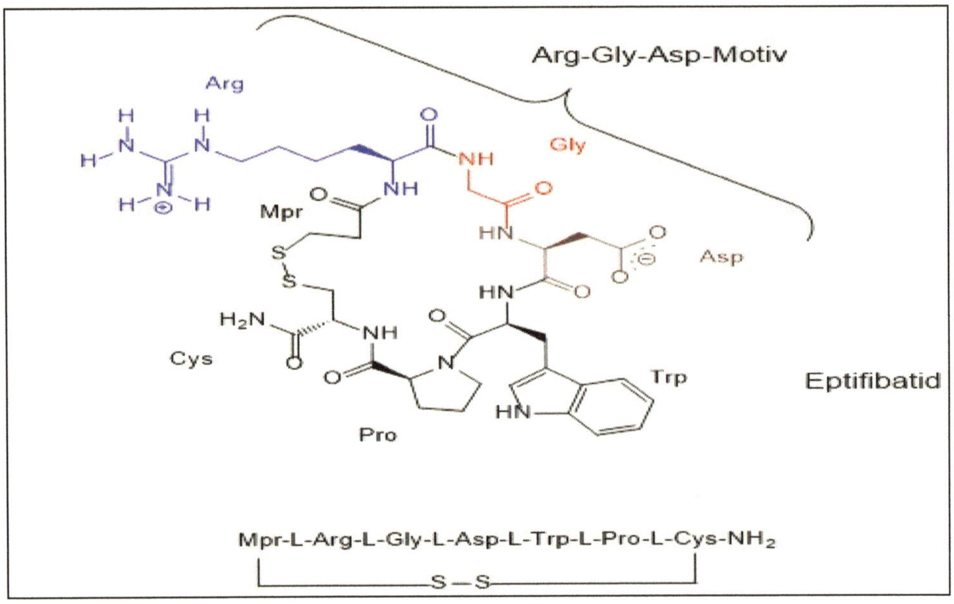

Abbildung 9.35:

Strukturformel GPIIa/IIIb-Inhibitors ($\alpha II\beta_3$-Integrin-Inhibitors) Eptifibatid, einem zyklischen Hexapeptid, das das Arg-Gly-Asp-Motiv enthält.

In 2018 haben Szekacs und Mitarbeiter die Effekte des Glyphosats auf die Zelladhäsion erstmals beschrieben (Szekacs et al. 2018). Glyphosat besitzt adhäsionsmodifizierende Eigenschaften. Es sind diejenigen zellulären Interaktionen betroffen, die über RGD-abhängige Integrine zustandekommen. Glyphosat hemmt mit einer halbmaximalen inhibitorischen Konzentration von 20,6 mM die Bindung von Liganden, die das RGD-Motiv enthalten, an Integrin-Rezeptoren auf der Oberfläche von MC3T3-E1-Zellen. Die osteoblastische MC3T3-E1-Zelllinie stammt vom Schädeldach einer C57BL/6-Maus. Die Osteoblasten-Präkursor-Zellen besitzen die Fähigkeit der Differenzierung in Osteoblasten oder Osteozyten sowie die Fähigkeit zur Kollagensynthese (Quarles et al. 1992, Czekanska et al. 2012, Wang et al. 2016). Der relativ große IC_{50}-Wert ist für die Integrin-Hemmung ist nichts Ungewöhnliches. Dafür ist die Integrin-Konzentration auf der Zelloberfläche sehr groß. MC3T3-E1-Zellen besitzen auf ihrer Oberfläche einige Integrine, darunter $\alpha_2\beta_1$, $\alpha_3\beta_1$, $\alpha_4\beta_1$, $\alpha_5\beta_1$, $\alpha_6\beta_1$, $\alpha_v\beta_1$ und $\alpha_v\beta_3$ (Carani et al. 1997). Manche der Integrine sind spezifisch hinsichtlich ihrer ligandenbindenden Eigenschaften und binden nur Liganden, die das RGD-Motiv enthalten.

Die Autoren der Publikation folgern, dass es für die Zelladhäsion an die extrazelluläre Matrix zweiwertiger Metall-Kationen bedarf (Szekacs et al. 2018). Jedes Integrin-Heterodimer enthält einige dieser Bindungsstellen für Me^{2+}-Kationen. Über die gebundenen Metall-Kaionen kann die Integrin-Funktion moduliert werden. Die Liganden-Bindungsstelle und die Bindungsstelle für die zweiwertigen Metall-Kationen liegen auf dem Integrin-Heterodimer eng beisammen. Die Kristallstruktur eines RGD-komplexierten $\alpha_v\beta_3$-Integrins zeigt, dass die Metall-Kationen quasi als Brücke fungieren zwischen dem Liganden und dem Integrin (Xiong et al. 2002). Der Glycin-Rest des RGD-Motivs wird über hydrophobe Wechselwirkungen an die α_v-Kette gebunden (Abbildung 9.38) (Xiong et al. 2002). Der Aspartat-Rest des RGD-Tripeptids stellt mit seiner Carboxylat-Gruppe in der Seitenkette eine Koordininationsstelle für die divalenten Metall-Kationen zur Verfügung und trägt so zu deren Bindung, aber auch zu seiner Fixierung am Integrin bei (Abbildung 9.38) (D'Souza et al. 1994). Obwohl Glyphosat keine offensichtlichen strukturellen Gemeinsamkeiten mit dem RGD-Motiv besitzt, ist es zu einen ein Glycin-Derivat und auch bei anderen physiologischen Prozessen in der Lage, das Glycin zu imitieren und zum anderen ist Glyphosate in starker Chelator von Metall-Kation, vorwiegend von zweiwertigen und dreiwertigen Kationen (Szekacs et al. 2018). Die Autoren vermuten, dass die Carboxyl-Gruppe des Glyphosats die Seitenketten-Carboxyl-Gruppe des Aspartats imitiert (Abbildung 9.38). Auf diese Weise würden sich das Glyphosat und das Integrin ein Kation "teilen" (Szekacs et al. 2018). Zusätzlich könnte dann die Glycin-Partialstruktur innerhalb des Glyphosats für die fixierenden hydrophoben Wechselwirkungen zwischen Integrin und Glyphosat sorgen (Abbildung 9.38). Allerdings verweisen die Autoren darauf, dass Glycin allein nicht in der Lage ist, die Integrin-Rezeptoren zu blockieren (Szekacs et al. 2018).

Allerdings zeigen die Arbeiten von Szekacs und Mitarbeitern, dass Glyphosat unter bestimmten Umständen in der Lage ist, Integrin-Rezeptoren mit einem IC_{50}-Wert von 20,6 mM zu blockieren. Die 20,6 mM entsprechen einem IC_{50}-Wert in serumfreien Medium, während der IC_{50}-Wert in Medium, das Serum enthält, bei 5,7 mM liegt (Szekacs et al. 2018). Das klingt zunächst paradox, da Proteinanteile im Serum den inhibitorischen Effekt abmildern können und man im serumfreien Medium einen stärkeren inhibitorischen Effekt erwarten würde. Die größere inhibitorische Aktivität des Glyphosats in serumhaltigen Medium könnte damit erklärt werden, dass Serum Proteine enthält, die selber in der Lage sind, an Integrine zu binden, wie z. B. Fibronectin und Vitronectin (Mccafferty et al. 1983, Hayman et al. 1985). Deren minimale Effekte addieren sich, sodass Glyphosat in serumhaltigen Medium, bei kleineren Konzentrationen einen halbmaximalen inhibitorischen Effekt erreichen kann als im serumfreien Medium (Szekacs et al. 2018).

Die kompetitive Bindung des Glyphosats and die RGD-Bindungsstelle des $\alpha_v\beta_3$-Integrins ist von den Autoren noch einmal überprüft und bestätigt worden (Szekacs et al. 2018).

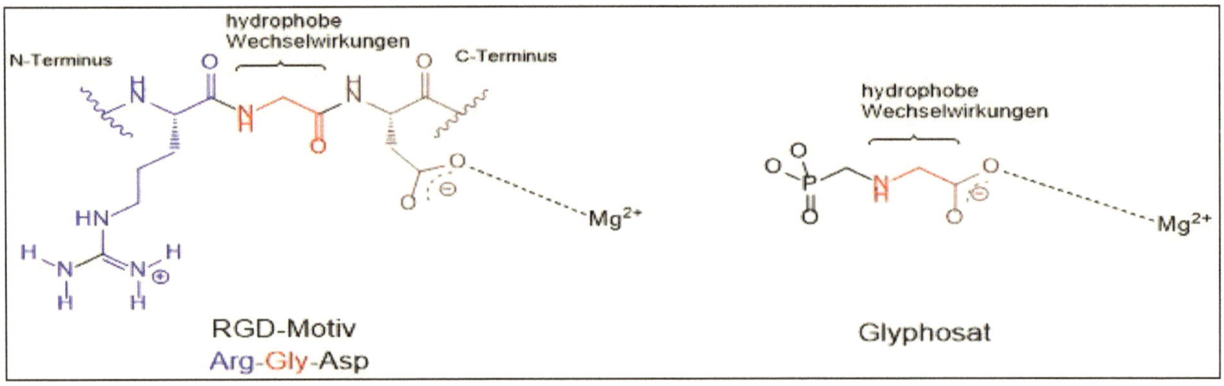

Abbildung 9.36

Postulierte Bindung innerhalb des Integrin-Rezeptors von Glyphosat in Anlehnung an die RGD-Bindung (nach Szekacs et al. 2018).

Mit seiner Carboxylat-Gruppe soll Glyphosat die Seitenketten-Carboxylat-Gruppe des Aspartas des RGD-Motivs imitieren und ein divalentes Kation wie Mg^{2+} koordinieren. Die Glycin-Partialstruktur innerhalb des Glyphosats könnte mit Aminosäure-Resten des Integrins ähnlich wie das Glycin im RGD-Peptid hydrophobe Wechselwirkungen ausbilden und so die Bindung stärken. Glyphosat zeigt eine Integrin-antagonistische Wirkung, die in Kompetition zu den RGD-Liganden erfolgt (nach Szekacs et al. 2018).

Glyphosat ist also ein Integrin-Antagonist für RGD-abhängige Integrine. Allerdings ist dies noch weit davon entfernt, irgendeine Erklärung für eine Wirkung am Menschen zu liefern. Integrine sind ubiquitär fast in allen Zellen vorhanden, sie erfüllen eine Reihe von essenziellen Funktionen, angefangen bei der embryonalen Entwicklung über immunologische Funktionen bis hin zur Modulierung von Zellmigration, -differenzierung, -wachstum und Proliferation. Darüberhinaus können sie als Signalmoleküle in beide Richtungen durch die Plasmamembran fungieren: man unterscheidet zwischen "inside-out"- und "outside-in"-Signalübertragung. Die Hemmung eines oder mehrerer Integrine bedeutet ein Eingreifen in verschiedene zelluläre Prozesse, die momentan beim Glyphosat nicht überschaubar sind. Die Zulassungsverlängerung des Glyphosats in der EU in 2017 hat zumindest die unerträglichen POEAs als Surfactants in Europa verboten. Dafür sind allerdings andere sogenannte "Inertsubstanzen" wie das Nitroryl, für das noch nicht einmal eine Formel verfügbar ist, nachgerückt.

Seit der EU-Zulassungsverlängerung des Glyphosats sind zahlreiche neue, vielfach auch fundierte Publikationen erschienen, die die Zukunft des Herbizids innerhalb der EU sicherlich nicht sichern und stärken und eine nochmalige Verlängerung in weite Ferne rücken lassen. Die Studien sind bewerten das Glyphosat-basierte Herbizid quasi wie ein Phytopharmakon, dessen Extrakt auch nur als ein Wirkstoff angesehen wird. Die Studien reichen vielfach von der Qualität an klinische Studien von Arzneimitteln heran.

Beim nächsten Reassessment der EU dürfte kein Zweifel mehr darüber herrschen, dass Glyphosat mannigfaltige Wirkungen hervorrufen kann und insbesondere die Bildung von ROS eine Gefahr für den Mensch darstellt.

Allerdings wird Glyphosat nicht aus der Anwendung verschwinden. Insbesondere die USA mit ihren glyphosatresistenten Pflanzen, aber auch Staaten in Asien wie Indien und China werden kaum auf dieses Totalherbizid verzichten können.

LITERATUR

Aarakane, F. et al. J Biol Chem 1998, 273, 16339

Acconcia, F. et al. Dose-Response: An International Journal 2015,1, 9

Acquavella, J.F. et al. Hum Exp Toxicol 1999, 18, 479

Akhtar, N. et al. J Appl Toxicol 1996, 16, 397

Akif, M. et al. J Mol Biol 2010, 400, 502

Alibhai, M.F. und Stallings, W.C. Proc Natl Acad Sci USA 2001, 98, 2944

Alibhai, M.F. et al. US Patent 7723575 B2 2010, Monsanto Company

Almeida, R.D. et al. Cell Death Differ 2005, 12, 1329

Al-Rajab, A.J. et al. Agron Sustain Develop 2008, 28, 419

Alvanja, M.C. et al. Am J Epidemiol 2003, 157, 800

Alvarez-Moya, C. et al. Genet Mol Biol 2014, 37, 105

Amrhein, N. et al. Plant Physiol 1980, 66, 830

Anadón, A. et al. Toxicol Lett 2009, 190, 91

Andersen, H.R. et al. Toxicol Appl Pharmacol 2002, 179, 1

Anderson, K.S. et al. Biochemistry 1988, 27, 1604

Anderson, K.S. und Johnson, K.A. Chem Rev (Washington DC) 1990, 90, 1131

Anderson, H. und Wolff, M.S. J Expo Anal Environ Epidemiol 2000, 10, 755

Anifandis, G. et al. Int J Environ Res Public Health 2018, 15, 1117

Anifandis, G. et al. Toxics 2017, 6, 2

Andreotti, G. et al. J Natl Cancer Inst 2018, 110, 509

Anthony, C.S. et al. J Biol Chem 2010, 285, 35685

Anthony, C.S. et al. Curr Med Chem 2012, 19, 845

Áhn, N.M.N. Dissertation 2004, Bergische Universität Wuppertal

Arciello, M. et al. J Neurochem 2010, 112, 183

Arregui, M.C. et al. Pest Manag Sci 2004, 60, 163

Astiz, M. et al. Environ Toxicol Pharmacol 2009, 28, 465

Astiz, M. et al. Ecotoxicol Environ Saf 2013, 91, 129

Atkinson und Roy 1995

Auterhoff, H. et al. In: Lehrbuch der Pharmazeutischen Chemie 1999, 14. Auflage, Wissenschaftliche Verlagsgeselsschaft Stuttgar mbH

Avendano, C. und Menéndez, J. C. In: Medicinal Chemistry of Anticancer Drugs 2008, Elsevier B.V., Amsterdam

Avila, A. et bal. Front Cell Neurosci 2013, 7, 184

AWMF-S3-Leitlinie Autismus im Kinder-, Jugend- und Erwachsenenalter, 2016, AWMF-Regiter-Nr. 028-018, DGKJP und DGPPN

Bailey, D.C. et al. Envirom Toxicol Pharmacol 2018, 57 46

Baird, D.D. et al. Proc North Cent Weed Control 1971, 26, 64

Baker, M.E. et al. Cell Mol Life sci 1999, 55, 450

Balasubramanian, B. et al. Proc Natl Acad Sci USA 1998, 95, 9738

Sol Balbuena, M. et al. J Exp Biol 2015, 218, 2799

Barbosa, E.R. et al. Move Disord 2001, 16, 565

Barja, B.C. et al. Polyhedron 2001, 20, 1821

Barlow, B.K. et al. Neurotoxicology 2005, 26, 63

Bacigalupo, A. et al. Expert Rev Anti Infect Ther 2012, 10, 1249

Barrault, J. und Pouilloux, Y. Catalysis Today1997, 37, 137

Barry, G.F. et al. US Patent 1997, 5,633,435

Bass, C. und Field, L.M. Pest Manag Sci 2011, 67, 886

Battaglin, W.A. et al. J Am Water Res Assoc 2014, 50, 275

BAuA 2016, GLH Report for Glyphosat. Proposal for Harmonised Classification and Labelling. Based on Regulation (EC) No 1272/2008 (CLP Regulation), Annex VI, Part 2, Version 2.0, Dortmund, Germany

Baulieu, E.E. et al. J Biol Chem 1963, 238, 1316

Bearson, S.R. et al. Plant Physiology 2002, 129, 1265

Becerril, J.M. et al. Phytochem 1989, 28, 695

Beecham, J.E. und Seneff, S. J Mol Genet Med 2015, 9, 4

Bennett, B.J. et al. Cell Metabolism 2013, 17, 49

Bentley, R. Crit Rev Biochem Mol Biol 1990, 25, 307

Benveniste, M. und Mayer, M.L. Biophys J 1991, 59, 560

Beretta, G.L. und Zunino, F. In: Anthracycline Chemistry and Biology II 2008, Topics in Current Chemistry 283, Editor Krohn, K., Springer-Verlag Berlin Heidelberg

Berlicki, L. et al. J Med Chem 2005, 48, 6430

Berlicki, L. et al. Bioorg Med Chem 2006, 14, 4578

Berlicki, L. Mini Rev Med Chem 2008, 8, 869

Betancur, C. et al. Brain Res 2011, 1380, 42

Betz et al. Ann N Y Acad Sci 1999, 868, 667

Bhatnagar, A.S. Breast Cancer Res 2007, 105, 7

Birnbaum, L.S. und Fenton, S.E. Environ Health Perspect 2003, 111, 389

Bisswanger, H. In: Enzyme Struktur, Kinetik und Anwendungen 2015, Wiley-VCH Verlag, Weinheim

Blair, R.M- et al. Toxicol Sci 2000, 54, 138

Blackburn, G.M. (Eds.) et al. In: Nucleic Acids in Chemistry and Biology 2006, The Royal Society of Chemistry, Cambridge

Blondel, J. US EPA-Datei Nr. 197169 – 197171 1986,

https://archive.epa.gov/pesticides/chemicalsearch/chemical/foia/web/pdf/102601/103601-230.pdf

Bohn, T. et al. Food Chem 2014, 153, 207

Bolognesi, C. et al. J Agric Food Chem 1997, 45, 1957

Bolognesi, C. et al. J Toxicol Environ Health A 2009, 72, 986

Bolte, E.R. Med Hypotheses 1998, 51, 133

Bonini, M.G. et al. Free Radic Biol Med 2006, 40, 968

Bonnet, D. et al. Exp Hematol 1992, 20, 1165

Borggaard, O.K. und Gimsing, A.L. Pest Manag Sci 2008, 64, 441

Borisova, S. A. et al. Chem Biol 2010, 17, 28

Borisowa, M. et al. Microb Drug Resist 2014, 20, 251

Bormann, J. et al. EMBO J 1993, 12, 3729

Borrmann, S. et al. J Infect Dis 2004, 189, 901

Borrecco, J.E. und Neisess, J. Forest Pest Meneg Pacific Southwest Region 1991, 25th February, R91-2, 33

Bostamam, Y. et al. Weed Sci 2012, 60, 474

O'Brien, T.A. et al. Biochim Biophys Acta 1980, 613, 10

Brodie, A. M. H. et al. Steroids, 1981, 38, 693

Brodie, A.M.H. und Njyar, V.C.O. Steroids 2000, 65, 171

Browne, L.J. et al. J Med Chem 1991, 34, 725

Bradl, H.B. J Colloid Interface Sci 2004, 277, 1

Brown, L.M. et al. Cancer Res 1993, 50, 6585

Bradberry, S.M. et al. Toxicol Rev 2004, 23, 159

Brahm, M. In: Polymerchemie kompakt: Grundlagen - Struktur der Makromoleküle – Technisch wichtige Polymere und Reaktivsysteme 2016, 3. Auflage, Hirzel Verlag, Stuttgart

Brenner, S.R. Med Hypotheses 2013, 80, 103

Brewster, D.W. et al. Fundam Appl Toxicol 1991, 17, 43

Bright, R.J. et al. BMC Neurol 2014, 14, 26

Brückner, R. In: Reaktionsmechanismen Organische Reaktionen, Stereochemie, modern Synthesemethoden 1996, Spektrum Akademischer Verlag GmbH, Heidelberg

Brueggemeier, R.W. et al. Endocrine Rev 2005, 26, 331

Bruijn, L.I. et al. Neuropathol Appl Neurobiol 1996, 22, 373

Bruijn, L.I. et al. Annu Rev Neurosci 2004, 27, 723

BfR 2014, Bundesinstitut für Risikobewertung, Öffentliches Fachgespräch zum Thema Glyphosat am 2.7.2014 im EL-Ausschuss – Kurzstellungnahme des BfR zum Prüfberieich Toxikologie und Rückstände

Bruno, R.D. und Njar, V.C.O. Bioorg Med Chem 2007, 15, 5047

BfR 2015, Bundesinstitut für Risikobewertung, Hintergrundinformation Nr. 033/2015

Burgat, V. et al. Vet Hum Toxicol 1998, 40, 363

Caetano, M.S. et al. Int J Quant Chem 2012, 112, 2752

Calderwood, D.A. J Cell Sci 2004, 117, 657

Cao, G. et al. PLoS One 2012, 7: e38718

Carani, C. et al. N Engl J Med 1997, 337, 91

Carlone, N.A. et al. Eur Urol 1987, 13(Suppl 1): S86

Caron, K.M. et al. Proc Natl Acad Sci USA 1997, 94, 11540

de Carvalho, M. und Swash, M.J Neurol Neurosurg Psychiatry 2006, 77, 388

Carpenter, R. et al. Br J Cancer 2005, 93 Suppl 1: S1

Carwile, J.L. und Michels, K.B. Environ Res 2011, 111, 825

Cascio, M. J Biol Chem 2004, 279, 19383

Cassera, M.B. et al. J Biol Chem 2004, 279, 51749

Cassera, M.B. et al. Mem Inst Oswaldo Cruz 2007, 102, 377

Castle, L.A. et al. Science 2004, 304, 1151

Cattani, D. et al. Toxicology 2014, 320, 34

Cattani, D. et al. Toxicology 2017, 387, 67

CDC National Health and Nutrition Eamination Survey 2018, https://cdcgov/nchs/nhanes/index//htm

Chandra, M. und Frith, C.H. Exp Toxicol Pathol 1994, 46, 189

Chang, W. et al. Eviolutionary Applications 2014, , doi: 10.1111/eva.12185

Chang, E.T. und Delzell, E. J Environ Sci Health, Part B 2016, 51, 402

Chappell, G. et al. Mutat Res Rev Mutat Res 2016, 768, 27

Chaudhuri, S.K. et al. Appl Environmental Microbiol 2002, 68, 4425

Chaufan, G. et al. Int J Toxicol 2014, 33, 29

Checkoman, H. In: Research methods in occupational epidemiology, Monographs in epidemiology and biostatistics 2014, 2. Auflage, Oxford University Press, New York

Chellam, J. und Deppa I, R. Int J Pharma Pharm Sci 2016, 8, 93

Chianese, R. et al. Curr Med Chem 2018, 25, 748

Chinasi, L. und Leon, M.E. Int J Environ Res Public Health, 11, 4449

Chong, Z.Z. et al. Prog Neurobiol 2005, 75, 207

Chorfa, A. et al. Toxicol Sci 2013, 133, 289

Choy, W.N. Mutat Res 1993, 296, 181

Chrisp, P. und Clissold, S.P. Drugs 1991, 41, 104

Chruscielska, K. et al. Pestycydy (Warsaw) 2000, 3-4, 11

Chumsri, S. et al. J Steroid Biochem Mol Biol 2011, 125, 13

Cioni, J.P. et al. J Nat Prod 2014, 7, 243

Circello, B.T. et al. Antimicrob Agents Chemother 2011, 55, 3357

Cleland, W.W. Arch Biochem Biophys 2000, 382, 1

Cllements, J.D. und Westbrook, G.L. Neuron 1991, 7, 605

Coalova, I. et al. Toxicol In Vitro 2014, 28, 1306

Comai, L. et al. Science 1983, 221, 370

Conrad, A. et al Int J Hyg Environ Health 2017, 220, 8

Cooks, S. et al. Outlooks on Pest Management 2010, Dezember, 280

Corradi, H. et al. J Mol Biol 2006, 357, 964

Corradi, H. et al. Biochemistry 2007, 46, 5473

Coutinho, C.F.B. et al. und Mazo, L.H. Quimica Nova 2005, 28, 1038

Cox, P.A. et al. Neurology 2002, 58, 956

Crugnola, V. et al. Arch Neurol 2010, 67, 849

Cserhati, T. Environ Health Perspect 1995, 103, 358

Curwin, B.D. et al. J Occup Environ Hyg 2005, 2, 357

[1]Curwin, B.D. et al. Ann Occup Hyg 2007, 51, 53

[2]Curwin, B.D. et al. Environ Res 2007,105, 307

Cushman, D.W. et al. Biochim Biophys Acta 1971, 250, 261

Czekanska, E.M. et al. Eur Cell Mater 2012, 24, 1

Dahr, S.K. et al. Antioxidants & Redox Signaling 2014, 20, 1550

Dai, P. et al. J Agric Food Cem 2018, 66, 7786

Danbolt, N.C. Prog Neurobiol 2001, 65, 1

Davidson, C. et al. Ecol Appl 2001, 11, 464

Davies, J. und Davies, D.D. Mol Biol Rev 2010, 74, 417

Defarge, N. et al. J Environ Res Public Health 2016,13, 264

Defilippi, P. et al. In: Signal Transduction by Integrins 1997, Landes Bioscience and Chapman & Hall

Della-Cioppa, G. und Kishore, G.M. EMBO J 1988, 7, 1299

Demers, L.M. Clin Physiol Biochem 1987, 5, 287

Deutsche Forschungsgemeinschaft: Glyphosate 1992, In: Manual of pesticide residue analysis vol. I and II 1992, Hrsg. Thier, H.P. und Kirchhoff, J., Wiley-VCH Weinheim

Deutscher Bundestag 2016, Aktenzeichen WD8-3000-066/16, Fachbereich WD(: Umwelt, Naturschutz, Reaktorsicherheit, Bildung und Forschung

Dheda, K. et al. Lancet Respir Med 2014, 2, 321

Diamond, G.L. und Durkin, P.R. In. Effects of Surfactants on the Toxicity of Glyphosate, with Specific Reference to RODEO 1997, Chapter 4

Dich, J. und Wiklund, K. Prostate 1998, 34, 100

Diddens, H. et al. J Antibiot 1979, 1979, 32, 87

Diddens, H. et al. Eur J Biochem 1976, 66, 11

Dive, V. et al. Proc Natl Acad Sci USA 1999, 96, 4330

Divisekara, T. et al. Chemosphere 2018, 198, 334

Dizdaroglu, M. und Jaruga, P. Free Radical Research 2012, 46, 382

Dong, X.-x. et al. Acta Pharmacol Sin 2009, 30, 379

Vvan der Donk, W.A. J Org Chem 2006, 71 9561

Dringen, R. et al. Neurochem Res 2016, 41, 465

Droz, J.P. et al. Cancer 1993, 71 (3 Suppl.): 1123

Du, W. et al. Eur J Biochem 2000, 267, 222

Du, J. et al. Nature 2015, 526, 224

Dudek, P. und Picard, D. PLoS ONE 2008, 3, e1859

McDuffie, H.H. et al. Cancer Epidemiol BiomarkersPrev 2001, 100, 1153

Duke, S.O. et al. Plant Physiol 1980, 65, 17

Duke, S.O. und Powles, S.B. Pest Manag Sci 2008, 64, 319

Duke, S.O. J Agric Food Cem 2011, 59, 5835

Duke, S.O. et al. J Agric Food Chem 2012, 60, 10375

Dutertre, S. et al. J Biol Chem 2912, 287, 40216

Dyda, F. et al. Ann Rev Biophys Biomol Struct 2000, 29, 81

Eberbach, P.L. J Agric Food Chem 1999, 47, 2459

[1]ECHA 2017: https://echa.europa.eu./de/-/glyphosate-not-classified-as-a-carcinogen-by-echa

[2]ECHA 2017: https://echa.europa.eu.documents/10162/2d3a87cc-5ca1-31d6-8967-Sf124ff1ab7ae

EFSA 2015: http://registerofquestions.efsa.europa.eu/roqFrontend/outpoutLoader?output=ON-4302

EFSA 2005, EFSA Journal 2005, 3, 221

EFSA Jornal 2015, 13, 4302

Ehninger, D. und Silva, A.J. Trends Mol Med 2011, 17, 78

von Ehrenstein, O.S. et al. BMJ 2019, 364, 1962

Eicher, T. und Hauptmann, S. In: Chemie der Heterozyklen – Struktur, Reaktionen, Synthesen 1994, Georg Thieme Verlag Stuttgart

Eichholtz, D.A. et al. US Patent 5310667, 1994, Monsanto Company

Eichholtz, D.A.et al. US Patent 6225114, 2001, Monsanto Company

Elie-Caille, C. et al. Cell Biol Toxicol 2010, 26, 331

El Zoeiby, A. et al. Mol Microbiol 2003, 47, 1

Ema, M. et al. Reprod Toxicol 1998, 12, 127

Emsbach, M.R. In: Gefahrstoffe Pflanzenschutz Umweltschutz 2008, Herausgeber Grimm, D. und Herbst, V., Deutscher Apotheker Verlag Stuttgart

Engel, P. et al. Proc Natl Acad Sci USA 2012, 109, 11002

Engelhardt, B. In: Adhesion Molecules Function and Inhibition 2017, 117, Ed. Klaus Ley, Birkhäuser-Verlag AG Basel, Boston, Berlin

Environmental Working Group In: Roundup for breakfast, Part 2 2018, https://www.ewg.org/release/roundup-breakfast-part-2-new-tests-weed-killer-found-all-kids-cereals-sampled?utm_source=newsletter&utm_campain

[1]EPA 1985, Environmental Protection Agency, Mouse Oncogenicity study. Document No. 004370; http//www.epa.gov/pesticides/chemicalsearch/chemical/foia/cleared-reviews/reviews/103601103601-183.pdf

[2]EPA 1985, Environmental Protection AgencyPathology report on additional kidney sections. Diocument No. 004855, http//www.epa.gov/pesticides/chemicalsearch/chemical/foia/cleared-reviews/reviews/103601/103601-206.pdf

[1]EPA 1991, Environmental Protection Agency, http//www.epa.gov/pesticides/chemicalsearch/chemical/foia/cleared-reviews/reviews/103601/103601-265.pdf

[2]EPA 1991, Environmental Protection Agency, Document No. 008390, http//www.epa.gov/pesticides/chemicalsearch/chemical/foia/cleared-reviews/reviews/103601/103601-263.pdf

[3]EPA 1991, Environmental Protection Agency, Document No. 008527, Peer review on glyohosate, Washington, DC

[4]EPA 1991, Environmental Protection Agency, EPA-registration No. 524-308, http//www.epa.gov/pesticides/chemicalsearch/chemical/foia/cleared-reviews/reviews/103601/103601-268.pdf

EPA 2015, European Chimcals Agency, Guidance on the Application of the CLP Criteria: Guidance to Regulation (EC) No 1272/2008on classification, labelling and packaging (CLP)of substances and mixtures, Helsinki, Finnland

EPA 2018, In: Revised Glypuosate Issue Paper: Evaluation of Carcinogenic Potential

Eriksson, M. et al. Int J Cancer 2008, 123, 1657

Eschenburg, S. et al. Planta 2002, 216, 129

Eschenburg, S. et al. J Biol Chem 2003, 278, 49215

Eschenburg, S. et al. J Biol Chem 2005, 280, 3757

Eskuchen, R. und Nitsche, M. In: Technology and Production of Alkyl Polyglycosides 2008, 9-22, Wiley Online Library

European Commission In: Food Safety: Plant Health, Animal Healthand Welfare, International Questions, E1 – Plant Health, Review Report for the Active Substance Glyphosate 2002, Report No. 6511/VI/99-final

Europan Commission In: Guidance on the assessment of exposure of operators, workers, residents and bystanders in risk assessment for plant protection products 2017, 24. Januar 2017

Fachinformation Amsidyl® 2018, Eurocept International B.V.

Fachinformation Busulfan Fesenius Kabi® 6 mg/ml Konzentrat zur Herstellung einer Infusionslösung 2018, Fesenius Kabi Deutschland GmbH

Fachinformation Carmustin Obvius® 2018, Obvius Investment B.V.

Fachinformation Dacarbazin Lipomed® Pulver zur Herstellung einer Infusionslösung 2018, Lipomed GmbH

Fachinformation Foscavir® 24 mg/ml Infusionslösung 2018, Clinigen Healthcare B.V.

Fachinformation Letrozol Stada® 2017, STADAPHARM GmbH

Fachinformation Melphalan-ratiopharm® Pulver und Lösungsmittel zur Herstellung einer Injektions-/Infusionslösung 2019, ratiopharm GmbH

Fachinformation Tepadina® 2017, ADIENNE S.r.l.S.U.

Fachinformation Triapten® Antiviralcreme 2018, Abanta Pharma GmbH

Fachinformation Zoldero-Denk® 4 mg/5 ml Konzentrat 2017, Denk Pharma GmbH

Falagas, M.E. et al. Clin Microbiol Rev 2016, 29, 321

Falagas, M.E. Clin Microbiol Rev 2016, 29, 321

FAO 2000, http://www.fao.org/fileadmin/templates/agphome/documents/Pests_Pestizides/Specs/glypho01.pdf

Farm Chemicals International 2019, In: Crop Protection Database, Willoughby (OH), Meister Media Worldwide

Farmer, D.W. et al. In: Glyphosate Resistance in Crops and Weeds; History, Development, and Management 2010, Nandula, V.K. Hrsg.), Wiley

Farndale, R.W. et al. In: Structure and Function in Cell Adhesion 2008, 179, Ed. Garrod, D.; Paramount Press

Fent, K. In: Ökotoxikologie Umweltchemie – Toxikologie – Ökologie 2013, 4. Auflage, Georg Thieme Verlag, Stuttgart – New York

Finegold, S.M. et al. Clin Infect Dis 2002, 35, 56

Fleisch, H. Pharm unserer Zeit 2001, 30, 6, 495

Foley, P. et al. Chem Soc Rev 2012, 41, 1499

Folmar, L.C. et al. Arch Environ Contam Toxicol 1979, 8, 269

Fredenhagen, A. et al. J Antibiot 1995, 48, 1043

French, A.C. et al. Angew Chem 2009, 48, 1248

Funke, T. et al. Proc Natl Acad Sci USA 2006, 103, 13010

Funke, T. et al. J Biol Chem 2009, 284, 9854

Furukawa, H. et al. Nature 2005, 438, 185

Gaines, T.A. et al. Proc Natl Acad Sci USA 2010, 107, 129

Gao, H. et al. J Appl Toxicol 2019, doi:10.1002/jat.3795.

Gardener, H. et al. Br J Psychiatry 2009, 195, 7

Garner, C.C. und Herrmann, K.M. Carbohydr Res 1984, 132, 317

Gasnier, C. et al. Toxicol Appl Pharmacol 2009, 262, 184

Gasnier, C. et al. J Occup Med Toxicol 2010, 5, 29

Gasser, C.S. et al. J Biol Chem 1988, 263, 4280

Gehin, A. et al. Int J Pharm 2005, 288, 219

Geiger, D.R. et al. Plant Physiol 1987, 85, 365

Geisler, J. et al J Clin Oncol 2002, 20, 751

George, J. et al. J Proteomics 2010, 73, 951

George, J. und Shukla, Y. ISRN Dermatol 2013, 825188; doi:10.1155/2013/825180

Gérard, L. und Salmon-Céron, D. Int J Antimicrob Agents 1995,5, 209

Ghosh, D. et al. J Med Chem 2012, 55, 8464

Gianni, L. et al. J Natl Cancer Inst 1988, 80, 1104

Gillezeau, C. et al. Environmental Health 2019, doi.org/10.1186/s12940-018-0435-5

Ginsberg, M.H. BMB Rep 2014, 47, 655

Glass, R.L. J Agric Food Chem 1998, 32, 1249

Goldman, L. et al. Pediatrics 2004, 113, 1146

Gould, J.C. et al. Mol Cell Endocrinol 1998, 142, 203

Goyer, R.A. Toxicol Lett 1989, 46, 153

Grant, B.J.et al. J Mol Biol 2007, 368, 1231

Greim, H. et al. Crit Rev Toxicol 2013, 45, 185

Groehler, A. 4th et al. Basic Clin Pharmacol Toxicol 2017, 121 Suppl 3: 63

Guggisberg, A.M. et al. Eucaryotic Cell 2014, 13, 1348

Guide to weed management in Nebraska 2007, http://iarnpubs.unLedu/sendit/ec130-pdf

Gui, Y.X. et al. Neurotoxicol Teratol 2012, 34, 344

Guilherme, S. et al. Ecotoxicology 2012, 21, 1381

Gulati, P. et al. Cell Metab 2009, 7, 456

Gunson, D.E. et al. Cancer 1995, 72, 72

McGuire, M.K. et al. Am J Clin Nutr 2016, 103, 1285

Habermehl, G. et al. In: Naturstoffchemie 2008, 3. Auflage, Springer-Verlag Berlin Heidelberg

Hack, R. et bal. Food Chem Toxicol 1994, 32, 461

Haddley, K. et al. Drugs Today (Barc) 2014, 50, 309

Haimerl, N. In: Das Nichtwissen der Wissenschaft am Beispieldes Glyphosats 2017, Bachelor-Arbeit, Grin-Verlag

Halliwell, B. und Gutteridge, J.M.C. In: Free radicals in biology and medicicne 2007, 4th ed. Oxford University Press, Oxford

Hara, O. et al. J Antibiot (Tokyo) 1988, 41, 538

Harada, T. et al. Toxicol Res 2016, 32, 21

Hardell, L. und Eriksson, M. Cancer 1999, 85, 1353

Hardell, L. et al. Int J Androl 2006, 29, 228

Hardy, W.D. Am J Med 1992, 92, 30S

Harth, G. et al. Proc Natl Acad Sci USA 1994, 91, 9342

Harth, G. et al. Infect Immun 2003, 71, 456

Hawkes, T.R. et al. Biochem J 1990, 265, 899

Hayden, K.M. et al. Neurology 2010, 74, 1524

Hayman, E.G. et al. Exp Cell Res 1985, 160, 245

Haslam, E. In: Shicimic Acid: Metabolism and Metabolites 1993, Wiley, Chichester UK

Healy-Fried, M.L. et al. J Biol Chem 2007, 282, 32949

Heineke, D. et al. Inorg Chem 1994, 33, 2413

Henderson, A. et al. Dlyphosate Technical Fact Sheet 2010, National Pesticide Information Center, Oregon State University Extension Services

Hendlin, D. et al. Science 1969, 166, 122

Hensley, D.L. et al. Weed Res 1978, 18, 287

Herrmann, K.M. The Plant Cell 1995, 7, 907

Herzberg, R.P. und Dervan, P.B. Biochemistry 1984, 23, 3934

Hickman, A.B. et al. Cell 1999, 97, 361

Hietanen, E. et al. Acta Pharmacol Toxicol 1983, 53, 103

Hill, K.H. und Weuthen, M. Spektrum der Wissenschaft1994, 6, 113

Hock, B. et al. In: Herbizide: Entwicklung, Anwendung, Wirkungen, Nebenwirkungen 1995, Georg Thieme Verlag, Stuttgart New York

Hoagland, R.E. et al. Plant Sci Lett 1978, 291, 299

Hoagland, R.E. und Duke, S.O. Plant & Cell Physiol 1982, 23, 1081

Hobson, E.V. et al. Nat Rev Neurol 2016, 12, 526

Hoerlein, G. Rev Environ Contam Toxicol 1994, 138, 73

Holländer, H. und Amrhein, N. Plant Physiol 1980, 66, 823

Honda, J. et al. Immunopharmacology 1998, 39, 149

Hong, Y. et al. Steroids 2011, 76, 802

Hook, K.M. unsd Bennett, J.S. Handb Exp Pharmacol 2012, 210, 199

Horiguchi, M. et al. Nature 1959, 184, 901

Howe, C.M. et al. Ebviron ToxicolcChem 2004, 23, 1928

Hove-Jensen, B. et al. Microbiol Mol Biol Rev 2014, 78, 176

Huang, H. und Leung, L.K. Toxicol Lett 2009, 189, 248

Huang, X. et al. Nat Struct Mol Biol 2017, 24, 108

Hughss, S.W. und Burley, D.M. Postgrad Med J 1970, 46, 409

IARC 2006: Preamble of the IARC Monographs, htto;//monographs.iarc.fr/ENG/Preamble/CurrentPreamble.pdf

IARC 2015, IARC Monographs 2015, Auszug Glyphosat Band 112

IARC 2016: Q&A on Glyphosate; http://www.iarc.fr.en.mediacentre/iarcnews/pdfQ&A_Glyphosate.pdf

Iguchi, E. et al. J Antibiot 1980, 33, 19

Innan, H. und Kondrashov, F. Nat Rev Genet 2010, 11, 97

Islam, R. und Lynch, J.W. Br J Pharmacol 2008, 165, 2707

Iveson, P.B. et al. Polyhedron 1993, 12, 2313

Jahnk, B. Dissertation 2017, Universität der Bundeswehr Hamburg, Fakultät für Maschinenbau

Jasieniuk, M. et al. Weed Sci 2008, 56, 496

Jasper, R. et al. Interdiscip Toxicol 2012, 5, 133

Jauhiainen, A. et al. Am Ind Hyg Assoc J 1991, 52, 61

Jaworski, E.G. J Agric Food Chem 1972, 20, 1195

Jayasumana, C. et al. Springer Plus 2014, 4, 90

Jayasumana, C. et al. BMC Nephrol 2015, 16, 103

Jespersen, A. et al. Neuron 2014, 81, 366

Julius-Kühn-Archiv, In: Erhebungen zum Einsatz von Glyphosat im deutschen Ackerbau 2012, 434, 459

JKI, Julius Kühn-Institut - Bundesforschungsinstitut für Kulturpflanzen 2014, veröffentlicht 27. Juni 2014

JMPR 2006, Joint FAO/WHO Meeting on Pesticide Residues, Pesticide residues in food 2004, http;//whqlibdoc.who.int/publications/2006/9241665203_eng.pdf

JMPR 2016, Joint FAO/WHO Meeting on Pesticide Residues Genf 9.-13.5 2016, Summary Report

Job, V. et al. J Biol Chem 2002, 277, 6985

Johnson, S.C. et al. Nature 2013, 493, 338

Jomaa, H. et al. Science 1999, 285, 1573

Jones, J.D. et al. Plant Cell Rep 1996, 15, 431

Jordan, V.C. und Furr, B. J. A. In: Cancer Drug Discovery and Development – Hormone Therapy in Breast and Prostate Cancer 2002, Humana Press Totowa, New Jersey

Ju, K.-S. et al J Ind Microb Biotechnol 2014, 41, 345

Kachuri, L. et al. Int J Cancer 2013, 133, 1846

Kaferski, P. In: Phosphonates: Their Natural Occurrence and Physiological Role 2019, doi: http://dx.doi.org/10.5772/intechopen.87155

Kahan, F.M. et al. Am N Y Acad Sci 1974, 235, 364

Kahrizi, D. et al. Plant Cell Rep 2007, 26, 95

Kang, H. et al. Eur J Med Chem 2018, 143, 426

Kapp, T.G. et al. Sci Rep 2017, 7: 39805

Karunanayake, C.P. et al. J Agromed 2012, 17, 30

Kasaragott, V.B. und Schindelin, H. Front Mol Neuroci 2018, 11, 317

Karl, H. Dissertation 2007, Technische Universität München, Fakultät Wissenschaftszentrum Weihenstephan für Ernährung, Landnutzung und Umwelt

Kido, Y. et al. J Antibiotics 1984, 37, 965

Kier, L.D. und Kirkland, D.J. Crit Rev Toxicol 2013, 43, 283

Kilb, W. und Hukuda, A. Front Cell Neurosci 2017, 2017, 11, 328

Kim, D.H. et al. Biochemistry 1996, 35, 4923

Kim, G. et al. PeerJ 20175:e3560

Kimmel, G.L. et al. Crit Rev Toxicol 2013, 43, 79

Kinose, F. et al. J Cell Biol 1996, 134, 895

Kirkinezos, I.G. et al. J Neurosci 2005, 25, 164

Kishore, G.M. und Shah, D.M. Annu Rev Biochem 1988, 57, 627

Kitby, M.L. et al. Toxicol Sci 2001, 61, 100

Kleszczyńska, H. et al. Z Naturforsch C 2005, 60, 567

Knowles, B.B. et al. Science 1980, 209, 497

Knudsen, L.E. et al, Rev Environ Health 2017, 32, 279

Koller, V.J. et al. Arch Toxicol 2012, 86, 805

Kondratenko, V.E. et al. Applied Catalysis A: General 2010, 381, 66

Kongtip, P. et al. J Agromedicine 2017, 22, 282

Koppisch, A.T. et al. Biochemistry 2002, 41, 236

Kosenka, E. et al. Brain Research 2000, 880, 139

Koshiba, T. Biochim Biophys Acta1978, 522, 10

Krajewski, W.W. et al. Proc Matl Acad Sci USA 2005, 102, 10499

Krajmalik-Brown, R. et al. Microb Ecol Health Dis 2015, 26, 26914

Kramer, G.J. Dissertation 2014, Faculty of the Graduate School of Vanderbilt University, Nashville Tennessee

Kramer, G.J. et al. ACS Med Chem Lett 2014, 5, 346

Krause, R. et al. J Antimicrob Chemother 2001, 47, 141

Krekel, et al. Biochemistry 1999, 38, 8864

Kreuzer, P.E. GSF-Bericht 19/92 1992, GSF-Forschungszentrum für Umwelt und Gesundheit, Neuherberg

Krishnaswamy, P.R. et al. J Biol Chem 1962, 237, 2932

Krüger, M. et al. J Environ Anal Toxicol 2014, 4, 1

Krüger, M. et al. Urinale 2015

Kubsad, D. et al. Sci Rep 2019, 9, 6372

Kuemin, M. und van der Donk, W.A. Chem Commun (Camb) 2010, 46, 7694

Kugler, M. et al. Arch Microbiol 1990, 153, 276

Kulendran, M. et al. Anticancer Res 2009, 29, 1095

Kulendran, M. et al. Anticancer Res 2009, 29, 1095

Kurenbach, B. et al. MBio 2015, 6(2): e00009-15

Kurenbach, B. et al. Peer J 2018, 6, e5801, doi: 10.7717/peerj.5801

Kuzuyama, T. et al. Tetrahedron Lett 1998, 39, 7913

Kwiatkowska, M. et al. Food Chem Toxicol 2016, doi: 10.1016/j.fct.2017.03.051

Kwong, W. K. und Moran, N. A. Gut Microbes 2015, 6, 214

Kwong, W. K. und Moran, N. A. Nat Rev Microbiol 2016, 14, 374

Laber, B. et al. Arch Microbiol 1994, 1994, 161, 400

Laitinen, P. et al. Plant soil 2009, 323, 267

Laube, B. et al. Trends Pharmacol Sci 1995, 23, 519

Lee, T.T. Weed Res 1981, 21, 161

Lee, W.J. et al. Int J Cancer 2004, 111, 298

Lell, B. et al. Antimicrob AAgents Chemother 2003, 47, 735

Lemke, T.L. et al. In: Foye's Principals of Medicinal Chemistry 2013, 7th ed., Ed. Lemke, T.L., Wolters Kluwer, Lippincott Williams & Wilkins, Baltimore – Philadelphia

Lepesheva, G.I. et al. Biochemistry 2003, 42, 9091

Leon, R. et al. J Neurosci Res 2009, 87, 1185

Letcher, R.J. et al. Toxicol Appl Pharmacol 1999, 160, 10

Levine, S.L. et al. Cell Biol Toxicol 2007, 23, 385

Li, P. und Akk, G. Br J Pharmacol 2008, 155, 783

Li, L. et al. PLoS One 2015, 10: e0120330, doi: 10.1371/journal.pone.0120330

Li, Q. und Zhou, J.M Neuroscience 2016, 324, 131

Liao, T.D.et al. Hypertension 2010, 55, 459

Lin, C. et al. Am J Physiol Heart Circ Physiol 2008, 295, H1253

Liu, Y. et al. J Cell Biochemistry 2018, 118, doi: 10.1080/08916934.2018.1551374

Locke, M.A. et al. Pest Manag Sci 2008, 64, 441

Löffler, G. und Petrides, P.E. In: Biochemie und Pathobiochemie 1997, 5. Auflage, Springer-Verlag Berlin Heidelberg

Logusch, E.W. et al. J Org Chem 1988, 53, 4069

Lombardi, P. Biochim Biophys Acta 2002, 1587, 326

Lown, J.W. et al. Biochim Biophys Res Commun 1977, 76, 705

Løninng, P.E. et al. Br J Canver, 1991, 63, 789

Lu, L.J. et al. Cancer Res 1990, 50, 6192

Lyall, K. et al. Environ Health Perspect 2017, 125, 474

Lynch, J.W. et al. EMBO J 1997, 16, 110

Lynch, S.V. et al. New Engk´ül J Med 2016, 375, 2369

Lynch, J.W. Physiol Rev 2004, 84, 1051

Maibach, H. 1996, 15, 152

Maier, L. et al. Phosphorus Sulfur Silicon Relat Elem 1983, 17, 1

Manas, F. et al. Environ Toxicol Pharmacol 2009, 28, 37

Mann, R.M. und Bidwell, J.H. Arch Environ Contam Toxicol 1999, 36, 193

Marquardt, H. et al. In: Toxikologie 2013, 3. Auflage, Wissenschaftliche Verlagsgesellschaft Stuttgart

Mccafferty, M.H. et al. Pediatr Res 1983, 17, 482

Mesnage, R. et al. Toxicology 2013, 313, 122

Mesnage, R. et al. BioMed Res Int. 2014, doi: 10.1155/2014/179691

Mesnage, R. et al. Food Chem Toxicol 2015, 84, 133

Mesnage, R. und Antoniou, M.N. Front Public Health 2017, 5, 316

Mesnage, R. et al. Food Chem Toxicol 2019, 126, 137

Mertens, M. et al. Environ Sci Pollut Res 2018, 25, 5298

Metruccio, F. et al. EFSA Supporting Publications 2017, 1229E

Mfuh, A.M. und Larionov, O.V. Curr Med Chem 2015, 22, 2819

Miller, W.R. Br J Cancer 1996, 73, 415

Miller, W.R. In: Aromatase Inhibitors 2006, Editor: Furr, B.J.A., Birkhäuser-Verlag, Basel

Miller, W.L. und Auchus, R.J. Endocrine Rev 2001, 32, 81

Miller, T.W. et al. J Steroid Biochem Mol Biol 2008, 112, 95

Mnif, W.et al. Therapie 2007, 62, 369

Mnif, W. et al. Int J Environ Res Public Health 2011, 8, 2265

Moedritzer, K. ind Irani, R. J Org Chem 1966, 312, 1603

Mohamed, F. et al. J Toxicol Clin Toxicol 2004, 42, 955

[1]Mohseni-Moghadam, M. et al. Weed Sci 2013, 61, 517

[2]Mohseni-Moghadam, M. et al. Weed Technol 2013, 27, 85

Mojaddami, A. et al. Res Pharm Sci 2017, 12, 21

Mokra, K. et al. Food Chem Toxicol 2017, 100, 62

Mollenhauer, C. et al. Pestic Biochem Physiol 1987, 29, 55

Moore, L.J. et al. Ecotoxicol Environ Saf 2012, 78, 128

Mortimer, E. In: Chemie – Das Basiswissen der Chemie 1986, 5. Auflage, Georg Thieme Verlag Stuttgart

Motta, E.V.S. et al Proc Natl Acad Sci USA 2018, 115, 10305

Mousdale, D.M. und Coggins, J.R. Planta 1984, 160, 78

Mowbray, S.L. et al. Molecules 2014, 19, 13161

Mueller, M.M. et al. Bull Environ Contam Toxicol 1981, 27, 724

Myers, J.P. et al. Envir Health 2016, 15, 19

Naim, H.Y. Biochem J 1992, 286, 451

Nakijn, S. et al. J Biol Chem 1981, 256, 3871

Nardemir, G. et al. Theoretical and Ecperimental Plant Physiology 2015, 27, 131

Natesh, R. et al. Nature 2003, 421, 551

Negga, R. et al. Neurotoxicology 2011, 32, 331

Negga, R. et al. Neurotox Res 2012, 21, 281

Nemec, K. und Schubert-Zsilavecz, M. Pharm unserer Zeit 2001, 30, 6, 505

Nandula, V.K. et al. Weed Sci 2013, 61, 374

Neumann, G. et al. J Plant Dis Prot 2006, Sonderheft XX: 963

Neves-Pereira, M. et al. J Med Genet 2009, 46, 759

Newschaffer, C.J. et al. Annu Rev Public Health 2007, 28, 235

Nguyen, C.M. und Harrington, R:A: Am J Cardiovasc Drugs 2003, 3, 423

Niemann, L. et al. J Verbr Lebens, 2015, 10, 3

Nilsson, M.T. et al. J Mol Biol 2009, 393, 504

Nordström, M. et al. Br J Cancer 1998, 77, 2048

Norman, A.W. und Henry, H.L. In: Hormones 2015, 3rd edition, Elsevier Inc.

Ntai, I. et al. Org Lett 2005, 7, 2763

Ntai, I. et al. Bioorg Med Chem Lett 2008, 18, 3068

OECD 2008, *Test No. 425: Acute Oral Toxicity: Up-and-Down Procedure*, OECD Guidelines for the Testing of Chemicals, Section 4, OECD Publishing, Paris, https://doi.org/10.1787/9789264071049-en

OECD 2012, Guidance Document 116 on the Conduct and Design of Chronic Toxicity and Carcinogenicity Studies, H.a.S.P. Environment, Paris

Ohba, K. et al. Science Rep 1986, 25, 18

Okuhara, M. et al. J Antibiot 1980, 33, 24

Oloronsogu, O.O. Toxicology 1990, 61, 205

van Os, N.M. In: Nonionicd Surfactants: Organic Chemistry 1997, Taylor & Francis

Padgette, S.R. et al. J Biol Chem 1991, 266, 22364

Padgette, S.R. et al. In: Herbicide-resistant crops: agricultural, environmental, economic, regulatory.and technical aspects 1995, Duke, S.O. (Editor) CRC Press

Pan, S.-S. et al. Mol Pharmacol 1981, 19, 184

Pandey, A. und Rudraiah, M. Toxicol Rep 2015, 2, 1075

Park, B. et al. Agric Biol Chem 1976, 40, 1905

Parron, T. et al. Toxicol Lett 2002, 196, S180
Patel, S. et al. Brain Res 2006, 1081, 9
Paz-y-Miňo, C. et al. Genet Mol Biol 2007, 30, 456
Paz-y-Miňo, C. et al. Rev Environ Health 2011, 26, 45
Peck, S.C. und van der Donk, W.A. Curr Opin Chem Biol 2012, 17, 580
Peng, H. et al. Hypertension 2003, 42, 1164
Peng, J. et al. J Neurosci 2007, 27, 6914
Perego, M.C. et al. J Appl Toxicol 2017, 37, 692
Perez, V.L. et al. Ocul Surf 2016, 14, 207
Perez-Jones, A. et al. Planta 2007, 226, 395
Pesirides, G.S. et al. HumaMol Genet 2009, 18 (Review Issue 2), R156
Pessoa-Pureur, R. und Wajner, M. J Inherit Metab Dis 2007, 30, 664
Petek, M. et al. BMC Microbiol 2010, 10, 159
Pierschbacher, M.D. und Ruoslathi, E. Nature 1984, 309, 30
Pinto,
Pirie, J.M. Platinum Metals Rev 1958, 2, 7
Pline-Srnic, W. Weed Technol 2006, 20, 290
Podust, L.M. et al. Proc Natl Acad Sci USA 2001, 98, 3068
Pokrishevsky, E. et al. Scientific Reports 2016, 6, 221
Poiger, T. et al. Environ Sci Pollut Res Int 2017, 24, 1588
Pollegioni, L. et al. FEBS J 2011, 278, 2753
Polley, L.D. Biochim Biophys Acta 1978, 526, 259
Portier, C.J. J Epidemiol Community Health 2016, 70, 741
Poskrebyshev, G.A et al. J Phys Chem 2002, 106, 11488
Priestman, M.A. et al. FEBS Lett 2005, 579, 728
Przyrembel, H. et al. Adv Exp Med Biol 2000, 42, 384

Quarles, L.D. et al. J Bone Miner Res 1992, 7, 683

Ramstedt, M. et al. Inorg Chim Acta 2004, 357, 1185
Rapp, C. et al. 1988, https;//doi.org/10.1002/jlac.198819880707
Raymann, K. et al. Mol Ecol 2018, 27, 2057

Ream, J.E. et al. Plant Physiol 1988, 87, 232

Reichard, J.F und Puga, A. Epigenomics 2010, 2, 87

Reuter, K. et al. J Biol Chem 2002, 277, 5378

Reynolds, P. et al. Environ Health Perspect 2002, 110, 319

Ricci, C. et al. Amyotroph Lateral Scler 2010, 11, 481

Richard, S. et al. Environ Health Persp 2005, 113, 716

Rimpler, H. In: Biogene Arzneistoffe, Pharmazeutische Biologie II 1990, Thieme Stuttgart New York

Roberts, F. et al. Nature (London) 1998, 393, 801

Roberts, E.M. et al. Environ Health Perspect 2007, 115, 1482

Robin, M.M. In: Mit Gift und Genen 2009, 2. Aufl., Deutsche Verlagsanstalt in der Verlagsgruppe Random House GmbH München

Rochefort, H. C.R. Biologies 2017, 340, 439

Rochester, J.R. Reprod Toxicol 2013, 42, 132

Ronzio, R.A. et al. Biochemistry 1969, 8, 1066

Rosen, D.R. et al. Nature 1993, 362, 59

De Roos, A.J. et al. Environ HealthPerspect 2005, 113, 49

Rosner, J.M. et al. Endocrinology 1964, 75, 299

Roth, H.J. et al. In: Stereochemie & Arzneistoffe 1998, Wissenschaftliche Verlagsgesellschaft mbH Stuttgart

Roth, H.J. Deutsche Apotherker Zeitung 2016, 35, 74

Rothman, K.J. et al. In: Modern epidemiology 2008, 3. Auflage, Wolter s Kluewer Health/LippincottWilliams & Wilkins, Philadelphia

Rousseau, A. et al. J Biol Chem 1991, 270, 3656

De Rubels, S. und Buxbaum, J.D. Human Mol Genet 2011; doi: 10.1093/hmg/ddv273

Rueppel, M.L. et al. J Agric Food Chem 1977 25, 517

Rutter, M. Acta Paediatr 2005, 94, 2

De Saint, J.D. et al. J Physiol 2001, 535, 741

Salas, R.A. et al. Pest Manag Sci 2012, 68, 1223

Salomonsson, L. et al. Proc Natl Acad Sci USA 2004, 101, 11617

Sammons, R.D. et al. Biochemistry 1995, 34, 6433

Sammons, R.D. und Gaines, T.A. Pest Manag Sci 2014, doi: 10.1002/ps.3743

Samsel, A. und Seneff, S. Interdisc Toxicol 2013, 6, 159

Samsel, A. und Seneff, S. Surg Neurol Int 2015, 6, 45

Samsel, A. und Seneff, S. J Biol Phys Chem 2016, 16, 9

Sanchis, J. et al. Anal Bioanal Chem 2012, 402, 2335

Sanderson, J.T. et al. Toxicol Appl Pharmacol 2002, 182, 44

Santen, R.J et al J Clin Endocrinol Metab 1980, 51, 473

Santen, R.J. et al. Endocrine Rev 2009, 30, 343

Sasaki, K.K. et al. J AOAC Int 1993, 76, 293

Sawada, Y. et al. Lancet 1988, 1, 299

Scarborough, R.M. Am Heart J 1999, 138, 1093

Schech, A.J. et al J Steroid Biochem Mol Biol 2012, 132, 195

Schellschmidt, E. et al. In: Gesunde Pflanzen – Gesunde Ernährung, Pflanzenschutz ist Verbraucherschutz 2004, Band7, Pflanzenschutz im Trinkwasser, Schriftenreihe der Deutschen Phytomedizinischen Gesellschaft, Eugen Ulmer

Schinasi, L- und Leon, M.E. Int J Environ Res Public Health, 2014, 11, 4449

Schweda, E. In: Jander/Blasius Anorganische chemie I 2012, 17. Auflage, Hirzel Verlag Stuttgart

Schieweck, K. et al. Cancer Res 1988, 48, 834

Schmieden, V. und Betz, H. Mol Pharmacol 1995, 48, 919

Schönbrunn, E. et al. Structure 1996, 4, 1065

Schönbrunn, E. et al. Proc Natl Acad Sci 2001, 98, 1376

Seneff, S. et al. J Bioinfo Proteomics Rev 2016, 2, 1

Seneff, S. und Orlando, L.F. J Environ Anal Toxicol 2018, 8,1

Séralini, J. et al. Environ Sci Eur 2014, 26, 14

Sevrain, C.M. et al. Beilstein J Org Chem 2017, 13, 2186

Sicherheitsdatenblatt Roundup® 2017, Leu & Gygax AG, Birmenstorf, Schweiz

Sharma, R.P. und Coulombe, R.A. In: Toxicology and Risk Assessment: Principles, Methods and Applications 1996, Eds.: Fan, A.M. und Chang, L.W., Marcel Dekker Inc., New York

Sharpe, R.R.M. Best Pract Res Clin Endocrinol Metab 2006, 20, 91

Shehata, A.A. et al. Curr Microbiol 2013, 66, 350

Shehata, A. et al. J poult Sci 2014, 51, 333

Shelton, J.F. et al. Environ Health Perspect 2014, 122, 1103

Shen, X.Z. et al. Hypertension 2012, 59, 763

Shenoi, S. et al. Curr Opin infect Dis 2009, 22, 11

Sicherheitsdatenblatt Roundup® PowerFlex 2010, Version 2,3, Monsanto Europe S.A./N.V.

Siehl, D.L. et al. Pest Manag Sci 2005, 61, 235

Siehl, D.L. et al. J Biol Chem 2007, 282, 11446

Singh, S. et al. Environ Toxicol Pharmacol (India) 2011, 31, 278

Silva, V. et al. Sci Total Environ 2017, doi.org/10.1016/j.scitotenv.2017.10.093

Silva, V. et al. Sci Total Environ 2018, 621, 1352

Silver, L.L. Cold Spring Harb Perspect Med 2017, 7, a025262

Silverman, R.B. In: Medizinische Chemie für Organiker, Biochemiker und Pharmazeutische Chemiker 1995, VCH Verlagsgesellschaft mbH Weinheim

Simonsen, L. et al. J Environ Sci Health B 2008, 43, 365

Simpson, E.R. und Boyd, G.S. Biochem Biophys Res Commun 1966, 24, 10

Simpson, E.R. et al. J Biol Chem 1978, 253, 3135

Skarzynski, T. et al. Structure 1996, 4, 1465

Sodoge, T. In: Die Glyphosat-Debatte in Deutschland. Ein kritisches Pflanzenschutzmittel in der Landwirtschaft 2018, GRIN Verlag Norderstedt

Solomons, T.W.G. und Fryhle, C.B. In: Organuic Chemistry 2008, 9th ed., John Wiley & Sons Inc.

Sonier, M.B. und Weger, H.G. Biometals 2010, 23, 1029

Von Sonntag, C. The Hydroxyl Radical. In: Free-Radical-Induced DNA Damage and Its Repair 2006. Springer, Berlin, Heidelberg

Sost, D. et al. Arch Biochem Biophys 1990, 282, 433

Soubrier, F. et al. Proc Natl Acad Sci USA 1988, 85, 9386

D'Souza, S.E. et al. Cell 1994, 79, 659

de Souza, J.S. et al. Neurotoxicology 2019, 74, 121

Sparr, C. et al. Antimicrob Agents Chemother 2013, 57, 4689

Spencer, P.S. et al. Lancetc1987, 330, 1462

Sprankle, P. et al. Weed Sci. 1975; 23, 229

Stalker, D.M. et al. J Biol Chem 1985, 260, 4724

Stallings, W.C. et al. Proc Natl Acad Sci USA 1991, 88, 5046

Stehr, C.M. et al. Toxicol Sci 2006, 92, 270

Straathof, A.J.J. et al. Starch/Stärke 1988, 40, 229

Steinbacher, S. et al. J Biol Chem 2003, 278, 18401

Steinbrücken, H.C. und Amrhein, N. Biochem Biophys Res Commun 1980, 94, 1207

Steinhilber, D. et al. In: Medizinische Chenie – Targets, Arzneistoffe, Chemische Biologie 2010, 2. Auflage, Deutscher Apotheker Verlag Stuttgart

Stoner, R. et al. N Engl J Med 2014, 370, 1209

Strati, F. et al. Microbiome 2017, 5, 24

Sukhmanpreet, K. et al. Front Chem 2017, 5, 43; doi:10.3389/fchem.2017.000043

Sultan, C. et al. Mol Cell Endocrinol 2001, 178, 99

Sykes, P. In: Reaktionsmechanismen der Organischen Chemie 1988, 9. überarbeitete Auflage, VCH Verlagsgesellschaft, Weinheim

Streloke, A. et al. J Verbr Lebensm 2007, 2, 379

Szekacs, I. et al. Sci Rep 2018, 8, 17401

Takada, Y. et al. GenomeBiology 2007, 8, 215

Takahashi, E. et al. J Antibiot (Tokyo) 1995, 48, 1124

Takahashi, S. et al. Proc Natl Acad Sci USA 1998, 95, 9879

Takeuchi, M. et al. J Antibiot 1989, 42, 198

Talbot, A.R. et al. Hum Exp Toxicol 1991, 10, 1

Talmage, S.S. In: Experimental and Human Safety od Major Surfactants: Alcohol Ethoxylates and Alkylphenol Ethoxylates 1994, Taylor & Francis

Tanenbaum, D.M. et al. Proc Natl Acad Sci USA 1998, 95, 5998

Tang, G. et al. Neuron 2014, 83, 1131

Tarazona, J.V. et al. Arch Toxicol 2017, 91, 2723

Teuscher, E. und Lindequist, U. In: Biogene Gifte 2010, 3. Auflage Wissenschaftliche Verlagsgesellschaft mbH Stuttgart

Tian, J. et al. Green Chem 2012, 14, 1990, doi: 10.1039/C2GC35349K

Tietze, L.F. et al. Chem Ber 1994, 127, 1065

Thomas, J. A. und Thomas, M.J. CRC Crit Rev Toxicol 1984, 13, 283

Thome, N. et al. IARC Sci Publ 1986, 70, 241

Thongprakaisang, S. Food Chem Toxicol 2013, 59, 129

Toku

Tomlin, C.D.S. In: The Pesticide Manual: A World Compendium 2006, 14. Auflage, British Crop Protection Council, Hampshire, UK

Torstensson, L. et al. In: The herbicide glyphosate 1985, 1. Auflage, E. und D. Atkinson (Hrsg.), Butterworth & Co. Ltd, London

Travlos, L. et al. Agronomy 2017, 7, 60

Troev, K.D. In: Chemistry and Application of H-Phosphonates 2006, 1st ed., Elsevier B.V.

Tsui, M.T. und Chu, L.M. Chemosphere 2003, 52, 1189

Tullius, T.D. et al. In: Methods in Enzymology 1987, Editor Wu, R., Band 155, Academic Press, Orlando

Tush, D. und Meyer, M.T. Environ Sci Technol 201650, 5781

Tzin, V. und Galili, G. Mol Plant 2010, 3, 956

Umeda, T. et al. Sci Rep 2011, 1, 9

Undabeytia, T. et al. J Agric Food Chem 2002, 50, 1918

United States Environmental Protection Agency 2017, In: Glyphposate exposure anlysis in support of registration review

United Nations Office on Drugs and Crime, World Drug Report 2007 Wien, Österreich

USEPA 2015, https://wwwepagov/sites/production/files/2016-06/documents/glyphosate-417300_2015-06-29txr0057175.pdf

USEPA 2017, US Environmental Protection Agency, Office of Prevention, Pesticides and Toxic Substances In: Glyphosate. Draft Human Health Risk Assessment in Support of Rgistration Review 2017, Office of Pesticides Programs, US Government Printing Office, Washington, DC

US Food and Drug Administration 2018, In: Pesticide Residue Monitoring Program Fiscal Year 2016 Pesticide Report, https;//www.fda.gov/downloads/Foods/FoodbornelInessCaontamination/Pesticides//UCM618373.pdf

Valavanidis, A. et al. J Environ Sci Health C Environ Carcinog Ecotoxicol Rev 2009, 27, 120

Vereecken, H. et al. Pest Manag Sci 2005, 61, 1139

Vainio, H. et al. Biochem Pharmacol 1983, 32, 2775

Varela, C.L. Dissertation 2013, Faculty of Pharmacy, University of Coimbra

Varona, M. et al. Biomedica 2009, 29, 456

Vasiluk, L. et al. Environ Toxicol Chem 2005, 24, 153

Vázquez, D.E. et al. PLoS ONE 2018, 13: e0205074

Vetting, M.W. et al. Arch Biochem Biophys 2005, 433, 212

McVwy, K.A. et al. Neurotoxicol Teratol 2016, 55, 23

Vinggaard, A.M. et al. Toxicol In Vitro 2000, 14, 227

Walling, C. Acc Chem Res 1975, 8, 125

Walsh, L.P. et al. Environ Health Perspect 2000, 108, 769

Wan, M.T. Bull Environ Contam Toxicol 1989, 43, 378

Wang, X.F. et al. Neurobiol Dis 2006, 2, 198

Wang, G. et al. Parkinsonism Relat Disord 2011, 17, 486

Wang, L. et al. DDig Dis Sci 2012, 57, 2096

Wang, X. et al. Sci Rep 2016, 6: 39322

Webb, T.I. und Lynch, J.W. Curr Pharm Des 2007, 13,1

Waxham, M.N. In: From Molecules to Networks 2014, 3rd edition, Elsevier B.V.

Welch, S, In; Glyphosat, Cinical Veterinary Toxicikology 2004, Plumlee, K.H. Editor Mosby St. Ouis

Wiesner, J. et al. Antimicrob Agents Chemother 2002, 46, 2889

Wester, R.C. Fund Appl Toxicol 1991, 16, 725

[1]Wei, L. et al. J Biol Chem 1991, 266, 5540

[2]Wei, L. et al. J Biol Chem 1991, 266, 9002

Weisenburger, D.D. Cancer Res 1992, 52(19 Suppl), 5456s, Diskussion 5462s

Whitteck, J.T. et al. Angew Chem Int Ed 2007, 46, 9089

WHO 1994: http://www.inchem.org/documents/ehc/ehc159.htm

Whysner, J. et al. Mutat Res 2004, 566, 99

Wickramaratne, S. et al. Biochemistry 2016, 55, 6070

Wiesner, J. et al. Parasitol Res 2003, 90 (Suppl 2): S71

Williams, G.M. et al. Reg. Toxicol Pharmacol 2000, 31, 117

Williams, J.R. et al. Neurobiol Dis 2016, 89, 1

Wine, R.N. et al. Environ Health Perspect 1997, 105, 102

Wingerchuck, D.M. und Weinshenker, B.G. BMJ 2016, 354: i3518

Woźniak, E. et al. Food Chem Toxicol 2018, 120, 510

Wu, L.L. et al. Clin Chim Acta 2004, 339, 1

Wu, S. et al. Physiol Rep 2015, 3, e12356

Wu, J.Y. et al. Am J Emerg Med 2006, 24, 504

Xiang, H. et al. Environ Res A 2000, 82, 160

Xiong, J.-P- et al. Science 2002, 296, 151

Xu, J. et al. Chemosphere 2016, 145, 487

Yadav, M.R. et al. Eur J Med Chem 2015, 105, 1

Yin, G. 2011, http://www.farmchemicalsinternational.com/crop-inputs/herbicides/glyphosate-there-is-no-substitute

De Vleeshouwer, F. et al. Org Lett 2007, 9, 14, 2721

Yamato, M.J Antibiot (Tokyo) 1986, 39, 44

Yokota, S. et al. FEMS Microbiol Lett 2010, 310, 84

Yoshida, Y. Curr Top Med Mykol 1998, 2, 388

You, M.-J. et al. Am J Case Rep 2015, 16, 4

Yu, Q. et al. Planta 2007, 255, 499

Yu, W. et al. J Steroid Biochem Mol Biol 2003, 86, 265

Yuen, R.K. et al. Nat Med 2015, 21, 185

Zahn, K.E. et al. J biol Chem 2011, 286, 25246

Zarn, J.A. et al. Environ Health Perspect 2003, 111, 255

Ze-Hong, M. et al. Cancer Res 2006, 66, 6540

Zhan, H. et al. Appl Microbiol Biotechnol 2018, 102, 5033

Zhang, B. et al. Biochemistry 2011, 50, 3570

Zhang, P. et al. Glyco Biol 2012, 22, 897

Zheng, H. et al. MBio 2016, 7: e01326-16

Zheng, H. et al. Proc Natl Acad sci USA 2017, 114, 4775

Zhou, J. et al. J Agric Food Chem 2012, 60, 6279

Zhu, J.-Y. et al. J Biol Chem 2012, 287, 12657

Ziegler, W.H. et al. In: Structure and Function in Cell Adhesion 2008, 169, Ed. Garrod, D., Portland Press

Zou, K. et al. J Biol Chem 2009, 281, 31914

Zuin, A. et al. Cells 2014, 3, 690

Zundler, S. et al. Front Immunol 2017, 8, 891